COMMENTARIA
IN ARISTOTELEM
GRAECA

EDITA CONSILIO ET AUCTORITATE

ACADEMIAE LITTERARUM REGIAE BORUSSICAE

VOLUMINIS XXIII

PARS I SOPHONIAE IN LIBROS DE ANIMA PARAPHRASIS

BEROLINI

TYPIS ET IMPENSIS G. REIMERI

MDCCCLXXXIII

SOPHONIAE
IN LIBROS ARISTOTELIS
DE ANIMA
PARAPHRASIS

CONSILIO ET AUCTORITATE

ACADEMIAE LITTERARUM REGIAE BORUSSICAE

EDIDIT

MICHAEL HAYDUCK

BEROLINI

TYPIS ET IMPENSIS G. REIMERI

MDCCCLXXXIII

PRAEFATIO

Sophoniae paraphrasis[1]) quamquam ceteris omnibus commentariis Graecis in Aristotelis de Anima libros compositis aetate multo inferior est,[2]) tamen Trendelenburgio et Torstrikio vv. ill. merito digna visa est, quam in libris illis edendis diligentissime adhiberent. nam cum Sophonias paraphrastae munere ita fungatur, ut verba philosophi integra carptim cum suis contexat (si ita vocare licet, quae ipsa quoque magnam partem aliunde petivit)[3]), certius plerumque ab eo et planius, quam vulgo fert interpretum ratio, edocemur, quae in exemplo suo scripta invenerit; eaque non parvi momenti esse vel ex eo apparet, quod nonnumquam cum praestantissimo codice E congruunt, ubi reliqui omnes libri ab eo discrepant.[4]) saepe etiam, quae ex libro suo affert (quamquam haec ad

---

[1]) Commodum visum est in hoc volumine Commentariorum Sophoniae de Anima paraphrasin una cum Anonymi paraphrasi Categoriarum in lucem edi; ceterum uterque libellus etiam separatim venibit.

[2]) Si Sophonias paraphrastes, id quod V. Rose Herm. II, 212 conicit, idem est, quem Georgius Pachymeres (ed. Bonn. II, 202) ab Andronico II Palaeologo legatum in Apuliam missum esse narrat, atque idem, ad quem Simon Constantinopolitanus (ut Leo Allatius, de ecclesiae occidentalis atque orientalis perpetua consensione, Col. Agr. 1648 p. 774 commemorat) alterum librum „de processione spiritus sancti etiam ex filio“ scripsit, ultimis saec. XIII et primis saec. XIV decenniis vixit. quod si ita est, paraphrasin certe non prius quam exeunte saeculo XIII scriptam esse putabimus. hoc autem minus convenit cum iis, quae Bandinius et Vitellius (cf. p. VII) de aetate codicis A docent; quem quamvis magni faciamus, tamen archetypo paene aequalem fuisse persuadere nobis non possumus.

[3]) Multa ex Aristotelis de Sensu et Sensili et de Coloribus libris, multa etiam ex Philopono et Iamblicho excerpsit.

[4]) V. de An. ed. Acad. p. 402a3 περὶ τῆς 406b22 ἠρέμησιν 407b9 καίτοι γε 407b14 τοῖς περὶ (ut pr. E) 407b24 εἶδος σῶμα καὶ μορφήν 407b32 καίτοι ἤ 408b19 οὖσα om. (ut pr. E) 409a26 ἐκ om. 409b11 ταύτας 411a17 εἶναι τὴν ψυχήν 411a30 αὔξην (ut pr. E) 413a13 οὕτω γε ἐπελθεῖν 423b16 ἀλλ' ἅμ' ἄμφω 426b1. 2 ἢ ζοφερόν 427b19 ἔστι τι 431b21. 22 πάντα γὰρ ἢ 431b24 τέμνει (corr. E).

verbum exscripta esse non semper pro certo dici potest) a nostris omnibus codicibus differunt; atque nonnullis eiusmodi locis, quos in adnotatione critica indicavi,[1]) ita ceteris praestare Sophoniam iudicavit Torstrikius, ut philosophi si non verba at sententia certa inde ratione possit restitui. quidquid praeterea diversitatis animadverti, infra in unum confero,[2]) quamquam pleraque iam ab editoribus occupata esse video.

---

[1]) Quos illic praetermisi hic addo: p. 53,8 (de An. 414b9) 85,23 (419b18) 149,4. 5 (434b30).

[2]) V. de An. p. 403b21 ἀπορεῖν (sed εὐπορεῖν A) 405b3 πάντη 405b7 ὑπάρχει 406b1 αὕτη 407a33 στάσει 407b3 φευκτέον 408a10 εὐεξέλεγκτος 411b2 κινούμεθα 411b9 διαπνεῖ τε 411b23 διὰ τέλους 414b13 καὶ κινούμεθα 415b28 προσθείς 417b23 ἔσται 419b15 ἐν πληγῇ (sed εἰ πληγῇ A) 420b5 διωρίσθη 420b23 δὲ ἀναπνοῆς 421a19 ἔχει 421a21 πολλοῖς τῶν ζώων 422a3 διευρυνομένων τῶν νεύρων 422a29 ἀδύνατον (de An. ἀπύρηνον) 423b31 πρώτως 424a24 καὶ om. (sed habet A) 426b3 οὔσης 427a14 κεχωρισμένον 427a18. 19 καὶ τῷ αἰσθάνεσθαι 428b19 ἐλάχιστον 429a28 ὅτι om. 430a12 οὕτω ποιεῖται πάντα (de An. τῷ ποιεῖν πάντα) 431a2 πρότερον 431b25 τὰς δυνάμεις 432a2 εἶδος ἐξ εἰδῶν 432a8 ἐν φαντάσματι (φαντάσμασι AC) 432a20 μεγέθει καὶ τόπῳ ἢ λόγῳ 432b1 πάντως (sed πάντων A) 433a9 ταῦτα τὰ κινοῦντα (τὰ om. AC) 433b10 γένει 433b12 εἴδει δὲ καὶ ἀριθμῷ 435b6. 7 ἔχειν ἀνάγκη om. 435b7 πρὸ ταύτης 435b14 οἷον θερμοῦ καὶ ψυχροῦ καὶ σκληροῦ 435b23 τοῦ ἐν τῇ τροφῇ. — his addo, quae in paraphrasi a codice E discrepantia inveni: 402a2 βελτιόνων τε 10 δὲ καὶ πάντως 24 ποσὸν ἢ ποιὸν (= W) b15 πρότερον 403a12 τὸ εὐθύ (= X) 14 μέντοι ἅψεται τούτου (= VW) 19 μηνύει 29 ὁρίσαιτο ὁ φυσικός b21 προδιελθόντας (= S) 29 πρώτως 404a1 αὐτήν φησιν (= TW) 13 ἐπεισιόντων b24 καὶ ἀρχαὶ 405a7 τε om. 8 ἀποφηνάμενος b19 πλείω λέγουσι 27 μὲν τὸ 406a18 ὑπάρξει 23 καὶ φύσει b12 γε om. 14 ἂν αὐτῆς τῆς (= V) 30 αἴσθησίν τε καὶ (= TU) ibid. ἁρμονίαν (= TUW) 32 κύκλου δύο 407a11 τῶν μορίων 16 καὶ om. 29 προσλαμβάνουσαι b10 ποιεῖν κύκλῳ 28 ἥττων 408a11 πολλαὶ (πολλῶν corr. E) 19 αὐτῶν ἐν λόγῳ (= W) 21 τοῖς μιχθεῖσιν (= X) 22 τὸν om. (= W) 29 ἀπολιπούσης b15 τοῦτο ibid. οὔσης (om. E) 409a17 τὸ (post καὶ) om. 29 τὰς στιγμὰς (= VWX) 410a1 ὁτιοῦν ἄλλο 7 εἶναι 17 στοιχεῖα (τὰ στοιχεῖα E) 20 ἄρα καὶ ποσὸν (= W) 25 πάσχειν τι καὶ κινεῖσθαι 26 νοεῖν τε 29 λεχθησόμενον (= T corr. U) b3 πλέον (= SUV) ibid. ἑκάστη (= TWX) 4 συμβαίνει δὲ καὶ (= S) 6 γνωριεῖ 13. 14 δέ τι (= W) 18 ἁπάσης 27 οὐδὲ περὶ μιᾶς (= SX) 29 τοῦ ὅλου 411a 11 βελτίων 12 δ' ἄν τις (= WX) 20 τὰ om. b5. 6 ἄλλῳ μὲν — ἄλλῳ δὲ 15 ἕκαστον δύναμιν (= SW) 18 συνέξει 21 γοῦν (= SWX) 25. 26 ὁμοειδῆ — ἀλλήλοις (= W) 26 ἀλλήλοις μὲν (= W) 29 καὶ ζῷα 412a16 ἐπεὶ δ' ἐστὶ σῶμα καὶ τοιόνδε 26 δὲ (E δή) b4 εἰ δὴ 8 οὗ ὕλη 13 τὸ πελέκει εἶναι 413a5 τινὰ om. (= W) 8 ἔτι δὲ 19 τί ἐστιν (= V) ibid. ὁ (post ἐστὶν) om. (= WX) ibid. ante μέσης add. ὅτι (= V) 22 ὑπάρχει 25 φθίσις — αὔξησις ibid. τε om. (= W) b1 πᾶσι τοῖς ζῴοις 5 ὥσπερ γὰρ (= X) 414a10 τῶν δεκτικῶν (= X) ibid. ὑγιαστοῦ (= X) 23 προσδιορίσαντες (= SUX) 30 καθάπερ εἴπομεν (om. E) b5 καὶ ἐπιθυμία (= V) 33 τὸ ἐφεξῆς (= U) 415a14 ποιήσασθαι (= W) 26 γεννῆσαί τε καὶ (= W) ibid. χρήσασθαι (EW χρῆσθαι) b13 αἰτία δὲ 16 ποιεῖ 20 διχῶς (= X) 25 ψυχὴν ἔχει (= SUX) 29 ῥιζουμένοις (= T) 416a7 κωλῦσον 19 γεννητικὴ περί 20 διορίσαι (= UW) 23 γένεσιν b15 τρέφηται 16 αὐτοῦ 18 τὸ ἔχον 25 γεννητικὴ (= UV) 417a5 ἡ om. (= SU) 10 διττῶς (= T) ibid. ἀκοῦον καὶ ὁρῶν 16 λέγομεν (EV λέγωμεν) b6 εἰς ἑαυτὸ (= X) 24 ὅταν (= VWX) 418a17 ἑκάστης (= W) b12 ὑπὸ τοῦ πυρὸς (= X) 13 τοῦτο (= S) ibid. ὑπάρχει τι (= SX) 22 γινομένου (τεινομένου EV) 24 ἐνάργειαν (= TW) 419a12 εἰ (= W) ibid. θείη (= WX) 18 τι om. (= SU) 19 οὖν om. (= SU) ibid. λείπεται δὲ b4 πρῶτον om. (= V) 11 γίνεσθαι

Codices manu scriptos quattuor ad librorum de Anima paraphrasin edendam adhibui; hi sunt:

I Laurentianus VII, 35 quadratus, chartaceus, saeculi partim XIII A partim XIV (cf. Bandini Catal. I, 297). ac reliqua quidem omnia, quae in eo continentur, ut Hieronymus Vitelli Florentinus vir doctissimus me docuit, saeculo XIV, Sophoniae paraphrasis praeter unum folium (89), in quo recentior manus conspicitur, saeculo XIII scripta est; et haec pars codicis, ut aetate, ita scripturae elegantia ceteris praestat. verba nonnumquam tum eadem tum recentiore manu correcta sunt. quae Sophonias ex Aristotele Philopono Iamblicho affert, ea saepe in hoc libro propius ad nostra exempla accedunt quam in ceteris. quibus locis quamquam non raro codicem A secutus sum, tamen, si ab initio plane perspexissem, quam late ea res pateret, maiorem omnino ei fidem habuissem.[1])

II Parisiensis 1921, forma maxima, chartaceus, saeculi XIV. ex hoc B libro Torstrikius paraphrasin totam describendam curavit. hoc negotium qui confecit, nonnulla, quae obscurius exarata erant, incerta reliquit. ceterum hic liber plerumque emendate scriptus est neque raro rectam lectionem unus servavit.

(= X) 21 ὑπομένῃ 25 γινομένου 420a14 οὐδ' ἂν 27 ἐν om. (= T) 31 ἐπ' om. ibid. ὥστε οὐχὶ (= TW) b3 συμβαίνει (συμβαίνειν ES) 12 ante ψοφοῦσι add. ἰχθύες (= SV) 18 ἐπὶ τὴν 26 πρῶτος τόπος (= U) 32 καὶ om. 33 βήξ 421a1 τοῦτο (= X) 6 δ' αἰτίαν (= VX) ibid. ἔσται (ἐστι EW) 11 αἰσθάνεται b29 πῶμα (= W) 422a12 ἦμεν ibid. ᾐσθανόμεθα 18 ἢ δυνάμει ἢ ἐνεργείᾳ (= W) 19 τηκτὸν (= SUX) 20 τοῦ τε ὁρατοῦ b1 καὶ om. 6 γὰρ ἁφὴ 8 ἰσχυροῦ χυμοῦ 19 πλείω αἰσθητὰ (= V) 423a23 ταῦτα (αὐτὰ EW) b29 περὶ στοιχείων 424a18 εἰδῶν om. (= SUX) 28 ἐκείνου 31 ἦν ἡ αἴσθησις (ἦν om. ETW) 34 τι om. (= SUX) b1 δὲ (= U) 425a7 ἰδίως om. (ETW habent) 31 αὗται (= X) b25 αἱ om. (= SWX) 27 αὐταῖς οὐ ταὐτόν 426a28 ἐστι om. b3 πικρὰ 427a12 διαιρετὸν οὐχ ἓν ὑπάρχει (= T) b5 τὸ ὅμοιον τῷ ὁμοίῳ 22 καὶ ἐὰν ᾖ 429b1 οἷον ψόφου (= LUW) 430a11 ἐκεῖνα 18 ἀμιγὴς καὶ ἀπαθὴς 21 οὐδὲ χρόνου 22 οὐχ om. (= W) 431a16 κατάφασις ἢ ἀπόφασις (= W) ibid. καὶ φεύγει 18 αὕτη b22 δὲ ἡ 26 τὰς ἐντελεχείας (= SX) 27 ταῦτα 432b1 ὃ (om. E) 4. 5 δὲ τὸ τοῦτο (= W) 24 ἐστιν om. 27 νοεῖ 28 ἡ δὲ (= LW) 433a9 δύο ταῦτα 435a6 ἀνακλᾶσθαι (= LW) b6 οἷόν τε μὴ ζῶον ἔχειν αὐτὴν (cf. W). ubi ad discrepantiam lectionis nihil addidi, Sophonias cum plerisque codicibus nostris consentit.

[1]) Si hic consensus tantummodo ad unum aliquem ex iis, quos supra dixi, pertineret, recte coniceremus eum codicem, unde A derivatus est, ex illo ipso correctum fuisse, quoniam profecto huiusmodi operae rara quidem sed aperta vestigia in codicibus nostris occurrunt. (ut in iis, quae e libro de Coloribus petita sunt, p. 82,12 cod. B συνεκβλύζον, reliqui συνεκκλύζον habent; quae utraque scriptura cum illic quoque reperiatur, alteram corrigendo illatam esse apparet. et p. 81,7 in codd. AC vel potius iam in vetustiore libro, ex quo hi originem ducunt, v. φαινόμενα superscriptis duabus litteris in φερόμενα mutatum est, quod de Col. 793b22 in plerisque codicibus legitur.) nunc autem ut in cod. A res se habet, vereor, ne immerito ei aliquot locis fidem derogaverim.

C III Laurentianus LXXI 32, quadratus, chartaceus, saeculi XIV (cf. Bandini Catal. III, 19), accurate et bene scriptus, quasi medium inter A et B locum tenet, qui plerumque cum altero ex his consentiat, raro ab utroque discedat. Codices A et C Vitelli v. d. cum Parisiensi contulit.

IV Monacensis Gr. 68, forma maxima, chartaceus, saeculi XVI, optime conservatus et scriptus. primum et tertium librum totos, secundi initium contuli. huius libri tantus cum codice C consensus est, ut in adnotatione critica singillatim eius mentionem facere supervacaneum duxerim.

V Praeterea ex Vindobonensi phil. 30 (cf. Nessel Catal. Bibl. Caes. Vindob. IV p. 22) initia omnium librorum et exitum primi libri descripta in manibus habui; quibus addita erat diversitas Laurentiani LXXXV 20 (cf. Bandini Catal. III 278). sed hi codices cum Laurentiano C ipsi quoque ita congruunt, ut facile iis careamus.

Librariorum manus primam atque correctricem alteram numeris additis distinxi. formas quasdam verborum, quae a communi usu abhorrent, ut ἔσεται, ἐσεῖται (hoc quidem ex Pythagoreorum libris paraphrastae sermoni adhaesisse videtur) νηός; ἀντιλήψαιτο, αἴσθεσθαι nonnullasque insolentiores structuras intactas reliqui, quoniam omnium librorum consensu confirmantur.

Scriptum Marienburgo
Id. Nov. MDCCCLXXXII

Michael Hayduck.

SOPHONIAE
IN LIBROS ARISTOTELIS
DE ANIMA
PARAPHRASIS

ΠΑΡΑΦΡΑΣΙΣ ΕΙΣ ΤΟ ΠΕΡΙ ΨΥΧΗΣ ΣΟΦΩΝΙΟΥ ΤΟΥ ΣΟΦΩΤΑΤΟΥ ΚΥΡΟΥ

Προοίμιον

Τοῖς τῶν Ἀριστοτελικῶν συνταγμάτων ἐξηγηταῖς ἄλλοις ἄλλως ἐπῆλθε περᾶναι τὰ τῆς ὑποθέσεως. οἱ μὲν γάρ, ὅσοιπερ αὐτὸ τοῦτο ἐξηγηταί, ἰδίως ἐκθέμενοι καὶ κατὰ μέρος τὸ κείμενον τὴν ἑρμηνείαν ἐπισυνῆψαν, σώαν τε κἀν τῇ διαιρέσει τὴν λέξιν τοῦ φιλοσόφου τηρήσαντες καὶ τὰ παρ' ἑαυτῶν προσέφερον εἰς σαφήνειαν. οὗτοι δέ εἰσιν οἱ περὶ Σιμπλίκιον καὶ Ἀμμώνιον καὶ Φιλόπονον καὶ Ἀλέξανδρον πρότερον τὸν Ἀφροδισέα καὶ ἑτέρους πλείστους, οἳ πολυστίχους συντάξεις πολλῶν γεμούσας καλῶν εἰς τὰς διαφόρους τῶν Ἀριστοτέλους κατέλιπον πραγματείας. οἱ δὲ τρόπον ἕτερον· αὐτὸν γὰρ ὑποδύντες Ἀριστοτέλην καὶ τῷ τῆς αὐταγγελίας προσχρησάμενοι προσωπείῳ, ὡς εὐσύνοπτον καὶ τὸ πᾶν ἓν εἴη καὶ μὴ διακόπτοιτο, τὴν μὲν λέξιν παρῆκαν αὐτήν, οὔτε διῃρημένην οὐθ' ἡνωμένην τοῖς ὑπομνήμασι συνταξάμενοι· μόνον δὲ τὸν νοῦν συνεσταλμένον τῇ τοῦ ἀνδρὸς περινοίᾳ ἤ που κἂν τῇ περὶ τὴν λέξιν ἀσαφείᾳ καὶ τῇ τῆς ἀπαγγελίας δεινότητι (πολὺ γὰρ τὸ νοερὸν αὐτῷ καὶ γοργόν) ἐξαπλώσαντες καὶ καθάραντες καὶ σχήμασι καὶ περιόδοις κοσμήσαντες, οὗ προσδεῖσθαι συννενοήκασιν, ὥσπερ ἂν εἰ καὶ περὶ ἰδίας πραγματείας τὸν πόνον συνθέμενοι, τὸ δόξαν αὐτοῖς συνεπέραναν, οὐκ ἐξηγηταὶ μᾶλλον ἢ παραφρασταὶ καὶ κλήσει καὶ πράγματι, οἷος ὁ εὐφραδὴς Θεμίστιος εἰς πλείονα τῶν Ἀριστοτέλους πεποίητο πρότερον καὶ Ψελλὸς ὕστερον μιμησάμενος ἐν τῇ λογικῇ καὶ ἕτεροι. καὶ οἱ μὲν μόνον σαφηνίσαι τὸ κείμενον καὶ τὸν νοῦν ἐκφάναι προήχθησαν, ὅσον ἡ λέξις ἐχώρησε, τῷ τεχνικῷ καθάπαξ ἑπόμενοι· οἱ δὲ καὶ ἐπιστασίας καὶ ἐπιβολάς, ἃς ἐφεῦρον, τὰς χρησιμωτάτας ἐπισυνῆψαν καὶ θεωρημάτων πλῆθος ἑκάστῳ τῶν κεφαλαίων προσέφερον, τῆς τε ἐπιστημονικῆς

1 Παράφρασις — προοίμιον B: παράφρασις εἰς τὸ περὶ ψυχῆς: σοφονίου C rubr.: om. pr. A: ab alia manu συμπληκίου ἐξήγησις εἰς τοὺς περὶ ψυχῆς λόγους. qui haec scripsit delevit alium titulum a manu antiquiore in summo margine exaratum τοῦ σοφονίου παράφρασις εἰς * * [τὸ? τὰ?] περὶ ψυχῆς 5 προθέσεως AC 6 μέρη AC 9 ἀφροδισέα sic libri 15 κἀν AB

αὐτῶν ἕξεως ἔλεγχον τοῦ τε πολυμαθοῦς καὶ τῆς διὰ πάντων ἀκρότητος, εὔπορον ἐντεῦθεν τὴν εἰς φιλοσοφίαν ὁδὸν τοῖς μετ' αὐτοὺς ὑπολείποντες, ταῖς τε ἀνακυπτούσαις ἀπορίαις γενναιοτάτας τὰς λύσεις ἐπήνεγκαν· καὶ τὸ ὅλον ὑπὲρ ἁπάντων εἰπεῖν, οἰκείως τῇ ἑαυτοῦ προθέσει ἀπήντησεν ἕκαστος. εἰ δὲ τούτων ὄντων καὶ αὐτός τι συμβαλέσθαι προῄρημαι, περιττὸς ἂν δόξαιμι, μὴ ἀποχρῶσαν τὴν ἀπολογίαν εὑρών, καὶ εἰ μὴ καινόν τι τὸ παρ' ἐμοῦ, καί τί που καὶ συνεισφέρον χρήσιμον. γνοίη δ' ἄν τις, εἰ τὸ συμβὰν ἑκατέροις διάφορον σκέψοιτο. τοῖς μὲν οὖν ἐξηγηταῖς εἰ καὶ ἡ λέξις διῃρημένη τετήρητο, ἀλλ' οὖν τὸν νοῦν διεσπάσθαι ἀνάγκη καὶ μὴ πάνυ τι σώζειν τὸ συνεχές, τῷ τε μήκει τοῦ λόγου εὐπετῶς τῆς διανοίας οὐχ ἑπομένης καὶ ταῖς μεταξὺ σχολαῖς, ἃς ἀναγκαίας τὸ περὶ τὴν λέξιν ἀσαφὲς αὐτοῖς ἐνεποίησε. τίς γὰρ οὐκ οἶδεν ὥσπερ εἰ χρησμούς τινας πολλαχοῦ τὴν Ἀριστοτελικὴν οὖσαν φράσιν καὶ μαντείας δεῖσθαι; διαρθροῦντες γοῦν ἐν μέσῳ τὸ τῆς συντάξεως ἔστιν οἷς δοκοῦν ἀκατάλληλον, ἤ που δὲ καὶ παράχρησιν λέξεως καὶ συνδέσμων ἀκαιρίαν, ἔτι δὲ καὶ κώλων ἔστιν ὅτε μεταθέσεις ὅλων καὶ προσθήκην ἢ ἔλλειψιν καὶ περιόδων κατὰ τάξιν ὑπαλλαγήν, καὶ τὸ ὥσπερ ἀπερρηγμένον αὐτῶν ἐπισυνάπτοντες, τῇ τε τῶν ἀποριῶν ἐπεισαγωγῇ καὶ τῶν λύσεων πολλὰ κατατρίβουσιν, ὡς μὴ εὐχερές τισιν εἶναι κἂν ταῖς παρατροπαῖς τὸ συνεχὲς ἔχειν, ἀλλὰ κινδυνεύειν ἐπιλελῆσθαι τῇ μεταξυλογίᾳ καὶ τῆς ἀρχῆς καὶ τοῖς ἑξῆς συγκεχυμένως προσφέρεσθαι. τοῖς δὲ παραφράσασι τοῦτο μὲν οὐ πρόσεστι καθάπαξ τὴν λέξιν παρεῖσιν, ἐκεῖνο δ' οὖν ἀναγκαίως· τὸν γὰρ νοῦν ἑαυτῷ συνηγμένον καὶ ἠρτημένον, ὡς εἴρηται, μετὰ τῆς σφῶν αὐτῶν συνθέμενοι λέξεως καὶ ἐπὶ ποσόν τι παραβολαῖς καὶ παραδείγμασιν ἐπεκτείναντες εἰς σαφήνειαν, ἔτι ζητεῖν τὸ κείμενον αὐτὸ πρὸς τὸ ἐντελὲς ὑπελείποντο. οὐ γὰρ ἀπόχρη καθάπαξ ταῦτά τε ἐπιέναι κἀκεῖνα μαθεῖν, οὐδὲ ἀγαπῶμεν ἀρκεῖσθαι τοῖς παρ' ἐκείνων, εἰ μὴ καὶ τῶν πρώτων ἐξέσται τυχεῖν, τῇ λέξει τοῦ φιλοσόφου προσκείμενοι· δεῖσθαι γοῦν διὰ ταῦτα ἐξηγητοῦ καὶ πάλιν εἰς τὰ αὐτὰ φέρεσθαι καὶ διπλοῦν τὸν πόνον ἀνέχεσθαι. ἐδόκει δέ, εἴ τις ἐξηγούμενος μετὰ τοῦ φυγεῖν τὸν ἐν ταῖς ἐξετάσεσι σκεδασμὸν ἔτι καὶ τὴν λέξιν αὐτὴν ἀμηγέπη φυλάξαι διηρθρωμένην ἰσχύσειεν, ἢ μιγνύων μέν πως εὐκρινῶς ἢ κατὰ διαστάσεις ἄλλως καὶ ὥσπερ ἐκεῖνοι τιθέμενος, συνεχῆ δὲ ταῖς διὰ μέσου τῶν ἐξηγήσεων, ὥστε συμφωνεῖν καὶ τὸ ὅλον ἓν τῷ ἑξῆς εἶναι καὶ ἑαυτοῦ ἠρτῆσθαι σπουδάσειεν, εἶτα καὶ αὐτοπροσώπως ἐκδοίη τὸ σύνταγμα, τάχ' ἄν τι καινὸν ἡμῖν ἐν τοῖς Ἀριστοτελικοῖς καταλείψειε. καὶ ῥαστώνην τινὰ τῇ ἐπὶ τῇ ἀναγνώσει ὀρέξει σπουδῇ, εἴ γε στήσει τὴν ἔφεσιν ἀρκέσας ἐν ἀμφοτέροις, καὶ μετὰ τῆς ἑρμηνείας ὥσπερ συμπεφρασμένον αὐτὸ δοὺς κατέχειν τὸ κείμενον, τῶν μὲν ἐξηγητικῶν συντομώτερον, τῶν δὲ παραφραστικῶν μακρότερον. εἰς ὅπερ καὶ ἡμᾶς ἡ προθυμία συνήλασε, καὶ πρῶτον

---

1 δι' ἁπάντων C 2 ἐνταῦθα A 5 τε B 7 ante χρήσιμον add. ὂν AC 10 ἑπομένην B 13 διαρθροῦν τις A 15 καὶ (ante κώλων) om. AC 18 εἶναι Diels: ἐξεῖναι libri κἂν C: καὶ B 19 μεταξὺ λό͂ B 22 συνημμένον Diels 23 αὐτῶν om. A 26 τῶν πρώτων scripsi: τοῖς πρώτοις libri 28 ἐδόκει cf. V. Rose Hermes II 209 29 ἐξηγήσεσι A 30 ἀμηγέπ (η supra, post π ras. II litt.) A 33 ἑαυτῷ B σπουδάσαιτο A

ἐν τοῖς Περὶ ψυχῆς, τῆς μὲν οἰκείας ⟨οὐκ⟩ ἐπιλελησμένους περὶ τὸν λόγον ἀνικανότητος, τῷ δὲ τῶν ψυχῶν ἐφόρῳ καὶ ἡγεμόνι τεθαρρηκότας τῷ λόγῳ δὴ καὶ θεῷ, καὶ τοῖς ἐξηγηταῖς ἑπόμενοι κἂν τοῖς πλείοσι καὶ μάλιστα Φιλοπόνῳ ὅλας περικοπάς, ὡς κατὰ λέξιν εἶχεν ἐκείνοις, τοῖς ἡμετέροις ἐνέθεμεν· πολλαχοῦ δὲ καὶ αὐτὸ τὸ κείμενον, κἂν τινος σαφηνείας μετεῖχε, μένειν κατὰ χώραν ἐάσαντες ὑπερέβημεν. καὶ τῷ παθεῖν αὐτούς (πολὺν γὰρ ἐτρίβομεν χρόνον τοῖς ἐξηγηταῖς προσταλαιπωρούμενοι) τοῖς ἄλλοις ἐπῄει φιλανθρωπεύσασθαι. εἰ δὲ προθυμησαμένοις καὶ προαιρεθεῖσιν ἤνυσταί τι, τοῖς τὰ τοιαῦτα κρίνειν παρεῖται ψηφίσασθαι.

Ἀρχὴ τοῦ πρώτου τμήματος

Ἡ περὶ ψυχῆς πραγματεία οὐ μόνον ὅτι καλλίστη καὶ θειοτάτη, ἀλλ' οἷς I 1 καὶ διαφερόντως ἀνθρώποις τῶν ἄλλων οἰκεία καὶ τοῖς λογικοῖς πρεπωδεστάτη πασῶν, προὔργου πρὸς τὴν σκέψιν ἐπαίρει τοὺς φιλοπόνους καὶ τῶν ἀρίστων φιλοθεάμονας. τῶν γὰρ καλῶν καὶ τιμίων τὴν εἴδησιν ὑπολαμβάνοντες, μᾶλλον δ' ἑτέραν ἑτέρας ἢ κατ' ἀκρίβειαν ἢ τῷ βελτιόνων τε καὶ θαυμασιωτέρων εἶναι, εἰ δι' ἀμφότερα ταῦτα τὴν περὶ ψυχῆς ἱστορίαν ἐν πρώτοις θείημεν, εὐλόγως ἂν ποιοῖμεν. διαφερουσῶν γὰρ τῶν ἐπιστημῶν πρὸς ἀλλήλας κατά τε τὸ εἶδος τῆς γνώσεως ἢ τὴν τοῦ ὑποκειμένου ποιότητα ἢ καὶ δι' ἄμφω ταῦτα, κρείττων μὲν ἡ ἀύλῳ χρωμένη τῷ ὑποκειμένῳ τῆς ὑλικῷ, καὶ τῆς φθαρτῷ ἡ ἀφθάρτῳ, ἥ τε τοὺς λόγους ἀκριβοῦσα καὶ ἄρχουσα τῆς κινουμένης καὶ τὰς ἀρχὰς ἐχούσης ἑτέρωθεν, καὶ ἡ κατ' ἄμφω νικῶσα τῆς κατ' ἄμφω λειπομένης κρείττων. αὐτίκα ἀστρονομία μὲν ἰατρικῆς πολλῷ βελτίων· τῇ μὲν γὰρ ἀίδιόν τι τὸ ὑποκείμενον καὶ ἄφθαρτον, ὁ οὐρανός, τῇ δὲ φθαρτόν, τὰ ἀνθρώπινα σώματα· οἵ τε λόγοι τῶν λόγων ὀρθότεροι. ταὐτὸν δὲ πεπόνθασι καὶ μηχανικὴ πρὸς γεωμετρίαν καὶ πρὸς ἀριθμητικὴν ἁρμονική· αἱ ἀρχαὶ γὰρ αὐταῖς ἐκεῖθεν, καὶ ὡς σωματικαὶ καὶ ὑλικαὶ ὑπὸ τὰς ἀύλους καὶ ἀσωμάτους τετάχαται. τρίγωνα γὰρ καὶ τετράγωνα τῷ μὲν γεωμέτρῃ ἀύλως θεωρηθήσεται, σωματικῶς δὲ τούτοις ὁ μηχανικὸς προσχρήσαιτο. ἡ γοῦν περὶ ψυχῆς θεωρία τῇ τε σεμνότητι τοῦ ὑποκειμένου (νοητὸν γάρ τι τοῦτο καὶ ἄυλον καὶ ἀθάνατον) τῷ τε ἀκριβοῦσθαι τὰς αἰτίας, καὶ διὰ καιρίων ταύτῃ τοὺς λόγους προέρχεσθαι, καὶ πρὸ τούτων τῷ ἡμῶν αὐτῶν εἶναι καὶ συγγενῆ, τιμιωτάτη ἐπιστημῶν καὶ οἰκειοτάτη πασῶν. δοκεῖ δὲ καὶ πρὸς ἀλήθειαν ἅπασαν ἡ γνῶσις αὐτῆς μεγάλα συμβάλλεσθαι, μάλιστα δὲ πρὸς τὴν φύσιν καὶ τὰ φυσικὰ σώματα. ἔστι γὰρ οἷον ἀρχὴ τῶν ζώων καὶ αἰτία, καὶ τὸ τελέως φιλοσοφῆσαι ταύτῃ κατορθοῦται μόνῃ. τριττῆς γὰρ οὔσης τῆς φιλοσο-

1 οὐκ addidi 3 κἀν B 5 σαφήνειαν C 6 παθεῖν] fort. πονεῖν ἑαυτοὺς AC ἐτρίβομεν sic BC: ἐτρίβημεν A 8 τοῖς] desidero ἱκανοῖς οὖσι, V. Rose εἰωθόσι τὰ om. A 10 Ἀρχὴ — τμήματος] συμπληκίου ἐξήγησις in marg. ab alia manu A 15 εἰ τῷ B 17 τιθείημεν A 20 φθαρτά B 28 θεωρηθήσονται C[1]

φίας, θεολογικῆς, ἠθικῆς καὶ φυσικῆς, ἐν μὲν τῇ θεολογικῇ καὶ ἠθικῇ αὐτόθεν τοῦ προκειμένου ἐστὶ θεωρία ἡ περὶ ψυχῆς θεωρία· ζητοῦσα γὰρ περὶ τοῦ οἰκείου νοῦ εἰ χωριστός, εἰ ἀθάνατος, εὐθὺς ἐπιστρέφει καὶ πρὸς τὰ νοητὰ καὶ θεῖα εἴδη (πρός τι γὰρ νοῦς καὶ νοητόν) καὶ ζητεῖ τὰς ἐκεῖ τάξεις θεολογοῦσα· τῷ τε περὶ τῶν οἰκείων διεσκέφθαι δυνάμεων, ὁπόσαι τε καὶ ποῖαι, περὶ τῆς ἠθικῆς ἀρετῆς ἐστι πραγματεύεσθαι, εἴπερ ἀρετὴ κόσμος ψυχῆς, τοῦτο δ' εὐταξία τῶν ταύτης δυνάμεων, εὖ δὲ τάξαι ταύτας ἀδύνατον τὸν μὴ τὴν φύσιν ἐπεσκεμμένον αὐτῶν. πρὸς δὲ τὴν φυσικήν, ὅτιπερ ἀρχὴ τοῖς ζώοις καὶ ὡς ποιητικὴ (κινεῖ γὰρ ταῦτα μόνῃ βουλήσει καὶ οὐ διὰ μοχλείας τινός) καὶ ὡς εἰδική (κατὰ ψυχὴν γὰρ εἰδοπεποίηνται καὶ τοῦθ' ὅπερ εἰσὶν ἔμψυχα λέγονται) καὶ ὡς τέλος· ἕνεκα γὰρ τῆς ψυχῆς τὸ σῶμα· ταύτῃ τοι καὶ ὀργανικὸν πρὸς τὰς ἐκείνης ἐνεργείας ἀπετελέσθη. ἐπιζητοῦμεν οὖν θεωρῆσαι καὶ γνῶναι τήν τε φύσιν αὐτῆς καὶ τὴν οὐσίαν, εἶθ' ὅσα συμβέβηκεν ἐξ ἀνάγκης περὶ αὐτήν· ὧν τὰ μὲν ἴδια πάθη τῆς ψυχῆς εἶναι δοκεῖ, τὰ δὲ δι' ἐκείνην καὶ τοῖς ζώοις ὑπάρχειν, οἷον θυμός, θάρρος, αἴσθησις, νόησις καὶ τὰ ὅμοια. ἀναγκαία γὰρ ἡ περὶ αὐτῶν ἐνταῦθα σκέψις πρὸς τὴν λῆψιν τοῦ ὁρισμοῦ. ἐπεὶ δ' ἅπαξ ὅρῳ περιλαβεῖν τὴν τῆς ψυχῆς οὐσίαν προτεθυμήμεθα, δεῖ πρότερον ἀμηγέπη καθόλου περὶ ὁρισμῶν ἐπισκέψασθαι· ἧττον γὰρ ἂν παρέλκον δόξοι καὶ περιττόν, εἴ τι χρήσιμον ἐκεῖθεν τοῖς προκειμένοις φανήσεται. ἀγαπητὸν γάρ, εἰ καὶ ἰδίας τούτου τυχόντος πραγματείας ἀλλὰ μὴ κατὰ πάρεργον ἄν τις εἶχεν εὐκρινές τι λαβεῖν. πάντῃ γὰρ καὶ πάντως ἐστὶ χαλεπώτατον καὶ κοινῶς ἐπὶ πάντων τῶν ὄντων καὶ ἰδίως ἐπὶ ψυχῆς ἡ τῆς ὁριστικῆς μεθόδου σκέψις καὶ τὸ γνῶναι δὴ τὴν οὐσίαν ἑκάστου καὶ ὅ τι ἐστίν. ὧδε δ' ἐπιοῦσι δῆλον· πότερον μία τίς ἐστι μέθοδος, καθ' ἣν δυνατόν ἐστι πάντων τῶν ὄντων τοὺς ὁρισμοὺς λαβεῖν καὶ ἀποδοῦναι, ἢ πολλαί; τάχα γὰρ ἄν τῳ δόξειε μία τις εἶναι κατὰ πάντων περὶ ὧν βουλόμεθα γνῶναι τὴν οὐσίαν, ὥσπερ καὶ τῶν κατὰ συμβεβηκὸς ἰδίων ἀπόδειξις, ἣν ἀποδεικτικὴν ὀνομάζομεν. καὶ εἰ τοῦτο, ζητητέον ταύτην ἥτις ποτέ ἐστιν. εἰ δὲ μὴ μία τις καὶ κοινὴ μέθοδος ἀλλὰ πολλαί, ἔτι χαλεπώτερον γίνεται τὸ πραγματευθῆναι· δεήσει γὰρ λαβεῖν περὶ ἕκαστον, τίς ὁ τρόπος τῆς διαφορᾶς καὶ πόσαι καὶ τίνες τὸν ἀριθμὸν καὶ ποῖαι. ὅταν δὲ φανερὸν γένηται ὅτι τοσαίδε, οἷον δύο, καὶ ποῖαι, ὅτι ὑπογραφὴ αὗται καὶ ὁρισμός, ἔτι πολλὰς ἂν ἀπορίας καὶ πλάνας ὁ λόγος ἔχοι. ἑτέρα γὰρ πρὸς τούτοις τρίτη πάλιν ἡμᾶς διαδέχεται ζήτησις, ἐκ τίνων δεῖ ζητεῖν, καὶ ποίαις τῶν μεθόδων ἐπὶ ποίων πραγμάτων χρηστέον. καὶ τοῦτο εὑρόντες πάλιν ζητήσομεν· ἐπειδὴ γὰρ ὁ ὁρισμὸς ἐκ γενῶν ἐστι καὶ διαφορῶν, τί τὸ γένος τοῦ προκειμένου πράγματος καὶ τίνες αἱ διαφοραὶ καὶ πόσαι, ἃς δεῖ τῷ γένει συμπλέξαντας τὸν ὁρισμὸν ἀποδοῦναι. ἄλλαι γὰρ ἄλλων ἀρχαί, καθάπερ

---

1 μέντοι A   6 ὁποῖαι A   8 τῷ — ἐπεσκεμμένῳ corr. rec. A   9 βουλῇ B   14 εἶθ'] καὶ πρότερον A   ὧν — ὑπάρχειν (15) om. A   21 εἶχεν ἄν τις A   23 ἰδίας B   24 τοῦ γνῶναι A   27 βουλευόμεθα B   29 τίς AC   30 μὴ om. C   31 τὸ] περὶ τὸ A   32 ὁποῖαι AC   33 γίνηται B   ὁποῖαι A

ἀριθμοῦ καὶ ἐπιπέδου· τοῦ μὲν γὰρ τὸ διωρισμένον, τοῦ δὲ τὸ συνεχὲς ποσὸν ἐξηρημέναι ἀρχαί, στοιχειώδεις δὲ καὶ συντεταγμέναι καὶ ὑλικαὶ τοῦ μὲν ἡ μονὰς τοῦ δὲ τὸ σημεῖον, ἡ μὲν συντιθεμένη τὸ δὲ ῥυισκόμενον. καὶ οὕτω μὲν κοινῶς καὶ καθ' αὐτὴν ὑπάρχει τῇ σκέψει τὸ χαλεπόν. ἰδίως δὲ ζητοῦντες περὶ ψυχῆς ἔτι μᾶλλον ἂν δυσχεραίνοιμεν· πρῶτον γὰρ ἴσως ἀναγκαῖον διελεῖν, ἐν τίνι τῶν γενῶν ἐστιν ἡ ψυχή, δέκα ὄντων τῶν πρώτων, λέγω δὲ πότερον τόδε τί ἐστι καὶ οὐσία ἢ ποσὸν ἢ ποιὸν ἢ καί τις ἄλλη τῶν διαιρεθεισῶν κατηγοριῶν. ἄλλοι γὰρ ἄλλως περὶ αὐτῆς ἀπεφήναντο οἱ τὸν ὁρισμὸν ζητοῦντες, οἱ μὲν οὐσίαν θέμενοι, οἱ δὲ ποσόν, οἱ δὲ ποιόν· εἰσὶ δ' οἳ καὶ ἐπὶ τὸ πρός τι ἀνήγαγον. οὐσίας δὲ ὑποτεθείσης ἔτι λείπεται ζήτησις, πότερον τῶν ἐν δυνάμει ὄντων ἐστὶν ἢ μᾶλλον ἐντελέχεια, εἴτ' οὖν σῶμα (τοῦτο γὰρ τῶν ἐν δυνάμει ἀεὶ διὰ τὴν μεταβολὴν) ἢ ἀσώματον· διαφέρει γὰρ οὔτι σμικρὸν οὕτως ἢ ἐκείνως· καὶ εἰ σῶμα ἁπλοῦν ἢ σύνθετον. ἐπεὶ δὲ οὐ σῶμα, πότερον χωριστὴ καὶ ἀθάνατος ἢ ἀχώριστος· καὶ πότερον πολλαὶ ἐν ἑκάστῳ ψυχαὶ ἢ μία· καὶ εἰ πολλαί, τῷ ἀριθμῷ ἢ καὶ τῷ εἴδει· καὶ εἰ τῷ εἴδει, τούτῳ μόνῳ ἢ καὶ τῷ γένει. περὶ γὰρ πάσης ψυχῆς ἡμεῖς σκοπῆσαι προεθυμήθημεν, οὐχ ὥσπερ ἕτεροι, οἳ περὶ τῆς ἀνθρωπίνης μόνης ζητεῖν ἐοίκασιν. εἰ μὲν οὖν ἕν τι κοινὸν κατηγορεῖται πασῶν, εὐλαβητέον τοῦτο ὅπως μὴ λάθῃ γένος ὄν· καὶ δεῖ συνωνύμως κατηγορεῖσθαι καὶ ἕνα ἐπὶ πάσαις ἁρμόττειν λόγον. εἰ δὲ μὴ τὸ κοινὸν γένος ἀλλ' ὁμώνυμόν τι, καὶ τοὺς λόγους δεῖ πάλιν ἑτέρους ἀνάγκῃ διαφόρους καθ' ἑκάστην εἶναι, ὥσπερ ἀνθρώπου καθὸ ἀνθρώπου ἕτερος ⟨ἢ⟩ ἵππου καὶ βοὸς ὁ λόγος. παραιτούμεθα δὲ καὶ τοὺς διὰ ταῦτα τὰς ἰδέας πρεσβεύοντας· τὸ γὰρ καθόλου καὶ ἐν ταῖς διανοίαις ζῷον ἤτοι οὐδέν ἐστιν ἢ ὕστερον. εἰ δὲ μὴ πολλαὶ κατ' εἶδος, ἀλλὰ μία ἐν ἑκάστῃ φύσει, πότερον ἀμέριστος αὕτη καὶ ἀδιαίρετος ἢ μεριστή τις καὶ πολυδύναμος. καὶ εἰ μὲν μεριστὴ καὶ διαφόροις χρῆται δυνάμεσι, τίνα πρὸς ἄλληλα καὶ πρὸς τὴν ὅλην τὰ μέρη τὴν σύνταξιν ἔχει, οἷον λογικόν, θυμικόν, ἐπιθυμητικόν, ἔτι δὲ αἰσθητικὸν καὶ νοητικὸν καὶ τἆλλα. τούτοις γὰρ πᾶσι καλῶς διαιτῆσαι χαλεπόν· ἔτι καὶ τὸ διορίσαι ποῖα τούτων πέφυκεν ἕτερα ἀλλήλων. λαβόντες δὲ καὶ ταῦτα ἔτι πάλιν ἐπαπορήσωμεν, πόθεν ἀρκτέον τῆς διδασκαλίας, πότερον ἐκ τῶν μορίων ἢ ἐκ τοῦ ὅλου, καὶ δεῖ πρότερον λαβεῖν τὴν ὅλην ψυχὴν ἢ τὰ μόρια· καὶ γὰρ δόξειεν ἂν ἑκάτερον εὔλογον. τό τε γὰρ τὰ ἁπλᾶ πρὸ τῶν συνθέτων γνωρίζειν σαφέστερον, καὶ ἀθρόως ἐντυχόντι πολλάκις τῷ πράγματι μᾶλλόν τι καὶ περὶ τῶν μερῶν εἰπεῖν εὐπετὲς ἐγένετο. καὶ εἰ τὰ μόρια, ἐπεὶ ταῖς δυνάμεσιν αἱ ἐνέργειαι ἕπονται (πᾶσα γὰρ ἐνέργεια ἐκ δυνάμεως, καὶ δύναμις ἐξ οὐσίας) καὶ ἀδηλότεραι μὲν αἱ οὐσίαι καὶ δυνάμεις, δῆλαι δὲ αἱ ἐνέργειαι, σταθμώμεθα δὲ

4 κοινῶ C 7 τὸ δὲ B 12 τῶν om. AC 13 διαφέροι corr. A ἐκείνως ἢ ἐκείνως B 18 μόνης om. C ἓν om. C 19 λάθοι τε A 22 ante διαφόρους add. καὶ A 23 ἢ addidi 27 μὲν om. A 30 χαλεπά A τούτων ποῖα A 32 πότερον λαβεῖν B 33 τὴν om. B 34 παρὰ τῶν A[1] 36 ἐπὶ B 37 ἀδηλότεροι A

τὰς ἕξεις ἐκ τῶν ἐνεργειῶν, ὅταν περὶ τῶν μερῶν τῆς ψυχῆς ζητῶμεν, πρότερον αὐτὰ λάβωμεν ἢ τὰ ἔργα αὐτῶν, οἷον τὸ νοεῖν ἢ τὸν νοῦν, τὸ αἰσθάνεσθαι ἢ τὸ αἰσθητικόν· ὁμοίως δὲ καὶ ἐπὶ τῶν ἄλλων. ἐὰν δὲ τὰ ἔργα πρότερον ἤτοι τὰς ἐνεργείας δεῖ λαβεῖν, αὗται δὲ τῶν πρός τι, οἷον ἡ νόησις τοῦ νοητοῦ καὶ ἡ αἴσθησις τοῦ αἰσθητοῦ καὶ τοῦ φανταστοῦ ἡ φαντασία, τὸν δὲ εἰδότα τι τῶν πρός τι συννοεῖν ἀνάγκη καὶ τὸ πρὸς ὃ τοῦτο λέγεται, πάλιν ἄν τις ἀπορήσειεν, ἐάν τε τὰ ἀντικείμενα πρότερον τούτων ζητητέον, οἷον τὸ αἰσθητὸν τοῦ αἰσθητικοῦ καὶ τοῦ φανταστικοῦ τὸ φανταστὸν καὶ ἐπὶ τοῖς ἄλλοις οὕτως. εἰ γὰρ σαφηνείας δεῖ, ἐκ τῶν ἀντικειμένων δεῖ· σαφέστερα γὰρ τὰ περὶ ἃ ἐνεργοῦσι τῶν ἐνεργειῶν. ὑπεξῃρήσθω δὲ τὰ περὶ τοῦ νοῦ καὶ τοῦ νοητοῦ. νοῦ γὰρ τὸ νοητὸν δυσληπτότερον· ὁ μὲν γὰρ ἡμέτερος, τὸ δὲ ὑπὲρ ἡμᾶς. τοσούτων δ' ἂν καὶ ἔτι πλειόνων δυσχερειῶν ὁ περὶ τούτων γέμων φανείη λόγος, εἰ καθ' ἕκαστον ἐπεξίοι τις. ἡμεῖς δὲ λεληθότως καὶ τὸν διδασκαλικὸν τῆς πραγματείας τρόπον ὑπεδηλώσαμεν, ἀεὶ κἀν τῇ διαιρέσει ὡς ἀληθὲς τὸ προσληφθὲν τιθέμενοι, καὶ ὡς ἀπὸ τῶν τελευταίων ἐπὶ τὰ πρότερα βαδιούμεθα. ἀλλ' ἐνταῦθα στάντες ἐκεῖνο λέγομεν, ὡς οὐ μόνον τὸ τί ἐστι γνῶναι καὶ ἡ τοῦ ὁρισμοῦ λῆψις χρήσιμος πρὸς τὸ θεωρῆσαι τὰς αἰτίας τῶν συμβεβηκότων ταῖς οὐσίαις, ὥσπερ ἐν γεωμετρίᾳ πρὸ τῶν θεωρημάτων τοὺς ὅρους γινώσκομεν, οἷον εὐθὺ τί ἐστιν, οὗ τὰ μόρια ἐξ ἴσου καὶ οὗ τὸ μέσον τοῖς ἄκροις ἐπιπροσθῇ, καὶ καμπύλον τοὐναντίον καὶ γραμμὴ τόδε καὶ ἐπίπεδον τόδε, πρὸς τὸ κατιδεῖν πόσαις ὀρθαῖς αἱ τρεῖς τοῦ τριγώνου γωνίαι ἴσαι (στοιχεῖα γὰρ ἐκεῖνα τῶν ἑξῆς καὶ ἀρχαὶ ἀποδείξεως), ἀλλὰ καὶ ἀνάπαλιν τὰ συμβεβηκότα συμβάλλεται μέγα μέρος πρὸς τὸ εἰδέναι τί ἐστι καὶ λαβεῖν τὸν ὁρισμόν. ἐπὰν γὰρ κατὰ διάνοιαν τὰ προσόντα ἐναργῶς τῷ πράγματι συναγάγωμεν, εἴτε ἐξ αἰσθήσεως διὰ πείρας εἴτε ἐκ τῆς κοινῆς λαβόντες ἐννοίας καὶ ὁμολογίας, καὶ ἔχωμεν ἀποδιδόναι ἐντὸς καὶ κατὰ τὴν φαντασίαν περὶ τῶν συμβεβηκότων ἢ πάντων ἢ τῶν πλείστων, τότε καὶ περὶ τῆς οὐσίας ἕξομέν τι λέγειν, ὡς ἐν ἄλλοις τε πολλοῖς καὶ ἐν τοῖς Φυσικοῖς ὁ περὶ τόπου καὶ κενοῦ τεθήρευται λόγος. πᾶσα γὰρ ἐπιστήμη τρισὶ διατρίβει τούτοις· ἢ γὰρ αὐτὸ τὸ πρᾶγμα ζητεῖ ἢ τὰ ἐν αὐτῷ ἢ καὶ ἄμφω, καὶ ἢ καθ' αὑτὰ ἢ πρὸς ἕτερα. ὧν τὸ μὲν ὁρισμὸς τὸ δὲ ἀπόδειξις· ἄνω δὲ καὶ κάτω συμβεβηκὸς λέγοντας ἰστέον ὅτι διττόν, τὸ μὲν ὃ καὶ ἀντιδιῄρηται ταῖς οὐσίαις καὶ καθ' αὑτὸ οὐχ ὑφέστηκε καὶ οὔτε παρὸν σῴζει καὶ ἀπὸν οὐ φθείρει, ὃ δὴ καὶ πρὸς ἐπιστήμην ἀσυντελές, οἷον τὸ λευκόν, τὸ μέλαν· τὸ δὲ ὃ καθ' αὑτὸ ταῖς οὐσίαις ὑπάρχει καὶ ἐξ ἀνάγκης, οἷον τὸ ζῷον τῷ ἀνθρώπῳ καὶ τῷ τριγώνῳ τὸ σχῆμα. καὶ τούτων τὰ μὲν καθ' αὑτὸ μόνον προσεῖναι τοῖς πράγμασι λέγεται, ὡς τὰ γένη καὶ αἱ ἐπὶ

2 πρότερον scripsi: πότερον libri λάβομεν AC 3 καὶ τὸ αἰσθητικόν AC 4 ἢ τὰς B 13 γέμειν AC 15 κἂν C ἀληθὲς τὸ προσληφθὲν scripsi: ἀληθεῖ τῷ προσληφθέντι libri 17 τὸ] τῷ C 20 οὗ μὴ τὸ μέσον B¹AC 27 ἔχωμεν scripsi: ἔχομεν codices 29 ἐν τοῖς Φυσικοῖς] Phys. Δ 4—8 30 τόπον B 33 λέγοντας scripsi: λέγοντες B: λέγουσιν CA 36 οἷον τῷ C 37 τῷ σχῆμα pr. C

πλέον διαφοραί, τὰ δὲ καὶ πρώτως, ὡς τὰ οὐσιώδη ἴδια, οἷον τὸ νοῦ καὶ ἐπιστήμης δεκτικὸν τῷ ἀνθρώπῳ, καὶ τῷ τριγώνῳ τὸ τὰς τρεῖς γωνίας δυσὶν ὀρθαῖς ἴσας ἔχειν, καὶ τὸ τριχῇ διαστατὸν τῷ σώματι. ἔτι πᾶν μὲν τὸ πρώτως καὶ καθ' αὑτό, οὐ πᾶν δὲ τὸ καθ' αὑτὸ ἤδη καὶ πρώτως. ἐκ δὲ τῶν πρώτως ὑπαρχόντων καὶ καθ' αὑτὸ αἱ ἀποδείξεις προέρχονται. διττὴ δὲ καὶ ἡ ἀπόδειξις, ἥ τε κυρίως ἡ ἐκ τῶν αἰτίων πιστουμένη τὰ αἰτιατὰ καὶ ἐκ τῶν καθόλου τὰ μερικὰ καὶ ἐκ τῶν προτέρων τὰ ὕστερα, ὡς ὁ ἄνθρωπος ζῷον διὰ μέσου τοῦ λογικοῦ, καὶ ἡ τεκμηριώδης ἡ ἐκ τῶν ὑστέρων, ὡς σφαιροειδῆ τὰ οὐράνια, ὅτι καὶ ἡ σελήνη, ἡ δέ, ὅτι τοιῶσδε φωτίζεται. ἐπεὶ δὲ τὰ περὶ τούτων μετρίως διήτηται, † ἴωμεν τοῖς ἑξῆς καὶ τὴν περὶ ψυχῆς θεωρίαν κατὰ τὸν δεύτερον τῶν ὑφηγημένων θηρῶμεν τρόπον·. ἐπεὶ γὰρ ἄδηλος εὐθὺς ἀπαντῶσιν ἡ τοῦ τί ἐστι γνῶσις, διὰ τῶν φαινομένων περὶ αὐτὴν καὶ ἐναργῶν παθημάτων τὸν ὁρισμὸν ζητῆσαι προήχθημεν. ἔχει δὲ ἀπορίαν εὐθύς, πότερον ἅπαντα ταῦτα κοινὰ καὶ τοῦ ἔχοντος εἴτ' οὖν τοῦ συναμφοτέρου ψυχῆς καὶ σώματος, ἢ ἐστί τι καὶ τῆς ψυχῆς αὐτῆς ἴδιον μὴ κοινωνούσης σώματι· καὶ γὰρ τοῦτο λαβεῖν μὲν ἀναγκαῖον, οὐ ῥᾴδιον δέ. φαίνεται δὲ τῶν μὲν πλείστων οὐδὲν ἄνευ τοῦ σώματος πάσχειν οὐδὲ ποιεῖν, οἷον ὀργίζεσθαι, θαρρεῖν, ἐπιθυμεῖν, ὅλως αἰσθάνεσθαι. μάλιστα δὲ ἔοικεν ἴδιον τὸ νοεῖν· εἰ δ' ἐστὶ καὶ τοῦτο φαντασία τις ἢ μὴ ἄνευ φαντασίας, οὐκ ἐνδέχοιτ' ἂν οὐδὲ τοῦτο ἄνευ σώματος εἶναι. εἰ μὲν οὖν ἐστί τι τῶν τῆς ψυχῆς ἔργων ἢ παθημάτων ἴδιον καὶ δύναται περί τι ἐνεργεῖν καὶ συνοῦσα σώματι μὴ προσχρωμένη σώματι, ἐνδέχοιτ' ἂν αὐτὴν καὶ χωρίζεσθαι· εἰ δὲ μηθέν ἐστιν ἴδιον αὐτῆς, οὐκ ἂν εἴη χωριστή, ἀλλὰ καθάπερ τόδε τὸ εὐθὺ τὸ ἐν χαλκῷ ἢ ἐν λίθῳ, ᾗ εὐθύ, πολλὰ συμβαίνει, οἷον τὸ ἅπτεσθαι τῆς χαλκῆς σφαίρας κατὰ στιγμήν (οὕτω γὰρ ἐν γεωμετρίᾳ λέγεται ἅπτεσθαι τὴν εὐθεῖαν καὶ τὸ ἐπίπεδον τῆς σφαίρας καὶ τοῦ κύκλου κατὰ σημεῖον), οὐ μέντοι ἅψεται χωρισθὲν τοῦ ὑποκειμένου τὸ εὐθὺ εἴτ' οὖν ἡ εὐθύτης αὐτή, ὅτι οὐδὲ ὑπομένει καὶ ἀχώριστος ἄλλως, ὅτι ἀεὶ μετὰ σώματος. εἰ οὖν καὶ τὰ περὶ τὴν ψυχὴν οὕτως ἔχει (ἀναλογείτω γὰρ τῇ μὲν εὐθύτητι ἡ ψυχή, τὸ συναμφότερον δὲ τῷ ἀπευθυσμένῳ σώματι, τὰ δὲ αἰσθητὰ καὶ ὧν ἀντιλαμβάνεται ψυχὴ τῇ χαλκῇ σφαίρᾳ), οὐκ ἂν εἴη χωριστὴ ἡ ψυχὴ οὐδ' ἀθάνατος, ἀλλ' οἴχεται διαζυγεῖσα σώματος. μήποτ' οὖν, ὥσπερ τὸ αἰσθητὸν εὐθὺ τῆς αἰσθητῆς σφαίρας ἥπτετο καὶ τὸ νοητὸν τῆς νοητῆς (λέγεται γὰρ καὶ ταῦτα), ταῦτ' ἄρα δήπου καὶ ἡ ψυχὴ ἀπαλλαγεῖσα σώματος τῶν μὲν αἰσθητῶν εἰδῶν οὐδενὸς ἀντιλήψεται, τῶν θείων δὲ μόνων καὶ νοητῶν. ἀλλ' ὅτι μὲν ἡ λογικὴ ψυχὴ καὶ ἀθάνατος καὶ ἀνώλεθρος προϊοῦσιν ἀποδειχθήσεται· νυνὶ δ' ἐνταῦθα κείσθω. ἐκεῖνο δὲ δήπου φανερόν, ὡς τά γε τοιαῦτα πάθη τῆς ψυχῆς, οἷον φόβος, πραότης, θυμός, ἔτι δὲ δήπου χαρὰ

10 ἴωμεν] fort. ἐπίωμεν 22 δύνατον B 24 legendum est τῷδε τῷ εὐθεῖ τῷ αὐτῷ post λίθῳ addendum cf. Torstrikii De anima ed. p. 114 25 εὐθεῖ B 27 μέντοι καὶ A: μέντοι γε C 30 τὴν om. B 35 δήπου om. B 36 μόνον A 39 δήπου om. AC χαρὰ om. B

καὶ τὸ φιλεῖν τε καὶ μισεῖν καὶ ἕτερά που πλεῖστα μετὰ σώματός εἰσιν· ἅμα γὰρ τούτοις πᾶσιν ἐπιπάσχει τι τὸ σῶμα καὶ συνδιατίθεται. τῇ μὲν γὰρ ὀργῇ τὸ περὶ καρδίαν συγκινεῖται αἷμα, διαχεῖται δὲ τῇ ἐπιθυμίᾳ τὸ ἧπαρ καὶ ὑπ' αἰδοῦς τὸ πρόσωπον ἐρυθραίνεται, ὡς περὶ τὴν ἐπιφάνειαν χυθέντος τοῦ αἵματος· ὠχρίασις δὲ τούτου ἡ πρὸς τὰ ἔνδον ἀποφυγή. μηνύει δὲ καὶ τὸ ποτὲ μὲν ὑπὸ ἰσχυρῶν καὶ ἐναργῶν παθημάτων συμβαινόντων μηδὲν παροξύνεσθαι, ἐνίοτε δὲ ὑπὸ σμικρῶν καὶ ἀμαυρῶν κινεῖσθαι, ἐὰν ὀργᾷ τὸ σῶμα καὶ οὕτως ἔχῃ ὥσπερ ὅταν ὀργίζηται. καὶ καθ' ἕνα μὲν τρόπον ἐκ τούτων δείκνυται μὴ μόνης εἶναι ταῦτα ψυχῆς, καθ' ἕτερον δὲ ὅτι οἱ κεκραμένοι τοιῶσδε ἐκ φύσεως, οἵαν ἴσχει τὸ σῶμα κρᾶσιν ἐν τῇ κινήσει τῶν τοιῶνδε παθῶν, τοιοίδε εἰσὶ φύσει. ἔνθεν ἐπιτήδειοι μὲν οἵδε πρὸς θυμόν, ὅτι τοιῶσδε κέκρανται, οἱ δὲ πρὸς φόβον, ὡς μηδενὸς φοβεροῦ συμβαίνοντος ἐν τοῖς πάθεσιν γίνεσθαι τοῖς τοῦ φοβουμένου. καὶ μεθυσθέντες τινὲς ὀργιλώτεροι γίνονται ἢ δειλότεροι ἢ θρασύτεροι ἢ ἀναιδέστεροι, ὅπως ἂν κράσεως ἔχοιεν. καὶ ἐκ νόσου δὲ ἄν τις γένοιτο ἐπιτηδειότερος πρὸς ὀργήν. καὶ τὰ τοιάδε σιτία τὸ συνουσιαστικὸν σβεννύουσι, καὶ τὰ τοιάδε ἀνάπτουσι. καὶ ὀργιλώτεροι μὲν οἱ μελαγχολικώτεροι, συνουσιαστικώτεροι δὲ οἱ πρὸς τὸ θερμότερον καὶ ὑγρότερον ῥέποντες, εὐφυεῖς δὲ καὶ ὀξεῖς πρὸς τὴν διάνοιαν οἷς ξηρότερος ὁ ἐγκέφαλος. ἐντεῦθεν οἱ φιλοσοφίας μεταποιούμενοι τὴν μετρίαν αἱροῦνται καὶ ξηροτέραν δίαιταν· τὸ γὰρ "παχεῖα γαστὴρ λεπτὸν οὐ τίκτει νόον" καὶ "ψυχὴ ξηροτέρη σοφωτέρη" ἀληθῶς λέγεται. ἔνθεν καὶ τοῖς ἰατροῖς ἐπῆλθεν εἰπεῖν ἕπεσθαι τὰς τῆς ψυχῆς δυνάμεις ταῖς τοῦ σώματος κράσεσιν. εἰ δ' οὕτω, ταῦτα τὰ πάθη δῆλον ὅτι λόγοι ἔνυλοί εἰσι καὶ οὐ καθ' αὑτά, ἐν ὕλῃ δὲ τὸ εἶναι ἔχουσιν. ὥστε καὶ οἱ ὅροι τοιοῦτοι, οἷον τὸ ὀργίζεσθαι κίνησις τοῦ τοιουδὶ σώματος ἢ μέρους ἢ δυνάμεως ὑπὸ τοῦδε εἵνεκα τοῦδε· ζέσις γὰρ τοῦ περὶ καρδίαν αἵματος ὑπὸ τοῦ παροξύνοντος, δι' ὄρεξιν ἀντιλυπήσεως. δεῖ γὰρ ἐν τοῖς τοιούτοις ὅροις μετὰ τοῦ εἴδους καὶ τὴν ὕλην παραλαμβάνεσθαι. καὶ διὰ ταῦτα φυσικοῦ τὸ θεωρῆσαι περὶ ψυχῆς ἢ πάσης, εἰ πᾶσα ἀχώριστος, ἢ τοιαύτης, τῆς μετὰ τῆς ὕλης. διαφερόντως δ' ἂν ὁρίσαιτο ὁ φυσικός τε καὶ διαλεκτικὸς ἕκαστον αὐτῶν, λέγω δὴ τῶν τῆς ψυχῆς παθημάτων, οἷον ὀργὴ τί ἐστιν· ὁ μὲν γὰρ ἐρεῖ ὄρεξιν ἀντιλυπήσεως ἤ τι τοιοῦτον, ὁ δὲ ζέσιν τοῦ περικαρδίου αἵματος ἢ τοῦ θερμοῦ. τούτων δὲ ὁ μὲν τὴν ὕλην ἀποδίδωσιν, ὁ δὲ τὸ εἶδος καὶ τὸν λόγον. χρειωδέστερος δὲ παρὰ τούτους ὁ καὶ ἀμφότερα. εἰ γὰρ ἀνάγκη τὸν λόγον τόνδε τοῦ πράγματος ἐν ὕλῃ τοιᾷδε εἶναι, ὥσπερ εἰ οἰκίας ὁ λόγος οὗτος εἴη, σκέπασμα κωλυτικὸν φθορᾶς ὑπ' ἀνέμων καὶ ὄμβρων καὶ καυμάτων, ὕλη δὲ αὐτοῦ λίθοι, πλίνθοι, ξύλα καὶ τὰ τοιαῦτα, οὐκ ἂν τούτων ἑκάτερος εἴη τέλειος οὐδὲ φυσικὸς κυρίως. οὔτε γὰρ ὁ περὶ τὴν ὕλην, τὸν δὲ λόγον

1 που om. A 3 γὰρ om. B 7 μηδὲ A 10 κεκραμμένοι BC κρᾶσιν τὸ σῶμα AC 11 τοιοῦτοι AC 14. 17 ὀργιλότεροι BC 19 πρὸς om. AC 23 τὰς ψυχικὰς δυνάμεις A 24 παθήματα C δηλονότι libri 33 περὶ καρδίαν AC 35 περὶ AC τόδε A 37 δὲ scripsi: ἂν libri 38 καὶ πλίνθοι B

ἀγνοῶν, οὔτε ὁ περὶ τὸν λόγον μόνον, ἀλλ' ἢ μᾶλλον ὁ ἐξ ἀμφοῖν. ὥστε τῶν τοιουδὶ σώματος καὶ τῆς τοιαύτης ὕλης ἔργων καὶ παθῶν περὶ μὲν τῶν κοινοτέρων καὶ καθολικῶν ὁ φυσικὸς σκέψαιτο, περὶ δὲ τῶν τινῶν καὶ μερικῶν τεχνίτης, ἂν τύχῃ, τέκτων ἢ ἰατρός· τῶν δὲ μὴ χωριστῶν ⟨μὲν⟩, ᾗ δὲ μὴ τοιούτου σώματος πάθη καὶ ἐξ ἀφαιρέσεως, ὁ μαθηματικός· ᾗ δὲ κεχωρισμένα, ὁ πρῶτος φιλόσοφος. εἰ δὲ δεῖ τι καὶ σαφέστερον εἰπεῖν περὶ τούτων ἐπειγομένους καὶ κατὰ πάρεργον, ὧδ' ἂν ἔσται. τριῶν δὴ τούτων ἐν τοῖς φυσικοῖς θεωρουμένων πράγμασιν, ὕλης, εἴδους καὶ τῆς αἰτίας, καθ' ἣν ἐν τῇ ὕλῃ τὸ εἶδος ἔνεστι, πέντε περὶ ταῦτα καταγίνονται μέθοδοι, φυσική, ἡ κατὰ μέρος τέχνη, διαλεκτική, μαθηματικὴ καὶ ἡ πρώτη φιλοσοφία. ἄλλη δὲ ἄλλως ἐπιβάλλει περὶ αὐτῶν καὶ διαφόρους τὰς ἐνεργείας ἴσχουσι. καὶ φυσικοῦ μὲν ἔργον ἡ περὶ τῶν τριῶν σκέψις· πάντα γὰρ αὐτῷ ἀνεῖται. ζητήσει γάρ, τίς ἡ ὕλη τῶν προκειμένων, οἷον τί τὴν ὕλην εἰσὶ τὰ οὐράνια, πότερον ἐκ τῶν τεσσάρων ἤ τι πέμπτον σῶμα καὶ ἕτερον, καὶ τὸ εἶδος ὅτι σφαιρικά· ζητήσει δὲ καὶ τὴν αἰτίαν δι' ἥν, ἀποδώσει δὲ καὶ σύστοιχον αὐτοῖς καὶ ἐξ ἧς πρὸς τὰ πρὸ αὐτῶν ἔχουσι σχέσεως. ἐρεῖ γὰρ ἢ διότι πολυχωρητότατον σχημάτων καὶ διὰ τοῦτο τῷ τὰ πάντα ὑποδεξομένῳ καὶ περιάξοντι οὐρανῷ τὸ σφαιρικὸν πρεπωδέστατον, ἢ ὡς αἰδίῳ τὸ μήτε ἀρχὴν ἔχον σχῆμα μήτε τέλος κατάλληλον· ἀφανῆ γὰρ ἐν κύκλῳ καὶ ἄμφω τὰ πέρατα. ὁριεῖται δὲ αὐτὸν καὶ ἐκ τῆς πρὸς τὰ ὑπὲρ αὐτὸν νοητὰ σχέσεως· εἴποι γὰρ ὡς διὰ τοῦτο κύκλῳ φέρεται, ὅτι νοῦν μιμεῖται· νοῦ γὰρ ἡ εἰς ἑαυτὸν σύννευσις. ὁ δὲ ἐν μέρει τεχνίτης ποιεῖται μὲν καὶ αὐτὸς περὶ τῶν τριῶν τὴν διατριβήν, καθὰ δὴ καὶ ὁ φυσικός, οὐχ ὡσαύτως δέ. τῷ μὲν γὰρ τό τε ὑποκείμενον μερικόν, οἷον τῷ ἰατρῷ τὰ ἀνθρώπινα σώματα, καὶ αἱ προσεχεῖς ζητοῦνται αἰτίαι, ἐκείνου τὰς ἀνωτάτω καὶ τὴν καθόλου ἐπισκεπτομένου φύσιν. ὁ δὲ διαλεκτικὸς ἀποδώσει τοὺς ὁρισμοὺς ἔκ τε τοῦ εἴδους καὶ τῆς αἰτίας, καὶ ταῦτα ἐπιπολαίως. ὁ μέντοι μαθηματικὸς τῶν ἐξ ἀφαιρέσεως εἰδῶν τοὺς ὁρισμοὺς πραγματευόμενος οὐδὲν ὑπολογιεῖται τὴν ὕλην οὐδὲ τῇ αἰτίᾳ προσχρήσεται ὡς αὐτὰ καθ' αὑτὰ περαινόμενος. ἔνυλα οὖν καὶ αὐτῷ τὰ εἴδη καὶ ἄλλως ἀχώριστα ἢ τῇ ἐπινοίᾳ, ὁποῖα τὰ κοινὰ αἰσθητά. σαρκὸς γὰρ καὶ ὀστοῦ καὶ τῶν λοιπῶν ὁμοιομερῶν ἀχώριστα τῆς ὕλης τὰ εἴδη καὶ κατ' αὐτὴν τὴν ἐπίνοιαν· τὸ γὰρ μαλθακὸν καὶ ὑγρὸν καὶ ἐρυθρὸν καὶ ἐξ ὧν ἄλλων εἰδοποιεῖται σὰρξ ἅμα τῷ νοηθῆναι συνεπινοουμένην ἔχει τὴν οἰκείαν ὕλην, ὅθεν ἀφαιρουμένης τῆς ὕλης καὶ αὐτὰ συναφῄρηνται· καὶ σαρκὸς μὲν καὶ ὀστοῦ εἶδος οὐκ ἂν ἐν ἄλλῳ γένοιτ' ἄν, ὅτι τῆς οἰκείας ὕλης ἀχώριστα· σχῆμα δὲ τὸ αὐτὸ καὶ λίθῳ καὶ ξύλῳ ὑπάρξειεν ἄν. περὶ δὲ τῶν πάντη χωριστῶν καὶ ἀύλων ὁ πρῶτος φιλόσοφος διαλέξεται. ἔνεισι γὰρ οἱ τῶν

---

3 τῶν τινῶν cf. Torstrikii ed. p. 116 4 μὲν addidi 7 ante ἐπειγομένους add. ὡς A 11 ἐπιβάλλη C διαφόρους τὰς ἐνεργείας om. pr. A, in margine add. alia m. 16 ἐξῆς C: ἐξῆς A 17 πολυχωρητότατον AC Philoponus: πολυχωρότατον erasis duabus litteris B 20 πέρα C αὐτῶν C 21 νοητὸν B 22 σύνευσις C 24 τό τε] τῷ τὸ B 27 ἐπιπολέως C 30 αὐτῷ scripsi: αὐτὰ A: αὐτῇ BC 34 τὴν οἰκεῖαν ἔχει AC 37 ὑπῆρξεν B

ἐνύλων εἰδῶν ἐν τῇ ἡμετέρᾳ ψυχῇ λόγοι, καὶ πρὸ τούτων ἐν τῷ δημιουργῷ νῷ οἱ καὶ ἐξῃρημένοι. τῶν δὲ ἐν τῇ ψυχῇ λόγων οἱ μέν εἰσι διαστατοὶ καὶ μεριστοὶ οἱ κατὰ φαντασίαν, οἱ δὲ ἀμέριστοι καὶ ἑνιαῖοι οἱ ἐν τῷ λογιστικῷ. τρίγωνα μὲν γὰρ καὶ τετράγωνα διαστατά, ἀνθρώπου δὲ λόγος καὶ ζῴου ἀμερῆ. καὶ γεωμέτρης μὲν πρὸς τὰ κατὰ τὴν φαντασίαν, ὁ πρῶτος δὲ φιλόσοφος περὶ τῶν ἐν τῷ λογιστικῷ σπουδάσεται καὶ τῶν ἐν τῷ δημιουργῷ. διαφέρουσι δὲ οὗτοι τῷ τοὺς μὲν εἰκόνας εἶναι τῶν πρώτων τοὺς ἐν τῇ ψυχῇ καὶ γνωστικοὺς τῶν πραγμάτων, τοὺς δὲ ἀρχέτυπα καὶ ποιητικούς. καὶ ὁπόταν μὲν περὶ τῶν ποιητικῶν διαλέγηται, ὡς θεωρητικὸς ἐνεργήσει, ὡς καθαρτικὸς δὲ ὅταν περὶ τῶν ἐν τῇ ψυχῇ· ἐπιστρέφει γὰρ πρὸς ἑαυτὸν καὶ γινώσκει τὴν ψυχήν, καὶ τοῦτο ὄντως κάθαρσις, ἡ δι' ἐπιστήμης τῆς ἀγνοίας καὶ τῶν παθῶν ἀπολύτρωσις. ἀλλ' ἐπανιτέον τὸν λόγον εἰς ταῦτα ἀφ' οὗπερ ἐξήλθομεν. ἐλέγομεν οὖν ὅτι τὰ πάθη τῆς ψυχῆς οὐ χωριστὰ τῆς φυσικῆς ὕλης τῶν ζῴων, ᾗ δὴ τοιαῦθ' ὑπάρχει, θυμός, φόβος, καὶ οὐχ ὥσπερ γραμμὴ οὐδ' ἐπίπεδον· καὶ διὰ τοῦτο τῷ φυσικῷ τῶν ἄλλων ἡ περὶ αὐτῶν ἀφώρισται πραγματεία.

12 Ἐπεὶ δὲ ἐπισκοποῦμεν περὶ ψυχῆς, ἀναγκαῖον προδιελθόντας τὰς τῶν προτέρων δόξας καὶ ἅμα ἀποροῦντας περὶ ὧν ἀπορεῖν δεῖ, συμπαραλαμβάνειν καὶ ὅσοι τι περὶ αὐτῆς ἀπεφήναντο, ὅπως τὰ μὲν εἰρημένα καλῶς λάβωμεν, εἴ τι δὲ μὴ καλῶς, τοῦτο εὐλαβηθῶμεν. μὴ λάθωμεν δὲ παρέντες καὶ ὃν ἄνωθεν ὑφηγησάμεθα τρόπον τῆς καταλήψεως, τὸν ἐκ τῶν φαινομένων τὴν οὐσίαν γνωρίζοντα. ἀλλ' ἔστω ἀρχὴ τῆς ζητήσεως καὶ οἱονεί τινα λήμματα καὶ τοῖς περὶ ψυχῆς λόγοις τὰ μάλιστα δοκοῦντα ὑπάρχειν αὐτῇ κατὰ φύσιν καὶ ἃ τοῖς πολλοῖς ὡμολόγηται. ταῦτα δὲ τὸ κινεῖσθαι, τὸ γινώσκειν τε καὶ αἰσθάνεσθαι, καὶ πρὸς τούτοις τὸ λεπτότατόν τι αὐτὴν καὶ ἀσώματον οἴεσθαι. τούτοις γὰρ καὶ μάλιστα διαφέρει τοῦ ἀψύχου τὸ ἔμψυχον, καὶ παρὰ τῶν προγενεστέρων δὲ σχεδὸν τοσαύτας καὶ τοιαύτας δόξας περὶ ψυχῆς παρειλήφαμεν. οἱ μὲν γὰρ πρὸς τὴν κίνησιν, οἱ δὲ πρὸς τὴν γνῶσιν καὶ αἴσθησιν, οἱ δὲ πρὸς τὴν ἀσωματότητα ἀποβλέψαντες διωρικέναι ταύτῃ τὴν φύσιν ᾠήθησαν. φασὶν γὰρ ἔνιοι ψυχὴν εἶναι τὸ πρώτως καὶ μάλιστα κινοῦν· κινεῖ μὲν γὰρ καὶ ἡ βακτηρία τὸν λίθον καὶ ταύτην ἡ χείρ, ἀλλ' οὐ πρώτως, ὡς ἐκεῖθεν κινούμενα καὶ παρὰ ψυχῆς. οἰηθέντες δ' ὑπ' ἀπειρίας τὸ μὴ κινούμενον αὐτὸ μὴ ἐνδέχεσθαι κινεῖν ἕτερον, τῶν κινουμένων τι τὴν ψυχὴν εἶναι ὑπέλαβον. ὅθεν Δημόκριτος πῦρ καὶ θερμὸν αὐτήν φησιν εἶναι· ἀπείρων γὰρ ὄντων σχημάτων καὶ ἀτόμων τὰ σφαιροειδῆ πῦρ καὶ ψυχὴν λέγει, οἷον ἐν τῷ ἀέρι τὰ καλούμενα ξύσματα, ἃ φαίνονται ἐν ταῖς διὰ τῶν θυρίδων ἀκτῖσιν. ὡς γὰρ τὰ κονιορτώδη ταῦτα σωμάτια εἰσὶ μέν, οὐ φαίνονται δὲ διὰ τὸ μικρομερές, εἰ μήπου περιτύχοι τῷ ἐν τῇ σκιᾷ φωτί, οὕτω κἀκεῖνα τὰ πρῶτα διὰ τὴν ὑπερβολὴν τῆς

---

2 οἳ καὶ C 3 τὴν φαντασίαν A 5 κατὰ om. A[1] 10 θεωρητικοὶ B 13 ἀφ' οὗπερ εἰς ταῦτα C: ὅθεν εἰς ταῦτα A 14 ὕλη C 15 οὐδ'] καὶ A 18 εὐπορεῖν A cf. de Anima p. 403b21 21 ὑφηγήμεθα AC 22 τινα] τι C κἀν τοῖς AC 30 ταύτης C 32 κεῖθεν C 34 εἶναι om. A

λεπτότητος ἀθεώρητα· ὧν τὸ πλῆθος καὶ τὴν πανσπερμίαν στοιχεῖα τῆς ὅλης ὡρίζετο φύσεως (ἄτομοι γὰρ καὶ κενὸν κατ' αὐτὸν τῶν φυσικῶν σωμάτων καὶ πρώτων τῶν τεσσάρων δηλαδὴ στοιχείων ἀρχαί, ὥσπερ ταῦτα τῶν ἐξ αὐτῶν καὶ συνθέτων· οὕτω δὲ καὶ Λεύκιππος τίθεται) τούτων δὲ τὰ σφαιροειδῆ ψυχήν, διὰ τὸ μάλιστα διὰ παντὸς δύνασθαι διαδύνειν τοὺς τοιούτους ῥυσμούς (εὐκινητότατον γὰρ ἡ σφαῖρα) καὶ κινεῖν τὰ λοιπὰ κινούμενα καὶ αὐτά, ὡς ὑπολαμβάνοντες μὴ δύνασθαι καὶ ἠρεμοῦσαν τὴν ψυχὴν ὅσον κατὰ τὴν τοπικὴν κίνησιν δυνάμεσί τισι κινεῖν τὸ σῶμα, ἀλλὰ τῷ αὐτὴν κινεῖσθαι κινεῖν. διὸ καὶ τοῦ ζῆν ὅρον τὴν ἀναπνοὴν ἔθεντο· συνάγοντος γὰρ τοῦ περιέχοντος ἡμᾶς ἔξωθεν καὶ πυκνοῦντος τὰ σώματα καὶ ἐκθλίβοντος τῶν σχημάτων τὰ παρέχοντα τοῖς ζώοις τὴν κίνησιν διὰ τὸ μηδ' αὐτὰ ἠρεμεῖν μηδέποτε, βοήθειαν γίνεσθαι θύραθεν ἐπεισιόντων ἄλλων ἐν τῷ ἀναπνεῖν. κωλύει γὰρ ἡ εἰσπνοὴ αὐτά τε τὰ σφαιρικὰ καὶ τἄλλα τὰ ἐνυπάρχοντα τοῖς ζώοις ἐκκρίνεσθαι, συνανείργοντα τῇ θερμότητι τὸ συνάγον ἔξωθεν καὶ πηγνύον. ἔνθεν καὶ ὅρος ζωῆς ἡ λῆξις τῆς ἀναπνοῆς· ζῶμεν γὰρ ἕως ἂν τοῦτο ποιεῖν δυνώμεθα. ῥυσμὸς δὲ καὶ τροπὴ καὶ διαθιγή, οἷς ἀλλήλων αἱ ἄτομοι διαφέρουσιν, τὸ μὲν σχῆμα, τὸ δὲ θέσις, τὸ δὲ τάξις τῷ Δημοκρίτῳ νενόηνται. τὰ αὐτὰ δὲ τούτοις καὶ τὰ παρὰ τῶν Πυθαγορείων λεγόμενα, καὶ πρὸς τὴν αὐτὴν τείνει διάνοιαν ὅσον κατὰ τὸ πρόχειρον, εἰ μή πού τι δηλοῦται συμβολικώτερον. ἔφασαν γάρ τινες αὐτῶν ψυχὴν εἶναι τὰ ἐν τῷ ἀέρι ξύσματα, ἕτεροι δὲ τούτων οὐ ταῦτα, ἀλλὰ τὸ ταῦτα κινοῦν· εἴη δ' ἂν ἡ τοῦ παντὸς ψυχή. εἴρηται δὲ αὐτοῖς τοῦτο, ἐπεὶ συνεχῶς φαίνεται κινούμενα, κἂν ᾖ νηνεμία πολλή. ἐπὶ τὸ αὐτὸ δὲ φέρονται καὶ ὅσοι λέγουσι τὴν ψυχὴν τὸ αὐτὸ κινοῦν εἴτ' οὖν αὐτοκίνητον. εἶεν δ' ἂν οἱ περὶ Πλάτωνα καὶ Ξενοκράτην καὶ Ἀλκμαίωνα καὶ ἕτεροι τῶν ἐκ τοῦ Σωκρατικοῦ διδασκαλείου· ἐοίκασι γὰρ οὗτοι πάντες ὑπειληφέναι οἰκειότατον εἶναι ψυχῇ τὴν κίνησιν καὶ τὰ μὲν ἄλλα πάντα κινεῖσθαι διὰ τὴν ψυχήν, αὐτὴν δ' ὑφ' ἑαυτῆς, διὰ τὸ μηδὲν ὁρᾶν κινοῦν ὃ μὴ καὶ αὐτὸ κινεῖται. ὁμοίως δὲ καὶ Ἀναξαγόρας ψυχὴν εἶναι λέγει τὴν κινοῦσαν καὶ εἴ τις ἄλλος εἴρηκεν ὡς τὸ πᾶν ἐκίνησε νοῦς· οὐ μὴν παντελῶς γε ὥσπερ Δημόκριτος. οὗτος γὰρ ταὐτὸν εἶναι ἄντικρυς λέγει ψυχὴν καὶ νοῦν, οὐδενὶ διαστέλλων· φάσκει γὰρ ταὐτὸ εἶναι τὸ ἀληθὲς καὶ φαινόμενον καὶ οὐ χρῆται τῷ νῷ ὡς δυνάμει τινὶ περὶ τὴν ἀλήθειαν καὶ ἑτέρῳ αἰσθήσεως· εἰ γὰρ νοῦς μὲν περὶ τὸ ἀληθὲς καὶ τὸ νοούμενον, ψυχὴ δὲ περὶ τὸ αἰσθητὸν καὶ φαινόμενον, ἓν δὲ καὶ ἄμφω αἴσθησις καὶ ἀλήθεια, καὶ νοῦς καὶ ψυχὴ τὸ αὐτό. διὸ καὶ Ὅμηρον ἐπαινεῖ ποιήσαντα ὡς Ἕκτωρ κεῖτο δ' ἀλλοφρονέων, ἀλλοφρονέοντα λέγων τὸν ὑπὸ τῆς πληγῆς

---

1 σπερμίαν C 2 καὶ κενὸν om. B 4 τίθεται repetit B 12 μὴ δήποτε A 13 ἡ εἰσπνοὴ om. A 14 συνανείργουσα C 16 δυνάμεθα AC 17 θέσιν A[1] 18 τάξιν A[1] 20 συμβουλικώτερον A 22 ψυχῇ A 24 αὐτὸ κινοῦν libri 26 Σωκρατικοῦ] σωματικοῦ C διδασκαλίου C: διδασκάλου B 29 λέγει om. C 34 ἑτέρῳ αἰσθήσεως scripsi: ἕτερον αἰσθήσεως A: ἑτέρων αἴσθησιν B: ἑτέρω αἰσθητηρίω C 35 ἓν] ἑνὸς A 37 ὧς C

σκοτωθέντα καὶ παραισθανόμενον Ἕκτορα. Ἀναξαγόρας δ' ἧττον διασαφεῖ περὶ αὐτῶν· ποτὲ μὲν γὰρ δοκεῖ διακρίνειν, ποτὲ δὲ εἰς τὸ αὐτὸ ἄγειν. καὶ ὅταν μὲν νοῦν μόνον αἴτιον λέγῃ τῶν ὀρθῶς καὶ καλῶς ἐχόντων, θειότερόν τι καὶ ὑπὲρ τὴν ψυχὴν τίθεται· οἷς δὲ πάλιν αὐτὸν ἐν πᾶσιν εἶναι διισχυρίζεται καὶ μικροῖς καὶ μεγάλοις ζώοις καὶ τιμίοις καὶ ἀτίμοις, φύρει ταῦτα· ὁ γὰρ κατ' ἐπιστήμην καὶ φρόνησιν νοῦς οὐ μόνον οὐκ ἐν πᾶσι τοῖς ζώοις, ἀλλ' οὐδὲ ἐν ἀνθρώποις πᾶσιν. ὅσοι μὲν οὖν ἐπὶ τὸ κινεῖσθαι τὴν ψυχὴν ἀπέβλεψαν, οὗτοι τὸ κινητικώτατον αὐτὴν εἶναι ὑπέλαβον καὶ τοιαῦτα περὶ αὐτῆς ἀπεφήναντο. ὅσοι δ' ἐπὶ τὸ γινώσκειν καὶ τὸ αἰσθάνεσθαι τῶν ὄντων, οὗτοι πάλιν λέγουσιν εἶναι τὴν ψυχὴν ἐκ τῶν τοῦ παντὸς ἀρχῶν καὶ στοιχείων· καὶ οἱ μὲν πλείονας ποιοῦντες τῶν ὄντων τὰς ἀρχὰς ἐκ τούτων, ὅσαι καὶ αἱ ἀρχαί, οἱ δὲ μίαν ἐκ ταύτης μόνης. ἐπεὶ γὰρ ἡ ψυχὴ τῶν ὄντων πάντων ἐστὶ γνωστική, γινώσκεται δὲ τῷ ὁμοίῳ τὸ ὅμοιον (ἐφαρμόσαι γὰρ δεῖ τὸ γινῶσκον τῷ γινωσκομένῳ, ἵν' ἀποχρώντως κατάληψις γένηται, τοῦτο δὲ δεῖ τῆς πρὸς ἄλληλα κοινωνίας καὶ φυσικῆς οἰκειότητος), ἄπειρα δὲ καὶ τὰ κατὰ μέρος ὄντα, ἐκ τῶν ἀρχῶν τὴν ψυχὴν ὑπετίθεντο· γινώσκουσα γὰρ ἐκεῖνα διὰ τὸ συμφυὲς καὶ τὰ ἐξ ἐκείνων εἴσεται. ὅτι δὲ τὰ μὲν νοητὰ τῶν ὄντων τὰ δὲ αἰσθητά, καὶ ἐκ τῶν παρ' ἀμφοτέροις στοιχείων συνεστάναι ταύτην ᾠήθησαν. Ἐμπεδοκλῆς μὲν οὖν τέσσαρας ἀρχὰς τῶν ὄντων τὰ τέσσαρα στοιχεῖα τιθέμενος ὑλικάς, δύο δὲ τὸ νεῖκος καὶ τὴν φιλίαν ποιητικάς, ἐκ τοσού των καὶ τὴν ψυχὴν ἀπεφήνατο, οὕτω λέγων·

γαίῃ μὲν γὰρ γαῖαν ὀπώπαμεν, ὕδατι δ' ὕδωρ,
αἰθέρι δ' αἰθέρα δῖον, ἀτὰρ πυρὶ πῦρ ἀίδηλον
στοργῇ δὲ [τε] στοργήν, νεῖκος δέ τε νείκεϊ λυγρῷ·

Ὡς μὴ ἄλλως τὴν ψυχὴν τὰς ἀρχὰς νοῆσαι δύνασθαι, γῆν, ὕδωρ, ἀέρα καὶ τὰ λοιπά, εἰ μὴ γηίνη καὶ πυρίνη καὶ ἀερίνη αὐτὴ πρότερον εἴη. τὸν αὐτὸν δὲ τρόπον καὶ Πλάτων τὴν ψυχὴν ἐκ τῶν στοιχείων ἐν τῷ Τιμαίῳ ποιεῖ· γινώσκεται γὰρ καὶ κατ' αὐτὸν τῷ ὁμοίῳ τὸ ὅμοιον· τὰ δὲ πράγματα ἐκ τῶν ἀρχῶν εἶναι. πέντε δὲ αὐτῷ γένη τῶν ὄντων εἰσήγηνται οὐσία, ταυτότης, ἑτερότης, κίνησις καὶ στάσις, οὐσίαν λέγοντι τὴν ἁπλῶς ὕπαρξιν, ταυτότητα τὴν κοινωνίαν, ἑτερότητα τὴν διαφοράν, κίνησιν τὴν ἐνέργειαν τὴν ὁποιανοῦν καὶ μεταβολήν, στάσιν τήν τε ἠρεμίαν καὶ τὴν ἐν τῷ κινεῖσθαι μονήν, καθ' ἣν καὶ τοῖς κύκλῳ φερομένοις δίδωσι στάσιν. ταῦτα δὲ καὶ διὰ πάντων ἥκουσιν· ἐξ ὧν καὶ τὴν ψυχὴν συνεστάναι λέγει. ἐξ οὐσίας μὲν τῆς τε ἀμερίστου καὶ νοητῆς καὶ τῆς περὶ τὰ σώματα μεριστῆς· οὕτω γὰρ ἔδει τὴν ἀμφότερα γνωσομένην. ἐπεὶ δὲ ἡ γνῶσις ἢ ὁμοιότητί τινι καὶ ταυτότητι ἢ ἀνομοιότητι καὶ ἑτερότητι γίνεται (τό τε γὰρ λευκὸν τῇ τε τοῦ ὁμοίου λευκοῦ παραθέσει γνωρίζομεν, πρὸς δὲ καὶ τῇ τοῦ μέλανος· τὸ γὰρ ἐναντίον τῷ μέλανι λευκόν), διὰ τοῦτο καὶ ἐκ τῆς τοῦ ταὐτοῦ καὶ ἑτέρου τὴν ψυχὴν μεμῖχθαι λέγει φύσεως. ὅτι δὲ αὐτοκίνητος καὶ ἀεικίνητος, πρόδηλον ὅτι

3 νοῦν] οὖν C λέγει A[1] 11 τὰς om. A τοσούτων A 14 τούτῳ A 22 γαίῃ μὲν κτλ.] Empedocl. v. 333 sqq. Stein 24 δέ τε sic libri 24 νεῖκος δέ τί C 27 ἐν τῷ Τιμαίῳ] c. 8 p. 35 A 30 λέγων A 33 φερομένης C

αὐτῇ κίνησιν ὑπολείπει καὶ στάσιν. ὁμοίως δὲ τούτοις καὶ ἐν τοῖς περὶ φιλοσοφίας λεγομένοις διωρίσθη, ἐν οἷς αἵ τε λογικαὶ συνουσίαι αὐτοῦ καὶ τὰ ἄγραφα τῶν δογμάτων ἱστόρηνται· αὐτὸ μὲν τὸ ζῷον ἐξ αὐτῆς τῆς τοῦ ἑνὸς ἰδέας συνεστάναι φησὶν καὶ τοῦ πρώτου μήκους καὶ πλάτους καὶ βάθους εἴτ' οὖν τῆς αὐτοδυάδος καὶ αὐτοτριάδος καὶ αὐτοτετράδος· καὶ τἆλλα δὲ ὁμοιοτρόπως. τέτταρα γὰρ αὐτῷ ἐκεῖ ἕτερα στοιχεῖα τῶν εἰρημένων τοῦ νοητοῦ διακόσμου πεποίηνται, ἐν ᾧ τὸ τῶν ἰδεῶν πλήρωμα· τὸ αὐτοέν, ἡ αὐτοδυάς, ἡ αὐτοτριὰς καὶ ἡ αὐτοτετράς, ἀφ' ὧνπερ καὶ ὁ αἰσθητὸς οὗτος κόσμος ἤρτηται ὡς ἀπ' αἰτίου τοῦ νοητοῦ καὶ αἱ ἀρχαὶ αὐτοῦ ἐκεῖθεν. τὸ μὲν γὰρ ἐνταῦθα σημεῖον ἀπὸ τοῦ ἐκεῖθεν ἑνός, δυὰς δὲ καὶ τριὰς καὶ τετρὰς τὰ πρῶτα γραμμῆς καὶ πλάτους καὶ βάθους ποιητικά, ἐξ ὧν τὸ σῶμα ὁ ὁρώμενος οὗτος κόσμος. ἔδει γὰρ ἐν τῷ νοητῷ κόσμῳ τὰς τοῦ αἰσθητοῦ προϋποκεῖσθαι ἀρχάς. ὡς γὰρ ὅλον τὸ ἐκεῖθεν αὐτοζῷον τοῦδε τοῦ ἐνταῦθα κοσμικοῦ ζῴου παράδειγμα, οὕτω καὶ ἀρχαὶ τῶν ἀρχῶν. ἀρχὰς δὲ τῶν νοητῶν ταύτας ὁ Πλάτων ἐτίθετο, ὅτιπερ κατὰ τοὺς Πυθαγορείους καὶ αὐτὸς ἀριθμοὺς τὰ εἴδη ὠνόμαζεν, εἴτε ὡς ἀφοριστικὰ καὶ μετρητικὰ τῆς ὕλης ἀρρυθμίστου οὔσης καθ' αὑτὴν καὶ ἀσυντάκτου καὶ τόδε τι ποιοῦντα καὶ δηλωτικὰ τῶν ὑποκειμένων, εἴτε ὥσπερ οἱ ἀριθμοὶ ἐκ μιᾶς ἀρχῆς τῆς μονάδος προήχθησαν, οὕτω καὶ τὰ εἴδη ἐκ μιᾶς τῆς πάντων αἰτίας. καὶ ἔτι πᾶς ἀριθμὸς καὶ μεμερισμένος ἐστὶ καὶ ἀμερής, τὸ μὲν κατὰ τὰς ἐν αὐτῷ μονάδας, τὸ δὲ κατὰ τὴν ὁλότητα· ἀμερῆ δὲ καὶ τὰ ἐν τῷ δημιουργῷ εἴδη, μεμερισμένα δὲ τὰ ἐν τῇ ὕλῃ. ἔτι ἀριθμοὶ τὰ εἴδη καὶ οὕτως (εἴδη δὲ λέγομεν, ἃ τοῖς κυρίοις ὁρισμοῖς ἀφορίζεται)· ὡς γὰρ ἀπὸ τοῦ ἀριθμοῦ εἰ ἀφέλῃς μονάδα ἢ προσθήσεις ἢ ἕτερον αὐτοῦ μόριον, αὐτίκα ἕτερος ἀριθμὸς γίνεται, οἷον ὁ ἕξ, εἰ ἀφέλῃς μονάδα, ἕτερος ὁ πέντε γίνεται, οὕτω καὶ ἐπὶ τῶν εἰδῶν εἴτ' οὖν τῶν λόγων τῶν ὁριστικῶν, εἰ ἀφαιρήσεις ἢ προσθήσεις λέξιν, ἕτερον εἶδος ἐποίησας. ἐπεὶ δὲ καὶ στοιχεῖον τῶν ἀριθμῶν ἡ δεκάς, ταύτης δὲ ἡ τετράς, διὰ τοῦτο τὰς τῶν ἀριθμῶν ἀρχὰς καὶ τῶν ἰδεῶν ἀρχὰς ἐτίθετο. ἐκ τούτων οὖν καὶ τὴν ψυχὴν συνιστᾷ, νοῦν μὲν τὸ ἓν λέγων, ἐπιστήμην δὲ τὰ δύο· μοναχῶς γὰρ ἐφ' ἕν· τὸν δὲ τοῦ ἐπιπέδου ἀριθμὸν δόξαν, αἴσθησιν δὲ τὸν τοῦ στερεοῦ. ἐπεὶ γὰρ τὰ εἴδη αὐτὰ ἀριθμοὶ καὶ ἀρχαὶ τῶν ὄντων ἐλέγετο, εἰσὶ δὲ ἐκ τῶν στοιχείων, κρίνεται δὲ τῇ ψυχῇ τὰ πράγματα τὰ μὲν νῷ, τὰ δὲ ἐπιστήμῃ, τὰ δὲ δόξῃ, τὰ δ' αἰσθήσει, συνεστάναι δεῖν καὶ ταύτην ἐκ τῶν τεττάρων λέγει· ἀπὸ μὲν τοῦ αὐτοενὸς τὸν νοῦν αὐτῇ ἁπλοῦν ὄντα καὶ ἀμερῆ (ἑνὰς δὲ καὶ τὰ νοητά), ἀπὸ δὲ τῆς δυάδος τὴν ἐπιστήμην· δυὰς γὰρ τὰ ἐπιστημονικὰ τὸ ποθὲν πῇ ὡρισμένως ἔχοντα· τριὰς δὲ ἡ δόξα· τριττὰ γὰρ καὶ τὰ δοξαστὰ διὰ τὸ ἀμφιρρεπές· ἀπὸ δὲ τῆς τετράδος τὴν αἴσθησιν, ὅτι περὶ τὸ σῶμα, ὃ τετράδι συντέθειται. ἐντεῦθεν οὖν ἐκεῖνο δῆλον, ὅτι οἱ τὰς ἰδέας εἰσάγοντες καὶ ταύτας ἀρχὰς

1 κίνησιν αὐτῇ AC   περὶ φιλοσοφίας cf. fr. p. 1477b36   8 ἡ (post καὶ) om. AC   14 τοῦ δὲ BC   17 μετρικὰ A   20 αἰτίας om. A   22 ἔτι — ἐποίησας (27) om. AC   33 δὲ καὶ ἐκ AC   38 καὶ τὸ C

τῶν ὄντων ὑποτιθέμενοι τούτων πάλιν ἑτέρας ἀρχὰς ᾤοντο τὰς εἰρημένας. ἐπεὶ δὲ καὶ κινητικὸν ἐδόκει ἡ ψυχὴ εἶναι καὶ γνωστικὸν οὕτως, ἔνιοι ἐξ ἀμφοῖν ἀπεφήναντο τὴν ψυχὴν ἀριθμὸν κινοῦνθ' ἑαυτόν. διαφέρονται δὲ περὶ τῶν ἀρχῶν, τίνες καὶ πόσαι. οἱ μὲν γὰρ σωματικὰς ἐποίουν, ὡς οἱ φυσικοί, οἱ δὲ ἀσωμάτους, ὡς οἱ Πυθαγόρειοι, οἱ δὲ μικτάς· καὶ οἱ μὲν πολλὰς οἱ δὲ μίαν ἐτίθεντο. καὶ τὸ μὲν ἐπὶ πλέον τι λέγειν περὶ αὐτῶν παρεῖται (εἴρηται γὰρ ἐν τοῖς καθόλου τῶν φυσικῶν πρότερον), ἐκεῖνο δὲ φανερὸν ἐκ τῶν εἰρημένων ὅτι κοινῶς τὴν ψυχὴν ἐκ τῶν στοιχείων τιθέμενοι, μόνον δὲ πρὸς τὸ εἶδος καὶ τὸ πλῆθος διαφερόμενοι ἀκολούθως ἕκαστος τῇ παρ' ἑαυτοῦ περὶ ἀρχῶν ὑπολήψει καὶ τὰ περὶ τὴν ψυχὴν συνῆπτον. καὶ πρῶτον οὐκ ἀλόγως παρὰ πᾶσιν ἐκεῖνο εἰσῆγηται· τὸ γὰρ κινητικὸν τὴν φύσιν τῶν ἄλλων τῶν πρώτων εἶναι καὶ ἀρχὴν ὑπειλήφασιν. τοῦτο δὲ εἶναί τισι τὸ πῦρ ἔδοξε· καὶ γὰρ τοῦτο λεπτομερέστατόν τε καὶ μάλιστα τῶν στοιχείων ἀσώματον, ἔτι δὲ κινεῖται καὶ κινεῖ τἆλλα πρώτως. Δημόκριτος δὲ καὶ γλαφυρωτέραν ἀπέδωκεν αἰτίαν ἀποφηνάμενος, διότι τούτων ἑκάτερον τῷ πυρί· τὰ γὰρ πρῶτα καὶ ἀδιαίρετα τῶν σωμάτων τὰ σφαιρικά, ἃ πῦρ ἔθετο καὶ ψυχήν, κινητικώτατα τῶν ἄλλων καὶ δραστικὰ διά τε τὴν μικρομέρειαν καὶ τὸ σχῆμα· τοιοῦτον δὲ καὶ πῦρ καὶ νοῦς. ἔοικε δὲ καὶ Θαλῆς, ἐξ ὧν ἀπομνημονεύουσιν, ἐκ τῶν ἀρχῶν τὴν ψυχὴν καὶ κινητικὸν ὑπολαβεῖν, εἴπερ τὸν Μάγνητα λίθον ἔμψυχον εἶπεν, ὅτι κινεῖ τὸν σίδηρον· λίθου δὲ καὶ πάντων ἀρχὴ κατ' αὐτὸν τὸ ὕδωρ. Διογένης δ' ὥσπερ καὶ ἕτεροί τινες ἀέρα ταύτην ὡς ἐξ ἀρχῆς καὶ στοιχεῖον· τοῦτον γὰρ ᾤετο ἔξω πυρὸς τῶν ἄλλων λεπτομερέστατον καὶ κινητικώτατον εἶναι καὶ μανώσει καὶ πυκνώσει τἆλλα γεννᾶν. καὶ ᾗ μὲν πρῶτος καὶ ἐκ τούτου γέγονε τὰ λοιπά, γνωστικὸν ἡ ψυχή, ᾗ δὲ λεπτὸς καὶ κοῦφος, κινητικόν. Ἡράκλειτος δὲ πῦρ, εἴπερ ἐξ ἀναθυμιάσεως αὐτὴν ἔλεγεν, ἐξ ἧς καὶ τἆλλα συνίστησι, καὶ ἀσώματόν τε καὶ ῥέον ἀεί. εἰ γὰρ ἐν κινήσει καὶ φορᾷ τὰ ὄντα, ὥσπερ ἐκεῖνός τε ᾤετο καὶ πολλοὶ ἕτεροι, τὸ δὲ κινούμενον κινουμένῳ γινώσκεται ὡς ὁμοίῳ ὅμοιον, ἔδει τὴν ψυχὴν οὕτως ἔχειν φύσιν, συγκινεῖσθαι τοῖς οὖσι καὶ συμπαραθέειν γνωρίζουσαν. παραπλησίως δὲ τούτοις καὶ Ἀλκμαίων ὁ Κροτωνιάτης, Πυθαγορικὸς ὤν, ὑπολαβεῖν ἔοικε περὶ ψυχῆς· φησὶ γὰρ αὐτὴν ἀθάνατον εἶναι διὰ τὸ ἐοικέναι τοῖς ἀθανάτοις, τοῦτο δ' ὑπάρχειν αὐτῇ ὡς ἀεὶ κινουμένῃ· κινεῖσθαι γὰρ καὶ τὰ θεῖα πάντα συνεχῶς ἀεί, σελήνην, ἥλιον, τοὺς ἀστέρας καὶ τὸν ὅλον οὐρανόν. τῶν δὲ φορτικωτέρων καὶ ὕδωρ τινὲς αὐτὴν ἀπεφήναντο, καθάπερ Ἵππων ὁ ἄθεος. πεισθῆναι δὲ ἔοικεν ἐκ τῆς γονῆς, ἣν ἔμψυχον ἔλεγεν, ὅτι πάντη ὑγρά, ὡς καὶ τὸ ὕδωρ τῶν ὅλων ἀρχή, ὅτι τῶν φυτῶν ἡ πρώτη καὶ ζώων τροφὴ ὑγρά. ἐλέγχει δὲ καὶ τοὺς αἷμα φάσκοντας τὴν ψυχήν,

---

3 ἀποφηνάμενοι A διαφέρονται—νοῦς (18) post πασῶν τῶν ἀρχῶν (15, 15) transponunt AC 7 τῶν φυσικῶν Phys. A, 2 sqq. 9 μόνον om. A πρὸς δὲ A 11 ἀλόγον B ἐκεῖνο παρὰ πᾶσιν AC 19 ἐξ ὧν repetit C 20 κινητικὴν C 22 ὡς om. B καὶ στοιχεῖον] στοιχείου AB 30 φύσεως A

ὅτι ἡ γονὴ οὐχ αἷμα· ταύτην δ' εἶναι τὴν πρώτην ψυχήν. ἕτεροι δ' αἷμα, καθάπερ Κριτίας, τὸ αἰσθάνεσθαι τῆς ψυχῆς οἰκειότατον ὑπολαμβάνοντες· τοῦτο δ' ὑπάρχει διὰ τὴν τοῦ αἵματος φύσιν· τὰ γὰρ ἄναιμα καὶ ἀναίσθητα, οἷον ὀστᾶ, τρίχες, ὄνυχες. πάντα οὖν τὰ στοιχεῖα ἄλλο παρ' ἄλλων ὡς ἀρχὴ ψυχικὴ συνεισήνεκται, καὶ κριτήν τινα τούτων ἕκαστον καὶ προστάτην ἀπείληφε πλὴν τῆς γῆς· ταύτην δ' οὐδεὶς ἀπεφήνατο, πλὴν εἴ τις εἴρηκεν ἐκ πάντων εἶναι τῶν στοιχείων ἢ ὅς πάντα.

Ἀνακεφαλαιούμενοι δὲ τὰ εἰρημένα λέγομεν ὡς πάντες ὁρίζονται τὴν ψυχὴν τρισὶν ὡς εἰπεῖν, κινήσει, αἰσθήσει, τῷ ἀσωμάτῳ· τούτων δ' ἕκαστον ἀνάγεται πρὸς τὰς ἀρχάς. ὡς γὰρ τὰ αἴτια οὕτω καὶ τὰ αἰτιατά. ὅθεν καὶ οἱ τῷ γινώσκειν, ὡς εἴρηται, αὐτὴν ὁριζόμενοι ἢ στοιχεῖον ἢ ἐκ τῶν στοιχείων ποιοῦσιν, λέγοντες παραπλησίως ἀλλήλοις, πλὴν ἑνὸς τοῦ Ἀναξαγόρου· φασὶ γὰρ διὰ τοῦτο ἐκ τῶν ἀρχῶν, ἵνα τῷ ὁμοίῳ γινώσκῃ τὸ ὅμοιον, καὶ ἐπεὶ πάντα γινώσκει, συνιστῶσιν αὐτὴν ἐκ πασῶν τῶν ἀρχῶν. ὅσοι μὲν οὖν μίαν τινὰ λέγουσιν αἰτίαν καὶ στοιχεῖον ἕν, καὶ τὴν ψυχὴν ἓν τιθέασιν, οἷον πῦρ ἢ ἀέρα· οἱ δὲ πλείους λέγοντες τὰς ἀρχὰς καὶ τὴν ψυχὴν πλείω ποιοῦσιν. ὅσοι δ' αὖ ἐναντιώσεις ποιοῦσιν ἐν ταῖς ἀρχαῖς, καὶ τὴν ψυχὴν ἐκ τῶν ἐναντίων συνιστῶσιν· οἳ δὲ θάτερον τῶν ἐναντίων, οἷον θερμὸν ἢ ψυχρὸν ἤ τι τοιοῦτον ἄλλο, καὶ τὴν ψυχὴν ὁμοίως τιθέασιν. διὸ καὶ τοῖς ὀνόμασιν ὁμοίως ἀκολουθοῦσιν, οἱ μὲν τὸ θερμὸν ψυχὴν λέγοντες, ὅτι διὰ τοῦτο καὶ τὸ ζῆν ὠνόμασται, οἱ δὲ τὸ ψυχρὸν διὰ τὴν ἀναπνοὴν καὶ τὴν κατάψυξιν καλεῖσθαι ψυχήν. μόνος δ' Ἀναξαγόρας τὸν παρ' αὐτῷ νοῦν ἀπαθῆ φησιν εἶναι καὶ κοινὸν οὐθὲν οὐθενὶ τῶν ἄλλων ἔχειν· μόνον γάρ φησι τῶν ὄντων αὐτὸν ἁπλοῦν εἶναι καὶ ἀμιγῆ καὶ καθαρόν, πάντων συντεθέντων ἐκ τῶν ὁμοιομερῶν. τοῦτον δὲ τὸν θεῖον εἶναι συννενοήκαμεν, ὃν καὶ ἀρχὴν τῶν ὅλων μάλιστα τίθεται· εἰ δὲ καὶ τὸν ψυχικὸν οὕτω λέγει, πῶς νοήσει τοιοῦτος ὤν, εἴπερ καθ' ὁμοιότητα τὸ γινώσκειν, αὐτός τε οὐκ εἶπε καὶ ἐκ τῶν εἰρημένων ἀσυμφανές ἐστι. πλὴν τοῦτο αὐτοῦ χάριεν, ὅτι τῶν σωμάτων ἐχώρισε, καὶ αὕτη δοξῶν ἡ καιριωτάτη· νοῦν γὰρ ἀρχὴν καὶ ποιητὴν τῶν ὄντων πρῶτος ἐπέστησε καὶ νήφων ἐφάνη παρ' εἰκῆ λέγοντας. κοινῶς δὲ περὶ πάντων εἰπεῖν δεῖ ὡς τὴν ψυχὴν ἐκ τῶν στοιχείων λέγοντες οὐχ ὡς τἆλλα λέγουσι τροπῇ καὶ μεταβολῇ (τί γὰρ τοῦ τυχόντος ζώου δεήσειεν ἢ φυτοῦ;) ἀλλὰ μοῖράν τινα καθαρὰν καὶ εἰλικρινῆ κατὰ μόνην τὴν σχέσιν πρὸς τὰς ἀρχὰς τὴν διαφορὰν ἔχουσαν, ὡς αἱ μὲν τινῶν (τῶν ἐξ ἐκείνων γάρ), ἡ δὲ οὔ· καὶ αἱ μὲν ὅλον, ἡ δὲ μέρος. τὰ μὲν οὖν παραδεδομένα περὶ ψυχῆς καὶ δι' ἃς αἰτίας λέγουσιν οὗτοι, ταῦτα. ἤδη δὲ καὶ πρὸς τὴν ἐξέτασιν τῶν λεγομένων κατὰ τὴν προτέραν ὁμολογίαν ἰτέον· ἐκεῖνο δὲ

---

3 ὑπάρχειν de An. 405b7 4 παρ' ἄλλου A: παρ' ἄλλον C 5 ἀρχῇ ψυχικῇ A 8 ὠρίζονται A 13 γινώσκει C[1] 14 συνιστᾶσιν C corr. A 18 καὶ] ὡς B συνιστᾶσιν AC 23 αὐτῶν C 24 αὐτὸν τῶν ὄντων AC 27 λέγοι A 30 ποιητὸν B 33 τυχόντως A[1] διοίσειεν A 37 οὗτοι] οὕτω de An. 405b30

ποιοῦμεν δῆλον ὡς οὐ παντάπασι τὰ τῶν ἀνδρῶν ἀθετήσομεν. οὐ γὰρ ἐκεῖνοι πάντα κακῶς εἰρήκασιν, εἰ καὶ παρὰ τὴν τῶν ἐλέγχων ἀγωγὴν τοῦτο δόξειεν· τοῖς γὰρ φαινομένοις ὁ λόγος ἐνστήσεται. οὔτε γὰρ ὅτι κίνησιν ἔδωκαν ἁπλῶς τῇ ψυχῇ μεμφόμεθα οὔτ' εἰ γινώσκειν εἶπον τὰ πράγματα· τὸ γὰρ ἀσώματον καὶ νοερὸν αὐτόθεν ἡμέτερόν ἐστιν· ἀλλ' ὅτι κίνησιν εἰπόντες οὐ διεστείλαντο τὴν ποίαν καὶ πῶς, καὶ παρῆκαν τοῖς πολλοῖς τὰς σωματικὰς δὴ ταύτας νοεῖν καὶ ἐπὶ ψυχῆς. καὶ γινώσκει μέν, οὐχ ὡς λέγεται δέ· οὐ γὰρ ἑαυτοὺς λελήθαμεν, ἅ τε ἐν ἄλλοις εἴπομεν καὶ προϊόντες ἐροῦμεν, ὡς ἔνεστι κἂν τῇ ψυχῇ κίνησις. εἰ γὰρ τὸ δυνάμει καὶ ἐνεργείᾳ καὶ ἐπ' αὐτῆς (μανθάνει γὰρ καὶ ἐπιστήμων ἐξ ἀνεπιστήμονος γίνεται, καὶ παρὰ μέρος ἀρετήν τε καὶ κακίαν μεταβεβλημένη δέχεται), κίνησις δέ ἐστιν ἡ ἀπὸ τοῦ δυνάμει εἰς τὸ ἐνεργείᾳ πρόοδος, πῶς οὐ κινηθήσεται; ποῦ δὲ θήσει τις καὶ τὰς νοητικὰς αὐτῆς καὶ τελείας ἐνεργείας καὶ τὰς τῶν θεωρημάτων διεξοδικὰς ἀνελίξεις καὶ ἀπὸ προτάσεων ἐπὶ τὰ συμπεράσματα ἀγωγάς; ὥστε καὶ Πλάτωνι (οὗτος γὰρ μάλιστα οὐσιοῖ τῇ ψυχῇ τὴν κίνησιν) εἰ πρὸς ταῦτα βλέψαντι, πρὸς δὲ εἰ καὶ τὴν ζωοποιὸν αὐτῆς ὀνειρώξαντι δύναμιν αὐτοκίνητον αὐτὴν καὶ ἀεικίνητον προσαγορεῦσαι ἐπῆλθε, τοσοῦτον τοῦ ἐγκαλεῖν ἀπέχομεν, ὅσῳ καὶ προσεπαινοῦμεν καὶ ὡς τὰ ἡμέτερα πρεσβεύοντα τὸν ἄνδρα γνωρίζομεν· τέως δὲ πιεσθήτω καὶ διδότω τὰς εὐθύνας τῷ λόγῳ ὁ τῶν πολλῶν ὀλιγωρῶν καὶ μὴ διαιρῶν τὸ κατὰ τὸ φαινόμενον ἄτοπον.

I 3 Ἐπισκεπτέον δὲ πρότερον περὶ κινήσεως λογικώτερον· ἴσως γὰρ οὐ μόνον ψεῦδος ἂν φανείη τὸ τὴν οὐσίαν αὐτῆς τοιαύτην εἶναι οἵαν φασὶν οἱ λέγοντες αὐτοκίνητον ἢ δυναμένην κινεῖν, ἀλλὰ καὶ ἕν τι τῶν ἀδυνάτων τὸ ὑπάρχειν αὐτῇ κίνησιν, οἵαν δίδωσιν ἐννοεῖν τὰ παρ' αὐτῶν εἰσαγόμενα. ὅτι μὲν γὰρ οὐκ ἀναγκαῖον πᾶν τὸ κινοῦν καὶ αὐτὸ κινεῖσθαι, καθάπερ ᾠήθησαν, εἴρηται πρότερον ἐν τοῖς πρώτοις περὶ κινήσεως. εἰ γὰρ τὸ πρώτως κινοῦν κἀκεῖνο κινοῖτο, οὐκέτι ἐν κινήσει τὰ κινούμενα συμμεταβληθέντα τῷ αἰτίῳ. καὶ τὸ ὀρεκτὸν κινοῦν, οἷον τὸ κάλλος τὸν ἐραστήν, ἀκίνητόν ἐστιν. ἓν μὲν οὖν καὶ πρῶτον τοῦτο παρόραμα τῇ ἀρχῇ τῶν λόγων αὐτῶν· τῷ γὰρ οἰηθῆναι ἅπαν τὸ κινοῦν κινεῖσθαι, ὡς κινοῦσαν τὸ σῶμα τὴν ψυχὴν καὶ αὐτὴν τῶν κινουμένων ὑπέλαβον. δεύτερον δέ, ἐπεὶ κινεῖται πᾶν ἢ καθ' ἕτερον καὶ κατὰ συμβεβηκὸς ἢ καθ' αὑτὸ καὶ κατ' οὐσίαν, καὶ τῶν καθ' ἕτερον καὶ κατὰ συμβεβηκὸς τὰ μὲν ἔχουσιν ἰδίαν καὶ καθ' αὑτὰ κίνησιν, ὡς οἱ πλωτῆρες τὴν διὰ ποδῶν βάδισιν (αὕτη γὰρ ἀνθρώπων· τὸ γὰρ τῷ πλοίῳ συμφέρεσθαι αὐτοῖς οὐ καθ' αὑτό), τὰ δὲ οὔ, μόνῳ δὲ τῷ ἐν ἑτέρῳ εἶναι τὴν κίνησιν ἴσχοντα ὡς ἡ λευκότης (οὐ γάρ ἐστιν ἰδία λευκότητος κίνησις καὶ τῶν ἄλλων παθῶν

1 οὐδὲ γὰρ A 8 εἴπαμεν A 9 κἂν A 11 τε om. A 12 δυνάμεως B πρόοδον B 13 νοητικὰς scripsi: νοητὰς libri 14 καὶ τὰς ἀπὸ A 16 εἰ καὶ] καὶ εἰ AC 17 προσηγορεῦσαι C 19 πιεσθήτω καὶ om. B 20 διαρθρῶν A 24 δυναμένην] δύναμιν B ἀλλὰ — ἀδυνάτων repetit C 25 γὰρ om. B 27 ἐν τοῖς πρώτοις περὶ κινήσεως] Phys. Θ, 6 p. 258b 30 πρῶτον om. B 31 τὸ γὰρ σῶμα B 36 τὸ ἐν ἑτέρῳ BC 37 καὶ om. B

παρὰ τὴν ἐν οἷς εἰσι σώμασι), καὶ τῶν αὖ καθ' αὑτὸ 'κινουμένων τὰ μὲν οὐσιώδη καὶ συμπληρωτικὴν τῆς οὐσίας ἔχουσι τὴν κίνησιν καὶ ἀεὶ ὡς τὰ οὐράνια, τὰ δὲ οὔ, ἀλλὰ τὸ ποτὲ κινεῖσθαι τοιῶσδε φύσει ἔχουσιν τὴν δύναμιν, ὡς ἡ βῶλος τὸ κάτω φέρεσθαι, τοσαυταχῶς οὖν λεγομένου τοῦ κινεῖσθαι ἐπισκοποῦμεν περὶ ψυχῆς, εἰ ὅλως καθ' ἕτερον τῶν τρόπων δυνατὴ κινεῖσθαι τὸν κατ' οὐσίαν· κατὰ συμβεβηκὸς γὰρ κἂν ἡμεῖς δοίημεν. ἀλλ' εἰ ἔστιν ἡ οὐσία τῆς ψυχῆς τὸ κινεῖν ἑαυτήν, οὐ κατὰ συμβεβηκὸς αὐτῇ τὸ κινεῖσθαι ὑπάρξει, ὥσπερ τῷ λευκῷ ἢ τριπήχει. κινεῖται γὰρ καὶ ταῦτα, ἀλλὰ κατὰ συμβεβηκός· ᾧ γὰρ ὑπάρχουσιν, ἐκεῖνο κινεῖται τὸ σῶμα. διὸ καὶ οὐχ ἔστιν τόπος αὐτῶν, τῆς δὲ ψυχῆς ἔσται, εἴπερ φύσει κινήσεως μετέχει. τριῶν δὲ οὐσῶν κινήσεων φυσικῶν (παρείσθω γὰρ ἡ κατὰ τὴν οὐσίαν νῦν ὡς μᾶλλον μεταβολὴ ἢ κίνησις), τῆς ἐν ποσῷ καὶ ποιῷ καὶ ποῦ, εἴτ' οὖν φορᾶς, ἀλλοιώσεως, αὐξήσεως καὶ μειώσεως, ἢ μίαν τούτων κινοῖτ' ἂν ἢ πλείους ἢ πάσας· ὅπως δ' ἂν κινηθείη κατ' αὐτὰς μόνον, εἰ φυσικῶς ἐν τόπῳ ἔσται· πᾶσαι γὰρ αὗται κατὰ τόπον. τούτῳ δ' ἕπεται τὸ σῶμα εἶναι. πῶς οὖν ἀσώματος κατ' Ἀναξαγόραν καὶ Πλάτωνα; καὶ φορὰ μὲν ὅτι κατὰ τόπον αὐτόθεν δῆλον, ἔτι δὲ αὔξησις καὶ μείωσις· ὅτι δὲ καὶ ἀλλοίωσις καὶ ἡ αἰσθητὴ καὶ παθητικὴ μεταβολή, ὧδ' ἔσται· τὸ γὰρ κινούμενον κατ' ἀλλοίωσιν καθ' αὑτὸ μεριστόν ἐστιν, τοῦτο δὲ σῶμα, τοῦτο δὲ ἐν τόπῳ. καὶ καθόλου εἰπεῖν πᾶν τὸ κινούμενον μεθίσταται ἐξ οὗ ἐστιν εἰς τὸ ἐν ᾧ ἔσται· ἔκ τινος γὰρ εἴς τι πᾶσα μεταβολή. τὸ δὲ τοιοῦτον οὔτ' ἐξ οὗ μετέβαλεν, ἐν ἐκείνῳ ἐστὶν ὅλον (οὐδέπω γὰρ μεταβάλοι), οὔτε εἰς ὅ· ἤδη γὰρ ἂν καὶ μεταβεβληκὸς εἴη καὶ οὐκέτι μεταβάλλον. λείπεται τὸ μέν τι αὐτοῦ ἐν ἐκείνῳ εἶναι ἐξ οὗ, τὸ δὲ εἰς τὸ ἐν ᾧ ἔσται. μεριστὸν ἄρα καὶ διὰ τοῦτο σῶμα. αἰσθητὰς δ' ἀλλοιώσεις λέγομεν διὰ τὰς ψυχικάς, ἀρετὴν καὶ κακίαν, γνῶσιν καὶ ἄγνοιαν, ἃς τῷ κατὰ φύσιν διαφερούσας καὶ παρὰ φύσιν οὐδὲ κυρίως ἂν ἀλλοιώσεις λέγοιμεν ὡς καὶ ὑγείαν καὶ νόσον, γενέσεις δὲ μᾶλλόν τινας καὶ φθοράς. ἔτι εἰ φύσει κινεῖται, κἂν βίᾳ κινηθείη, κἂν εἰ βίᾳ, καὶ φύσει· ἐξ ἀμφοτέρων δὲ δῆλον ὅτι τόπον ἕξει. τὸν αὐτὸν δὲ τρόπον καὶ περὶ ἠρεμίας· εἰς ὃ γὰρ κινεῖται φύσει, καὶ ἠρεμεῖ ἐν τούτῳ φύσει· ὁμοίως δὲ καὶ εἰς ὃ κινεῖται βίᾳ, καὶ ἠρεμεῖ ἐν τούτῳ βίᾳ. ποῖαι δὲ βίαιοι τῆς ψυχῆς κινήσεις ἔσονται καὶ ἠρεμίαι αὐτοπροαιρέτου καὶ αὐτοκινήτου καὶ κατ' αὐτοὺς οὔσης, οὐδὲ πλάσσειν βουλομένοις ῥᾴδιον. αἱ γὰρ δοκοῦσαι καθόλου καὶ μάλιστα καὶ πρῶται κινήσεις αὐτῆς, κρίσις καὶ ὄρεξις, οὔποτ' ἂν βίᾳ κινηθεῖεν, ἀλλὰ τυράννου μὲν ἀσεβές τις δόγμα ἄκων ὁμολογήσειε χείλεσιν, ἐντὸς δὲ συνθέσθαι ἢ δοξάσαι βίᾳ πῶς ἔχει χώραν; δόξοι δ' ἂν κατὰ θυμὸν καὶ ἐπιθυμίαν βιάζεσθαι, ὅταν ἐρεθίζηται ὑπὸ τῶν ἔξωθεν. οὐκ ἔστι δέ· εἰ γὰρ μὴ ὁ λόγος τῷ πάθει ἐνδοίη, οὔ ποτ' ἂν ἐξαχθείη. ἀκούσιον γὰρ καὶ βίᾳ

2 ἔχον A 3 ἔχοντα A 4 τὸ συνταχῶς B 6 τὸν] τὸ γὰρ B 8 ὑπάρχει A τριπήχει parum distincte B 18 αἰσθητὸς B 19 ἑαυτὸ C 22 καὶ om. AC 23 μέν τι] μέντοι C 24 ἔσται Diels: ἐστιν BC: om. A 25 κακίαν καὶ γνῶσιν AC 27 λέγομεν C 28 κἂν βίᾳ A 29 ἕξοι A 36 δοξάσαι ἢ συνθέσθαι A ἔχοι A 38 ἐνδοίη] συνθείη B[1]

ἐστίν, οὗ ἡ ἀρχὴ ἔξωθεν, μηδὲν συμβαλλομένου τοῦ πάσχοντος ἢ πράττοντος· δηλοῦσι δὲ καὶ οἱ σπουδαῖοι οὐδενὶ τῶν ἐρεθιζόντων εἴκοντες. ὥστε εἰ τῇ κατὰ φύσιν κινήσει καὶ ἡ παρὰ φύσιν εἵπετο, οὐ κινεῖται δὲ παρὰ φύσιν, οὐδὲ κατὰ φύσιν ἄρα. ὑπεξῃρήσθω δὲ τὰ οὐράνια καὶ κατὰ φύσιν κινούμενα καὶ οὔποτε πρὸς βίαν ἀντιφερόμενα, ἢ οὐδὲ κατὰ φύσιν ἂν κυρίως κινεῖσθαι λέγοιτο, παρ' ὅσον ὑπὸ κρείττονός τινος δυνάμεως ἄγονται. διττὴ δ' ἡ τῶν ζώων κίνησις, καὶ ὑπὸ ψυχῆς, ὡς κινεῖ ψυχὴ βουλήσει, καὶ ὑπὸ φύσεως. ὅταν γὰρ ἵπτηται ἢ νήχηται ἢ βαδίζῃ, κατὰ ψυχὴν κινεῖται· φυσικῶς δέ, ὅταν τῇ τοῦ ἑνὸς ἐπικρατήσει τῶν ἁπλῶν ὧν σύγκειται ὑπὸ βαρύτητος κάτω φέρηται. ἔτι εἰ μὲν ἄνω κινηθείη, πῦρ ἔσται, εἰ δὲ κάτω, γῆ· τούτων γὰρ τῶν σωμάτων αἱ κινήσεις αὗται. εἰ δέ, ὧν κατὰ φύσιν ἴδιαι κινήσεις αἱ αὐταί, καὶ αὐτὰ ταὐτά, ταὐτὸν ἄρα πῦρ καὶ ψυχὴ καὶ ὅλον ὅλῃ καὶ μέρος μέρει. οὐχ οὕτω δὲ λέγεται, ἀλλὰ μέρος καὶ ἐκεῖθεν. ὁ δ' αὐτὸς λόγος καὶ περὶ τῶν μεταξὺ ἀέρος καὶ ὕδατος. εἰ μὲν οὖν μηδεμίαν τῶν στοιχείων κινεῖται κίνησιν, οὐδ' ἐκ στοιχείων ὅλως. ἔτι ἐπεὶ τῶν κινούντων μόνον τὸ κατὰ φορὰν ἐν τούτῳ [δὲ] καὶ αὐτὸ κινεῖται (οὔτε γὰρ τὸ αὖξον ἢ λευκαῖνον ἀνάγκη αὔξεσθαι ἢ λευκαίνεσθαι), φαίνεται δὲ ἡ ψυχὴ κινοῦσα τὸ σῶμα, ταύτας εὔλογον κινεῖν λέγειν τὰς κινήσεις, ἃς καὶ αὐτὴ κινεῖται. εἰ δὲ τοῦτο, καὶ ἀντιστρέψασιν εἰπεῖν ἀληθὲς ὅτι ἣν τὸ σῶμα κινεῖται, ταύτην καὶ αὐτη. τοῦτο δὲ κινεῖται φορᾷ· ὥστε καὶ ἡ ψυχὴ μεταβάλοι ἂν κατὰ τὸ σῶμα ἢ ὅλη, ὅτι καὶ τὸ σῶμα ἐν τῇ ἅλσει ὅλον, ἢ κατὰ μόρια ὡς ἂν καὶ χεὶρ καὶ ποὺς κινηθείη. εἰ δὲ τοῦτο ἐνδέχεται, καὶ ἐξελθοῦσαν εἰσιέναι πάλιν ἐνδέχοιτ' ἄν, τούτῳ δ' ἕποιτο τὸ ἀνίστασθαι τὰ τεθνεῶτα. εἰ γὰρ μή τινι ζωτικῇ δυνάμει τῇ παρουσίᾳ τῆς ψυχῆς τὸ σῶμα συνέχεται, ἀλλὰ μόνον ὡς ὤσει καὶ μοχλείᾳ τινὶ κινεῖ, οὐδὲν κωλύει ταῦτα γίνεσθαι. οὕτω [καὶ] γάρ φησι Δημόκριτος καὶ οἱ περὶ αὐτόν, οἳ τὰς σφαιρικὰς ἀτόμους εἰσῆγον, κινεῖσθαι τὴν ψυχήν· τῷ γὰρ ἀεὶ ταύτας κινεῖσθαι διὰ τὸ πεφυκέναι μηδέποτε μένειν συνεφέλκειν τε καὶ κινεῖν τὸ σῶμα πᾶν ψυχὴν οὔσας, παραπλήσια λέγοντες Φιλίππῳ τῷ κωμῳδιοδιδασκάλῳ εἰπόντι ποιῆσαι τὸν Δαίδαλον κινουμένην τὴν ξυλίνην Ἀφροδίτην ἐγχέαντα τοῖς ἔνδον κοιλώμασιν ἄργυρον χυτόν. ἡμεῖς δὲ ἐρωτήσομεν αὐτούς, εἰ καὶ ἠρέμησιν τοῦτο ποιεῖ αὐτό. πῶς δὲ ποιήσει, χαλεπὸν ἢ καὶ ἀδύνατον εἰπεῖν· τὰ δὲ ζῷα οὐ μόνον κινούμενα φαίνεται ὑπὸ ψυχῆς ἀλλὰ καὶ ἠρεμοῦντα. τί οὖν τῆς ἠρεμήσεως αἴτιον; ἀεικίνητοι γὰρ αἱ σφαιρικαὶ ἄτομοι. ἔτι εἰ κινεῖ αὐτὴ ἑαυτήν, καὶ αὐτὴ κινοῖτο ἄν, ὥστ' εἰ πᾶσα κίνησις ἔκστασίς ἐστι τοῦ κινουμένου ᾗ κινεῖται, καὶ ἡ ψυχὴ ἂν ἐκσταίη τῆς οὐσίας αὐτῆς, εἴπερ καθ' αὑτὴν ἀλλὰ μὴ κατὰ

4 ὑπεξαιρήσθω AC 5 ἀντιφερόμενα] φερόμενα in rasura octo vel novem litterarum rec. A 8 ὅταν μὲν γὰρ AC ἵπταται AC καὶ νήχηται B βαδίζει AC 9 σύγκηται C 10 καταφέρεται B κινηθείη A² 16 δὲ delevi: ὡς A 18 λέγει A¹ 20 μεταβάλλοι C 21 ἅλσει in rasura om. B 23 τοῦτο AC μὴ τῇ, ut videtur, B 24 ὡς ὤσει] ως ει B 25 τινὶ om. AC κινεῖ om. B καὶ delevi 29 κωμοδιδασκάλω A: κωμωδιδασκάλω C ποιῆσαι] κινῆσαι B 31 ποιεῖ τοῦτο αὐτὸ AC 35 κινεῖτο ἂν A 36 καθ' αὑτὸ B

συμβεβηκὸς ἑαυτὴν κινεῖ. εἰ δὲ τοῦτο, καὶ φθαρείη ἄν, καὶ τοσούτῳ πλέον, ὅσῳ καὶ ἀσώματος· τῷ γὰρ ἀσωμάτῳ πάσης ἄλλης ἐξῃρημένης κινήσεως ἡ κατ' οὐσίαν αὐτῷ καὶ ζωώδης ὑπολειφθήσεται. εἰ δὲ μὴ τοῦτο διὰ τὰ ἑπόμενα ἄτοπα, ἀλλὰ κατὰ συμβεβηκὸς καὶ ὑπ' ἄλλου (ὁρῶμεν γὰρ μάλιστα ὑπὸ τῶν αἰσθητῶν τὴν ψυχὴν κινουμένην· κατανοήσασα γὰρ τὸν κόσμον ἔρχεται εἰς τὴν τοῦ θεοῦ ἔννοιαν, καὶ ἐκ τῶν μερικῶν καὶ καθ' ἕκαστα εἰς τὴν τοῦ καθόλου γνῶσιν ἀνάγεται, καὶ τὸ ὀρεκτὸν ἰδοῦσα πρὸς τὴν λῆψιν ὑπὸ τῆς ἐφέσεως ὥρμησε, καὶ τὸν λυπήσαντα εἰς ὀργήν· ὅθεν καὶ εἴ τισιν ἐκ γενετῆς ἐξέλιπεν αἴσθησις, καὶ ἡ κατ' αὐτὴν ἐκλέλοιπε κίνησις), πάλιν ἰδίως πρὸς ταῦτα τῷ Πλάτωνι ἀπολογίας δεήσει· πῶς γὰρ αὐτοκίνητον τὸ ἑτεροκίνητον; ἢ πῶς καθ' αὑτὸ τὸ κατὰ συμβεβηκός; οὐ δεῖ γάρ, ᾧ τὸ ὑφ' ἑαυτοῦ κινεῖσθαι ἐν τῇ οὐσίᾳ, τοῦτο ὑπ' ἄλλου κινεῖσθαι, ὥσπερ οὐδὲ τὸ καθ' αὑτὸ ἢ δι' αὑτὸ ἀγαθὸν τὸ μὲν δι' ἄλλο τὸ δ' ἑτέρου ἕνεκέν ἐστι. καθ' αὑτὰ δὲ καὶ δι' αὑτὰ ἀγαθὰ τὸ φιλοσοφεῖν, τὸ ὑγιαίνειν, ἡ ἀρετή· οὐ γὰρ ἑτέρων ταῦτα χάριν σπουδάζεται. δι' ἄλλο καὶ ἑτέρου ἕνεκεν ἡ ἰατρική, πλοῦτος, ἰσχύς. ἴδωμεν δὲ καὶ ἃ ἐν τῷ Τιμαίῳ περὶ τῆς τοῦ παντὸς ὁ αὐτὸς φυσιολογεῖ ψυχῆς· ταὐτὰ γὰρ τῷ Δημοκρίτῳ καὶ εἴ τις ἄλλος εἴρηκε τῷ κινεῖσθαι κινεῖν κἀκεῖ φανείη διοριζόμενος· πλὴν ὅσον οἱ μὲν ὥσπερ ἐν εἱρκτῇ τῷ σώματι κατακλείουσιν, ὁ δὲ περιπλέκει· συνεστηκυῖαν γὰρ ἐκ τῶν στοιχείων καὶ μεμερισμένην κατὰ τοὺς ἁρμονικοὺς ἀριθμούς, ὅπως αἴσθησιν καὶ σύμφυτον ἁρμονίαν ἔχῃ καὶ τὸ πᾶν φέρηται συμφώνους φοράς, τὴν εὐθυωρίαν σχίσας εἰς δύο κύκλους κατέκαμψε καὶ διελὼν ἐκ τοῦ ἑνὸς κύκλου δύο δισσαχῇ συνημμένους ἑτέρους κύκλους πάλιν τὸν ἕνα διεῖλεν εἰς ἑπτὰ κύκλους, ὡς οὔσας τὰς τοῦ οὐρανοῦ φορὰς τὰς τῆς ψυχῆς κινήσεις. δεῖ δὲ εἰς σαφήνειαν καὶ τὴν λέξιν παραθέσθαι τὴν ἐν Τιμαίῳ, συντεμόντας ὅσον ἐνδέχεται· λαβὼν γάρ, φησίν, ὁ θεὸς οὐσίαν καὶ ταυτότητα καὶ ἑτερότητα τὰ τῶν ὄντων στοιχεῖα, καὶ οὐσίαν οὐ τὴν τυχοῦσαν, ἀλλὰ τὴν μέσην τῆς τε ἀμερίστου ἀεὶ καὶ κατὰ τὰ αὐτὰ καὶ ὡσαύτως ἐχούσης καὶ τῆς περὶ τὰ σώματα μεριστῆς, εἶτα συγκεράσας πάντα ἐξέτεινε καὶ ἐποίησεν εὐθεῖαν καὶ ταύτην αὖ κατέτεμεν εἰς ἁρμονικοὺς ἀριθμούς, λέγω δὴ εἰς μονάδα καὶ δυάδα καὶ τριάδα καὶ τετράδα καὶ τὸν θ' καὶ η' καὶ κζ' ἀριθμόν, ὧν ἐφεξῆς μὲν τῶν περιττῶν ἰδίᾳ τιθεμένων καὶ αὖ πάλιν τῶν ἀρτίων ἡ γεωμετρικὴ ἀναλογία γενήσεται. καὶ σχίσας μετὰ τοῦτο κατὰ μῆκος εἰς δύο εὐθείας τὴν μίαν, εἶτα συνάψας χιοειδῶς ἀλλήλαις ἀνέκλασε καὶ ἐποίησε κύκλους δύο, τὸν μὲν μείζονα τὸν δὲ ἐλάττονα, καὶ τὸν μὲν ἔξω τὸν δὲ ἔσω, συναπτομένους ἀλλήλοις κατὰ δύο σημεῖα, καὶ ἐκίνησε τὸν μὲν ἔξω ἐπὶ τὰ δεξιά, ἐπὶ τὰ ἀριστερὰ δὲ τὸν ἔσω, καὶ ἐπεφήμισε τὸν μὲν ἔξω

3 ὑποληφθήσεται AC 9 ἐξέλειπεν AC 10 δεήσειε A 11 τὸ κατὰ om. B οὐδ' εἰ A 12 ἑαυτὸν B 13 τὸ μὲν — ἀγαθὰ (14) om. C 15 χάριν ταῦτα AC 16 ἡ om. AC τῷ om. AC ἐν τῷ Τιμαίῳ] Tim. 8 p. 34 B sq. 19 ὥσπερ om. B 22 φορᾶς A 24 post κύκλους add. εἶναι C 28 καὶ ἀεὶ κατὰ A 30 αὖ] οὖν A 32 καὶ ἰδίᾳ AC 34 χιοειδῶς BC Philoponus: χιοδῶς A ἀλλήλας B 35 ἔσω -- ἔξω (36) B 36 ἐκείνησε A

κύκλον ταὐτοῦ, τὸν δὲ ἔσω θατέρου· καὶ τὸν μὲν ἔξω ἕνα εἴασε καὶ ἄσχιστον, τὸν δὲ ἐντὸς σχίσας ἑξαχῇ ἐποίησεν ἑπτὰ κύκλους ἀνίσους, διπλασίονι καὶ τριπλασίονι λόγῳ ὑπερέχοντας ἀλλήλων· καὶ τοὺς μὲν τρεῖς ἴσους τῷ τάχει τῆς κινήσεως ἐποίησε, τοὺς δὲ λοιποὺς τέτταρας ἀνίσους τῇ κινήσει καὶ ἀλλήλοις καὶ τοῖς τρισί· καὶ τοῦτο εἶναι τὴν τοῦ παντὸς ψυχήν. εἶτα μετὰ τοῦτο, φησί, πᾶν τὸ σωματοειδὲς τοῦ κόσμου ἐντὸς ἐναπέκλεισε καὶ συναρμόσας τὴν ψυχὴν ἐκ τοῦ μέσου διέπλεξε μέχρι τοῦ ἐσχάτου οὐρανοῦ καὶ κύκλῳ αὐτὸν ἔξωθεν πάντα περιεκάλυψε. καὶ τὰ μὲν τῆς ἐν Τιμαίῳ ψυχογονίας σχεδὸν οὕτως ἔχει. εἰ μὲν οὖν ἄλλο τι παρὰ τὰ κείμενα δίδωσιν ἐννοεῖν ἡ περὶ τοῦ ἀνδρὸς δόξα, καὶ συμβολικήν τινα τὴν περὶ ψυχῆς θεωρίαν πεποίηται (ἔσται γὰρ ἴσως τοῦτο, εἴ τις εἰς αὐτὸν ὅλον ἀπίδοι Πλάτωνα), τάχ' ἄν τις ἀπαντήσοι θεραπεία καὶ τὸ εἰκὸς ἔχει τὰ εἰρημένα· ὅσον δ' οὖν τῷ φαινομένῳ ἥκιστά γε τὰ τοιάδε περὶ ψυχῆς προσήκει. διὰ ταῦτα οἱ μὲν ἔλεγχοι ἀναγκαῖοι οὐ πρὸς Πλάτωνα μᾶλλον ἢ πρὸς τοὺς τὸ φαινόμενον κακῶς ἐκλαμβάνοντας· εἰ δέ τι καὶ κατὰ πάρεργον ἄλλο γένοιτο καὶ μεγέθους ἐκτὸς ὁ νοῦς ἀποδειχθείη καὶ μερισμοῦ, προὔργου τοῦτο ἔσται ἡμῖν. καὶ δὴ πρῶτον πῶς ἡ εὐθεῖα σχίζεται ἀπλατὴς οὖσα μῆκος; πῶς δὲ καὶ ὅλως κατατμηθεῖσα εἰς τοὺς ἁρμονικοὺς ἀριθμοὺς ὡς μία οὖσα κατὰ μῆκος ἢ σχίζεται ἢ εἰς κύκλους περιάγεται; πῶς δὲ καὶ ἡ εὐθεῖα κύκλος; ἀνομοιογενῆ γὰρ τὰ μεγέθη. ἔπειτα πῶς τῶν κύκλων ὁ εἷς μείζων γίνεται τῆς εὐθείας μήτε προσθήκην μήθ' ὑφαίρεσιν προσλαβούσης; πῶς δὲ ὅλως εἰ οἱ κύκλοι οὗτοι ψυχή, ὧν ἐντὸς τὸ σωματοειδὲς ἀπεκλείσθη ἅπαν, συναρμοσθέντες περιεπλάκησαν ἐκ τοῦ μέσου τοῦ παντὸς μέχρι τοῦ ἐσχάτου οὐρανοῦ; οὐ γὰρ δύναται τοῦτο ποιεῖν ὁ κύκλος σφαῖραν ἔξωθεν περικαλύπτειν. καὶ πρὸ τῶν ὅλων πῶς ἔχει καλῶς τὸ λέγειν τὴν ψυχὴν μέγεθος; τὴν γὰρ τοῦ παντὸς δῆλον ὅτι τοιαύτην βούλεται οἷόν ποτέ ἐστιν ὁ καλούμενος νοῦς· οὗτος γὰρ ὁ κύκλος· οὐ γὰρ δὴ οἷόν γε ἡ αἰσθητικὴ οὐδ' οἷον ἡ ἐπιθυμητική· τούτων γὰρ ἡ κίνησις οὐ κυκλοφορία, ἀλλὰ νοῦ καὶ λογικῆς ψυχῆς. αὕτη γάρ ἐστιν ἡ πρὸς ἑαυτὴν ἐπιστρέφουσα καὶ μιμουμένη κύκλον περὶ ἑαυτῆς ζητοῦσα καὶ ἑαυτὴν γινώσκουσα· ἡ μέντοι αἰσθητικὴ καὶ θυμοειδὴς καὶ ἐπιθυμητικὴ οὐ κινεῖται κύκλῳ, ἀλλ' εὐθεῖαί τινές εἰσιν. αἵ τε γὰρ ὄψεις τῶν ὀφθαλμῶν κατ' εὐθεῖαν ἐκπέμπονται καὶ κατὰ τὰ αὐτὰ παλινδρομοῦσιν ἐν ταῖς ἀνακλάσεσι, καὶ θυμὸς δὲ καὶ ἐπιθυμία πρόοδοί τινές εἰσιν εὐθείας μιμούμενοι καὶ τὰς περὶ τὸ σῶμα ἐνεργείας ἀνεπιστρόφους ἔχουσιν· οὐ γὰρ συναίσθονται ἑαυτῶν οὐδὲ ταῖς ἐνεργείαις αὐτῶν ἐφιστάνουσιν. ὁ δὲ νοῦς εἷς καὶ συνεχὴς οὕτως ὥσπερ καὶ ἡ νόησις (νοῦ γὰρ ἐνέργεια νόησις), ἡ δὲ ὥσπερ τὰ νοήματα· ταῦτα δὲ τῷ ἐφεξῆς ἕν, ὥστε καὶ ὁ νοῦς οὕτως ἔσται δήπου συνεχὴς ὡς ἀριθμός, οὐχ ὡς μέγεθος· ἢ γὰρ ἀμερὴς ἢ οὐχ ὡς μέγεθός τι συνεχής. τοσοῦτον γὰρ ἀπέχομεν τοῦ συνεχὲς ἢ ὅλως μέγεθος λέγειν τὸν νοῦν, ὥστε καὶ διωρισμένον αὐτὸν φαῖμεν ἂν εὐλογώτερον. οὐ γὰρ δήπου πάντα ἅμα νοεῖ ὥσπερ

12 ἔχοι A 14 μᾶλλον] μόνον, ut videtur, A^1 20 μείζω A 26 οἷος AC 29 μιμουμένη κύκλον] κινουμένη κύκλῳ B καὶ (post ζητοῦσα) om. AC 36 ἐνεργεία C ταὐτὰ A^1 40 αὐτὸν om. AC

ὁ πρώτιστος καὶ ἐξῃρημένος τοῦ παντὸς νοῦς ἅπας γενητός, ἀλλ' ἀχρόνως μέν, ἐπειδὴ μὴ ἐν χρόνῳ αὐτῷ τὸ εἶναι, ἐφεξῆς δὲ ὡς ὁ ἀριθμός· ἥδε γὰρ ἡ πρότασις μετὰ τήνδε καὶ μετ' αὐτὴν ἑτέρα. ἐπεὶ γὰρ οὐ πρὸς τὸ ἔξω ἡ ἐνέργεια αὐτοῦ ἀποτείνεται, ἀλλ' ἐν αὑτῷ ὁρῶν πάντα ὁρᾷ τῷ πάντων εἶναι ἐν αὑτῷ τοὺς λόγους καὶ πλήρωμα χρηματίζειν εἰδῶν, τῷ μὲν ὅλως πλείονα εἶναι τὰ νοήματα εἴη ἂν οἷον ἀριθμός, τῷ δὲ ταῦτα ἐφεξῆς εἶναι εἴη ἂν ταύτῃ συνεχής. ἔτι πῶς ἂν καὶ νοήσειε μέγεθος ὤν; πότερον καθ' ὅλον ἢ ἐν ὁτῳοῦν τῶν μορίων αὐτοῦ; μορίων δ' ἤτοι κατὰ μέγεθος ἢ κατὰ στιγμήν, εἰ δεῖ καὶ τοῦτο μόριον εἰπεῖν. εἰ γὰρ ὁ νοῦς κύκλος ὢν τῷ κινεῖσθαι ἐφάπτεται τοῦ νοητοῦ καὶ ταύτῃ νοεῖ (μέγεθος γὰρ ὢν οὐκ ἂν ἄλλως γνώσαιτο), ἀνάγκη πᾶσα ἢ τῷ ὅλῳ κύκλῳ καὶ ἀθρόᾳ τῇ θίξει νοεῖν ἢ κατὰ μέρος· καὶ εἰ κατὰ μέρος, ἢ κατὰ μόριον ἢ κατὰ σημεῖον ἐφαπτόμενος· καὶ εἰ κατὰ σημεῖον, ἤτοι καθ' ἓν ἢ οὐ καθ' ἕν. εἰ μὲν οὖν καθ' ἓν σημεῖον νοεῖ μόνον, περιττὰ τὰ ἄλλα· τίς οὖν χρεία τῆς κύκλῳ κινήσεως ἢ ὅλως μεγέθους; εἰ γὰρ ὁ νοῦς τῷ νοεῖν εἶναι λέγεται, τὸ δὲ ἓν σημεῖον μόνον νοεῖ, τοῦτο ἂν εἴη νοῦς. εἰ δὲ μὴ καθ' ἓν σημεῖον μόνον νοεῖ, ἤτοι κατὰ πλείονα ἢ κατὰ πάντα νοήσει. τὸ μὲν οὖν κατὰ πλείονα νοεῖν ἀποκληρωτικόν· κατὰ πόσα γὰρ καὶ διὰ τί τοσαῦτα; καὶ πάλιν τὰ λοιπὰ περιττὰ ἔσται. εἰ δὲ κατὰ πάντα τὰ σημεῖα νοεῖ, τριχῶς ἔσται· ἤτοι γὰρ ἕκαστον αὐτῶν πάντα τὰ νοητὰ νοήσει, ἢ δεῖ πρὸς ἕκαστον τῶν νοητῶν τῆς πάντων συμπνοίας καὶ οὐκ ἄλλως νοήσει τι, εἰ μὴ πάντα τὰ σημεῖα, ταὐτὸν δ' εἰπεῖν ὁ κύκλος ἅπας ἐφάψηται, ἢ τῷδε μὲν τόδε νοεῖ, ἄλλῳ δὲ ἄλλο καὶ ἑξῆς ὁμοίως, ὥσπερ τυχὸν ὁρατῶν μὲν ὄψις, ἀκουστῶν δὲ ἀκοὴ καὶ ἄλλη τῶν αἰσθήσεων ἄλλου τινὸς τῶν αἰσθητῶν. εἰ μὲν οὖν ἕκαστον ἅπαντα νοεῖ, ἄπειρα δὲ τὰ σημεῖα, πολλάκις ἢ ἀπειράκις νοήσει τὸ αὐτό. νῦν δὲ φαίνεται καὶ ἅπαξ ἐνδεχόμενον· δυνατὸν γάρ τι προσάπαξ νοήσαντα μηκέτι νοῆσαι ἢ ἐπιλαθόμενον ἢ μηκέτι τῇ διανοίᾳ προχειρισάμενον. εἰ τοίνυν ἐνδέχεται μὲν ἅπαξ τι νοῆσαι, ἕκαστον δὲ τῶν σημείων πάντα νοεῖ καὶ τῇ τοῦ κύκλου περιφορᾷ ἀεὶ ἐφάπτεται, ἀνάγκη τὸ αὐτὸ καὶ ἀπειράκις νοεῖν, εἴπερ ἀίδιος ἡ περιφορά. ἄλλως τε εἰ ἄπειρα τὰ σημεῖα, τὰ δὲ ἄπειρα ἐκπεριελθεῖν ἀδύνατον, οὐδέποτε καθ' ὅλον ἑαυτὸν ὁ νοῦς νοήσει, ἀλλὰ τὸ αὐτὸ νοητὸν τὸ μέν τι αὐτοῦ τοῦ νοῦ νοήσει, τὸ δὲ οὐ νοήσει. καὶ τοῦτο μὲν οὕτως· εἰ δὲ δεῖ καθ' ἕκαστον νοητὸν τῆς πάντων θίξεως, τί ποτε ἕκαστον ἐποίησε θιγόν; δῆλον γὰρ ὡς ἕκαστον ἔδρασέ τι· τίς οὖν ἡ καθ' ἕκαστον ἀντίληψις; εἰ δέ τις εἴποι ὡς ἐπὶ συλλογισμῶν, ὅτι τὸ μὲν τῇσδε ἐφάπτεται τῆς προτάσεως, ἄλλο δὲ ἄλλης, ἡ δὲ πάντων περίοδος τὸ συμπέρασμά ἐστιν καὶ οἷον τὸ ὅλον νοητόν, τοῦτό ἐστιν ἡ τελεία νόησις, οὐκ ἐρεῖ καλῶς. εἰ γὰρ τὸ μὲν τήνδε νοεῖ τὴν πρότασιν τὸ δὲ τήνδε, τί τὸ κρῖνον καὶ λέγον ὅτι ἥδε τῆσδε ἑτέρα ἐστίν; ὅμοιον γὰρ ὡς εἰ τοῦ μὲν ἐγὼ τοῦ

---

2 ἀριθμός] ὀριθμός C 3 ἕτερα B 4 αὐτοῦ] om. B αὑτῷ scripsi: αὐτῷ libri 7 καθόλου BC at cf. v. 30 et p. 22, 11. 23 9 ἐφάπτηται A 10 οὐ γνώσαιτο A: γνώσοιτο (α supra ο) B 14 κινήσεως AC Philoponus: νοήσεως B 15 τῷ νοεῖν νοῦς εἶναι Philoponus 16 μόνον om. A 20 πρὸς] παρὰ B 21 ἐφάψηται AC Philoponus: ἐφάψεται B 28 καὶ (post αὐτὸ) om. A 33 θίγον libri 37 κρῖνον] κοῖνον B

δὲ σὺ αἴσθοιο. καὶ τί τὸ ἐκ πασῶν ὡς ἓν συνάγον συμπέρασμα; δεῖ γὰρ τὸ αὐτὸ πάσας ἐγνωκέναι, ἵν' εἴπῃ ὅτι ἐκ τῶνδε τόδε συνάγεται. τὸ γὰρ ἐφαψάμενον τῆσδε τῆς προτάσεως οὐ γνώσεται τὴν ἑτέραν πρότασιν, ἧς ἕτερον σημεῖον ἐφήψατο, ἢ ἡ ἑτέρα ὑπόθεσις γενήσεται καὶ πάντα πάντων ἀντιλήψεται. ἔτι ἐπειδὴ τῶν προτάσεων ἑκάστη ἔστι τις καὶ ἀπόφανσις, δῆλον ἄρα, ὅταν τὴν πρότασιν ἀπόφανσιν νοῇ, ὡς ὅλον τι νοήσει μηδὲν δεόμενον τῆς τῶν ἄλλων σημείων θίξεως. ἔτι εἰ τὰ μὲν σημεῖα ἄπειρα, ὡς ἀνωτέρω ἐλέγετο, δεῖ δὲ εἰς τὸ νοῆσαί τι τῆς τῶν ἀπείρων θίξεως, τὰ δ' ἄπειρα ἐν πεπερασμένῳ χρόνῳ διελθεῖν τῶν ἀδυνάτων ἐστίν, οὐδέποτε νοήσει. οὕτω μὲν καὶ τὸ δεύτερον λείπεται ζητῆσαι, μήποτε ὡς ἡ αἴσθησις, οὕτω τοι καὶ ὁ νοῦς ἄλλῳ σημείῳ ἄλλου νοητοῦ ἀντιλαμβάνεται. ἀλλ' εἰ τοῦτο, πάλιν οὐ καθ' ὅλον ἑαυτὸν πάντα νοήσει. οὐ τοῦτο δὲ ἡ ἐνάργεια ὑπαγορεύει· οὐ γὰρ δὴ ψυχὴν μὲν τυχὸν ἐθέλοντες νοῆσαι τόδε τὸ μόριον τοῦ νοῦ κινοῦμεν, ἄγγελον δ' ἄλλο, καὶ ἐπὶ τῶν λοιπῶν ὡσαύτως. πῶς δ' ἂν καὶ ἐπ' αἰσθήσεως ἐφίστανεν ὁ νοῦς, ὡς ὀφθαλμὸς μὲν χρωμάτων, ἀκοὴ δὲ ψόφων καὶ ἄλλη αἴσθησις ἄλλων αἰσθητῶν ἀντιλαμβάνεται; ἔτι τὰ διαφόρων ἀντιλαμβανόμενα καὶ αὐτὰ κατ' οὐσίαν διάφορα εἶναι ἀνάγκη. διάφορα ἄρα κατ' οὐσίαν τὰ σημεῖα ἔσονται. τίς δὲ διαφορὰ οὐσιώδης σημείου πρὸς σημεῖον οὐδὲ πλάσσειν βουλομένοις ῥᾴδιον; οὕτω μὲν οὖν κατὰ σημεῖον τὸν νοῦν νοεῖν τῶν ἀδυνάτων ἐστίν. εἰ δὲ κατὰ μόρια γίνοιτο ἡ νόησις, ἢ ἀρκεῖ πάλιν ἓν τῶν μορίων εἰς νόησιν ἢ οὐκ ἀρκεῖ. εἰ μὲν οὖν ἓν μόριον τὸ νοοῦν, εἴη περιττὴ ἡ τῶν ἄλλων εἰσαγωγή· τοῦτο γὰρ ἔσται νοῦς. ἄλλως τε αὐτὸ τοῦτο τὸ μόριον ζητήσομεν, πότερον καθ' ὅλον ἐφαπτόμενον τοῦ νοητοῦ νοεῖ ἢ κατὰ μόριον, καὶ ἥξουσιν οἱ πρότερον λόγοι. ἀλλ' ὑποκείσθω νοεῖν καθ' ὅλον· τίς οὖν τῶν λοιπῶν χρεία; εἰ δὲ μὴ καθ' ἓν μόριον ἡ νόησις γένοιτο, ἐπεὶ ἐνδέχεται καὶ εἰς πεπερασμένα διελεῖν πᾶν μέγεθος καὶ εἰς ἄπειρα, εἰς πεπερασμένα μέν, ὅταν εἰς ἴσα κατὰ ποσὸν διαιρεθείη οἷον εἰς δακτυλιαῖα ἢ πηχυαῖα (πᾶν γὰρ πεπερασμένον καταμετρεῖται ὑπὸ παντὸς πεπερασμένου), εἰς ἄπειρα δέ, ὅταν εἰς ἄνισα ἢ εἰς τὰ αὐτὰ κατὰ λόγον, καὶ διεξοδεύηται δι' ὅλου διχοτομούμενον (ἐπ' ἄπειρον γὰρ ἡ διχοτομία πρόεισι, διὰ τὸ ἀεὶ μὲν εἰς μέγεθος γίνεσθαι τὴν τομήν, πᾶν δὲ μέγεθος συνεχὲς εἶναι, πᾶν δὲ συνεχὲς διαιρετόν), εἰ μὲν οὖν εἰς πεπερασμένα γένοιτο ἡ τομή, ἤτοι ἕκαστον πάντα νοήσει, ἢ οὐκ ἄλλως νοεῖ, εἰ μὴ πάντα θίγῃ, ἢ τινὰ τινῶν· καὶ τὰ αὐτὰ ἐροῦμεν πάλιν ἅπερ καὶ πρότερον. ὁμοίως δὲ καὶ εἰ ἄπειρα τὰ μόρια ὑπόκειται, τοῖς αὐτοῖς οἷς καὶ ἐπὶ τῶν σημείων λόγοις χρησόμεθα. καὶ πρὸς τούτοις εἰ ἱκανὸν θιγεῖν ὁτῳοῦν τῶν μορίων, τί δεῖ κύκλῳ κινεῖσθαι ἢ ὅλως μέγεθος ἔχειν; καὶ ἱσταμένου γὰρ ἀντιλήψεται. εἰ μὲν οὖν κατὰ μόριον ὁπωσδήποτε νοεῖν ὑποτεθείη, τοσαῦτα ἄτοπα ἀπαντᾷ· εἰ δ' ἀναγκαῖον νοῆσαι ὅλῳ τῷ κύκλῳ θιγόντα, ἴδωμεν εἰ ἐν-

5 ἀπόφανσις Philoponus: ἀπόφασις libri 12 ἐνάργεια] ἐνεργεία B 22 ζητήσωμεν AC 23 πρότερον A 26 διελεῖν] δινεῖν B 27 οἷον εἰς AC Philoponus: εἰς om. B 28 πεπερωμένου A 32 πάντων B 34 εἰ εἰς ἄπειρα C 35 χρησόμεθα B Philoponus: χρησαιμεθα AC θίγειν libri ὁτοοῦν C: ὁτιοῦν B 37 ὑποτιθείη pr. A 38 θίγοντα libri εἴδωμεν A

δέχεται καὶ τίς ἡ τοῖς μορίοις θίξις· εἰ γὰρ οὐ πρότερον νοεῖ, πρὶν ἐκπεριέλθοι ὁ κύκλος, τί ποιεῖ ἕκαστον μόριον; εἰ γὰρ μὴ νοεῖ περιερχόμενα τὰ μόρια, ἡ δὲ τοῦ ὅλου κύκλου θίξις κατὰ μόρια γίνεται, οὐδ' ὅλως ἂν νοήσοι· οὐ γὰρ ἄλλῳ τινὶ ἐφάπτεται τοῦ νοητοῦ ἢ τοῖς ἑαυτοῦ μέρεσι. λείπεται λέγειν ὡς ἕκαστον μὲν τῶν μερῶν μέρος γινώσκει τοῦ νοητοῦ, ὁ δὲ ὅλος κύκλος τὸ ὅλον. τίς δ' ἂν εἴη τῶν μερῶν πρὸς τὰ ἀμερῆ θίξις; πῶς γὰρ νοήσει τὸ μεριστὸν ἀμερεῖ, ἢ τὸ ἀμερὲς πῶς νοηθήσεται μεριστῷ; εἰ γὰρ μὴ οἷά τέ ἐστι τὰ μέρη τὸ ὅλον νοεῖν, ἄνευ δὲ τῆς τῶν μερῶν νοήσεως τὸ ὅλον οὐ νοεῖ (ἡ γὰρ ἄθροισις τῆς τῶν μερῶν νοήσεως ἡ τοῦ ὅλου ἐστὶ νόησις), οὐδὲν ἀμερὲς ἂν δύναιτο νοεῖν· ὥστε οὐ νοήσει τὸ νοητὸν ἀμερὲς ὂν αὐτὸς ὢν μεριστός. ἔτι εἰ ἑκάστῳ μορίῳ μέρος νοεῖ, τὸ ὅλον νόημα σύνθετον ἔσται. πῶς οὖν νοήσει τὸ ἁπλοῦν νόημα; ἅπαν γὰρ οὕτω νόημα σύνθετον ἔσται. ἀλλὰ μὴν ἁπλοῦ νοήματος μὴ ὄντος οὐδὲ σύνθετον ἔσται. ἀναιρεθήσεται ἄρα καὶ νοῦς νοήματος μὴ ὄντος. ἔτι δὲ ἀναγκαῖον, ὃν ἄνω καὶ κάτω κύκλον περιάγομεν καὶ νοῦν εἶναι λέγομεν, τυγχάνειν αἰσθητὸν καὶ μερικόν, ἀλλὰ μὴ καθόλου μηδὲ κοινόν. εἰ γὰρ νοῦ μὲν κίνησις νόησις, κύκλου δὲ περιφορά, καὶ νοῦς ἂν εἴη κύκλος, οὗ ἡ τοιαύτη περιφορά. αἰσθητοῦ δὲ ἡ περιφορά· τὰ γὰρ καθόλου ἀκίνητα. καὶ ὁ νοῦς ἄρα κύκλος αἰσθητός. ἔτι ἀεὶ δή τι νοήσει· δεῖ γάρ, εἴπερ αἴδιος ἡ περιφορά. ἡ γὰρ ὁμοία καὶ ὡσαύτως ἔχουσα περὶ τοῦ αὐτοῦ τινός ἐστι. δεήσει οὖν τοιοῦτον εἶναι τὸ νοούμενον, ὃ οὐδέποτε νενοημένον ἔσται. τί οὖν τοῦτό ἐστιν; οὐδὲ γάρ ἐστιν ἄπειρος νόησις· τῶν γὰρ γνώσεων αἱ μὲν πρακτικαὶ αἱ δὲ θεωρητικαί, ἄμφω δὲ πεπερασμέναι. αἵ τε γὰρ πρακτικαί, ἐπεὶ πᾶσαι ἑτέρων χάριν, τυχοῦσαι τοῦ τέλους παύονται, ὥσπερ καὶ αἱ κατ' αὐτὰς πράξεις, πλὴν ἀνάπαλιν (ἐκεῖθεν γὰρ ἡ πρᾶξις ἄρχεται, ἔνθα ἡ θεωρία κατέληξεν), αἵ τε θεωρητικαὶ τοῖς λόγοις ὁμοίως ὁρίζονται· λόγος δὲ πᾶς ὁρισμὸς ἢ ἀπόδειξις, καὶ ἄμφω πεπέρανται. αἱ μὲν γὰρ ἀποδείξεις ὡς ἀπ' ἀρχῆς τῶν κοινῶν ἐννοιῶν ὁδεύουσαι ὡς ἐπὶ τέλος τὸν συλλογισμὸν καὶ τὸ συμπέρασμα φέρονται, καὶ εἰ ἐπὶ πολὺ προοδεύουσαι τέως, οὐκ ἀνακάμπτουσί γε πάλιν ἐπ' ἀρχήν, προσλαμβάνουσαι δὲ ἀεὶ μέσον καὶ ἄκρον ὅρον εὐθυποροῦσιν. οἷον ὁ ἄνθρωπος γελαστικόν, τοῦτο δὲ λογικόν, καὶ τὸ συμπέρασμα ὁ ἄνθρωπος λογικόν. ταύτῃ τῇ ἀποδείξει προσθεὶς ἕνα ὅρον ἐπισυνάπτω ἑτέραν ἀπόδειξιν, ἄκρον μὲν τὸν προστεθέντα ποιήσας, τὸν δὲ πρὶν ἄκρον μέσον. προστίθημι οὖν τὸ ζῷον καὶ λέγω· ὁ ἄνθρωπος λογικόν· τὸ λογικὸν ζῷον· ὁ ἄνθρωπος ζῷον. πάλιν ἐπισυνάπτω τὸ ἔμψυχον, εἶτα τὸ σῶμα καὶ ἑξῆς οὕτως. ἡ δὲ τοιαύτη τῶν ἀποδείξεων πρόοδος ἐπ' εὐθείας γίνεται· οὐ γὰρ ὑποστρέφει πρὸς τὴν ἀρχὴν οὐδὲ δείκνυσι τὴν πρώτην πρότασιν· ἡ μέντοι περιφορὰ πάλιν ἐπ' ἀρχὴν ἀνακάμπτει. πεπέ-

1 οὐ om. A 3 νοήσῃ B 6 τὸν ὅλον B ἀμερῆ scripsi: μέρη libri 7 ἀμερεῖ] ἀμερὲς A 8 τὸ ὅλον νοεῖν A Philoponus: τοῦ ὅλου νοεῖν BC 12 πῶς οὖν—ἔσται om. B 14 οὐκ ὄντος AC 15 καὶ νοῦν] κινοῦν B 17 εἴη om. A 28 προσδεύουσαι A[1] 29 ἀνακάμπτουσι] ἀνάπτουσι C 32 ἐπισυνάπτων A προστεθέντα C A[1] Philoponus: προτεθέντα B A[1] 37 μέντοι] μέν τι A

ρανται δὲ καὶ οἱ ὁρισμοί, εἴπερ ἀρχὴ μὲν αὐτῶν τὰ γενικώτατα, τέλος δὲ τὰ εἰδικώτατα, ἀφώρισται δὲ καὶ τὰ μέσα. ἔτι εἰ ἡ αὐτὴ περιφορὰ πολλάκις, δεήσει καὶ πολλάκις ἢ ἀεὶ νοεῖν τὸ αὐτό· εἴτε γὰρ ὡς μήπω νενοημένον τέλειον εἴτε ὡς πολλάκις ἀνελιττόμενον. καὶ ἀμφότερα ἄτοπα, καὶ πρὸς τούτοις ἡ νόησις ἔοικεν ἠρεμήσει τινὶ καὶ στάσει μᾶλλον ἢ κινήσει, ὥσπερ καὶ ἐν τῷ συλλογισμῷ· τῷ ὄντι γὰρ ὁ ζητῶν καὶ προσαπορῶν ἐν πολλῇ ταραχῇ, ἠρεμεῖ δὲ ὁ εὑρὼν καὶ νενοηκώς. πῶς οὖν ἡ νόησις κίνησις; ἀλλὰ μὴν οὐδὲ μακάριόν γε, ὃ μὴ ῥᾴδιον ἀλλὰ βίαιον. εἰ γὰρ τῷ νῷ μᾶλλον ἠρεμεῖν κατὰ φύσιν, ὡς δέδεικται, κινεῖσθαι δὲ λέγεται, οὐκ εὐμαρῶς ἀναφέρει τοῖς παρὰ φύσιν τρυχόμενος. ὥστε ἐπίπονον αὐτῷ καὶ τὸ μεμῖχθαι τῷ σώματι, εἴπερ μὴ ἀπολυθῆναι δύναται, καὶ προσέτι φευκτέον, ἐπείπερ τῷ νῷ βέλτιον μὴ μετὰ σώματος εἶναι, καθάπερ εἴωθέ τε λέγεσθαι καὶ πολλοῖς συνδοκεῖ. ἔτι καὶ ἐν χείρονι μοίρᾳ τὸν ἀεὶ χρόνον ἡ τοῦ παντὸς ἔσται ψυχὴ μηδὲ τὸ ἴσον ἔχουσα ταῖς ἡμετέραις ψυχαῖς, αἵ τινές ποτε τοῦ σώματος ἀπολύονται· ἀίδιον γὰρ αὐτῇ τὸ συνεῖναι σώματι, εἴπερ ὁ κόσμος ἀνώλεθρος. ἀλλ' οὐχ οὕτω ταῦτα ἔχει. ἄδηλος δὲ καὶ τοῦ κύκλῳ φέρεσθαι τὸν οὐρανὸν ἡ αἰτία. οὔτε γὰρ τῆς ψυχῆς ἡ οὐσία αἰτία τοῦ κύκλῳ φέρεσθαι (ἀκίνητος γὰρ ταύτην, ὡς δέδεικται, πλὴν ἢ κατὰ συμβεβηκός) οὔτε τὸ σῶμα αἴτιον τῆς ἑαυτοῦ κινήσεως, ἀλλὰ ψυχὴ μᾶλλον ἐκείνῳ. οὐ μόνον δὲ τὴν ποιητικὴν αἰτίαν τῆς οὐρανίου περιαγωγῆς τὴν προσεχῆ ὁ Τίμαιος ἐσιώπησεν, ἀλλ' οὐδὲ τῆς τελικῆς ἐμνημόνευσεν, οὐδ' ὅτι βέλτιον λέγεται. καίτοι ἐχρῆν εἰπεῖν διὰ τοῦτο τὸν θεὸν κύκλῳ ποιεῖν φέρεσθαι τὴν ψυχήν, ὅτι βέλτιον αὐτῇ τὸ κινεῖσθαι τοῦ μένειν, καὶ κινεῖσθαι δὲ οὕτως καὶ οὐκ ἄλλως. ἐπεὶ δὲ ἡ τοιαύτη σκέψις ἑτέρων λόγων οἰκειοτέρα τῶν περὶ οὐρανοῦ καὶ κινήσεως, ταύτην ἀφίεμεν νῦν. ἐκεῖνο δὲ ἄτοπον συμβαίνει καὶ τούτῳ τῷ λόγῳ καὶ τοῖς πλείστοις τοῖς περὶ ψυχῆς· συνάπτουσι γὰρ καὶ τιθέασιν εἰς σῶμα τὴν ψυχήν, οὐθὲν προσδιορίσαντες διὰ τίνα αἰτίαν καὶ πῶς ἔχοντος τοῦ σώματος. καίτοι δόξειεν ἂν τοῦτο ἀναγκαῖον εἶναι· διὰ γὰρ τὴν κοινωνίαν καὶ τὴν ποιάν τινα σχέσιν τὸ μὲν ποιεῖ τὸ δὲ πάσχει, καὶ τὸ μὲν κινεῖ τὸ δὲ κινεῖται· τούτων δ' οὐθὲν ὑπάρχει πρὸς ἄλληλα τοῖς τυχοῦσιν. οὐ γὰρ τὸ τυχὸν ὑπὸ τοῦ τυχόντος πάσχει· τί γὰρ ἂν λευκότης ὑπὸ γλυκέος πάθοι; οὔκουν οὐδὲ ἡ αὐτὴ ψυχὴ ὁμοίως εἰς [τὸ] πᾶν δράσει σῶμα· δοκεῖ γὰρ ἕκαστον σῶμα ἴδιον εἶδος ἔχειν καὶ μορφὴν οἰκείαν· εἰ δὲ εἶδος τῶν ἐμψύχων ἡ ψυχή, τὰ δὲ τῶν ζώων εἴδη διάφορα, πῶς ἂν εἴη τὸ προστυχὸν σῶμα τῆς τυχούσης ὄργανον; οἱ δὲ μόνον ἐπιχειροῦσι λέγειν, ποῖόν τι ἡ ψυχή, περὶ δὲ τοῦ δεξομένου σώματος οὐδὲν ἔτι προσδιορίζουσιν, ὥσπερ ἐνδεχόμενόν ἐστι κατὰ τοὺς Πυθαγορικοὺς μύθους τὴν τυχοῦσαν ψυχὴν εἰς τὸ τυχὸν ἐνδύεσθαι σῶμα, τὴν λογικὴν εἰς τὰ τῶν ἀλόγων καὶ ἔμπαλιν· τῷ γὰρ Ἐμπεδοκλεῖ ἐκεῖθεν ἐπῆλθεν εἰπεῖν·

ἤδη δέ ποτ' ἐγὼ γενόμην κοῦρός τε κούρη τε
θάμνος τ' οἰωνός τε καὶ ἐξ ἁλὸς ἔμπορος ἰχθύς·

---

1 αὐτῶν om. C 2 εἰ ἡ] εἰ om. C A^1: ἡ om. A^2 3 ἢ καὶ ἀεὶ AC 4 τέλεον C 13 μοῖρα C 14 ἶσον AC 19 ἀλλὰ] ἀλλ' ἡ A 31 οὐκοῦν B 32 τὸ delevi 34 προστυχεῖν C 39 ἤδη δέ] Empedocl. fragm. v. 383 ed. Stein

παραπλήσιόν τι λέγοντες ὥσπερ εἴ τις φαίη τήν τε τεκτονικὴν εἰς αὐλοὺς ἐνδύεσθαι· δεῖ γὰρ τὴν μὲν τέχνην χρῆσθαι τοῖς ὀργάνοις, τὴν δὲ ψυχὴν τῷ σώματι. καὶ ἐς τόσον μὲν τὰ κατὰ τὸν Τίμαιον.

Παραδέδοται δὲ καὶ ἄλλη τις δόξα περὶ ψυχῆς πιθανὴ μὲν πολλοῖς καὶ οὐδε- I4 μιᾶς ἧττον τῶν λεγομένων, φθάνει δὲ λόγους ὥσπερ εὐθύνας δεδωκυῖα, διὰ τῶν οἰκείων καὶ δεδημευμένων ἐληλεγμένη λόγων τῶν τε πρὸς Εὔδημον ἡμετέρων καὶ τῶν ἐν τῷ Φαίδωνι Πλάτωνος, οὐχ ἧττον δὲ καὶ νῦν εὐθυνθήσεται· ἁρμονίαν γὰρ αὐτήν τινες λέγουσιν. ἐπεὶ γὰρ κρᾶσις τῶν ἐναντίων ἡ ἁρμονία καὶ σύνθεσις καὶ πολυμιγέων καὶ δίχα φρονεόντων ἕνωσις, ἑώρων δὲ καὶ τὸ σῶμα ἐξ ἐναντίω συγκείμενον, ἁρμονίαν τὴν ψυχὴν τοῦ συγκρίματος ὑπετόπασαν. καίτοι ἡ μὲν ἁρμονία ἢ λόγος τις καὶ ποιὰ σχέσις τῶν μιχθέντων πρὸς ἄλληλα, ὡς ἐπὶ χορδῶν φέρε εἰπεῖν τήνδε πρὸς ταύτην τὸν διπλασίονα καὶ ἄλλην πρὸς ἄλλην ἕτερον λόγον ἔχειν, ἢ σύνθεσις λίθων καὶ ξύλων ὑπὸ τέχνης ἡρμοσμένων ἢ φύσεως· πῶς δ' ἄν τι τούτων εἴη ψυχή, οὐσία οὖσα; ἔτι τὸ κινεῖν οὐκ ἔστιν ἁρμονίας· κατ' οὐδὲν γὰρ εἶδος κινήσεως ἡ ἁρμονία τὰς χορδὰς κινήσειεν, ἀλλ' ὁ τεχνίτης ἔξωθεν, αὕτη δ' ἐπιγίνεται· ψυχὴ δὲ κινεῖ τὸ σῶμα, καὶ τοῦτο μάλιστα πάντες αὐτῇ ὡς εἰπεῖν ἀπονέμουσιν. ἁρμόζει δὲ μᾶλλον καθ' ὑγείας λέγειν ἁρμονίαν καὶ ὅλως τῶν σωματικῶν ἀρετῶν, κάλλους, ἰσχύος, αἰσθήσεως. ἔτι ἡ ἁρμονία τοῖς ἡρμοσμένοις οὐ μάχεται, ἀλλ' ἕπεται οὕτως, ὡς ἂν ἔχοι τὰ ἡρμοσμένα, ἔχουσα· ψυχὴ δὲ μάχεται σώματι καὶ ἄρχει αὐτοῦ καὶ παρεμποδίζει τὰς ἐπιθυμίας. ἔτι ἁρμονία ἁρμονίας μᾶλλον καὶ ἧττον λέγεται, ψυχῆς δὲ ψυχὴ ὁμοειδὴς μᾶλλον ἢ ἧττον οὐ λέγεται. καὶ ἀρετὴν μὲν καὶ κακίαν ἡ αὐτὴ μεταβαλλομένη δέχεται, οὖσαν τὴν μὲν ἁρμονίαν καὶ συμφωνίαν τῶν ἐν αὐτῇ μερῶν καὶ δυνάμεων, τὴν δὲ ἀναρμοστίαν. ἀπᾴδει γοῦν ἁρμονίαν λέγειν ἁρμονίαν καὶ ἀναρμοστίαν εἰσδέχεσθαι καὶ ποιότητα ὑποκεῖσθαι ποιότησιν. ἔτι φανερώτατα ὁ λόγος ἐλέγχεται, εἴ τις πειραθείη ἀποδιδόναι τὰ πάθη τῆς ψυχῆς τοῖς τῆς ἁρμονίας εἴδεσιν. εἴπερ γὰρ ἡ ὅλη ψυχὴ τῇ ὅλῃ ἁρμονίᾳ ταὐτόν, καὶ τὰ μέρη τοῖς μέρεσι. μέρη δὲ ψυχῆς μὲν τυχὸν θυμός, ἐπιθυμία καὶ τἄλλα, ἁρμονίας δὲ Λύδιον, Φρύγιον καὶ τὰ λοιπά. ποῖα γοῦν ποίοις ἁρμόσαιμεν; πότερον ὁ θυμὸς Λύδιος ἁρμονία ἢ Φρύγιος, καὶ πῶς οὐ γελοῖον; καὶ τὸ λέγειν δὲ τὸν νοῦν διπλασίονα λόγον ἔχειν τῶν κεκραμένων, τὸν ἡμιόλιον δὲ τὴν αἴσθησιν καὶ ἄλλον ἄλλο τῶν ἀτοπωτάτων ἐστίν. οὐκ ἄρα ἡ ψυχὴ ἁρμονία. ἐπεὶ δὲ καὶ διττὸν τὸ τῆς ἁρμονίας, ὡς φθάνομεν διελόμενοι (εἰς δύο γὰρ ταῦτα ἀποβλέψαντες λέγομεν κυριώτατα μὲν τὴν σύνθεσιν τῶν μεγεθῶν, οὐ τῶν μαθηματικῶν δέ, ἀλλὰ τῶν ἐχόντων θέσιν καὶ κίνησιν· ὁπόταν γὰρ οὕτως ἁρμόσωσι λίθοι, ξύλα, ὡς μηδὲν ἐντὸς συγγενὲς παραδέχεσθαι, ἁρμονία μάλιστα λέγεται· δεύτερον δὲ τὸν τῶν μεμιγμένων λόγον, ἐκεῖθεν

---

1 ἐς C 3 εἰς A τὸν om. B 5 ἧττων AC 6 οἰκείων] κοινῶν AC τῶν πρὸς Εὔδημον ἡμετέρων] Eudemum dialogum dicit, cf. fragm. p. 1479b 7 ἐν τῷ Φαίδωνι Πλάτωνος] Phaedo 41 p. 92 A 12 φέρε εἰπεῖν om. A τὸν scripsi: τὴν libri 20 ἔχοι BC: ἔχῃ A Philoponus 29 ποία AC 30 ποίοις] ποίας C ἢ] ἡ B 31 κεκραμμένων AC 36 λίθοι] λίθα καὶ A

τοὔνομα φέροντες), οὐδ' ὁποτέρως εὔλογον ἂν εἴη τὴν ψυχὴν ἁρμονίαν καλεῖν. αὐτίκα γὰρ ἡ τῶν μορίων σύνθεσις λίαν εὐεξέλεγκτος. πολλαὶ γὰρ αἱ συνθέσεις αὐτῶν καὶ διάφοροι· ἄλλη γὰρ χειρὸς καὶ ποδὸς ἑτέρα καὶ τῶν ἄλλων οὕτω. ποία γοῦν τούτων ψυχή, ἢ πᾶσαι; τίνος δὲ ⟨δεῖ⟩ μέλους ἢ πῶς ὑπολαβεῖν τὸν νοῦν σύνθεσιν εἶναι ἢ τὸ αἰσθητικὸν ἢ ὀρεκτικόν; ὁμοίως δ' ἄτοπον καὶ τὸ τὸν λόγον τῆς μίξεως εἶναι τὴν ψυχήν. ἐπεὶ γὰρ οἱ λόγοι τῶν ἐν τῷ σώματι κράσεων τῶν τε ὁμοιομερῶν καὶ ἀνομοιομερῶν πολλοὶ καὶ παντοδαποί (οὐ γὰρ τὸν αὐτὸν ἔχει λόγον ἡ μῖξις τῶν στοιχείων, καθ' ἣν σὰρξ καὶ καθ' ἣν ὀστοῦν, καίπερ ὕλης οὔσης τῆς αὐτῆς), συμβήσεται γοῦν πολλὰς τὸν ἕνα καὶ κατὰ πᾶν τὸ σῶμα ἔχειν ψυχάς, εἴπερ πάντα μὲν ἐκ τῶν στοιχείων μεμιγμένων τὰ μέρη, ὁ δὲ τῆς μίξεως λόγος ἁρμονία καὶ ψυχή. ἀπαιτήσειε δ' ἄν τις τοῦτο καὶ παρ' Ἐμπεδοκλέους· ἕκαστον γὰρ τῶν ἐν σώματι μερῶν ἐν λόγῳ τινί φησιν εἶναι· εἰ γοῦν τὰ εἴδη τῶν μορίων λόγος ἐστὶ κατ' αὐτὸν ὁ τῆς κράσεως, ἔστι δὲ καὶ ἡ ψυχὴ εἶδος τοῦ ὅλου ζώου, πότερον καὶ αὐτὴ εἶδός ἐστι τῶν μιχθέντων, ἐξ ὧν τὸ ὅλον, ἢ ἕτερόν τι οὖσα ἐγγίνεται τοῖς μιχθεῖσιν; εἰ μὲν γὰρ ὁ λόγος ἡ ψυχὴ τῶν κεχραμένων, πῶς φησι "γαίῃ μὲν γὰρ γαῖαν ὀπώπαμεν"; οὐ γὰρ τὰ στοιχεῖα ὁ λόγος. καὶ προσέτι πολλαὶ ψυχαὶ ἐν τῷ ζώῳ. εἰ δ' ἕτερόν τι οὖσα παρὰ τὸν λόγον ἐγγίνεται, πάλιν πῶς φησι "γαίῃ γαῖαν ἐγνώκαμεν"; εἰ δὲ τὰ στοιχεῖα ἡ ψυχή, τί δήποτε ἐπὶ μὲν τῶν ἄλλων ὀστοῦ καὶ σαρκὸς καὶ τῶν ὁμοίων οὐ τὰ στοιχεῖα ἀλλὰ τὸν λόγον αἰτιᾶται, ἐπὶ δὲ ψυχῆς τὰ στοιχεῖα; καίτοι κρεῖττόν τι τῆς ὕλης τὸ εἶδος. ἔτι δὲ πότερον καὶ ἡ φιλία τῆς τυχούσης αἰτία μίξεως, ἣν αὐτὸς τῆς τῶν στοιχείων ἐποίει συγκρίσεως, ἢ τῆς κατὰ λόγον; καὶ εἰ ταύτης, πότερον καὶ αὐτὴ ἡ φιλία λόγος ἐστὶν ἢ παρὰ τὸν λόγον ἕτερον, οὐχ εὐπετές ἐστιν παρ' αὐτοῦ μαθεῖν. τοσαῦτα δὲ καὶ πρὸς Ἐμπεδοκλέα ὡς ἐν παρεκβάσει διηπορήκαμεν. ἐπανιτέον δὲ πάλιν, ὅθεν παρήλθομεν· ἔχει γὰρ ἔτι ἡ τῆς ἁρμονίας δόξα πιθανὰς τὰς ἀντιλαβάς. οὐ γὰρ οὕτως ἁπλῶς παρὰ τῶν ἀντεισαγόντων ἐτίθετο. εἰ γὰρ ἕτερον, φασίν, ἡ ψυχὴ τῆς κατὰ λόγον μίξεως, τί δήποτε ἅμα τὸ σάρκα εἶναι ἀναιρεῖται καὶ αὐτὴ συναναιρεῖται; ταῦτα δὲ κἂν τοῖς ἄλλοις πάσχει τοῖς ὁμοιομερέσιν· συναναιρεῖται γὰρ ἑκάστῳ ἀναιρουμένῳ καὶ τελεία φθορὰ παρακολουθεῖ τοῦ ζώου. οὐχ οὕτω δὲ ἔδει, εἴπερ ἕτερον ἦν τῆς ἁρμονίας τῆς ἐν σώματι ἡ ψυχή, ἀλλ' ὥσπερ τὸν κιθαρῳδὸν καὶ τῆς τῶν χορδῶν ἁρμονίας χαλασθείσης ἔτι παρεῖναι τῇ κιθάρᾳ οὐδὲν κωλύει, ἕτερον ὄντα τῆς κιθάρας καὶ τῆς ἁρμονίας, οὕτως ἔδει ποτὲ καὶ τῆς ἐν σώματι ἁρμονίας ἀπολλυμένης ἔτι παρεῖναι τὴν ψυχήν, εἴπερ μὴ ἦν ἁρμονία. πάλιν εἰ μή ἐστιν ἡ ψυχὴ ὁ λόγος τῆς μίξεως τῆς ἐν ἑκάστῳ τῶν μορίων, τί δήποτε πάντα φθείρεται ψυχῆς ἀπολιπούσης; εἴποι δ' ἄν τις πρὸς ταῦτα, ὥσπερ

---

2 μερῶν A 4 τούτου BC δεῖ addidi μέλλους A 6 τῷ om. A^1 14 εἶδος om. C^1 15 ἐξ ὧν τὸ ὅλον Philoponus: ἐξ ὅλων libri 18 post ἐγγίνεται add. τί οὖσα καὶ πῶς· καὶ A 19 γαίαν AC ἐγνώκαμεν] ὀπώπαμεν supra add. B 21 τῆς ψυχῆς AC 25 ὡς] καὶ B 26 ἐπανιστέον B 27 εἰσαγόντων AC 29 ἅμα τῷ BC σαρκὶ A 30 συναιρεῖται B 37 ἀπολειπούσης AC

οὐκ ἄνευ μὲν τῆς διαφανείας τοῦ ἀέρος ἐνεργεῖ τὸ φῶς, οὐ μὴν ταὐτόν ἐστι τῇ διαφανείᾳ τὸ φῶς, οὕτω τοι καὶ ἐπὶ ψυχῆς ἔχει καὶ τῆς σωματικῆς ἁρμονίας· ἀναιρεθείσης γὰρ ταύτης ἀναιρεῖται καὶ ἡ ψυχή, μᾶλλον δὲ ἡ εἰς τὸ σῶμα τῆς ψυχῆς ἐνέργεια, ὥσπερ καὶ τοῦ ἐν τῷ ἀέρι διαφανοῦς ἀναιρεθέντος οὐ τὸ φῶς ἀναιρεῖται, ἀλλ' ἡ τούτου εἰς αὐτὸ ἐνέργεια. πάλιν δ' αὖ καὶ ψυχῆς ἀπολιπούσης ἀπολείπει εὐθὺς καὶ ἁρμονία, διότι τὸ συνέχον αὐτὴν καὶ προσανυφαῖνον ἀεὶ τὸ ἐλλιμπάνον τῶν ἡρμοσμένων αὕτη ἐστί. καὶ παρεῖναι μέντοι ἴσως τῷ σώματί ποτε καὶ μετὰ τὴν διάλυσιν οὐδὲν κωλύει, ἐνεργῆσαι δέ τι εἰς αὐτὸ τῶν οὐκ ἐνδεχομένων ἐστίν, ὡς οὐδὲ τὸν κιθαρῳδὸν εἰς τὴν ἀνάρμοστον λύραν. ἀλλ' οὔτε μήν, ἐπείπερ ἔστιν αἷς τῶν κράσεων αἱ τῆς ψυχῆς δυνάμεις ἕπονται, ἤδη καὶ ὅλη τῶν κράσεων ἀποτέλεσμα, ὡς ἰατροὶ λέγουσιν, ἀλλὰ κατιούσῃ μὲν πρὸς γένεσιν τῇ ψυχῇ τὰ πάθη δέδονται ἔχοντα τὸ εἶναι ἐν ὑποκειμένῳ τῷ πνεύματι, διαβαίνοντα δὲ καὶ πρὸς τὸ παχὺ τοῦτο σῶμα· οὐκ ἄνευ μέντοι τῆς τοιᾶσδε κράσεως γίνεται, ὥσπερ οὐκ ἄνευ τῶν χορδῶν ἡ ἁρμονία. ὡς γὰρ τὰ αὐτομάτως φυόμενα δεῖται μὲν πάντως τῆς τοιᾶσδε γῆς, δεῖται δὲ καὶ ὑετοῦ, οὐ μὴν τοῦτο καθάπαξ ἀπόχρη πρὸς γένεσιν, ἀλλ' ἐκεῖθεν οἱ λόγοι τούτων ἐκ τῆς ὅλης δημιουργίας προέρχονται, οὕτω τοί φαμεν κἂν τῇ τοιᾷδε κράσει ἐκ τῆς ὅλης δημιουργίας τοὺς τῶν παθῶν ἐνιέναι λόγους κατὰ τὴν ἀξίαν ἑκάστῃ τῶν λογικῶν ψυχῶν. καὶ ὥσπερ τὸ εἶδος ἐν τοῖς αὐτομάτοις γενόμενον οὔτε ἐκ τῆς μίξεως τῆς γῆς καὶ τοῦ ὕδατος ἁπλῶς ἐπεγένετο οὔτ' ἔξωθεν αὐθυποστάτως προϋφεστηκὸς ἐγγίνεται, ἀλλ' οἱ λόγοι οἱ δημιουργικοὶ ἐν τῇ τοιᾷδε τῶν στοιχείων· ἐπιτηδειότητι ἐγγεννῶσιν, οὕτω δὴ καὶ τὰ τῶν παθῶν εἴδη ἐν ταῖς τοῦ σώματος τελεσιουργοῦνται κράσεσιν· οὐ γὰρ δεῖ τὰ αἴτια χείρονα ποιεῖν τῶν αἰτιατῶν. ὅτι μὲν οὐθ' ἁρμονίαν οἷόν τ' εἶναι ἢ κράσεων ἀποτέλεσμα τὴν ψυχὴν οὔτε κύκλῳ περιφέρεσθαι, δῆλον ἐκ τῶν εἰρημένων. κατὰ συμβεβηκὸς δὲ κινεῖσθαι τὴν τοπικὴν κίνησιν ἔστι καὶ κινεῖν ἑαυτήν, καθάπερ εἴπομεν, οἷον κινεῖσθαι μὲν τὸ σῶμα ἐν ᾧ ἐστιν, τοῦτο δὲ κινεῖσθαι ὑπὸ ψυχῆς· ἄλλως δ' οὐχ οἷόν τε κατὰ τόπον κινεῖσθαι. εὐλογώτερον δ' ἀπορήσειεν ἄν τις περὶ αὐτῆς ὡς κινουμένης εἰς τὰ τοιαῦτα ἀποβλέψας. φαμὲν γὰρ τὴν ψυχὴν λυπεῖσθαι, χαίρειν, θαρρεῖν, φοβεῖσθαι, ἔτι δὲ ὀργίζεσθαί τε καὶ αἰσθάνεσθαι καὶ διανοεῖσθαι· ταῦτα δὲ πάντα κινήσεις εἶναι κατὰ τὸ ποιὸν δοκοῦσιν. ὅθεν οἰηθείη τις ἂν αὐτὴν κινεῖσθαι. ὅτι δὲ καὶ τοῦτο οὔτ' ἀληθὲς οὔτ' ἀναγκαῖον, δῆλον ἐντεῦθεν· εἰ γὰρ καὶ ὅτι μάλιστα δοίημεν τὸ λυπεῖσθαι ἢ χαίρειν κινήσεις εἶναι, τί μᾶλλον ἔσται ἡ ψυχὴ κινουμένη; ἡμεῖς μὲν γὰρ ζητοῦμεν, εἰ ἡ ψυχὴ αὐτὴ καθ' αὑτὴν κινεῖται. τὸ δὲ ὅμοιον ὡς κἂν εἴ τις λέγοι τὴν ψυχὴν κινεῖσθαι τῷ ὑφαίνειν ἢ οἰκοδομεῖν· βέλτιον γὰρ ἴσως μὴ λέγειν τὴν ψυχὴν ταύτας κινεῖσθαι τὰς κινήσεις, τὸ χαίρειν, τὸ ἐλεεῖν, τὸ ὑφαίνειν, τὸ μανθάνειν, ἀλλὰ τὸν ἄνθρωπον τῇ ψυχῇ εἴτ' οὖν τὸ συναμφότερον, τοῦτο δὲ μὴ ὡς ἐν ἐκείνῃ τῆς

5 ἡ] εἰ A¹C¹ 6 ἀπολειπούσης AC τὸ om. C 7 αὕτη] αὐτὴ A¹: αὐτή C 8 post ποτὲ add. δὲ C 10 αἷς om. C 12 δέδενται C 17 ὅλης] ὕλης C 20 ante ἐν add. τὸ A 22 ἐπιτηδειότι B ἐγγενῶσιν B 27 εἴπαμεν A 36 τὸ scripsi: τὰ libri λέγει AB 39 εἴτ' οὖν] εἰ τοίνυν B

κινήσεως οὔσης (οὐ γὰρ ἰδίως ταῦτα κινήσεις ψυχῆς, οὐδ' ὥσπερ ἂν εἴποιμεν τὸν ἄνθρωπον τῇ χειρὶ κινεῖσθαι ἀντιλαμβανόμενον ταύτῃ τινός, οὕτω καὶ τῇ ψυχῇ λέγομεν κινεῖσθαι), ἀλλ' ὅτι ὁτὲ μὲν μέχρις ἐκείνης ἡ κίνησις ὁτὲ δὲ ἀπ' ἐκείνης. χρῆται μὲν γὰρ ἡ ψυχὴ ὀργάνῳ τῷ ἐν ἐγκεφάλῳ λεπτοτάτῳ πνεύματι, ὃ δὴ καὶ σύμφυτον αὐτῇ φασιν Ἕλληνες καὶ ἀχώριστον καὶ μετὰ τὴν ἀπαλλαγὴν τοῦ σώματος ὡς ἐξ ἀιδίου προσηρτημένον· ὃ δὴ καὶ αὐγοειδὲς καλοῦσι σῶμα. δεῖ γὰρ ἔχειν αὐτὴν ὃ ζωοποιήσει ἀεί, εἴπερ μὴ μάτην φύσει ζωοποιός. τούτῳ γοῦν ἐνιδρυμένη ὡς αἰσθομένη καὶ κρίνουσα εἰσδέχεται τὰς τῶν αἰσθητῶν προσβολάς. μέσον γὰρ τοῦτο ψυχῆς ἐν τῇ κοινωνίᾳ καὶ τοῦ παχέος ἵσταται σώματος, καὶ τῶν ἐξωτερικῶν εἰς ψυχὴν κινήσεων ἕδρα καὶ τελευταία περάτωσις, ἀρχὴ δ' αὖ τῶν ἐκεῖθεν εἰς τὸ σῶμα διικνουμένων ἐνεργειῶν καὶ διάδοσις. ὅθεν ἡ μὲν αἴσθησις ἀπὸ τωνδὶ ⟨τῶν⟩ αἰσθητῶν καὶ μερικῶν ἀνατρέχει πρὸς τοῦτο ἐντευξομένη τῇ ψυχῇ, ἡ δ' ἀνάμνησις αὖ αὐτόθεν πρὸς τὰς ἐν τοῖς αἰσθητηρίοις κινήσεις ἢ μονάς· μνησθέντες γὰρ πολλάκις φοβεροῦ τινος ὠχριάσαμεν καὶ τὸν πλοῦν ἐννοοῦντες ἐναυτιάσαμεν. καὶ σχεδὸν τὰ ἐν σώματι πάντα πάθη, ἃ τὰ μὲν κατὰ ποιάν τινα φορὰν τὰ δὲ κατ' ἀλλοίωσιν, διὰ τούτου συμβαίνει, οἷον ἐπὶ τοῦ θυμοῦ· ὁ μὲν λόγος κρίνας τὸ πνεῦμα ἐκίνησε, τὸ δὲ τὸ περὶ καρδίαν ζέσαν αἷμα διέχυσεν εἰς τὴν ἐπιφάνειαν πρὸς ἄμυναν τοῦ λυπήσαντος, ὡς ἂν βασιλεὺς μὲν στρατηγῷ, ὁ δὲ τῷ στρατιώτῃ τοῦ πολεμίου τὴν σφαγὴν ἐπιτάξειε. καὶ τὸ διανοεῖσθαι δὲ οὐκ ἄνευ τινὸς κινήσεως γίνεται, ἕως ἂν τῷ σώματι ψυχὴ σύνεστιν, ἀλλ' ἢ τῇ τοῦ ἐγκεφάλου ἤ τινος ἑτέρου μορίου, ὅθεν καὶ τὰ πρόσωπα τῶν διανοουμένων ξηρότερα γίνεται. μόνος δὲ ὁ νοῦς ἔοικεν ἐγγίνεσθαι οὐσία τις καὶ οὐ φθείρεσθαι. μάλιστα γὰρ ἂν ἐφθείρετο ὑπὸ τῆς ἐν τῷ γήρᾳ ἀμαυρώσεως· εἰ γὰρ ἦν ἀχώριστος σώματος ὥσπερ δῆτα θυμὸς καὶ ἐπιθυμία, ἔδει συνακμάζειν καὶ συμφθίνειν τῷ σώματι. ἐπεὶ δὲ οὐχ οὕτως ἔχει, ὅτι μὴ καὶ τοὐναντίον (φρόνησις γάρ, φησὶ Πλάτων, καὶ δόξαι ἀληθεῖς καὶ βέβαιαι ἀγαπητὸν ὅτῳ κἂν εἰς βαθὺ γῆρας ἐγγένοιντο), ἀθάνατος ἂν εἴη καὶ τῆς φθορᾶς ἀνεπίδεκτος. εἰ δὲ λῆροι ὡς τὰ πολλὰ τῶν γερόντων οἱ ἔξωροι καὶ μωραίνει κἂν ταῖς μέθαις καὶ τοῖς ὕπνοις καὶ νόσοις ἔστιν αἷς ἄνθρωπος, οὐ τῷ τὸν νοῦν αὐτόν τι πάσχειν τοῦτο προσγίνεται· ἀλλ' ὥσπερ ἐπὶ τῶν αἰσθητηρίων τῷ χρόνῳ παχυνθέντων τῶν ἐν ὀφθαλμοῖς χιτώνων οὐ κατὰ τοὺς νέους οἱ γέροντες βλέπουσιν, εἰ δὲ λάβοι ὁ πρεσβύτης ὄμμα νέον, ἴδοι ἂν ὥσπερ ὁ νέος, ὡς τῆς αἰσθητικῆς δυνάμεως ἀπαθοῦς μενούσης, οὕτω τοι καὶ τὰ ἐν τῷ γήρᾳ συμπίπτοντα οὐ τῷ τὴν ψυχήν τι πεπονθέναι, ἀλλ' ἐν ᾧ ἐστι, τὸ σῶμα δήπου, μοχθηρᾶς ὕλης ἐμπιπλάμενον τῇ ἐπὶ ποσὸν ἢ ποιὸν τῶν χυμῶν ἀμετρίᾳ ὡς

1 οὐ om. C 4 ante ὀργάνῳ add. πρώτῳ A ἐν om. BC 6 δὴ om. A[1]: ὅπερ A[2] 9 προβολάς B 10 παχέως A ἕδρα AC 12 τῶν addidi 13 αὖ αὐτόθεν scripsi: ἀπ' αὐτόθι libri 15 ὠχρειάσαμεν A ἐναντιάσαμεν AB 16 φοράν τινα AC 17 συμβαίνει scripsi: συμβαίνειν libri 18 τὸ περὶ] τὸ om. B 19 τῷ στρατηγῷ AC 21 ψυχῇ AB 26 ἔχοι A 27 φησὶ Πλάτων] de Legg. II 1 p. 653 A βεβαῖαι C 28 ἐγγίνοιντο C[1] 33 πρεσβυτὴς B 36 τῆς — ἀμετρίας BC ὥς τις] ὥστε A[1]

τις φλύαρος γείτων ἐκκρούει καὶ τῶν οἰκείων ἐξίστησι· καὶ οὕτω δὴ τὸ νοεῖν καὶ τὸ θεωρεῖν μαραίνεται ἄλλου τινὸς ἔσω φθειρομένου, τοῦ πνεύματος, εἰς ὃ πρώτως αἱ ψυχικαὶ δυνάμεις ἐλλάμπουσιν, αὐτὸ δ' ἀπαθές ἐστι. τὸ δὲ διανοεῖσθαι ἢ φιλεῖν ἢ μισεῖν καὶ τὰ τοιαῦτα οὐκ εἰσὶν ἐνέργειαι νοῦ (ὁ γὰρ νοῦς θειότερόν τι ἴσως καὶ ἀπαθές), ἀλλὰ τουδὶ τοῦ ἔχοντος ἐκεῖνο, ᾗ ἐκεῖνο, τοῦ συναμφοτέρου δηλαδὴ ζῴου. διὸ καὶ τούτου φθειρομένου οὔτε φιλεῖ οὔτε μισεῖ οὔτε μνημονεύει· οὐ γὰρ ἐκείνου ἦν ἀλλὰ τοῦ κοινοῦ, ὃ ἀπόλωλεν. οὐ μνημονεύει δὲ ἡ ψυχὴ ἀπολυθεῖσα τοῦ σώματος, ἅθ' ἑστῶσαν τὴν γνῶσιν καὶ μὴ παραρρέουσαν ἔχουσα, ὡς αὐτοῖς ὁμιλοῦσα τοῖς πράγμασι· καὶ μνήμη μὲν τῶν πάλαι ἐγνωσμένων, ψυχῇ δὲ τότε τὸ πρότερον καὶ τὸ ὕστερον ἐπιλέλοιπεν, εἰ μήπου κατὰ τὴν προχείρισιν τῶν θεωρημάτων· ἕστηκε γὰρ ἀεὶ καὶ ἐν τῷ νῦν ἐξετάζεται. ὅτι μὲν οὖν οὐχ οἷόν τε κινεῖσθαι τὴν ψυχήν, φανερὸν ἐκ τούτου· εἰ δ' ὅλως μὴ κινεῖται, δῆλον ὡς οὐδ' ὑφ' αὑτῆς.

Πολὺ δὲ τῶν εἰρημένων ἀλογώτατον τὸ λέγειν εἶναι τὴν ψυχὴν ἀριθμὸν κινοῦντα ἑαυτόν, ὥσπερ ἔλεγε Ξενοκράτης. ὑπάρχει γὰρ αὐτοῖς ἀδύνατα πρῶτα μὲν τὰ ἐκ τοῦ κινεῖσθαι συμβαίνοντα, ἴδια δ' ἐκ τοῦ λέγειν αὐτὴν ἀριθμόν. πῶς γὰρ χρὴ νοῆσαι μονάδα κινουμένην; οὔτε γὰρ αἰσθήσει τοῦτο οὔτε νῷ ληπτόν. καὶ ὑπὸ τίνος; καὶ γὰρ οὐδὲ τοῦτο εὔπορον. καὶ ἐπεὶ ἅπας ἀριθμὸς ὅ τε φυσικὸς ὅ τε μαθηματικὸς πλῆθός εἰσι καὶ σωρεία μονάδων καὶ ἀνάγκη κινουμένου συγκινεῖσθαι τὰς μονάδας, πότερον αὐτὴ ἑαυτῇ ἑκάστη μονὰς αἰτία κινήσεως ἢ ἄλλη ἄλλῃ; ᾗ μὲν γάρ ἐστι κινητικὴ καὶ κινητή, διαφέρειν δεῖ· ᾗ δὲ ἀμερής, καὶ ἀδιάφορος. πῶς δὲ καὶ κινεῖται; πότερον κατ' εὐθεῖαν ἢ κύκλῳ, ἢ κατὰ ποσὸν ἢ κατὰ ποιόν; τοῦτο δὲ καὶ πόρισμα ἔσται τῷ τὴν παροῦσαν δόξαν εὐθύνοντας καὶ ποσοῦ διωρισμένου παντὸς τὴν ψυχὴν ἐκτὸς ἀποδείκνυσθαι, ὥσπερ τοῦ συνεχοῦς ἐν τοῖς πρὸς Τίμαιον πρότερον. ἐπεὶ οὖν φασι κινηθεῖσαν γραμμὴν ἐπίπεδον ποιεῖν, στιγμὴν δὲ γραμμήν, καὶ αἱ τῶν μονάδων τῆς ψυχῆς κινήσεις, εἴπερ ἡ ψυχὴ ἀριθμός, θυμὸς λέγω καὶ ἐπιθυμία καὶ τἆλλα γραμμαὶ ἔσονται. εἰ γὰρ αἱ τοῦ ἐνταῦθα ψυχικοῦ ἀριθμοῦ μονάδες ταῖς στιγμαῖς ταυτισθήσονται, οὐδὲν κωλύει συμβαίνειν τὸ ἄτοπον. ἔστι δὲ στιγμὴ μονὰς θέσιν ἔχουσα (ἐν γραμμῇ γάρ), μονὰς δὲ στιγμὴ ἄθετος. αἱ ψυχικαὶ δὲ μονάδες κεῖνταί που καὶ τὴν ἐν σώματι θέσιν ἔχουσι. στιγμὴ γοῦν καὶ μονὰς ἐνταῦθα ταὐτόν. γραμμαὶ δ' ἄρα θυμός τε καὶ αἴσθησις. ἔτι ἂν ἀπ' ἀριθμοῦ ἀριθμὸν ἀφέλῃς ἢ μονάδα, λείπεται ἄλλος ἀριθμός· ἀπὸ γὰρ τοῦ δέκα ἀφελὼν μονάδα ἕτερον ἀριθμὸν περιττὸν τὸν θʹ πεποίηκα· κἂν ἀριθμὸν ἀφέλῃς, ἄλλος σοι τῷ εἴδει ὁ καταλειπόμενος γίνεται· ἂν γὰρ ἀπὸ τοῦ ιϛʹ τετραγώνου ἀφαιρήσῃς τρία, οὐκέτι ἕξεις τετράγωνον. εἰ δὲ καὶ τὸν γνώμονα ἀνέλῃς τὸν ζʹ, τετράγωνος μὲν γενήσεται ὁ θʹ, οὐ μὴν ὁ αὐτὸς τῷ εἴδει. τὰ δὲ φυτὰ καὶ πολλὰ τῶν ζῴων διαιρούμενα ζῇ, ὡς ἂν τὴν

2 τοῦ] αὐτοῦ A   7 ἀπώλωλεν A C^1 10 πάλαι] πάλιν B   11 προχείρησιν AC   ἕστηκε A C^1 16 αὐτὸν C   19 εἰσὶ] ὢν A   20 ἑαυτῇ] ἑαυτὸν C   22 ᾗ scripsi: ἡ libri   ἀδιάφορα A   23 καὶ κατὰ AC   24 εὐθύναντας B   30 μονὰς γὰρ στιγμὴ C   35 κάν C   36 τετραγώνου] τετραγωνος, ut videtur, B   ἀφαιρήσαις AC

αὐτὴν ψυχὴν τὰ μέρη τῷ εἴδει καὶ μετὰ τὴν τομὴν ἔχοντα. δηλοῦσι δὲ τῶν κλάδων οἳ βλαστάνουσι φυτευόμενοι καὶ τὰ διαιρεθέντα τῶν ἐντόμων ἐπί τινα χρόνον σπαίροντα ὡς ἐν ἑκάστοις τινὸς παραμεινάσης κινήσεως καὶ αἰσθήσεως. ἔτι δόξειεν ἂν τῇ τοῦ Δημοκρίτου τὴν Ξενοκράτους δόξαν παρόμοιον. τί γὰρ διαφέρει μονάδας λέγειν καὶ ἀριθμὸν ἢ σωμάτια μικρά, ἃς τὰς μὲν οὗτος, τὰς δὲ ἐκεῖνος ὑπετίθετο. εἰ γὰρ αἱ σφαιρικαὶ τῶν ἀτόμων τοῦ μεγέθους ἀφαιρεθεῖσαι στιγμαὶ γένωνται, μένῃ δὲ τὸ πλῆθος, οὐδὲν μᾶλλον ἐλέγχεται ὁ λόγος οὐδὲ λυμαίνεται τὴν ὑπόθεσιν τὸ τὴν τῶν ἀτόμων ἀφελέσθαι συνέχειαν· ἔσται γάρ τι πάλιν ἐν αὐταῖς τὸ μὲν κινοῦν τὸ δὲ κινούμενον, ὥσπερ καὶ πρὸ τοῦ ἐν τῷ μεγέθει. οὐ γὰρ διὰ τὸ συνεχῆ σώματα εἶναι καὶ μεγέθει διαφέρειν ἢ σμικρότητι τὸ κινεῖσθαι συμβαίνειν ἔλεγεν, ἀλλ' ὅτι πλῆθος ἄλλως ἦν, καὶ τῇ πρὸς ἄλληλα πλήξει καὶ ἀντωθήσει. οὕτω δήπου καὶ Ξενοκράτης οὐχ ἐπειδὴ τὰς μονάδας ἐξ ὧν ἡ ψυχὴ ἀμερεῖς ὑπετίθετο, διὰ τοῦτο καὶ τὸ κινεῖσθαι προσένεμεν, ἀλλ' ὅτι ποσόν τι καὶ ἀριθμὸς ἦν. διὸ ἀναγκαῖον εἶναί τι τὸ κινῆσον τὰς μονάδας. εἰ δ' ἐν τῷ ζῴῳ καίπερ αὐτοκινήτῳ ὄντι τὸ κινοῦν ἡ ψυχή, οὐ τὸ σῶμα, καὶ ἐν τῷ ψυχικῷ δὲ ἀριθμῷ οὕτως ἔσται· οὐ τὸ κινοῦν καὶ κινούμενον σύμπαν ψυχή, ἀλλὰ τὸ κινοῦν μόνον. δῆλον οὖν ὅτι οὐ πᾶσαι μονάδες ψυχαί, ἀλλ' αἱ κινοῦσαι μόνον ὥσπερ καὶ ἐπὶ τῶν ἀτόμων αἱ σφαιρικαί. ἔτι εἰ καὶ ἐνδέχεται ὅλως ἐκ μονάδων τὴν ψυχὴν εἶναι, δεῖ αὐταῖς κἂν τινος διαφορᾶς πρὸς τὰς ἄλλας ἐξ ὧν μὴ ψυχή. στιγμῆς δὲ μοναδικῆς τίς ἂν εἴη διαφορὰ πλὴν θέσις; οὐ γὰρ ἂν ἄλλην τις εὕροι μονάδος πρὸς μονάδα τὴν ἑτερότητα. ἔτι εἰ μὲν εἰσὶν ἕτεραι αἱ ἐν τῷ σώματι καὶ ἐξ ὧν τὸ σῶμα μονάδες (πάντα γὰρ ἐκ τῶν ἀτόμων) τῶν ψυχικῶν μονάδων καὶ στιγμῶν, ἑνοῦται δὲ ψυχὴ σώματι, ἀνάγκη καὶ ταύτας ἑνωθῆναι. ἐν τῷ αὐτῷ ἄρα ἔσονται αἱ μονάδες ταῖς μονάσιν αἱ ψυχικαὶ ταῖς σωματικαῖς, καὶ καθέξει χώραν στιγμῆς σωματικῆς ἡ ψυχικὴ καὶ ἀλλήλαις προσεφαρμόσουσιν. εἰ δὲ τοῦτο, τί κωλύει ἐν τῷ αὐτῷ εἶναι, εἰ δύο, καὶ ἀπείρους; ὧν γὰρ ὁ τόπος ἀδιαίρετος, καὶ αὐτά, καὶ τὸ ἀμερὲς τῷ ἀμερεῖ συντιθέμενον καὶ τὸ ὅλον ἀμερές ἐστιν. ὥστε ἢ κατὰ μίαν στιγμὴν τοῦ σώματος ἔμψυχον ἔσται τὸ ζῷον, εἰ πᾶσαι τῆς ψυχῆς μιᾷ τῇ τοῦ σώματος ἐφαρμόσαιεν ἢ καθ' ἑκάστην ψυχὴν ἕξει τὸ ζῷον. καὶ εἰ ἄπειροι ἑκατέρωθεν, ἢ πᾶσαι πάσαις ἐφαρμόσουσι κἀντεῦθεν ἄπειροι δήπου καὶ ψυχαὶ τῷ ζῴῳ ἐνέσονται (κἀκεῖνο δὲ οὐ λέγω ὅτι καὶ τὸ ἄπειρον ἐνεργείᾳ γενήσεται), ἢ εἰ μὴ πᾶσαι πάσαις. οὐ καθ' ὅλον ἑαυτὸ ἔμψυχον τὸ σῶμα οὐδ' ὅλως ἔμψυχον. εἰ δὲ αὗται αἱ ἐν τῷ σώματι στιγμαὶ καὶ ὁ ψυχικὸς ἀριθμὸς ἕν, ἢ κυριώτερον εἰπεῖν εἰ ὁ τῶν ἐν σώματι στιγμῶν ἀριθμὸς ἡ ψυχή, διὰ τί οὐ πάντα ψυχὴν ἔχουσι τὰ σώματα; στιγμαὶ γὰρ ἐν ἅπασι δοκοῦσιν εἶναι καὶ ἄπειροι ἄτομοι. ἔτι εἴπερ χωριστὴ ἡ ψυχή, πῶς οἷόν τε χωρίζεσθαι τὰς

3 αἰσθήσεως καὶ κινήσεως AC 5 ἀριθμοὺς B σώματα A σμικρά AC 6 ἐτίθετο AC 7 γένονται AC μένῃ scripsi: μένει libri 8 ὁ λόγος ἐλέγχεται AC τὸ A Philoponus: τῷ BC 19 καὶ ἐπὶ in margine add. B 23 αἱ om. C 28 τῷ ἀμερὲς A 31 ἕξοι A 33 ἐνέργεια A¹C 34 ἑαυτὸ scripsi: ἑαυτῷ libri

στιγμὰς καὶ ἀπολύεσθαι τῶν σωμάτων, ἃς δὴ ψυχὴν ὑπετίθεντο; οὐ γὰρ εἰς στιγμὰς τὰς γραμμὰς διαιρήσομεν (οὐ μέρη γὰρ αὐτῶν) οὔτε εἰς γραμμὰς τὰ ἐπίπεδα. πῶς οὖν ἀριθμὸς ἡ ψυχή; εἵπετο γὰρ τούτῳ τὸ τὰς μονάδας στιγμὰς εἶναι διὰ τὴν θέσιν. συμβαίνει οὖν, καθάπερ εἴπομεν, τῇ τοῦ Ξενοκράτους I 5
δόξῃ τὸ ἄτοπον πῶς μὲν ταὐτὸ τοῖς σῶμά τι λεπτομερέστατον αὐτὴν τιθεῖσιν, πῶς δὲ τοῖς ὡς Δημόκριτος. ἐκεῖνοι μὲν γάρ, ἵνα καὶ πάλιν τὰ αὐτὰ προσθῶμεν, τὸ λεπτομερὲς προσλαμβάνοντες, ἵνα δι' ὅλου χωρεῖν τοῦ σώματος δύνηται (ἔστι γὰρ ἐν παντὶ τῷ αἰσθανομένῳ ψυχὴ σώματι), δύο τε σώματα ἐν τῷ αὐτῷ εἶναι καὶ σῶμα διὰ σώματος χωρεῖν ὑπολείπουσιν· οὗτοι δὲ ἀριθμὸν λέγοντες ἔν τε τῇ μιᾷ στιγμῇ τοῦ σώματος πλείστας ψυχικὰς ἢ καὶ πάσας προσεφαρμόζουσι, κἀντεῦθεν ἢ μιᾷ στιγμῇ τοῦ παντὸς σώματος τὴν ψυχὴν εἶναι ἀνάγκη, ἢ πᾶν μέρος ἰδίαν ἔχειν. πῶς δὲ καὶ κινήσει ταῖς σφαίραις Δημόκριτος, ὥς γε εἴρηται, ἢ Ξενοκράτης τῷ ἀριθμῷ; τὸ αὐτὸ γὰρ ἀδύνατον ἕψεται τοῖς ταὐτὰ λέγουσιν. τί γὰρ διαφέρει σφαίρας λέγειν μικρὰς ἢ μονάδας μεγάλας, ἢ ὅλως μονάδας φερομένας; ἀμφοτέρως γὰρ ἀναγκαῖον κινεῖν τὸ ζῷον τῷ κινεῖσθαι ταύτας. εἴτε γὰρ τῶν σφαιρῶν ἀφέλῃς τὸ συνεχὲς τοῦ μεγέθους, στιγμαὶ μοναδικαὶ ἔσονται, εἴτε αἱ στιγμικαὶ μονάδες προσλάβωσι μέγεθος, Δημοκρίτειοι σφαῖραι γενήσονται· οὐ γὰρ τὸ ποιάς τινας εἶναι διαφέρει, ἀλλ' ὅτι πλῆθος καὶ κινεῖται. ἡμεῖς δὲ πρὸς τὴν τοῦ Δημοκρίτου δόξαν τὴν Ξενοκράτους ἐλαύνοντες εἰς ταὐτὸν στιγμὴν μονάδα καὶ ἄτομον συνηγάγομεν καὶ ὡς ἑνὶ δι' ὅλου κατεχρησάμεθα. τοῖς μὲν δὴ συμπλέξασιν εἰς τὸ αὐτὸ κίνησίν τε καὶ ἀριθμὸν ταῦτα συμβαίνει καὶ πολλὰ ἕτερα. οὐ γὰρ μόνον ὁρισμὸν ψυχῆς ἀδύνατον τοιοῦτον εἶναι, ἀλλ' οὐδὲ κατὰ συμβεβηκὸς ἀριθμὸν ψυχῇ ἐνεῖναι, ὥσπερ τὴν κίνησιν δήπου συνεχωρήσαμεν. δῆλον δ' εἴ τις ἐπιχειρήσειεν ἐκ τοῦ λόγου τούτου τὰ πάθη καὶ τὰ ἔργα τῆς ψυχῆς ἀποδιδόναι, οἷον λογισμούς, αἰσθήσεις, ἡδονάς, λύπας καὶ ὅσα ἄλλα τοιαῦτα. ποῖος γὰρ ἀριθμὸς αἴσθησις; ποῖος δὲ λόγος ἢ διάνοια; ὥσπερ γὰρ εἴπομεν πρότερον, οὐδὲ μαντεύσασθαι ῥᾴδιον ἐξ αὐτῶν. μὴ δὲ καὶ συκοφαντῶμεν τὸν ἄνδρα, τοσοῦτον ἀνεπιστημοσύνης αὐτῷ περιάπτοντες, ὃ κἂν τοῖς ἰδιώταις ὀκνήσαιμεν, ἕως ἂν * * καὶ πρὸς ἄλλο τι σκοπῶν τῇ ψυχῇ τὸν λόγον ἀπέδωκεν. ἤ που γὰρ ἂν ἐκείνοις ἐδέησε τοιοῦτον ἀριθμὸν τῆς ψυχῆς κατειπεῖν, οἳ κἂν τὰ αἰσθητὰ μὴ τῶν νοητῶν ἐξαρτήσαιεν, οὐκ ἀποχρῶσαν ἐπιστήμην ἥγηνται. ὥστε εἰ ὁ μὲν ὡς εἶδος εἰδῶν καὶ λόγον ἐκ λόγων καὶ οὐσίαν αὐτόζωον καὶ αὐτενέργητον τὴν ψυχὴν θεώμενος ἀριθμὸν προσεῖπε καὶ κίνησιν, ἡμεῖς δὲ τῷ φαινομένῳ τοὺς ἐλέγχους προσήψαμεν, οὔτε ἀλλήλοις ἠναντιώμεθα καὶ ἀμφότεροι καθήκοντας τοὺς λόγους συνεπεράναμεν.

Τριῶν οὖν τρόπων παραδεδομένων, καθ' οὓς ὁρίζονται τὴν ψυχήν, οἱ μὲν τὸ κινητικώτατον ἀπεφήναντο τῷ κινεῖν ἑαυτήν, οἱ δὲ σῶμα τὸ λεπτομερέστατον ἢ

---

1 στιγμὰς v. Torstrikii ed. p. 126   2 γραμμὰς] στιγμὰς AC   4 τοῦ om. AC   5 δόξᾳ B   6 καὶ πάλιν — ἵνα (7) om. C   12 ἐνεῖναι A   post κινήσει add. τὸ σῶμα AC   15 ἀναγκαίως B   16 σφαῖρας B   18 ποιάς τινας scripsi: ὁποῖαί τινες libri   21 ἑνὶ scripsi: ἑνὸς libri   27 ἢ scripsi: ἡ libri   29 αὐτὸ C κἀν AB   30 ὀκνήσωμεν B   ἕως ἂν] lacunam indicavi: ἴσως ἂν Diels

ἀσωματώτατον τῶν ἄλλων· ταῦτα δὲ τίνας ἀπορίας καὶ ὑπεναντιώσεις ἔχει, σχεδὸν ἤδη διεληλύθαμεν. λείπεται ἐπισκέψασθαι, πῶς λέγεται τὸ ἐκ στοιχείων αὐτὴν εἶναι· λέγουσι μὲν γάρ, ἵνα αἰσθάνηται τῶν ὄντων ἕκαστον καὶ γνωρίζῃ, ἀναγκαῖον δὲ συμβαίνειν πολλὰ καὶ ἀδύνατα τούτῳ τῷ λόγῳ. τίθενται γὰρ γνωρίζειν τῷ ὁμοίῳ τὸ ὅμοιον, ὥσπερ ἂν εἰ τὴν ψυχὴν τὰ πράγματα τιθέντες. οὐκ ἔστι δὲ μόνα τὰ ἁπλᾶ, οὐδὲ τῶν στοιχείων μόνον ἡ ψυχὴ γνωστική, ἀλλὰ καὶ πολλὰ ἕτερα, μᾶλλον δ' ἴσως ἄπειρα, τὰ ἐκ τῶν στοιχείων συγκείμενα, διάφορά τε ἀλλήλοις καὶ τοῖς στοιχείοις. ἐξ ὧν μὲν οὖν ἐστιν ἕκαστον τῶν συνθέτων, ἔστω γινώσκειν τὴν ψυχήν, ἐπείπερ ἐξ ἐκείνων· ἀλλὰ τὸ σύνολον καὶ τὸ σύνθετον ἅπαν τίνι γνωριεῖ ἢ αἰσθήσεται, οἷον τί ἄνθρωπος ἢ ἵππος ἢ βοῦς ἢ σὰρξ ἢ ὀστοῦν; ὁμοίως δὲ καὶ ὁτιοῦν ἄλλο τῶν συνθέτων. οὐ γὰρ ὁπωσοῦν ἔχοντα τὰ στοιχεῖα οὐδὲ ἁπλῶς κραθέντα τούτων ἕκαστον γέγονεν, ἀλλὰ λόγῳ τινὶ καὶ διαφόρῳ συνθέσει, ἧς ἡ ψυχὴ μὴ μετέχουσα πῶς εἴσεται; καθάπερ καὶ Ἐμπεδοκλῆς φησι περὶ τοῦ ὀστοῦ·

ἡ δὲ χθὼν ἐπίηρος ἐν εὐστέρνοις χοάνοισι
τῶν δύο τῶν ὀκτὼ μερέων λάχε νήστιδος αἴγλης,
τέσσαρα δ' Ἡφαίστοιο· τὰ δ' ὀστέα λεύκ' ἐγένοντο·

δηλῶν διὰ τούτων ποιᾷ τινι κράσει τὸ ὀστοῦν γενέσθαι· ὀκτὼ δὲ παραλαβὼν μοίρας εἰς τὴν τῶν ὀστῶν γένεσιν, ὧν τέσσαρας μὲν πυρός, πλείονας ἴσως διὰ τὸ ξηρόν τε καὶ λευκόν, δύο δὲ γῆς, ἀέρος καὶ ὕδατος, ὃ καὶ νῆστιν αἴγλην προσηγορεύκει, ἀνὰ μίαν, ἐν τῇ γῇ τὴν τούτων χωνείαν τίθεται, ἣν ὡς κατὰ τοὺς Πυθαγορικοὺς κύβον οὖσαν καὶ ἐναρμόνιον ἐπίηρον κατωνόμασεν. ὁ κύβος δὲ ἐναρμόνιον διὰ τοὺς λόγους τῶν ἐν αὐτῷ ἀριθμῶν· ιβ' μὲν γὰρ ἔχει πλευράς, η' δὲ γωνίας, ϛ' δὲ ἐπίπεδα· τούτων δ' ἐφεξῆς τιθεμένων ιβ' η' ϛ' ἡ διὰ πασῶν ἐπιτελεῖται ἁρμονία ἐξ ἐπιτρίτου καὶ ἡμιολίου τὴν σύνθεσιν ἔχουσα. κύβοι δὲ τῶν ἀριθμῶν ὁ η' ὁ κζ' καὶ οἱ ὅμοιοι, τετράγωνοι δὲ δ' καὶ θ' καὶ οἱ ὅμοιοι. γένεσις δὲ αὐτῶν· πᾶς ἀριθμὸς πολλαπλασιασθεὶς κατὰ τὰς ἐν αὐτῷ μονάδας τετράγωνον ποιεῖ, πᾶς δὲ τετράγωνος κατὰ μίαν τὴν ἑαυτοῦ πλευρὰν πολλαπλασιασθεὶς κύβος γίνεται. πέντε δὲ καὶ αἱ ὠνομασμέναι ἐν ἁρμονικῇ συμφωνίαι, αἱ μὲν τρεῖς ἁπλαῖ, ἡ ἐν ἐπιτρίτῳ καὶ ἡμιολίῳ, αἳ καὶ διὰ τεσσάρων καὶ διὰ πέντε λέγονται, καὶ ἡ διὰ πασῶν καὶ ἐν διπλασίονι, ἃς καὶ ὁ κύβος ἔχει· λοιπαὶ δὲ σύνθετοι δύο ἡ διὰ πασῶν καὶ διὰ τεσσάρων ἅμα ἢ καὶ διὰ πέντε, καὶ ἡ δὶς διὰ πασῶν. ποιεῖ μὲν οὖν καὶ Ἐμπεδοκλῆς τὴν σύνθεσιν ἐν λόγῳ τῶν μερικῶν, καὶ διὰ ταῦτα ἧττόν τι ὄφελος εἶναι τὰ στοιχεῖα ἐν τῇ ψυχῇ, εἰ μὴ καὶ οἱ λόγοι

---

1 ἀσωματότατον BC ἀπεναντιώσεις AC 4 γνωρίζει A post ἀδύνατα add. καὶ A τῷ τούτῳ λόγῳ A 9 συντεθέντων A 10 τί] τὶς B 11 ὀτοοῦν AC 14 Ἐμπεδοκλῆς φησι] Empedocl. fragm. v. 199 sqq. ed. Stein 15 εὐρυστέρνοις B 17 ὑφαίστοιο A 18 γεγενῆσθαι AC 19 μοίρας παραλαβὼν A τέσσαρας — πλείονας A²: τέσσαρα — πλείονα A¹BC 20 ἀέρος δὲ A² 21 αἴγλη A χωνείας C 27 καὶ (post δ') om. AC 30 ἐναρμονικῇ AC αἱ μὲν — ἐπιτρίτῳ] οὐσῶν μὲν τῶν τριῶν ἁπλῶν· τῆς ἐν ἐπιτρίτω A¹ 31 αἳ] ἣ A¹ ἡ om. A¹ 33 διὰ πασῶν καὶ om. A. ἢ om. A

ἐνέσονται τῶν συνθέσεων. γνωριεῖ γάρ, ὡς πολλάκις λέγομεν, τὸ ὅμοιον ἕκαστον, τὸ δ' ὀστοῦν ἢ τὸν ἄνθρωπον οὐδέν, εἰ μὴ καὶ ταῦτα ἐνέσται. τοῦτο δ' ὅτι ἀδύνατον, οὐδὲν δεῖ λέγειν. τίς γὰρ ἀπορήσειεν, εἰ ἔνεστι λίθος ἐν τῇ ψυχῇ ἢ ἄνθρωπος; εἴπερ δὲ τὰ στοιχεῖα τοῦ λίθου καὶ τοῦ ἀνθρώπου ἐν τῇ ψυχῇ, τί κωλύει καὶ ἐπὶ τῶν ἄλλων οὕτως; οὐ γὰρ ἄλλο τι τυγχάνει τὴν φύσιν τῶν πραγμάτων ἕκαστον, εἰ μὴ τὰ στοιχεῖα μετὰ τῆς ποιᾶς συνθέσεως. εἰ μὲν γὰρ οἱ λόγοι τῆς συνθέσεως οἷον ἡμιόλιος τυχὸν ἢ ἄλλος ὁστισοῦν ἐπεφύκεσαν καθ' αὑτούς, κἂν πιθανῶς τὸ πλάσμα προὔβαινε καὶ τὴν ψυχὴν γινώσκειν τὰ πράγματα ὑπελάβομεν καὶ μόνον τοὺς λόγους κατέχουσαν· νυνὶ δὲ οἱ τῆς συνθέσεως λόγοι τοῖς συντεθεῖσιν ἀχώριστοι. ἀνάγκη οὖν τῷ λέγειν οὕτω γινώσκειν αὐτὴν τὴν ψυχὴν εἶναι λίθον καὶ ἵππον καὶ τὰ παρὰ ταῦτα πάντα, ὁμοίως δὲ καὶ τὸ ἀγαθὸν καὶ τὸ μὴ ἀγαθόν· ἀνάγκη γὰρ κατὰ τὰ αὐτὰ ἐνεῖναι τῇ ψυχῇ καὶ τὰς στερήσεις, ὥσπερ καὶ τὰς ἕξεις. ἔτι δὲ πολλαχῶς λεγομένου τοῦ ὄντος (σημαίνει γὰρ τὸ μὲν οὐσίαν, τὸ δὲ ποσόν, τὸ δὲ ποιὸν ἤ καί τινα ἄλλην τῶν διαιρεθεισῶν κατηγοριῶν) πότερον, ἐπείπερ πάντων ἡ ψυχὴ γνωστική, ἐξ ἁπάντων ἔσται ἢ ἔκ τινων ἢ ἐξ ἑνός; εἰ δὲ μηδὲν τούτων, πότερον ἐκ τῶν κοινῶν στοιχείων ἢ ἐκ τῶν ἰδίων ἑκάστης, ἵν' ἐκεῖνα γινώσκουσα καὶ τὰ ἐξ αὐτῶν γνωριεῖ; καὶ στοιχεῖα μὲν κοινὰ τῶν πασῶν οὐ δοκεῖ· οὐ γὰρ ὑπ' ἀρχαῖς ἑτέραις αὗται πρῶται τῶν ὄντων οὖσαι ἀρχαί· οὐ γὰρ αὐτῶν κοινὸν γένος τὸ ὄν. εἰ δὲ ἑκάστῃ γε ἴδια δοίημεν, οἷον τῇ οὐσίᾳ φέρε εἰπεῖν τὴν ὕλην καὶ τὸ εἶδος, ποσῷ δὲ τὸ συνεχὲς καὶ τὸ διωρισμένον, εἶτ' οὖν τὴν μονάδα καὶ τὴν στιγμὴν ὡς συγκατατεταγμένα καὶ ὑλικά, ὥσπερ ἐπὶ λίθου ἄλλως μὲν ἀρχὴ ἡ οὐσία, ἄλλως δὲ τὰ στοιχεῖα, πάλιν πότερον ἐξ ἁπάντων τῶν παρ' ἑκάστης ἰδίων ἢ παρὰ τῶν τῆς μιᾶς μόνης οἷον εἰπεῖν τῆς οὐσίας. τοῖς αὐτοῖς δὲ πάλιν καὶ ἐν ἀμφοτέροις ἀπόροις ὁ λόγος ἐνέχεται. εἴτε γὰρ ἐκ τῶν τῆς οὐσίας μόνης, πῶς γινώσκει τῶν ἄλλων ἕκαστον; εἰ δ' ἐκ τῶν παρ' ἑκάστῃ πασῶν, ἔστιν ἄρα καὶ ποσὸν καὶ ποιὸν καὶ οὐσία. ἀλλ' ἀδύνατον ἐκ τῶν τοῦ ποσοῦ στοιχείων οὐσίαν εἶναι καὶ μὴ ποσόν· κἂν τοῖς ἄλλοις οὕτω. τοῖς δὴ λέγουσιν ἐκ πάντων ταὐτά γε καὶ τοιαῦθ' ἕτερα συμβαίνει. ἄτοπον δὲ καὶ τὸ φάναι μὲν ἀπαθὲς εἶναι ὑπὸ τοῦ ὁμοίου τὸ ὅμοιον (τί γὰρ ἂν ὑγρὸν ὑπὸ τοῦ ὁμοίου πάθοι ὑγροῦ;) αἰσθάνεσθαι δὲ τοῦ ὁμοίου τὸ ὅμοιον καὶ γινώσκειν τῷ ὁμοίῳ τὸ ὅμοιον· τὸ δ' αἰσθάνεσθαι πάσχειν τε καὶ κινεῖσθαι τιθέασιν, ὁμοίως δὲ καὶ τὸ γινώσκειν τε καὶ τὸ νοεῖν. τοῦτο δ' ἴσως αὐτοῖς καὶ τοῦ ἀποικισθῆναι τῆς ἀληθείας ὑπαίτιον παρεθὲν ἐν ἀρχαῖς ἀνεπίσκεπτον· οὐ γὰρ τὸ τυχὸν ὑπὸ τοῦ τυχόντος πάσχει· οὔτε γὰρ τὰ πάντῃ ἕτερα οὔτε τὰ πάντῃ ταὐτὰ πάθοιεν ἢ δράσειεν ἄλληλα (τί γὰρ φωνὴ ὑπὸ θερμοῦ πάθοι ἢ πῦρ ὑπὸ πυρός;) ἀλλὰ τὰ πῇ μὲν ὅμοια πῇ δὲ ἀνόμοια

---

2 ἔσται B 8 πλᾶσμα A 12 ὁμοίως δὲ om. B 13 δὲ] ἐπειδὴ A 16 ψυχικὴ, ut videtur, A[1] ἢ καὶ ἐξ ἑνός AC 18 γνωριῇ AC 21 τὸ (ante διωρισμένον) om. B 22 συγκαταταγμένα C 23 τὰ δ̄ στοιχεῖα A 24 παρὰ τῶν] fort. τῶν παρὰ τῶν (post παρὰ) om. A[1] 25 ante τῆς add. τῶν A 27 καὶ ποιὸν καὶ ποσὸν C 29 γε] τε A 34 αἴτιον B παραιθὲν A 37 πάθοι ὑπὸ θερμοῦ A

κατὰ τὸ δυνάμει καὶ ἐνεργείᾳ. τὸ γὰρ ἐνεργείᾳ θερμὸν δρᾷ, πάσχει δὲ τὸ ψυχρὸν δυνάμει θερμὸν ὂν καὶ ἄγεται τὸ δυνάμει εἰς τὸ ἐνεργείᾳ ὑπὸ τοῦ ἐνεργείᾳ τοιούτου ὄντος. πολλὰς οὖν ἀπορίας καὶ δυσχερείας ἔχοντος τοῦ λέγειν, καθάπερ Ἐμπεδοκλῆς καὶ εἴ τις ἄλλος εἴρηκεν, ὡς τοῖς σωματικοῖς στοιχείοις ἕκαστα γνωρίζεται καὶ τῷ ὁμοίῳ τὸ ὅμοιον, καίπερ ἱκανῶς ἐληλεγμένου, τοῖς φθάσασιν ἔτι μαρτυρήσει καὶ τὰ ἑξῆς λεχθησόμενα. μάλιστα γὰρ ὅσα ἐστὶν ἐν τοῖς τῶν ζώων σώμασιν ἁπλῶς γῆς, οἷον ὀστᾶ, νεῦρα, τρίχες, οὐδὲν αἰσθάνεσθαι δοκεῖ, ὥστε οὐδὲ τῶν ὁμοίων. καίτοι προσῆκεν· εἰ γὰρ διὰ τοῦτο γαίῃ γαῖαν ὀπώπαμεν, ὅτι τὸ ὅλον· ὑπὸ τοῦ ὁμοίου γινώσκεται, τὰ μᾶλλον ἐγγίζοντα τῇ γῇ μᾶλλον αὐτὴν ἔδει γινώσκειν. ἔπειτα δὲ καὶ ἑκάστῃ τῶν ἀρχῶν ἄγνοια πλέον ἢ σύνεσις ὑπάρξει· γνώσεται μὲν γὰρ ἓν μόνον ἑκάστη τὸ συγγενές, πολλὰ δὲ ἀγνοήσει, τάς τε ἑτέρας ἀρχὰς καὶ τὰ σύνθετα. συμβαίνει δὲ καὶ Ἐμπεδοκλεῖ ἀφρονέστατον εἶναι τὸν παρ' αὐτῷ θεόν· μόνος γὰρ τῶν στοιχείων οὐ γνωριεῖ τὸ νεῖκος, μηδὲν ἔχων ἐκείνου, τὰ δὲ θνητὰ πάντα· ἐκ πάντων γὰρ ἕκαστον. καὶ πρότερον ὅλως διὰ τίνα αἰτίαν οὐχ ἅπαντα ψυχὴν ἔχει τὰ ὄντα, εἴπερ πᾶν ἢ στοιχεῖον, ὡς γῆ ὕδωρ ἀήρ, ἢ ἐκ στοιχείου ἑνός, ὥσπερ ὁ κρύσταλλος ἐκ μόνου τοῦ ὕδατος, ἢ ἐκ πλειόνων ἢ καὶ πάντων, ὡς λίθοι καὶ ζῷα καὶ φυτά· ἀναγκαῖον γάρ ἐστι πᾶν ἢ ἕν τι γινώσκειν ἢ τινὰ ἢ πάντα. ἔτι εἰ ἐκ τῆς τῶν στοιχείων συνδρομῆς ἡ ψυχή, ταῦτα δὲ διεκέκριτο πρότερον καὶ ὕλης ἐπεῖχε λόγον, ἀπορήσειεν ἄν τις, τί τὸ ἑνοποιοῦν τὰ στοιχεῖα συνιόντα εἰς τὴν τῆς ψυχῆς γένεσιν· κυριώτατον γὰρ ἐκεῖνο τὸ συνέχον, ὅ τί ποτ' ἂν φανείη, καὶ πρῶτον. ψυχῆς δ' εἶναί τι κρεῖττον καὶ ἄρχον ἐν τῇ συνθέσει ἀδύνατον· αὕτη γὰρ ἡ καὶ τὰ διεστῶτα συνάψασα· ἀδυνατώτερον δ' ἔτι τοῦ νοῦ. τοῦτον γὰρ εὔλογον, ὅτι χωριστός, καὶ προγενέστερον καὶ κατὰ φύσιν κύριον εἶναι· καὶ εἴπερ τὸ τίμιον ἐν τοῖς πρώτοις, τὸ μάλιστα τιμιώτατον ἐν τοῖς μάλιστα πρωτίστοις. φανερὸν οὖν ὅτι νοῦς ἀρχή, τῶν μὲν πάντων ὁ ἐξῃρημένος καὶ δημιουργὸς καὶ ἀίδιος, τῶν δὲ συνθέτων ὁ ψυχικός.

Ὡς μὲν οὖν ἄν τις ἰδίως πρὸς ἕκαστον τῶν ἀποφηναμένων περὶ ψυχῆς ἐπισκέψαιτο τοσαῦτα· κοινὸν δὲ πάντων παρόραμα, ὅτιπερ ἑξῆς καὶ οἱ διὰ τὸ γνωρίζειν καὶ αἰσθάνεσθαι τὴν ψυχὴν τὰ ὄντα ἐκ τῶν στοιχείων ποιοῦντες καὶ οἱ τὸ κινητικώτατον αὐτὴν εἶναι λέγοντες οὐ περὶ ἁπάσης ψυχῆς τὸν λόγον προάγουσι. καίτοι γε ἐχρῆν τοὺς φιλοσοφεῖν ἐσπουδακότας μὴ ἐν μέρει ζητεῖν τῶν ὄντων τὴν ἀλήθειαν. κίνησιν γὰρ τὴν κατὰ τόπον μόνην τῶν ἄλλων καὶ αἴσθησιν ὑπολαβόντες περὶ ψυχῆς, οἷς μὴ ταῦτα παρῇ, ἐλλελοίπασιν. καὶ ἴσως κατά τι οὐκ ἀπὸ λόγου· καὶ γὰρ αὔξησιν μὲν καὶ ἀλλοίωσιν οὐδὲ κυρίως ἄν τις εἴποι ψυχῆς κινήσεις ὡς κἂν τοῖς ἀψύχοις ἐνούσας. λίθοι γὰρ αὔξονται καὶ τὰ ὑπὸ γένεσιν καὶ φθορὰν πάντα ἀλλοιώσεως μέτοχα. εἰ δέ ποτε καὶ κατ' αὐτὰς κινοῦνται τὰ ἔμψυχα, ἀλλ' οὐχὶ καὶ ὑπὸ ψυχῆς οὐδὲ

5 τῷ] τὸ C τῷ ὁμοίῳ v. Torstrikii ed. p. 128 6 γὰρ] μὲν γὰρ A 10 αὐτὴν A Philoponus: αὐτὰ BC 17 ὁ om. AC 18 καὶ (ante ζῷα) om. A ἓν] ἐν C 20 διεκέκριντο A 24 δέ τι BC 26 ante τιμιώτατον add. τὸ C 33 τοῖς — ἐσπουδακόσι A[1] 36 ἄπο BC A[2]

προαιρετικῶς ἢ κατ' οἰκείαν ὁρμήν τε καὶ βούλησιν (οὔτε γὰρ αὔξεταί τις ἑκὼν οὔτ' ἀλλοιοῦται, ἀλλ' ὑπό τινων ἔξωθεν ἢ αἰσθητῶν ἢ νοητῶν καὶ ὑπὸ τοῦ πρώτου καὶ προσκρινομένου καὶ αὔξοντος), τὴν δὲ τοπικὴν μόνην καὶ καθὸ ἔμψυχα καὶ παρὰ ψυχῆς. ταύτῃ τοι δήπου περὶ μόνης τῆς αἰσθητικῆς καὶ κατὰ τόπον κινητικῆς ἐπ' ἴσης τοῖς πᾶσι διείληπται. φανεῖεν δ' ἂν καὶ κατὰ τοῦτο ὑστερηκέναι αὐτό. οὔτε γὰρ τὰ αἰσθανόμενα πάντα κινητικά· φαίνεται γὰρ εἶναί τινα μόνιμα τῶν ζώων καὶ μεταβατικῆς ἐστερημένα κινήσεως, καὶ παρερχόμεθα τὰ φυτὰ ὡς μετὰ τῆς αἰσθήσεως καὶ τὴν τοπικὴν ἀφῃρημένα κίνησιν. ἀλλὰ τῶν κατὰ τόπον κινητικῶν ζώων τὰ πολλὰ διάνοιαν οὐκ ἔχει. εἰ δέ τις καὶ ταῦτα συγχωρήσειε καὶ τὸν νοῦν μὴ ἕτερόν τι λέγειν ψυχῆς μηδὲ τοῦ αἰσθητικοῦ, ἀλλὰ μέρος μὲν ἐκείνης, ταὐτὸν δὲ τούτῳ, οὐδ' οὕτως ἂν εἶεν περὶ πάσης διειληφότες ψυχῆς οὐδὲ περὶ ὅλης οὐδὲ περὶ μιᾶς. οἱ γὰρ τὰς καθολικωτάτας καὶ διὰ πάντων ἡκούσας ἐμψύχων δυνάμεις, θρεπτικήν, αὐξητικὴν καὶ γεννητικήν, πρῶτον ἐν τοῖς φυτοῖς ἐνούσας παραδραμόντες (μία δ' ἐν ἑκάστῳ τῶν ἀτόμων ψυχὴ πλείοσι δυνάμεσιν ἢ μορίοις κεχρημένη, περὶ ὧν διαλαβεῖν παρήκασι) πῶς ἂν ἢ περὶ μόνης τῆς ἀνθρωπίνης ἢ ὅλως διαλαβόντες εἶεν αὐτῆς; τοῦτο δὲ πέπονθε καὶ ὁ ἐν τοῖς Ὀρφικοῖς ἔπεσι καλούμενος λόγος· φησὶ γὰρ τὴν ψυχὴν ἐκ τοῦ ὅλου εἰσιέναι ἀναπνεόντων, φερομένην ὑπὸ τῶν ἀνέμων. οὐχ οἷόν τε δὲ τοῖς φυτοῖς τοῦτο συμβαίνειν οὐδὲ τῶν ζώων ἐνίοις, εἴπερ μὴ πάντα ἀναπνεῖ· τὰ ἔντομα γὰρ οὐκ ἀναπνεῖ καὶ τὰ ἔνυδρα. ἔτι καὶ τοῦτο λέληθε τοὺς τὴν ψυχὴν διὰ τὸ γνωστικὸν ἐκ τῶν στοιχείων ποιοῦντας, ὡς οὐ δεῖ ἐξ ἁπάντων· ἱκανὸν γὰρ θάτερον μέρος τῆς ἀντιθέσεως ἑαυτό τε κρίνειν καὶ τὸ ἀντικείμενον. καὶ γὰρ τῷ εὐθεῖ καὶ τὸ εὐθὺ γνωρίζεται τῷ ἐφαρμόζειν καὶ τὸ μὴ εὐθὺ τῷ μὴ ἐφαρμόζειν· κριτὴς γὰρ ὁ κανὼν ἀμφοῖν· τὸ δὲ καμπύλον οὔθ' ἑαυτοῦ οὔτε τοῦ εὐθέος γνωστικὸν διὰ τὴν ἀοριστίαν. οὕτως ἐπὶ ὄψεως καὶ τυφλότητος, ἀγνοίας καὶ γνώσεως, νόσου καὶ ὑγείας· οὐ γάρ ἐστιν ἀγνοίας ἢ τυφλότητος ἢ νόσου ἑτέρα τις μάθησις ἢ ἡ τῶν ἀντικειμένων κατάληψις. ἀλλ' ἐν μὲν τοῖς καθ' ἕξιν καὶ στέρησιν ὡς τὰ εἰρημένα, αὐτόθεν δῆλον καὶ ὁ λόγος ἀδήριτος· ἐν δὲ τοῖς ἐναντίοις, ἃ καὶ ἄμφω εἴδη καὶ διάφορα πράγματα καὶ οὐ τόδε τοῦδε μᾶλλον ὕπαρξις, τίς ἂν ἐκ τοῦ ἑνὸς καὶ τοῦ θατέρου γνῶσις ἐγγένοιτο; οἷον χρώμασι μὲν λευκὸν καὶ μέλαν, χυμοῖς δὲ γλυκὺ καὶ πικρόν, ἐν δὲ τοῖς στοιχείοις ὑγρὸν καὶ ξηρόν, θερμὸν καὶ ψυχρόν· οὐδὲν γὰρ τούτων τοῦ ἑτέρου στέρησις ἢ ἀπόπτωσις. ἢ ἐπείπερ τῶν ἀντικειμένων ἡ αὐτὴ ἐπιστήμη, ταῖς δὲ ἀντικειμέναις ποιότησιν ἢ δυνάμεσιν, ἔτι δὲ ἐνεργείαις καὶ ἕξεσι πρὸς ἄλληλα καὶ τὰ εἰρημένα συνέστηκεν, ὁ τὸ ἓν τῶν ἀντικειμένων γνοὺς καὶ τὸ ἕτερον εἴσεται. ὁ γὰρ τὸ

---

2 ἢ καὶ ὑπὸ A 3 τὴν δὲ] τήν τε C 5 φανεῖαν B 10 λέγει AC 12 οἱ] εἰ C 14 παραδραμέντες C 16 διαλαβεῖν] διηλέχθαι A 17 καλούμενος] immo καλουμένοις 18 φερομένη C 19 συμβαίνει C 20 ἐνίοις] ἐνὶ C 23 αὐτό τε C 24 τὸ ἐφαρμόζειν C τὸ μὴ] τοῦ μὴ C[1] 25 εὐθέως C 27 ἢ (ante ἡ) om. B 28 ὡς τὰ] ὡς ἐπὶ (?) τῶν A[2] 29 εἰρημένων A[2] ἀδήριτος scripsi: ἀδήρητος libri 32 χυμῶν C γλυκὺς καὶ πικρός AC 35 ἢ] καὶ AC 36 εἴσεται] γνώσεται C, qui tamen in marg. habet εἴσεται

λευκὸν εἰδὼς διάκρισιν ὄψεως καὶ τὸ μέλαν σύγκρισιν αὐτῷ τούτῳ γνώσεται, ὅ τε τὴν ὑγείαν συμμετρίαν τῶν χυμῶν ὁρισάμενος καὶ τὴν νόσον ἀσυμμετρίαν ἅμα συνελογίσατο· ὥστε κἂν τοῖς στοιχείοις, ἐπεὶ τὰ μὲν αὐτῶν δραστικὰ καὶ ποιητικὰ καὶ εἴδους ἐπέχει λόγον, τὸ πῦρ ὁ ἀήρ, τὰ δὲ παθητικὰ καὶ ὑλικά, ὕδωρ καὶ γῆ, ἠναντίωνται δήπου καὶ ταῖς ποιότησιν, ὃς τὸ πῦρ οἶδεν ὅτι θερμὸν καὶ ξηρὸν δυνάμει, καὶ τὸ ὕδωρ νενόηκεν ὑγρὸν καὶ ψυχρόν· οὕτως ὁ ἀέρα καὶ γῆν. ἀλλὰ καὶ ὁ ἓν γνοὺς τὰ πάντα εἴσεται, ὡς πάσας τῶν στοιχείων ἑκάστου ἔχοντος τὰς παρ' ἄλλοις ποιότητας ἢ ἐνούσας ἢ ταῖς οὔσαις ἀντικειμένας.

Ἐσχάτη δὲ δόξα καὶ τελευταία περὶ ψυχῆς ἥδε· ἐν γὰρ τῷ ὅλῳ τινὲς αὐτὴν μεμῖχθαί φασι, καὶ ἅπαν σῶμα ἔμψυχον εἶναι ὑπέλαβον, ὅθεν καὶ Θαλῆς ᾠήθη πάντα πλήρη θεῶν. εἰς τοῦτο δ' ἂν τις ἕλξοι καὶ τοὺς Στωικοὺς σῶμα τὸ θεῖον ὑπολαβόντας καὶ πανταχοῦ παρεῖναι καὶ σωματικῶς, ἀλλ' οὐ μόναις ταῖς ἐνεργείαις. κἀκεῖνο δὲ πρὸς τοῦτο τείνει·

μεσταὶ δὲ Διὸς πᾶσαι μὲν ἀγυιαί,
πᾶσαι δ' ἀνθρώπων ἀγοραί, μεστὴ δὲ θάλασσα
καὶ λιμένες.

πάντες γὰρ οὗτοι θεὸν ἢ θεῖόν τι τὴν ψυχὴν ὑπειλήφασι. τοῦτο δὲ ἔχει ἀπορίας τινάς· τί δήποτε ἐν παντὶ σώματι ψυχῆς ἐνούσης τὰ μέν ἐστι ζῷα τὰ δὲ οὔ, ἀλλ' ἐν μὲν τῷ ἀέρι οὖσα ἡ ψυχὴ οὐ ποιεῖ ζῷον, ἐν δὲ τοῖς μικτοῖς ποιεῖ, καὶ ταῦτα βελτίων εἶναι ἐν τούτοις δοκοῦσα. ἐπιζητήσειε δ' ἄν τις καὶ τοῦτο, διὰ τίνα αἰτίαν ἡ ἐν τῷ ἀέρι ψυχὴ τῆς ἐν τοῖς ζῴοις βελτίων τε καὶ ἀθανατωτέρα ὑπ' αὐτῶν λέγεται, καίπερ ὁμοίως τοῖς ἐν συνθέσει καὶ τῶν ἁπλῶν ἀλλοιουμένων καὶ φθειρομένων. συμβαίνει δὲ ἀμφοτέρως ἄτοπον καὶ παράλογον· καὶ γὰρ ζῷον ἢ τὸ πῦρ ἢ τὸν ἀέρα λέγειν ἐμπλήκτων, καὶ τὸ μὴ λέγειν ζῷα ψυχῆς ἐνούσης παραλογώτατον. ὑπολαβεῖν δ' ἐοίκασιν εἶναι τὴν ψυχὴν ἐν τούτοις, ἐπεὶ τὰ μέρη τῶν στοιχείων ὁμοειδῆ τοῖς ὅλοις· ταῦτα δὲ ⟨εἰ⟩ ἔμψυχα (συντεθέντα γὰρ ποιεῖ ζῷον), καὶ τὰ ὅλα ἔμψυχα. οὐχ οὕτω δὲ ἔχει. ἀνάγκη γὰρ τὴν ἐν τῷ ὅλῳ τῷ ἀέρι ψυχὴν ἢ ὁμοειδῆ εἶναι ἑαυτῇ ἢ ἀνομοιοειδῆ. ὁ δὲ ἀὴρ διασπώμενος ὁμοειδής. εἰ μὲν οὖν ὁμοειδής, ἐπειδὴ τῷ ἀπολαμβάνεσθαί τι τοῦ ἀέρος ἐν τοῖς ἐμψύχοις ἔμψυχα γίνεται, ἔδει πάντα τῆς αὐτῆς ψυχῆς μετέχειν. ἀλλὰ μὴν τοῦτο ψεῦδος. ψευδὴς ἄρα καὶ ἡ ὑπόθεσις· οὐ γὰρ ταὐτὸν τὸ θρεπτικὸν τῷ αἰσθητικῷ. εἰ δὲ ἀνομοιομερὴς εἴη, ἢ πάντα τὰ μόρια αὐτῆς διὰ παντὸς διήκει τοῦ ἀέρος, ἢ ἕκαστον μέρος τι τοῦ ἀέρος ἐμπεριείληφεν. εἰ μὲν οὖν πάντα τὰ ψυχικὰ μόρια ἐν ὁτῳοῦν μορίῳ ἀερίῳ εἰσίν, ἔδει πάντα ὁμοίως ἔμψυχα εἶναι καὶ πάντα μετέχειν καὶ λόγου καὶ αἰσθήσεως καὶ θυμοῦ καὶ ἐπιθυμίας. ἀλλ' οὐ τὸ δεύτερον· οὐδὲ τὸ πρῶτον

---

3 συνελογήσατο C ὥστε scripsi: ὡς δὲ libri 5 ὃς] ὡς C 7 ἕκαστον C 8 παρ' ἄλλας C οὔσαις] ἐνούσαις C 11 τις] τε C 12 ὑπολαμβάνοντας AC 13 κἀκεῖνο] καὶ τὸ τοῦ Ἀράτου A Philoponus v. Arat. Phaen. 2—4 18 εἰσι A 20 ἐπιζητήσει C 21 τῆς] τοῖς C 22 ἀθανατώτερος B 24 ἢ (post ζῷον) om. A ἢ (post πῦρ) om. A[1] 25 ἐνούσας C 27 εἰ addidi 28 τῷ (ante ὅλῳ) om. A 30 τοῦ ἀπολαμβάνεσθαι C 31 ψεῦδος] ψευδῆ B 32 τῷ θρεπτικῷ A[1] 33 διήκει] διοίκει A[1] τι] τῇ C 35 ἀέρια A[1]

ἄρα. εἰ δὲ ἕκαστον μόριον τῆς ψυχῆς μέρος τι τοῦ ἀέρος ἀπείληφεν, ἔδει ἄλλο ζῷον ἄλλης ψυχῆς μετέχειν, τὸ μὲν τῆς θυμικῆς μόνον, τὸ δὲ τῆς ἐπιθυμητικῆς, τὸ δὲ τῆς λογικῆς καὶ ἄλλο ἄλλης, εἴπερ τῷ ἀπολαμβάνεσθαί τι τοῦ ἀέρος ψυχὴν ἔχει. νυνὶ δὲ ὁρῶμεν τινὰ μὲν πασῶν τῶν ψυχικῶν δυνάμεων μετέχοντα, τὰ δὲ πλειόνων, τὰ δὲ μιᾶς. ὥστ' εἰ πάντα ἐπιοῦσιν ἀδύνατον φαίνεται, καὶ τὸ οὕτω λέγειν περὶ ψυχῆς ψεῦδος. φανερὸν οὖν ἐκ τῶν εἰρημένων, ὡς οὔτε τὸ γινώσκειν ὑπάρχει τῇ ψυχῇ τῷ ἐκ τῶν στοιχείων εἶναι οὔτε τὸ κινεῖσθαι αὐτὴν οὕτω καλῶς που καὶ ἀληθῶς λέγεται.

Ἐπεὶ δὲ τῆς ψυχῆς ἐστι τὸ γινώσκειν καὶ τὸ αἰσθάνεσθαί τε καὶ δοξάζειν, ἔτι καὶ τὸ ἐπιθυμεῖν καὶ τὸ βουλεύεσθαι καὶ ὅλως αἱ ὀρέξεις, γίνεται δὲ καὶ ἡ κατὰ τόπον κίνησις τοῖς ζῴοις ὑπὸ ψυχῆς (κινεῖ γὰρ ταῦτα ὥσπερ ἂν εἰ καὶ κυβερνήτης τὴν ναῦν), ἔτι δὲ αὔξη τε καὶ ἀκμὴ καὶ φθίσις ὑπ' αὐτῆς, πότερον ὅλῃ τῇ ψυχῇ τούτων ἕκαστον ὑπάρχει καὶ πάσῃ νοοῦμέν τε καὶ κινούμεθα καὶ τῶν ἄλλων ἕκαστον ποιοῦμέν τε καὶ πάσχομεν, ὡς εἶναι μὲν ὅ τί ποτε τὴν φύσιν καὶ τὴν οὐσίαν μίαν καὶ τὴν αὐτὴν ἁπλῆν καὶ ἀμέριστον, διαφόρους δὲ ποιεῖσθαι τὰς ἐνεργείας, ἢ πολυμερῆ καὶ διοικεῖν μορίοις ἑτέροις ἕτερα; καὶ δὴ πότερον τὸ ζῆν ἔν τινι τούτων ἐστί, καὶ τοῦτό ἐστι τὸ φυτικόν, ἢ καὶ ἐν πλείοσιν ἢ καὶ ἐν πᾶσιν, ἢ καὶ ἄλλο τι τὸ αἴτιον; ἴσον δὲ ἀμφοτέρως τῷ λόγῳ τὸ ἄπορον. εἴτε γὰρ μίαν εἴπομεν φέρε εἰπεῖν τὴν ἐν ἀνθρώπῳ πᾶσαν, διαφόρους δὲ ἔχειν τὰς ἐνεργείας, καὶ τοῦτό ἐστιν αὐτῇ τὸ θυμοῦσθαι καὶ λογίζεσθαι καὶ αἰσθάνεσθαι καὶ τἆλλα πάσχειν τε καὶ ποιεῖν, τῷ πολυδύναμον εἶναι, ὡς καὶ τὸ πῦρ εἴποις φωτίζειν καὶ ξηραίνειν καὶ καίειν καὶ ἄνω φέρεσθαι, ἑνὸς ὄντος αὐτοῦ τὴν φύσιν καὶ τὴν οὐσίαν, καὶ τὸ μῆλον εὐῶδες ἐρυθρὸν καὶ γλυκύ, καὶ τοιόνδε σχῆμα ἔχει καὶ ἄλλ' ἄττα διάφορα, αὐτὸ δὲ τῇ οὐσίᾳ ταὐτόν, πῶς ὁ νοῦς χωριστός, πῶς φθαρτὸν τὸ αἰσθάνεσθαι; καὶ πρὸ τούτων πῶς λογικὴ καὶ ἄλογος, καὶ τὸ μὲν ἄρχει τὸ δὲ ἄρχεται; εἰ δὲ μὴ μίαν ἀλλὰ μεριστήν, ὡς ἄλλῳ μὲν νοεῖν ἄλλῳ δὲ ἐπιθυμεῖν, πῶς ἔσται τὸ ζῷον ἕν; πῶς ἑαυτῷ συνεχές τε καὶ συμπαθές; εἰ δὲ τοῦτο, ἀνάγκη καὶ τὰ εἰδοποιοῦντα μόρια τῆς ψυχῆς αὐτὰ ἡνῶσθαι πρότερον· εἰ δὲ ἥνωνται, τί τὸ ἑνῶσαν καὶ τί τὸ συνέχον τὴν φύσιν, εἰ μεριστή; ἀλλ' ἆρα μὴ τὸ σῶμα; πολλοῦ δεῖ, ὃ ψυχῆς μᾶλλον δεῖται συνέχεσθαι· ἐξελθούσης γὰρ διαπνεῖ τε καὶ σήπεται. ἢ γοῦν ὑφ' ἑτέρου τὰ μόρια ἥνωνται ἢ ὑφ' αὐτῶν· ὑφ' αὐτῶν μὲν ἀδύνατον, ὅτι τὰς φύσεις διάφορα· εἰ δ' ὑπ' ἄλλου, ἢ ἓν τοῦτο πάλιν ἀνάγκη εἶναι ἢ πολυμερές. καὶ εἰ πολυμερές, ὑπόλοιπον ζητεῖν πάλιν, τί τὸ ἐκεῖνο ἑνοῦν καὶ ὅπως, κἀκεῖνο τί· καὶ οὕτως ὁ λόγος βαδιεῖται εἰς ἄπειρον. εἰ δὲ τὸ συνέχον ἕν, ἐκεῖνο μάλιστα ἂν εἴη ψυχή. εἰ δὲ τοῦτο, τί δήποτε μὴ καὶ τὴν ψυχὴν αὐτόθεν ἓν λέγομεν; εἰ γὰρ τὸ ἑνοῦν τὰ διακεχριμένα ἓν δεῖ εἶναι

3 ante τὸ add. καὶ B τῷ scripsi: τὸ libri 5 μετέχοντα] μεταθέντα C 6 φαίνεσθαι C ψεῦδος] ψευδῆ B 7 τῷ] τὸ C[2] 8 ἢ ἀληθῶς C 9 δοξάξειν A 13 πᾶσι C 19 εἴτε] εἴς τε C 20 ἴσχειν A 21 καὶ ἄλλα C 22 ὡς κἂν A: ὡς κάν C 23 ἓν ὂν αὐτὸ A[1] μῦλον A εὐωδῆ B 24 αὐτοῦ BA[2] 25 ταὐτοῦ BA[2] 27 ἄλλο μὲν C ἄλλο δὲ C[2] 28 ἑαυτὸ C 30 ἄρα C 35 ἓν τὸ συνέχον AC 37 διακεχριμμένα AC

αὐτίκα, ἑνοῖ δὲ ψυχὴ τὸ σκεδαστὸν τοῦ σώματος, πῶς οὐκ αὐτόθεν εὔλογον μίαν αὐτὴν ὑποτίθεσθαι καὶ μὴ δεῖσθαι τρίτου τοῦ καὶ ταύτην συνέχοντος; οὕτω μὲν οὖν ὁ λόγος δυσχερὴς ἑκατέρωθεν. ἢ μήποτε φύσει μὲν καὶ οὐσίᾳ οὐχ ἓν ἀλλήλοις τὰ μόρια, ἑνώσει δὲ ἄκρᾳ καὶ σχέσει καὶ συμπαθείᾳ. διαβαίνει γάρ τι καὶ ἐκ τοῦ λόγου πρὸς τὰ πάθη καὶ τοῖς πάθεσιν ὁ λόγος συνδιατίθεται· τό τε γὰρ εἴκειν τῷ λόγῳ καὶ ὑποτετάχθαι τὰ πάθη ἐκεῖθεν ἥκει τῇ συλλήψει ἐλλάμποντος, τό τε πρὸς τὰς οἰκείας ἐνεργείας τὸν νοῦν ἐμποδίζεσθαι τῇ κοινωνίᾳ τῶν παθῶν ἐπιγίνεται· καὶ οὕτως ἡ ψυχὴ μία, ὡς εἰ καὶ τὸν ὅλον ἄνθρωπον μιᾶς οὐσίας λέγοιμεν, καὶ ἁπλῶς ὡς τὰ ἐξ ὕλης καὶ εἴδους τὸ ἓν ἔχουσιν. ὕλης γὰρ κἀντεῦθεν πρὸς τὴν λογικὴν ἐπέχει λόγον ἡ ἄλογος, καὶ πρὸς ταύτην ἡ φυτική, καὶ πρὸς ἐκείνην τὸ σῶμα· καὶ ὥσπερ ἐν τοῖς ἐξ ὕλης καὶ εἴδους οὐ δεῖ ζητεῖν, τί τὸ ἑνῶσαν φύσει τὸ ἡνῶσθαι καὶ οἴκοθεν ἔχοντα, ὡς αὐτομάτως καὶ ἐξ οὐδεμιᾶς προσεχεστέρας αἰτίας τὸ εἶδος τὴν ὕλην δέχεσθαι, ὁπόταν καὶ ἐπιτήδειος γένηται, οὕτω τοι κἀν ταῖς ψυχαῖς εἶδος μὲν ἡ λογικὴ καὶ μορφή, ὕλη δὲ ταύτης προσεχὴς καὶ ὡς ὑποκείμενον ἔγγιον ἡ ἄλογος, τῆς δὲ ἡ φυτική, εἶτα τὸ σῶμα. καὶ τὸ μὲν φύσει πρότερον καὶ τὸ ὕστερον οὐκ ἐκβεβήκασιν, ἔχονται δὲ ἀλλήλων ἐν ταῖς συναγωγαῖς καὶ τὸ ὅλον ἕν, τῆς ἀνωτάτω τὸ κῦρος καθάπαξ ἐχούσης ἐν τῷ συνθήματι, ὡς ἐπὶ τῆς ἀνθρωπίνης ἔχει. συννεύει γὰρ ὁ λόγος τὰ πάντα πρὸς ἑαυτὸν καὶ λογοποιεῖ ἐλλάμπων τὰς ὑποβεβηκυίας ζωάς, καὶ διοικεῖ καὶ συνέχει τῷ σώματι ὡς ἐπὶ τῆς Ἡρακλείας λίθου, ἐξ ἧς καὶ ἀλλήλων ἤρτηνται τὰ σιδήρια. ἀπορήσειε δ' ἄν τις καὶ περὶ τῶν μορίων, τίνα ἔχει ἕκαστον δύναμιν ἐν τῷ σώματι. εἰ γὰρ ἡ ὅλη ψυχὴ τὸ ὅλον σῶμα συνέχει, πλείους δὲ ὤφθη αὕτη τὰς δυνάμεις ἔχειν καὶ τὰ μέρη διάφορα, προσήκει καὶ τῶν μορίων ἕκαστον συνέχειν τι τῶν τοῦ σώματος μερῶν ἢ μελῶν, ὡς καί τινες τῶν πρὸ ἡμῶν διωρίσαντο διανείμαντες ἄλλοις ἄλλα μορίοις μόρια τὰ τῆς ψυχῆς τοῖς τοῦ σώματος, ὥσπερ ὁ Τίμαιος ἐν ἐγκεφάλῳ μὲν ἐγκατοικίζει τὸ λογιστικόν, τῇ δὲ καρδίᾳ τὸ θυμικόν, ἐν ἥπατι δὲ τὸ ἐπιθυμητικόν. τοῦτο δὲ ἀδύνατον· ποῖον γὰρ μέρος τοῦ σώματος ὁ νοῦς ἢ πῶς συνέξει, χαλεπὸν καὶ πλάσαι. θυμῷ μὲν γὰρ καὶ ἐπιθυμίᾳ καὶ ἄλλῳ τινί, οὗ κινουμένου κινεῖταί τι καὶ τοῦ σώματος, κἂν τις ἀληθῆ τὸν λόγον ὑπονοήσειε· νοῦς δὲ μηδενὶ προσχρώμενος ἐν τῇ ἐνεργείᾳ μορίῳ τοῦ σώματος ἅτε χωριστὸς καὶ ἀνώλεθρος πῶς συνέξει σῶμα; ἔτι δὲ μᾶλλον ἐντεῦθεν ἔσται κατάδηλον· οὐ μόνον γὰρ μορίῳ μόριον οὐκ ἀποκεκληρωμένον ἐσεῖται τῷ τῆς ψυχῆς τὸ τοῦ σώματος, ἀλλὰ καὶ πάντα ἢ καὶ τὰ πλεῖστα διὰ πάντων ἥκειν φανήσεται. τό τε γὰρ θρεπτικὸν καὶ αὐξητικόν, ἔτι δὲ καὶ αἰσθητικὸν καὶ κινητικὸν ἐν παντὶ τῷ σώματι· τούτων γὰρ καὶ ποὺς καὶ χεὶρ μετέχει καὶ κεφαλή· καὶ τὰ μὲν τοῖς ἐμψύχοις πᾶσι, τὰ δὲ μόνοις τοῖς ζώοις. φαίνεται γοῦν καὶ τὰ φυτὰ διαιρούμενα ζῆν, καὶ τῶν ἐντόμων ζώων διαιρουμένων σύνεστι κἀν τοῖς μορίοις ἡ αἰσθητικὴ καὶ

3 καὶ οὐσίᾳ om. B 4 σχέσις, ut videtur, B 12 ἡνῶσθαι scripsi: ἑνῶσθαι libri 21 ἐξ ἧς] ἐξῆς C σιδήρια AC Philoponus: σίδηρα B 22 τῶν om. BC δύναμιν ἕκαστον AC 24 ἑκάστου A² 26 ἀλλήλοις B 27 ὁ Τίμαιος Plato Tim. cap. 31. 32 29 ἢ πῶς ὁ νοῦς A 31 κἂν C 34 ἐσεῖται sic libri τῷ τοῦ A 35 ἢ καὶ] καὶ om. AC 36 καὶ (ante αἰσθητικὸν) om. AC

κινητικὴ ψυχή, πλὴν διαφόρως ἡνωμένοις ἢ διῃρημένοις· ἐκεῖ μὲν γὰρ μία ἡ ψυχή, ὥσπερ τῷ εἴδει, οὕτω καὶ τῷ ἀριθμῷ καὶ τῇ συνεχείᾳ· νυνὶ δὲ εἴδει μὲν ταὐτὸ τοῖς τμήμασι, τῷ δὲ ἀριθμῷ συνδιέσχισται· ἑκάτερον γοῦν τῶν μορίων αἴσθησιν ἔχει καὶ κινεῖται κατὰ τόπον ἐπί τινα χρόνον. εἰ δὲ μὴ διὰ τέλους, οὐδὲν ἄτοπον· ὄργανα γὰρ οὐκ ἔχουσι τὰ ταῖς ψυχικαῖς ὑπηρετοῦντα δυνάμεσι καὶ τροφῆς εἰσαγωγὰ καὶ δεκτικὰ καὶ πεπτικά, στόμα τυχόν, κοιλίαν, ἧπαρ, οἷς τὸ ἀπορρέον τοῦ σώματος ἀνυφαίνεται, καὶ διὰ τοῦτο τὴν φύσιν οὐ σώζουσιν· ἀλλ' οὐδὲν ἧττον ἐν ἑκατέρῳ τῶν μορίων τοῦ σώματος ἅπαντα ἐνυπάρχει τὰ τῆς ψυχῆς, καὶ ὁμοειδῆ εἰσιν ἀλλήλοις τὰ διαιρεθέντα σωμάτια καὶ τῇ ὅλῃ, ἀλλήλοις μὲν ὡς οὐ χωριστὰς τὰς ψυχικὰς δυνάμεις συνούσας ἔχοντα, ἀλλὰ πάσας ὅλα, τῆς δὲ πρότερον καὶ ὅλης ψυχῆς ὡς διαιρετῆς εἰς ὁμοειδῆ. μήποτε δὲ καὶ ὁ λόγος ἔχει τι πρόσαντες· ἐπὶ μὲν γὰρ τῶν φυτῶν καί τινων ζώων, ἴσως εὐθυπορῶν προέβαινεν· ὅτε δὲ τὰς ἐν τοῖς τελειοτέροις τῶν ζώων αἰσθήσεις καὶ κινήσεις προχειριζόμεθα, μὴ μᾶλλόν τι τὸν ἐγκέφαλον ἰδίως τῶν ἄλλων ἐπαιτιώμεθα, μὴ οὐχ ἧττον ἄτοπα λέγειν δόξαιμεν. εἰ γοῦν τις διαφορὰ κἀκείνων πρὸς ταῦτα φανείη, αὕτη καὶ τοῖς ἠπορημένοις ἔσται λύσις· ἄλλως ἐπὶ τῶν φυτῶν καὶ ἑτέρως ἐπὶ τῶν ζώων καὶ τούτων ἐν τοῖς τελειοτέροις ἡ ψυχὴ ἑνοῦται τῷ σώματι. ἐκείνοις μὲν γὰρ ἡ οἰκεία ψυχὴ ὡς ὑποκειμένοις ἀμέσως ἐχρήσατο, καὶ ὅλῳ τῷ φυτῷ, ῥίζῃ καὶ στελέχεσι καὶ κλάδοις, ἰσομοίρως ἑαυτὴν ἡ φυτικὴ ψυχὴ ἐγκατέμιξε καὶ διένειμε, τοῖς ζώων δὲ σώμασι καὶ μᾶλλον τῷ ἀνθρωπίνῳ μεσότητι χρησαμένη τῷ ἐν ἐγκεφάλῳ πνεύματι· καὶ παντὶ μὲν ἐκείνῳ καὶ δι' ὅλου πάσας τὰς δυνάμεις ἐνέθετο πρώτως, δι' ἐκείνου δὲ δευτέρως μετοχετεύει τῷ σώματι δι' ὀργάνων σωματικῶν, τῶν νεύρων ἴσως, τὴν ζωήν, τὴν κίνησιν καὶ τὴν αἴσθησιν. εἴ που γοῦν ἐν τῷ μέσῳ βλαβείη τὸ πνεῦμα ἐπιπορευόμενον, τὰ ἐφεξῆς τῆς ἐνδιδομένης καὶ καταλλήλου ἐνεργείας ἀφίησιν ἔρημα, ὡς οὐ πρώτως ἑνούσης αὐτοῖς τῆς ψυχικῆς δυνάμεως. ὥστε τὰ μὲν μετὰ τοῦ ἐγκεφάλου καὶ ἃ συνέχεται τῷ πνεύματι μόρια τῶν ψυχικῶν κατακορῆ τυγχάνουσιν μεταδόσεων, τὰ δὲ διασπασθέντα νενέκρωται· διὰ ταῦτα τοῖς διαιρεθεῖσι τῶν φυτῶν ἡ ψυχὴ σύνεστιν, ἐνίοις δὲ τῶν ζώων οὔ. οὐ καινοτομοῦμεν δὲ κἂν τοῖς φυτοῖς ψυχὴν ἐνεῖναι ἰσχυριζόμενοι· τί γὰρ ἄν τις τὸ ἄρχον ἐν ἑκάστῳ καὶ κρατοῦν ὀνομάσειε; φανερὸν δὲ ὅτι καὶ ταύτης μόνης ὡς καθολικωτέρας καὶ ζῷα κοινωνεῖ καὶ φυτά, καὶ τῆς μὲν αἰσθητικῆς ἀρχῆς αὕτη χωρίζεται, οὐδὲν δὲ ταύτης ἄνευ μετέχει αἰσθήσεως.

---

8 ante οὐδὲν add. οὖν AC 9 σώματϊ B 12 ἔχοι A 13 ὅταν AC 16 αὐτὴ B 17 ἐν om. A 19 στελέχοις AC 21 ἐν om. C 25 τῆς om. B 26 ἑνούσῃς A 27 μὲν om. A 30 κἂν A τὴν ψυχὴν C

Ἀρχὴ τοῦ δευτέρου τμήματος.

II 1 Ἐπειδὴ τὰ παραδεδομένα περὶ ψυχῆς παρὰ τῶν ἄλλων, ἐφ' ὅσον ἕκαστος ἀπεφήνατο τῶν πρότερον, εἴρηται σχεδόν, νῦν ὥσπερ ἐξ ὑπαρχῆς πάλιν ἐπανίωμεν πειρώμενοι διορίσαι ἀμωσγέπως, τί ἐστι ψυχὴ καὶ τίς ἂν εἴη κοινότατος λόγος αὐτῆς. εἰ δὲ μὴ ὁρισμὸν εὑρεῖν εὐχερές, ὡς τοῦ φύσει προτέρου καὶ ὑστέρου ἐνόντος κἀν ταῖς ψυχαῖς, ἀλλ' ἡμῖν γε ἀρκέσει κἀν τῷ παρόντι τὸ δι' ὑπογραφῆς καὶ μετρίως ἀποδοῦναί τινα λόγον τοῖς ὁμωνύμοις κοινότατον. εὐπετὲς δ' ἂν εἴη τοῦτο, εἰ οὕτω τῇ διαιρέσει χρησαίμεθα. τῶν ὄντων τὸ μὲν οὐσία, τὸ δὲ συμβεβηκός· καὶ τοῦ συμβεβηκότος τὸ μὲν ποσόν, τὸ δὲ ποιόν, τὸ δὲ πρός τι ἢ ἄλλη τις τῶν ἀπηριθμημένων ἐννέα κατηγοριῶν. οὐκ ἂν ἔν τινι τούτων ὡς ἐν γένει εἴη ψυχή, οὐδὲ ὅλως συμβεβηκός. οὔτε γὰρ ποσόν· φθάνομεν γὰρ ἀποδεδειχότες μήτε τὸ συνεχὲς ἐπὶ ψυχῆς ἀληθεύεσθαι ἐν τοῖς διηπορημένοις πρὸς Τίμαιον μήτε τὸ διωρισμένον ἐν οἷς ἀντελέγομεν Ξενοκράτει. ποιὸν δὲ ἢ πρός τι πῶς ἂν εἴη; τὰ γὰρ αὐτὰ ἂν εἴποι τις κἀν τούτοις, ὅσα καὶ περὶ ἁρμονίας. εἰ δὲ μηδὲν τούτων, σχολῇ γ' ἂν εἴη τι τῶν ἄλλων, οἷς γένεσις ἡ μετὰ τῆς οὐσίας τουτωνὶ συμπλοκή. λείπεται τοίνυν τὴν ψυχὴν ὡς εἰς γένος ἐν τῇ οὐσίᾳ ζητεῖν. ἐπεὶ δὲ καὶ αὕτη γένος ἕν τι τοῦ ὄντος οὖσα τριττὴν ἄλλως ἐδέξατο τὴν διαίρεσιν (τὸ μὲν γὰρ αὐτῆς ὡς ὕλη, ὃ καθ' αὑτὸ μὲν οὐκ ἔστι τόδε τι, ἀρρύθμιστον ὂν καὶ ἀσύντακτον, τὸ δὲ ἕτερον τὸ εἶδος καὶ ἡ μορφή, καθ' ἣν ἤδη λέγεται τόδε τι καὶ ἕκαστον τῶν ὄντων ὀνόματος κεκοινώνηκε καὶ τῶν ἑτέρων διώρισται ὑφεστηκὸς καθ' αὑτό, καὶ τρίτον τὸ ἐκ τούτων, οἷον τὰ σύνθετα σώματα), ἐν τίνι τούτων ἡ ψυχή, καὶ ἐπεὶ οὐ τὸ σύνθετον, ποτέρῳ τῶν ἁπλῶν καὶ εἰ μᾶλλον εἶδος, ὧδ' ἔσται δῆλον. ἡ μὲν οὖν ὕλη δύναμις· οὐδὲν γάρ ἐστι τῶν εἰδῶν ἀφωρισμένως, ἀλλὰ δυνάμει πάντα· καὶ οὔτε ὕλη του τὸ ἀνεπίδεκτον ἐκείνου (οὐκ ἂν γὰρ σκευῶν κεραμικῶν ὕλη λίθοι· οὐδὲ γὰρ πέφυκεν) οὔτε τὸ μηκέτι δυνατὸν τῷ ἤδη ἐνεργείᾳ τὸ εἶδος ἔχειν· ὁ κέραμος γὰρ οὔτ' ἄλλου γένοιτ' ἂν ὕλη οὔθ' ἑαυτοῦ· ἔστι γάρ. λείπεται τὴν ἀληθινὴν καὶ πρώτην ὕλην ἐκτὸς τούτων καὶ δυνάμει ἐννοεῖσθαι. ἀλλ' ὕλη μὲν τοῦτο· τὸ δὲ εἶδος ἐντελέχεια εἴτ' οὖν τοῦ πράγματος ὡς ὑποκειμένου τελείωσις. ᾧ γὰρ ἑκάστῳ τὸ εἶναι, τοῦτο δὴ αὐτοῦ καὶ ἡ τελειότης· κατὰ δὲ τὸ εἶδος ἑκάστῳ τὸ εἶναι· ἐν τούτῳ ἄρα δὴ καὶ τὸ τέλειον. διττὸν καὶ τὸ τῆς ἐντελεχείας, τὸ μὲν ὡς ἐπιστήμη τὸ δὲ ὡς θεωρία, εἴτ' οὖν τὸ μὲν καθ' ἕξιν, ὃ καὶ χρόνῳ καὶ φύσει πρότερον, τὸ δὲ κατ' ἐνέργειαν ὕστερον. τριττὸν δὲ καὶ τὸ σῶμα, τὸ μὲν φυσικὸν ὡς λίθοι καὶ ἄνθρωποι, τὸ δὲ τεχνητὸν ὡς κλίνη καὶ ἱμάτιον· οὐ γάρ τι σῶμα ἢ σῶμα τεχνη-

1 Ἀρχὴ — τμήματος AC: Τοῦ αὐτοῦ εἰς τὸ δεύτερον τμῆμα B 2 παρὰ] περὶ C 3 ἐπανίομεν A 6 καὶ τοῦ ὑστέρου AC 16 ἡ om. B 18 διαίρεσιν] διαιρετικὴν B 23 ὧδε δ' ἔσται AC 25 τοῦ τὸ C: τοῦτο B 26 κεραμεικῶν A 32 καὶ om. B 34 δὲ om. A

τόν· ἔτι δὲ καὶ μαθηματικὰ σώματα λέγεται τρίγωνα καὶ τετράγωνα, τὰ ἐξ ἀναλήψεως καὶ ἀφαιρέσεως τῶν αἰσθητῶν ἐν τῇ ψυχῇ συνιστάμενα. τὰ μὲν οὖν ἄλλα παρείσθω· οὐσίαι δὲ μάλιστα δοκοῦσι τὰ φυσικά· ταῦτα γὰρ καὶ τῶν ἄλλων ἀρχαί. τῶν δὲ φυσικῶν τὰ μὲν ἔχει ζωήν, τὰ δ' οὐκ ἔχει· ζωὴν δὲ λέγω τὴν δι' αὑτοῦ τροφήν τε καὶ αὔξησιν. οὐ γὰρ ἡ πρόσθεσις αὔξησις, ἐπεὶ μηδ' ὑφ' αὑτοῦ μηδ' ἠλλοίωται, οἷον εἴ τις τῷ ἐν ἀμφορεῖ ἐπιβάλοι ὕδατι καὶ αὐξήσειεν· οὐδὲ τῷ εἰς πλεῖον τὸ πῦρ αἵρεσθαι τρέφεται, ἀλλὰ τοῦτο μὲν μᾶλλον γένεσις, τρέφεται δὲ οἷς δι' ὀργανικῶν μορίων κατὰ πᾶν μέρος ἡ τροφὴ προσφέρεται καὶ ἀλλοιουμένη προσφύεται. ὥστε πᾶν σῶμα φυσικὸν μετέχον ζωῆς οὐσία ἂν εἴη, οὐσία δὲ οὕτως ὡς συνθετή. καὶ τὰ μὲν ἁπλᾶ σώματα ἐκ τῆς ἁπλῶς ὕλης καὶ τοῦ εἴδους εἰσί, τὰ δὲ πρὸς τούτοις καὶ ἔμψυχα ὥσπερ δεύτερα ὑποκείμενα χρηματίζουσι τῆς ἐν αὐτοῖς ἐνούσης ζωῆς εἴδους οὔσης αὐτῶν. ἄγοντες δὲ τὴν διδασκαλίαν ἀπὸ τῶν σαφεστέρων ἐπὶ τὰ δυσληπτότερα τοσαῦτα δήπουθεν προσελάβομεν. ἐπεὶ δ' ἐστὶ σῶμα καὶ τοιόνδε σῶμα τὸ ζωὴν ἔχον (σύνθετον γὰρ ἐκ ζωῆς καὶ σώματος, καὶ τὸ μὲν ὥσπερ ὑποκείμενον καὶ ὕλη, τὸ δὲ ὡς ἐν ὑποκειμένῳ καὶ οἷον εἶδος καὶ μορφή), οὐκ ἂν φθάνοιμεν διαπορῆσαι, πότερον τούτων ψυχή, καὶ ταύτην λαβόντες εἴπωμεν· τὴν γὰρ ἐν τῷ τοιούτῳ σώματι ζωὴν ψυχὴν εἶναι ἀνάγκη. τὸ μὲν γὰρ σῶμα πῶς ἂν εἴη ψυχή; οὐ γάρ ἐστι τῶν καθ' ὑποκειμένου καὶ ἐν ἑτέρῳ ὄντων αὐτὸ ὂν ὑποκείμενον καὶ ὕλη. λείπεται τὴν ψυχὴν οὐσίαν εἶναι προσομολογεῖν ὡς εἶδος σώματος φυσικοῦ δυνάμει ζωὴν ἔχοντος. οὐσία δὲ ἡ ἐντελέχεια. τοιούτου ἄρα σώματος ἡ ψυχὴ ἐντελέχεια καὶ εἶδος. ἔτι ᾧ διαφέρει ἀλλήλων τὰ ὁμογενῆ, τοῦτο εἶδος αὐτῶν· τὰ σώματα ὄντα ὁμογενῆ διαφέρει ἀλλήλων τῷ ἐμψύχῳ καὶ ἀψύχῳ· ἡ ψυχὴ ἄρα τοῖς ἐμψύχοις εἶδος οὖσα καὶ ἐντελέχεια. διττὴ δὲ ἡ ἐντελέχεια, ὡς εἴρηται, ἡ μὲν ὡς ἐπιστήμη ἡ δὲ ὡς τὸ θεωρεῖν. φανερὸν οὖν εἶναι ἐν σώματι ἐντελέχειαν τὴν ψυχὴν ὡς ἐπιστήμην. ἐν γὰρ τῷ ὑπάρχειν καὶ ὕπνος καὶ ἐγρήγορσίς ἐστιν· ἀνάλογον δὲ ἡ μὲν ἐγρήγορσις τῷ θεωρεῖν, ὁ δ' ὕπνος τῷ ἔχειν καὶ μὴ ἐνεργεῖν. καὶ εἴδους δ' ἄν τις ἴδοι καὶ ἐντελεχείας ἐν τούτῳ διαφοράν· πᾶν μὲν γὰρ εἶδος ἐντελέχεια, οὐκ ἔμπαλιν δέ· ἡ γὰρ ἐνέργεια ἐντελέχεια μέν, οὐκ εἶδος δέ. καὶ πρότερον μὲν καὶ ὕστερον ἐπὶ τοῦ αὐτοῦ εἶδος ἑνὸς ὄντος οὐκ ἂν εἴποις, ἐντελέχειαν δέ. προτέρα δὲ τῇ γενέσει ἐπὶ τοῦ αὐτοῦ ἡ μὲν ἐπιστήμη τοῦ θεωρεῖν, ἡ δὲ δύναμις τῆς ἐνεργείας. ἐν ἄλλῳ μὲν γὰρ καὶ ἄλλῳ προηγήσαιτ' ἂν πολλάκις ἡ ἐνέργεια τῆς δυνάμεως, ὡς ἐν διδασκάλῳ καὶ μαθητῇ· προτέρα γὰρ ἡ τελεία τοῦ διδάσκοντος ἐνέργεια τῆς ἀτελοῦς δυνάμεως τοῦ μανθάνοντος· ἐπὶ τοῦ αὐτοῦ δὲ ἐν ταῖς ἐν γενέσει καὶ φθορᾷ οὐκ ἐγχωρεῖ φύσεσιν. ἐν οἷς καὶ τῆς ἕξεως χωρίζεται ἡ ἐνέργεια (οὐ γὰρ ἀεὶ θεωρεῖ ὁ γεωμέτρης), ἀλλ' ἐν τοῖς θείοις καὶ ἀιδίοις σύνδρομος τῇ μὲν οὐσίᾳ ἡ δύναμις, ταύτῃ δὲ ἡ ἐνέργεια, καὶ ἀλλήλων καθάπαξ ἀχώριστοι· εἰ μήπου τις κἂν

---

1 τὰ] καὶ τὰ B 2 ἀναλήσεως A[1] τῇ om. A 4 post μὲν add. δὲ A 7 ἔρεσθαι A 10 fort. συνθετὸς B 17 πότερον scripsi: ποτέρῳ libri 24 οὖσα] οὐσία AC 25 ὡς καὶ εἴρηται A 31 εἴδους C ἐντελέχεια B

τοῖς θνητοῖς πρὸς τὸ καθόλου βλέψας σύνδρομα καὶ ὧδε λέγει· ἐν γὰρ τῷ παντὶ ἕξις ἀεὶ καὶ ἐνέργεια. καὶ εἴπερ δεῖ ὡς ἐν τῷ παντὶ ὅλως ἕτερον ἑτέρου προτετιμῆσθαι, τὰ τέλεια τῶν ἀτελῶν προκέοιντο ἄν· τά τε γὰρ προακτικὰ τῶν αἰτίων κατὰ τελείαν ἑστῶτα ἐνέργειαν τὰ ὑφειμένα παράγουσιν, ἥ τε τοῦ παντὸς δημιουργία ἐκ τοῦ παντελῶς τελείου παρηγμένη συντέτακτο. τούτων οὕτως ἐχόντων ὁλοσχερώτερον ἡμεῖς τὴν ψυχὴν ὑπογράφοντες λέγομεν· ψυχή ἐστιν ἡ πρώτη ἐντελέχεια σώματος φυσικοῦ δυνάμει ζωὴν ἔχοντος· τοιοῦτον δὲ ὃ ἂν ᾖ ὀργανικόν. πρόσκειται τὸ φυσικὸν διὰ τὰ τεχνητά, τὸ δυνάμενον ζῆν διά τε τὸ ἐν ἀρχαῖς σπέρμα καὶ τὸ νεκρόν, τὸ δὲ ὀργανικὸν διὰ τὰ ἁπλᾶ καὶ φυσικά· ἦν γὰρ ἂν τῷ πυρὶ ψυχὴ ἡ θερμαντικὴ δύναμις, πρώτη οὖσα αὐτοῦ ἐντελέχεια, εἴπερ ἦν ὀργανικόν· νυνὶ δὲ ποῖα ἐν πυρὶ θερμότητος ὄργανα; ἡ γοῦν ψυχὴ ποικίλως ἐνεργοῦσα διαφόροις ὀργάνοις προσχρήσεται τοῦ σώματος· διὸ τὸ μὴ τοιοῦτον, ὁποῖον τῶν ἁπλῶν, οὐδὲ ψυχῆς μετείληφεν. ἐπεὶ δὲ διαφορὰ κἂν ταῖς ψυχαῖς, καὶ ἡ μὲν τῶν φυτῶν ἁπλουστέρα καὶ ὑφειμένη, ποικιλωτέρα δὲ ἡ αἰσθητικὴ καὶ ὑπὲρ αὐτήν, ἔτι δὲ μᾶλλον ἡ πασῶν ἀνωτάτω καὶ λογική, ἀναλογοῦσι πρὸς τὰς ἐνεργείας καὶ τοῖς σωματικοῖς ὀργάνοις προσχρήσονται. ἐντεῦθεν ἁπλούστερον μὲν καὶ ἧττον ὀργανικὸν τὸ σῶμα τῶν φυτῶν τοῦ τῶν ἀλόγων ζώων, ἧττον δὲ τοῦτο τῶν λογικῶν. ὄργανα μὲν τὰ τῶν φυτῶν μέρη τῆς φυτικῆς ψυχῆς, ἀλλὰ παντελῶς ἁπλᾶ, οἷον τὸ φύλλον περικαρπίου σκέπασμα, τὸ δὲ περικάρπιον τοῦ καρποῦ, αἱ δὲ ῥίζαι ἀναλογοῦσι τῷ στόματι· ἄμφω γὰρ ἕλκει τὴν τροφήν, ἐν μὲν τοῖς ζώοις τὸ στόμα, αἱ δὲ ῥίζαι τοῖς φυτοῖς.

Τοσαῦτα περὶ τοῦ τῆς ψυχῆς ὅρου παρεκβατικώτερον εἰπόντες, ἐπαναλαμβάνοντες καὶ ὥσπερ ἐπιδιορθούμενοι σαφέστερον ἐκτίθεμεν καὶ συνοπτικώτερον. εἰ γὰρ δή τι κοινὸν ἐπὶ πάσης ψυχῆς δεῖ λέγειν, εἴη ἂν ἐντελέχεια ἡ πρώτη σώματος φυσικοῦ ὀργανικοῦ· διὸ οὐ δεῖ ζητεῖν, εἰ ἓν ἡ ψυχὴ καὶ τὸ σῶμα, ὥσπερ οὐδὲ τὸν κηρὸν καὶ τὸ σχῆμα, οὐδ' ὅλως τὴν ἑκάστου ὕλην καὶ τὸ οὗ ὕλη. ὡς γὰρ ἐπὶ τοῦ σφαιρικοῦ κηροῦ οὐ ζητοῦμεν, τί τὸ ἑνῶσαν τὸ σχῆμα καὶ τὸν κηρόν, πάθους ὄντος τοῦ σχήματος ἐν τῷ κηρῷ καὶ φύσει καὶ ἀπραγματεύτως ἐγγινομένου, ὡς δὲ καὶ ἐπὶ πάσης ὕλης ἐπιτηδείας καὶ παντὸς εἴδους, οὕτω τοι κἂν τῷ σώματι καὶ τῇ φυσικῇ ψυχῇ. προστίθεμεν φυσικὴν τὴν λογικὴν ὑπεξαίροντες· εἰ δέ που καὶ συλλαμβάνοιτο καὶ εἶδος αὕτη καλοῖτο σώματος, ἀλλ' οὐχ ᾗ καθ' αὑτὴν καὶ ἀπολελυμένη καὶ ἄφετος καὶ συνεστραμμένη πρὸς νοῦν, ἀλλὰ καθὸ συνδέδεται σώματι καὶ σχέσιν ἔχει. καὶ συμφθείρεσθαι δ' ἂν εἰ λέγοιτο σώματι κατὰ τοῦτο, ὥσπερ τὸ εἶδος, τῷ οἴχεσθαι τὰς πρὸς τὸ σῶμα ἐνεργείας αὐτῆς οἰχομένου σώματος, ὥσπερ τὴν ἐν

4 ἧστε et fort. etiam δημιουργίας B 6 ὁλοσχερώτερον cf. Roeper Philol. I 661. Nauck ib. IV 200 7 τοιοῦτον scripsi: τοιούτου libri 16 ἀναλογούσῃ C 19 ψυχῆς in mrg. add. C[1] 24 ἐκδίδομεν A 26 post διὸ add. καὶ AC 28 οὐ om. C 29 καὶ (post σχῆμα) repetit B 30 ἐπιτη A: ἐπιτήδι' C 31 τῇ φυσικῇ ψυχῇ scripsi: τῆς φυσικῆς ψυχῆς libri προτίθεμεν (δ' supra) C 33 οὐχ ᾗ] οὐχ ἢ A: οὐχὶ C ἀπολελοιμένη C 34 πρὸς τὸν νοῦν B[1] καθὼς C 35 εἰ om. C[1] σώματι om. AC τῷ] τὸ B

τῇ κιθάρᾳ παρὰ τοῦ τεχνίτου τῆς ἁρμονίας ἐγγινομένην ἐνέργειαν κατεαγεισῶν τῶν χορδῶν, οὐδὲν ἄτοπον· αὐτὴν μέντοι τὴν θεωρητικὴν αὐτῆς δύναμιν καὶ ἐνέργειαν καὶ τὴν νοερὰν οὐσίαν διεφθάρθαι λέγειν καὶ λελύσθαι σώματι, παντελῶς ἐμπλήκτων. ἔστιν οὖν ἡ ψυχὴ καὶ τὸ σῶμα ἕν, ὡς ἂν ὕλη καὶ εἶδος. ἐπεὶ δὲ τὸ ἓν καὶ τὸ εἶναι πλεοναχῶς λέγεται (ἢ γὰρ τῷ γένει ἢ τῷ εἴδει ἢ ἀριθμῷ ἢ δεσμῷ ἢ κόλλῃ, καὶ ὅσα ἄλλα ἐν τοῖς πρώτοις διωρισάμεθα, καὶ τὸ εἶναι δὲ καὶ τὸ ὂν ἢ δυνάμει ἢ ἐνεργείᾳ), τὸ κράτιστον ἐν τούτοις καὶ τελεώτατον ἡ ἐντελέχειά ἐστι. καθόλου μὲν οὖν καὶ ὡς ἐν κεφαλαίῳ εἰπεῖν εἴρηται, τί ἐστι ψυχή· οἱ γὰρ ὁρισμοὶ ὁλοσχερώτερον καὶ συνοπτικώτερον ἐδήλουν τὴν φύσιν αὐτῆς, ὅτι οὐσία ἡ κατὰ τὸν λόγον. τοῦτο δὲ τὸ τί ἦν εἶναι τῷ τοιῳδὶ σώματι. τοῦτο δὲ εἶδος σώματος φυσικοῦ ὀργανικοῦ δυναμένου ζῆν. εἰ δὲ δεῖ που διὰ τὸ σαφὲς καὶ ὑποδείγμασι χρήσασθαι, διπλᾶ προσθήσομεν, ἵν' ᾖ καὶ φιλότιμον, τὸ μὲν τεχνικὸν καὶ ἐξ ἀναλογίας, τὸ δὲ φυσικὸν καὶ ψυχῆς ἐγγύτερον. ὥσπερ γὰρ εἰ ἦν ὁτιοῦν τῶν ὀργάνων φυσικὸν σῶμα οἴκοθεν ἐνεργοῦν καὶ μὴ ὡς νῦν τῷ τεχνίτῃ, οἷον ὁ πρίων, ἦν ἂν τὸ πρίονι εἶναι εἴτ' οὖν τὸ τοιῶσδε δύνασθαι τέμνειν καὶ ἐνεργεῖν ἡ οὐσία αὐτοῦ καὶ ἡ ψυχὴ τοῦτο, ἧς ἀπελθούσης ἀργὰ ἂν ἄλλως καὶ νεκρὰ τὰ καταλελειμμένα, ξύλον τοιόνδε καὶ σίδηρος ἔμελλε λείπεσθαι καὶ οὐκέτ' ἂν ἦν πρίων ἀλλ' ἢ ὁμωνύμως, οὕτω καὶ ἐπὶ τῆς ψυχῆς καὶ τοῦ σώματος· ὃ δὲ ἀνομοιοῖ τὸ παράδειγμα, ὅτι νῦν ὁ πρίων καὶ ψυχὴν οὐκ ἔχων καὶ μὴ ἐνεργῶν οὐδὲν ἧττόν ἐστι πρίων καὶ [οὐ] συνωνύμως, ζῷον δὲ οὐδαμῶς ψυχῆς ἀπολιπούσης. τοῦτο δέ, ὅτιπερ ἐκεῖνος οὐ φυσικὸν οὐδὲ κινούμενον ἐξ αὑτοῦ· οὐκ ἔστι δὲ τοιούτου σώματος ἡ ψυχὴ τὸ τί ἦν εἶναι καὶ λόγος, ἀλλὰ φυσικοῦ τοιουδὶ ἔχοντος κινήσεως καὶ στάσεως ἀρχὴν ἐν ἑαυτῷ· ὁ δὲ πέλεκυς ᾗ πέλεκυς κινεῖται οὐκ ἐξ αὑτοῦ, ἀλλ' ἔξωθεν τῷ χρωμένῳ, ὡς καὶ πάντα τὰ τεχνητὰ ἀρχὴν ἔχοντα καὶ στάσεως καὶ κινήσεως, οὐκ ἐν αὐτοῖς μέντοι, ἐν τοῖς δημιουργήμασι δὲ ᾗ ἐν τοῖς κινοῦσι. καὶ τοῦτο μὲν τοιοῦτον· τὸ δὲ ἕτερον (δεῖ γὰρ σκοπεῖν καὶ ἐπὶ τῶν μερῶν, ἔχοι γὰρ ἂν οὕτω κατά τι τὸ καθόλου)· εἰ γὰρ ἦν ὁ ὀφθαλμὸς ζῷον αὐτὸς καθ' αὑτὸν δίχα τοῦ προσκεῖσθαι τῇ ὁλομελείᾳ τοῦ σώματος, ἦν ἂν τούτου ψυχὴ ἡ ὄψις καὶ ἡ ὁρατικὴ δύναμις καὶ ἐνέργεια· αὕτη γὰρ οὐσία ὀφθαλμοῦ ἡ κατὰ λόγον. ὁ γὰρ ὀφθαλμὸς αὐτός, τὸ ὑγρόν, τὸ λευκόν, οἱ διάφοροι χιτῶνες ὕλη ὄψεως, ἡ δ' ὄψις καὶ ἡ ὅρασις εἶδος καὶ οὐσία, ἧς ἀπολιπούσης οὐκέτι ὀφθαλμὸς ἔσται· οὐ γὰρ ποιήσει τὰ ἑαυτοῦ· οὐκ ὄψεται γάρ. εἰ δὲ καλοῖτο, ὁμωνύμως ἂν καλοῖτο καὶ οὐ κυρίως, ὡς ἂν εἰ καὶ τὸν λίθινον ὀφθαλμὸν φαῖμεν ἢ τὸν ἐν χρώμασιν. οὕτω τοι καὶ χεὶρ καὶ ποὺς καὶ εἴ τι ἄλλο μέρος τοῦ σώματος, ὅταν μὴ τὴν οἰκείαν καθ' ἥν ἐστιν ἐνέργειαν ἀποδίδωσιν, ἢ οὐδὲ κοινωνήσειε τοῦ ὀνόματος ἢ οὐ κυρίως. ὃ οὖν ἐπὶ ἑνὸς μέρους, τοῦτο δεῖ λαβεῖν καὶ ἐπὶ ὅλου τοῦ ζῶντος σώματος·

---

1 τῇ om. A[1] κατεαγεισῶν scripsi: κατεαγουσῶν libri 5 τῷ ante εἴδει om. AC 6 ἐν τοῖς πρώτοις] Metaph. Δ, 6. 7 I, 1 7 τῷ εἶναι C 9 ὁλοσχερέστερον B 10 αὐτῇ AC 14 ὁτοιοῦν AC 21 οὐ delevi ἀπολειπούσης AC 23 καὶ ὁ λόγος A 27 μὲν] μέντοι B 29 ὁ om. C 31 κατὰ τὸν λόγον A 33 ἀπολειπούσης AC 35 φαῖμεν ὀφθαλμὸν AC

ἀνάλογον γὰρ ἔχει ὡς τὸ μέρος πρὸς τὸ μέρος, ἡ ὅλη αἴσθησις πρὸς ὅλον τὸ αἰσθητικὸν ᾗ τοιοῦτον. ἐπεὶ γὰρ τῶν αἰσθητηρίων ἕκαστον κατά τινα τῆς ψυχῆς αἰσθητικὴν χαρακτηρίζεται δύναμιν, ἐξαιρουμένης τῆς ἀφῆς δι' ὅλου ἡκούσης τοῦ σώματος, ὡς ἂν ἑκάστη αἴσθησις πρὸς τὸ ὑποκείμενον αὐτῇ αἰσθητήριον ἔχοι, οὕτως ἡ ὅλη ψυχὴ πρὸς ὅλον τὸ σῶμα ἕξει, καθὸ αἰσθητικόν· οὐ γάρ, καθὸ βαρὺ ἢ κοῦφον ἢ τοσόνδε ἐστὶν ἢ τοιόνδε χρῶμα ἢ σχῆμα ἔχει ἢ ποῦ ὂν ἢ ποτέ, εἰδοποιεῖται ὑπὸ ψυχῆς, ἀλλὰ καθὸ φυσικὸν δυνάμει ζωὴν ἔχον. ἔστι δὲ τὸ δυνάμει ὂν σῶμα ὥστε ζῆν οὔτε τὸ πρότερον ἔχον ψυχὴν καὶ ἀποβεβληκὸς νῦν, ὥσπερ τὸ νεκρωθέν, οὔτε τὸ κατ' ἐπιτηδειότητα δυνατόν, μήπω δέ, ὥσπερ τὸ σπέρμα καὶ ὁ καρπός, ἀλλὰ τὸ ἤδη ἔχον ζωὴν καὶ ἐνεργόν, ὡς τὰ τῶν ζώων σώματα. ἀπορήσειε δ' ἄν τις, πῶς δυνάμει τὸ ἐνεργείᾳ ζῶν. λέγομεν δέ, ὥσπερ ὁ ὀφθαλμὸς δυνάμει ἐστὶν ὁρατικὸς αὐτὸς καθ' ἑαυτόν, οὐχ ὁρᾷ δὲ ἐνεργείᾳ ἄνευ τῆς τοῦ φωτὸς ἐλλάμψεως, καὶ εἴ τις δὲ ὁρῶντος ἐνεργείᾳ τοῦ ὀφθαλμοῦ λέγει ὁρατικὸν εἶναι δυνάμει, ἀληθεύει (αὐτὸς γὰρ κατὰ τὴν ἑαυτοῦ οὐσίαν μόνην τὴν εἰς τὸ ὁρᾶν ἔχει ἐπιτηδειότητα, τῆς ἐνεργείας ἐξ ἑτέρου τοῦ φωτὸς παραγινομένης), οὕτω τοι καὶ ἐπὶ τοῦ ὅλου σώματος καὶ τῆς ψυχῆς αὐτὸ μὲν τὸ σῶμα, ὅσον ἀφ' ἑαυτοῦ, τὴν ἐπιτηδειότητα μόνην ἔχει, ἡ μέντοι κατ' ἐνέργειαν ζωὴ ὡς τελείῳ ὀργάνῳ ἐκ τῆς ψυχῆς παραγίνεται. ἐπεὶ δὲ διττὴν ἄνω τὴν ἐντελέχειαν ἐμανθάνομεν, τὸ μὲν αὐτῆς ἕξιν τὸ δὲ ἐνέργειαν ὀνομάζοντες, ἄμφω δὲ τῷ σώματι, καὶ ὕπνος καὶ αἴσθησις, ψυχῆς ἐνούσης ἐγγίνεται, εἴη ἂν ὡς μὲν ἐκεῖ ἡ πρίσις καὶ ἡ ὅρασις ἐντελέχειαι κατ' ἐνέργειαν, ἡ μὲν τοῦ πρίονος ἡ δὲ τοῦ ὀφθαλμοῦ, οὕτως ὧδε ἡ ἐγρήγορσις ἐντελέχεια· ὡς δ' αὖ ἡ ὄψις καὶ ἡ δύναμις τῆς εὐκαίρου χρείας τοῦ ὀργάνου κατὰ δύναμιν ἐκεῖ, οὕτως ἐν τῷ σώματι ὧδε τῷ δυνάμει ὄντι ἡ ψυχή· καὶ ὥσπερ ὁ ὀφθαλμὸς οὐχ ἡ κόρη μόνη μετὰ τῶν χιτώνων καὶ ὑγρῶν ἐστιν οὐδ' αὖ ἡ ὄψις μόνη, ἀλλ' ὁμοῦ τὸ ἅπαν ὁ ὀφθαλμός, οὕτως ἡ ψυχὴ καὶ τὸ σῶμα οὐδὲν ἀνὰ μέρος ζῶον, ἀλλὰ τὸ συνάμφω. τούτων οὕτω διωρισμένων οὐκ ἄδηλον ὡς ἤτοι μέρη τῆς ψυχῆς τῆς ἐν θνητοῖς ζώοις ἢ καὶ ὅλη, εἰ μὴ μεριστή, οὐκ ἔστι χωριστὴ τοῦ σώματος, οὗ ἐστι ψυχή. ἔνια γὰρ τῶν τῆς ψυχῆς μορίων ἐντελέχειαι αὐτῶν τῶν μερῶν ἐστι τοῦ σώματος· ἡ γὰρ θρεπτικὴ δύναμις αὐτοῦ τοῦ τρεφομένου ἐστὶ τελειότης σώματος, ὁμοίως καὶ ἡ αὐξητικὴ καὶ ἡ γεννητική. ἔτι μέντοι καὶ ἡ αἰσθητικὴ αἰσθητηρίου τινὸς τυγχάνει τελείωσις, καὶ τὸ ὀρεκτικὸν αὐτὸ συνέχει τι μόριον σώματος. εἰ οὖν οὕτω ταῦτα καὶ τελειωτικά πώς εἰσιν, οὐκ ἂν χωρισθήσονται. τί δὲ καὶ χωρισθέντα ἐνεργήσουσιν; τί γὰρ ἡ θρέψις θρέψει ἢ αὐξήσει ἡ αὔξησις ἢ ἡ αἴσθησις αἰσθανθήσεται; ἀλλ' ὥσπερ ταῦτα καὶ τὰ τούτοις ὅμοια, ὧν αἱ ἐνέργειαι ἀχώριστοι καὶ εἴδη τῶν ὑποκειμένων τυγχάνει καὶ τελειότητες, ἀχώριστά εἰσι σώματος, οὕτως οὐδὲν κωλύει ἔνια χωριστὰ εἶναι, οἷον ἴσως τὸν νοῦν αὐτόν, ὅ τί ποτε καὶ ἔστι, τὴν θεωρητικὴν καὶ οὐσιώδη δύναμιν καὶ ἐνέργειαν. οὐ γὰρ δοκεῖ γε οὗτος σώματος ἐντελέχεια οὐδενὸς οὐδὲ καθάπαξ

1 πρὸς τὸ ὅλον A 9 ἐπιτηδειότητος A 17 ἀφ' ἑαυτοῦ] ἐφ' ἑαυτῷ Philoponus 22 ἐντελέχεια A 28 τοῖς ἐν C 30 ἐντελέχεια A 36 ἡ om. AC 38 σώματα B

μεμῖχθαι σώματι. μὴ καὶ δοκῶμεν ἀφιλοσόφως τῷ λόγῳ προσφέρεσθαι καὶ τὴν σκιὰν αὐτῶν ὃ λέγεται δεδοικότες, τῇ λογικῇ ψυχῇ οὐχ ὁλοτελῶς αὐτόθεν ἀποφαινόμενοι τὸ ἀθάνατον, ἀλλὰ δειλιῶμεν καὶ ἐνδοιάζωμεν τῷ τῆς ἐντελεχείας ὀνόματι προστριβόμενοι. τὸ δέ ἐστιν ἄδηλον, εἰ μᾶλλον οὕτως ἡ ἀνθρωπίνη ψυχὴ ἐντελέχεια σώματος, ὥσπερ ὁ πλωτὴρ τοῦ πλοίου, ἢ ὥσπερ ἐλέγετο πρότερον. καὶ τῶν μὲν ἐνεργειῶν, αἷς ἐπὶ τῶν οἰάκων καθημένη τοῦ σώματος διῴκει τοῦτο καὶ χειμαζόμενον συνεῖχεν, ἀπολυθεῖσα τοῦ βυθοῦ τῆς γενέσεως παύσαιτο, αὐτὴ δὲ ἔσται πρὸς αὐτὴν ἄσχετος καὶ ἀπόλυτος, ἑστῶσα ἐν ἀκυμάντῳ λιμένι γαληνιῶσα, θεωροῦσα τὸ ὂν ἐν αἰῶνι τὴν οὐσίαν ἔχουσα καὶ τὴν νόησιν. ὡς μὲν οὖν εἰπεῖν τύπῳ περὶ πάσης ψυχῆς εἰρήσθω τὸν τρόπον τοῦτον.

Πειρατέον δὲ οὕτω γε πάλιν ἐπελθεῖν περὶ αὐτῆς. διδασκαλικώτερον δὲ II 2 τὴν τῆς ψυχῆς ἱστορίαν μετιόντες καὶ δήπου τοῖς διδασκαλικοῖς τῶν τρόπων ἑπόμενοι (τὸ δὲ ἄρχεσθαι ἐκ τῶν ἀσαφῶν μὲν τῇ φύσει, φανερωτέρων δὲ ἡμῖν· τοῦτο γὰρ σαφὲς καὶ κατὰ τὸν λόγον γνωριμώτερον γίνεται) τοῦ διότι τὸ ὅτι προεκτεθείκαμεν. ὅτι μὲν γάρ ἐστι ψυχὴ δεδειγμένον ἔχομεν· ἐντελέχεια γὰρ σώματος φυσικοῦ ὀργανικοῦ· διότι δὲ καὶ ὅπως ἐντελέχεια, λείπεται προσεξετάζειν τοῖς ἐφεξῆς. οὐ γὰρ μόνον τὸ ὅτι δεῖ ἔχειν τὸν ὁριστικὸν λόγον, ὥσπερ οἱ πλεῖστοι τῶν ὅρων ἔχουσιν, ἀλλὰ καὶ τὴν αἰτίαν ὑπάρχειν δεῖ. τοῖς δυσὶ δὲ τούτοις κἀκεῖνα τὰ τέτταρα τῶν προβλημάτων ὑπάγεται, εἰ ἔστι, τί ἐστιν, ὁποῖόν τί ἐστι καὶ διὰ τί ἐστι· τά τε γὰρ πρῶτα τρία ὡς περὶ τὴν τοῦ ὀνόματος καὶ τοῦ ὁρισμοῦ στρεφόμενα εὕρεσιν τῷ ὅτι περιελήφθησαν, ταὐτὸν δὲ τῷ διότι τὸ διὰ τί ἐστι τὸ τάξει τελευταῖον καὶ ἔσχατον. οὐχ ὥσπερ δὲ τὸ ὅτι διὰ τοῦ βραχυτάτου ἐνδειξάμενοι ἀπηλλάγημεν, οὕτω καὶ περὶ τοῦ διότι ὀλίγα εἰπόντες ἀρκέσομεν· ἀλλ' εἰ καὶ ἐν ὅλοις τοῖς ἐφεξῆς δυσὶ βιβλίοις περὶ αὐτοῦ πραγματευομένοις γένοιτό τι διαλαβεῖν ἱκανόν, ἀγαπᾶν χρή. εἰ γὰρ τὴν ὅλην ψυχὴν ἑρμηνεῦσαι δεῖ, ὅπως ὅλου τοῦ σώματος ἐντελέχεια, καὶ ὅπως τὰ μέρη τῶν μερῶν, πρότερον δεῖ. εἰ δὲ ταῦτα τριττά, τὰ μὲν λογικὰ τὰ δὲ αἰσθητικὰ τὰ δὲ φυτικά, δεήσει περὶ τοῦ καθ' ἕκαστον ἰδίως ἐπελθεῖν· καὶ πρῶτον περὶ τῶν φυτικῶν, τί θρεπτικὸν καὶ τίνων καὶ ὅπως, καὶ πρὸ τούτων τί τὸ τρέφον, τί τὸ γεννητικὸν καὶ τίνων καὶ διὰ τί· οὕτω καὶ περὶ τοῦ αὐξητικοῦ. εἶτα ὁ τῶν αἰσθήσεων καὶ αἰσθητηρίων ἀνακύψει λόγος διεξιόντων, πῶς καὶ τούτων ἡ ψυχὴ ἐντελέχεια, ὑπὲρ ὧν ὅσον μὲν ἐργῶδες καὶ σαφὲς καὶ δι' ὀλίγων εἰπεῖν, προϊοῦσι γνωσθήσεται· αἵ τε λογικαὶ δυνάμεις ὅλον τὸ τρίτον καὶ τελευταῖον τοῦ συντάγματος ἰδιώσαντο. καὶ ὡς πρὸς μὲν τὴν διδασκαλίαν, ὥσπερ εἴρηται, καὶ τὴν τῆς γνώσεως ἀναγωγὴν ἀρίστη τάξις ἡ ἀπὸ τῶν σαφεστέρων καὶ συντρόφων τῇ αἰσθήσει ἐπὶ

---

1 δοκοῦμεν A 2 αὐτῶν scripsi: αὐτῶν libri 3 ἐνδοιάζωμεν scripsi: ἐνδοιάζομεν libri 6 καθήμενος B: καθημένου C 8 αὕτη A^2 10 οὖν om. B 12 δὲ om. A ἐπελθεῖν πάλιν AC 13 τὸν τρόπον B 15 post ἡμῖν fort. intercidit μάλιστα διδασκαλικόν ἡμῖν τοῦτο [γὰρ] σαφὲς Diels 16 δεδεγμένον A^1 18 τοῖς] τῆς A^1 23 τῷ διὰ τί B 32 ἀνακύπτει C^2 35 ἰδιάσαντο A

τὰ δυσληπτότερα προοδεύουσα· ἐπεὶ ἄλλως γε τίς οὐκ οἶδεν ἐν τῷ παντὶ προηγεῖσθαι μὲν τὰ τέλεια τῶν ἀτελῶν καὶ τὰ ἀρχηγικώτερα καὶ μᾶλλον αἴτια τῶν ἐκεῖθεν ἠρτημένων; οὐκοῦν πρότερον νοῦς, εἶτα αἴσθησις, εἶτα φυτικόν, ἃ τοῖς ζώοις ἀνάπαλιν συντετάχαται. οὕτω κἂν τὸ διότι τοῦ ὅτι πρότερον λέγοιτ' ἂν ἐν τοῖς τῆς φύσεως λόγοις· ὧν γὰρ ἐκείνη ποιεῖ, τοὺς λόγους, καθ' οὕς, φθάνει προαποκειμένους ἔχουσα· τύχη γὰρ καὶ αὐτόματον πρὸς τὴν φύσιν ἀντιδιέσταλται. δεῖ δὲ μὴ λανθάνειν καὶ καθ' ὅσους τρόπους τὸ σαφὲς καὶ τὸ ἀσαφὲς ἡμῖν ἐκλαμβάνεται. ἔστι μὲν γὰρ τὸ καθόλου καὶ συγκεχυμένον, ὡς ἐν τῇ Φυσικῇ λέγεται, τοῦ μερικοῦ καὶ διηρθρωμένου μᾶλλον γνωριμώτερον ἡμῖν καὶ σαφέστερον, οἷον τὸ ἁπλῶς εἰδέναι σῶμα τοῦ ὅτι τοιόνδε, οἷον οὐράνιον ἢ ἐπίγειον καὶ τοίως ἢ τοιῶσδε κέκραται, καὶ τὸ ἁπλῶς ζῷον τοῦ τοιοῦδε. ἔτι σαφέστερον καὶ τὸ τῇ αἰσθήσει πρῶτον, ὕστερον δὲ τῇ φύσει, ὡς τὰ μερικὰ τῶν καθόλου καὶ τὰ κατὰ σύνθεσιν τῶν ἁπλῶν· καὶ τρίτον τὸ ὅτι τοῦ διότι. καὶ γὰρ ὅτι ἔχομεν ψυχὴν καὶ ὅτι ἀθάνατος εὐχερέστερον τοῖς πολλοῖς εἰδέναι, παρακολουθῆσαι δὲ τῷ ταῦτα κατασκευάζοντι λόγῳ ἔστιν οἷς καὶ τῶν ὑπὲρ τοὺς πολλοὺς ἐργωδέστατον. τούτων οὕτω διαιτηθέντων πάλιν ἐπαναλαβόντες λέγομεν, ὡς δεῖ τῷ ὅρῳ προσκεῖσθαι καὶ τὴν αἰτίαν τοῦ πράγματος καὶ μὴ ὥσπερ νῦν οἱ πλεῖστοι τῶν ὅρων ἔχουσιν· ὥσπερ γὰρ συμπεράσματα τὸ ὅλον οἱ λόγοι τῶν ὅρων εἰσὶ καὶ πλέον οὐδέν. λαμβανομένων γὰρ τῶν ὅρων τῶν μὲν ἐκ τῆς ὕλης, ὡς κἂν ταῖς ἀρχαῖς διωρίσθη, τῶν δὲ ἐκ τοῦ εἴδους τῶν δὲ ἐκ τοῦ συναμφοτέρου κρείττων μὲν τοῦ ἐξ ὕλης ὁ εἰδικός. (τελεώτερος γὰρ διὰ τὴν αἰτίαν), κρείττων δ' ἀμφοτέρων ὁ ἐξ ἀμφοῖν· τελεώτατος γάρ, τό τε πρᾶγμα ἔχων καὶ τὴν αἰτίαν αὐτοῦ. μεταγόμενοι δὲ πρὸς συλλογισμὸν ὁ μὲν ἔσται συμπέρασμα, ὁ δὲ μέσος ὅρος, ὁ δὲ παρὰ τοσοῦτον συλλογισμὸς τέλειος καὶ αὐτάρκης ἀπόδειξις, παρ' ὅσον τῇ θέσει παρήλλακται. ἄλλως γὰρ ὑφ' ἑνὸς ὁ ὅρος συνείρεται καὶ ἑτέρως ἡ ἀπόδειξις ἐκδιαλελυμένων τῇ ἐκθέσει τῶν ὅρων ἐν τῷ συλλογισμῷ πλέκεται, ἥ τε τάξις τῆς ἀγωγῆς ἑτέρα. σαφηνιεῖ δὲ τεθὲν τὸ παράδειγμα· θυμός ἐστι ζέσις τοῦ περὶ καρδίαν αἵματος δι' ὄρεξιν ἀντιλυπήσεως. οὗτος ἐκ τοῦ συνάμφω· ὃν εἰ διαλύσαιμεν, ὁ μὲν ἔσται ὕλης, ζέσις τοῦ περὶ καρδίαν αἵματος, ὁ δὲ μόνον εἶδος, θυμός ἐστιν ὄρεξις ἀντιλυπήσεως. συλλογιζομένων δὲ οὕτω θέσεως ἕξουσιν· ὁ θυμούμενος ὀρέγεται ἀντιλυπῆσαι, τοῦ τοιούτου δὲ ζεῖ τὸ περὶ καρδίαν αἷμα· τοῦ θυμουμένου ἄρα ζεῖ τὸ περὶ καρδίαν αἷμα. ὅλος μὲν ὁ συλλογισμὸς ὅρος καὶ ἀπόδειξις, τῶν μερῶν δὲ ὁ μὲν μέσος ὁρισμός, ὃν ἐξ αἰτίας καὶ εἴδους ἐλέγομεν, ὁ ἐξ ὕλης δὲ τὸ συμπέρασμα. καὶ καθόλου δέ, ὡς κἂν τοῖς Ἀναλυτικοῖς λέγεται, πᾶς ὅρος ἢ ἀπόδειξις θέσει διαφέρουσα ἢ ἀρχὴ ἀποδείξεως, εἰ μέσος καὶ αἴτιος, ἢ συμπέρασμα ἀποδείξεως, εἴπερ ὕλη καὶ ὑποκείμενον. οὕτω δὲ σαθρῶς

---

1 εἶδεν C 2 μᾶλλον αἴτια] αἰτιώτερα A 3 φυτικόν scripsi: φυτόν libri 4 ἀναπλοῦν τετάχαται B κἂν scripsi: κάν libri 9 ἐν τῇ Φυσικῇ] Phys. A, 1 p. 184a21 10 σαφέστατον A 14 διότι] διόλου B 16 διατηθέντων B 21 τελεώτερον A[1] 22 ἀμφότερον A 25 παρήλλεκται C 26 συνείρηται A 30 τῆς ὕλης AC εἶδος] an εἴδους? 33 σύλλογος B ἀπόδεξις B 35 δὲ (post καθόλου) om. AC κἂν A κἀν τοῖς Ἀναλυτικοῖς] Anal. post. B, 10 p. 94a11

ἔχει καὶ τοῖς ἐκείνως ὁριζομένοις, τί ἐστι τετραγωνισμός, τὸ ἴσον ἑτερομήκει ὀρθογώνιον εἶναι ἰσόπλευρον· οὗτος γὰρ ἐκ μόνης τῆς ὕλης ὢν συμπέρασμά ἐστι τῆς ὅλης ἀποδείξεως. ἀλλ' ὁ λέγων, τί ἐστι τετραγωνισμός, ὅτι μέσης εὕρεσις, τούτου μὲν κρείττων, ὅτι τοῦ πράγματος λέγει τὸ αἴτιον, χερείων δὲ τοῦ συνάμφω καὶ τῆς τελείας ἀποδείξεως, οἷον τετραγωνισμός ἐστι τὸ ἴσον ἑτερομήκει ὀρθογώνιον ποιῆσαι δι' εὕρεσιν μέσης ἀναλόγου. καὶ τέλειος μὲν ὅρος τοῦτο, ἀπόδειξις δὲ ὁ αὐτὸς οὕτως· ὁ τετραγωνίσαι βουλόμενος μέσην ἀνάλογον ζητεῖ εὑρεῖν· ἡ μέση εὑρεθεῖσα ἴσον ἑτερομήκει ὀρθογώνιον καὶ ἰσόπλευρον ποιεῖ· ὁ ἄρα τετραγωνίζων ἴσον ἑτερομήκει ὀρθογώνιον καὶ ἰσόπλευρον ποιεῖ. ἡμεῖς δ' ἂν τοῦτο καὶ πρῶτον ἐθήκαμεν τὸ παράδειγμα καὶ μόνῳ ἠρκέσθημεν ἀκριβοῦντι τὴν τῶν κειμένων διάνοιαν, εἰ μὴ ἐκεῖνο δήπουθεν εὐλαβήθημεν θορυβῆσαι καὶ ξενοφωνῆσαι τοῖς ἀγεωμετρήτως ἡμῖν ἐντυγχάνουσιν· ὅθεν τῷ θυμῷ τὸν τάραχόν πως προκαταστέλλομεν. ἔτι δὲ καὶ ταῖς ἐπαγωγαῖς ἐπᾴσοντες διαλυσόμεθα τέλεον. ἔστι δὲ τετράγωνον μὲν ὃ ἰσόπλευρόν τέ ἐστι καὶ ὀρθογώνιον, ἑτερόμηκες δὲ ὃ τετράπλευρον μὲν καὶ ὀρθογώνιον, οὐκ ἰσόπλευρον δέ. πλευρὰ δὲ ἐν τούτοις ἐπὶ πλευρὰν πολλαπλασιασθεῖσα, ἡ πλάγιος πρὸς τὴν κατ' εὐθεῖαν, τὸ ὅλον γίνεται. οἱ γοῦν τὸ ἑτερόμηκες τετραγωνίσαι βουλόμενοι μέσην ἀνάλογον ζητοῦσι· καὶ ἐπεὶ ἑτερόμηκές ἐστι τὸ τὰς ἀπαντικρὺ πλευρὰς ἴσας ἀλλήλαις ἔχον, ἀνίσους δὲ πρὸς τὰς ἑτέρας καὶ θέσει διαφόρους, εἰ τὰς μὲν αὐτοῦ ἀνὰ η' πηχῶν φέρε θήσομεν τὰς δὲ ἀνὰ β', τὴν μέσην τῶν η' καὶ β' εὑρεθεῖσαν ἀνάλογον εὐθεῖαν ἐκείνην εἶναι τὴν μέσην ὑποληπτέον, ἣν ζητοῦμεν. αὕτη δὲ τὰ δ'· ὡς γὰρ τὰ δ' πρὸς τὰ η', τὰ β' πρὸς τὰ δ'. τὸ γοῦν ἀπὸ ταύτης ἀναγραφὲν τετράγωνον ἴσον ἔσται τῷ προρρηθέντι ἑτερομήκει. δὶς γὰρ η' ιϛ'· οὕτω γὰρ ἐκείνῳ αἱ πλευραὶ εἶχον· καὶ τετράκις δ' ιϛ', ὅπερ ἦν τὸ ἐκ τῆς ἀναλόγου τετράγωνον. ἀλλ' αὕτη μὲν ἡ ἀναλογία ἐν διπλασίονι λόγῳ· ἐν ἡμιολίῳ δὲ οὕτω. τετράκις θ' λϛ'· τοῦτο ἑτερόμηκες. μέσος δὲ ἀνάλογος τῶν θ' καὶ δ' ὁ ϛ'· ἐλήφθη γὰρ ἀπὸ μὲν τῶν δ' τὸ ἥμισυ, ἀπὸ δὲ τῶν θ' τὸ τρίτον, καὶ συγκραθέντα πρὸς ἄλληλα τὸν ϛ' πεποιήκασι μέσον ὄντα καὶ ἀνάλογον. ὅταν γὰρ τρεῖς ἀριθμοὶ ἀνάλογοι ὦσι, τὸ ἀπὸ τῶν ἄκρων ἴσον ἔσται τῷ ἀπὸ τοῦ μέσου.

Τοσαῦτα παρειπόντες διὰ σαφήνειαν πάλιν ἐπανιόντες λέγομεν, τὴν ἀρχὴν ἐντεῦθεν τῆς σκέψεως ποιησάμενοι. τὸ ψυχὴν ἔχον σῶμα πρὸς τὸ μὴ ἔχον οὐκ ἄλλῳ ἢ τῷ ζῆν διορίζομεν. τὸ δὲ ζῆν εἰς πλείω τὸν ἀριθμὸν βλέψαντες εἴποιμεν· κἂν εἰ μόνον ἓν ὑπάρχει τι τούτων, ζῆν αὐτὸ λέγομεν. καὶ γὰρ ζωαὶ καὶ αἴσθησις καὶ νοῦς καὶ ἡ κατὰ τόπον κίνησις καὶ στάσις, ἔτι δὲ καὶ ἡ κατὰ τὸ τρέφειν καὶ αὐξάνεσθαι καὶ φθίνειν κίνησις· διὸ καὶ τὰ φυόμενα πάντα ζωῆς τινος δοκεῖ μετέχειν· αὐτὰ γὰρ ἐν αὑτοῖς φαίνεται τοιαύτην δύναμιν ἔχοντα καὶ ἀρχήν, δι' ἧς αὔξησίν τε λαμβάνει καὶ φθίσιν κατὰ τοὺς

1 ἐκείνοις A[1] 6 ὀρθογώνιον ποιῆσαι AC Philoponus: post ὀρθογώνιον add. ἰσότητα B 9 ὁ ἄρα — ποιεῖ (10) in mrg. add. B 12 ἡμῖν] ὑμῶν C 14 τέλειον A 17 fort. πλαγία B 25 ἐκεῖναι B τετράκις scripsi: τέτραϊ libri 30 ἀπὸ τῶν scripsi: ὑπὸ τῶν libri τῷ] τὸ C 33 ἢ τὸ ζῆν A 34 κἂν AC 35 αἰσθήσεις B 36 post τὰ add. μὲν B 37 αὑτοῖς scripsi: αὐτοῖς libri

ἐναντίους τόπους. οὐ γὰρ ἄνω μὲν τρέφεται, κάτω δ' οὔ, ἀλλὰ καὶ κάτω καὶ ἄνω καὶ πάντη. τούτῳ γὰρ τὴν πρόσθεσιν τῆς αὐξήσεως διεστέλλομεν, ὅτι ἡ μὲν εἰς πᾶν τὸ σῶμα καὶ κατὰ πάσας τὰς διαστάσεις, ἡ δὲ ἐν μέρει καὶ ἐφ' ἑνί, ὥσπερ ἐν τῷ σωρῷ ἐπιβαλὼν σῖτον ἕτερον οὐχ ἅπαντα ηὔξησας, ἀλλ' ἐκεῖνο τὸ μέρος τὸ δεδεγμένον τὴν πρόσθεσιν. ταῦτά τε οὖν ἐν τοῖς φυτοῖς ὁρᾶται· τρέφεται γὰρ καὶ διὰ τέλους ζῇ, ἕως ἂν δύναται λαμβάνειν τροφήν. δύναται δὲ τὸ θρεπτικὸν τῶν ἄλλων χωρίζεσθαι καὶ καθ' αὑτὸ εἶναι, ὡς ἐν τοῖς φυτοῖς ὁρᾶται, αἰσθήσεως ἀμοιροῦσι καὶ λόγου· τούτου δὲ τἆλλα χωρισθῆναι καὶ ταῦτα ἐν τοῖς θνητοῖς ἀδύνατον. ἐπὶ μὲν γὰρ τοῖς θείοις ἴσως καὶ ἄχρηστος παντάπασιν ἡ θρεπτικὴ δύναμις μὴ οὔσης αὐξήσεως ἢ μειώσεως· ἀπροσδεᾶ γὰρ ἐκεῖνα καὶ θνητῆς πάσης δυσχερείας ἀνώτερα. ἀνθρώποις δὲ καὶ ἀλόγοις καὶ πρὸ τούτων φυτοῖς, οἷς πολλῶν ἐπιδεᾶ, καὶ τὸ τῆς τροφῆς διὰ τὴν ῥοὴν καὶ ἀπορροὴν αὐτόθεν ἀναγκαιότατον, προσανυφαῖνον τὸ ἀπορρεῦσαν ἐν σώματι κἂν τῇ ὕλῃ πασχούσῃ τὰ ἑαυτῆς τὸ εἶδος συνέχον ἐν τῇ ταυτότητι. καὶ μέντοι καὶ θυμὸς καὶ ἐπιθυμία τοῖς θνητοῖς προσριφήσεται, ἐφ' οἷς καὶ τὸ βλάπτον καὶ ὠφελοῦν, τῇ μὲν ἵνα διώκῃ τὸ σῷζον, τῷ δὲ τὸ βλαβερὸν ἀποκρούηται. τὸ μὲν οὖν ἁπλῶς ζῆν διὰ ταύτην ὑπάρχει τὴν ἀρχήν, τῆς τροφῆς λέγω, πᾶσι τοῖς ζῶσιν εἰς πάντα φθάνουσαν. τὸ δὲ ζῶον, ἐπείπερ αἱ τέλειαι τῶν προσηγοριῶν τοῖς τελειοτέροις ἐπάγονται τῶν εἰδῶν, ἐκλήθη πρῶτον διὰ τὴν αἴσθησιν, ὥστε καὶ εἴ τι μὴ κινοῖτο μήδ' ἀλλάττοι τόπον, ἔχει δὲ αἴσθησιν, ζῶον ἂν εἶναι φαῖμεν, καὶ οὐ μόνον κατὰ τὸ ἁπλοῦν τοῦ ζῆν σημαινόμενον. φαίνεται δὲ πολλὰ τοιαῦτ' εἶναι τῶν ζώων μόνιμα καὶ μόνης τῆς ἁπτικῆς κοινωνοῦντα αἰσθήσεως. αὕτη γὰρ κοινοτάτη αἰσθήσεων καὶ φύσει πρώτως ἐνυπάρχει πᾶσι· τὸ γὰρ συνεισφερόμενον καὶ μὴ συνεισφέρον καὶ συναναιροῦν ἀναιρούμενον οὕτως ἂν καλοῖτο. ὥσπερ γὰρ τὸ θρεπτικὸν δύναται χωρίζεσθαι τῆς ἁφῆς καὶ πάσης αἰσθήσεως, ⟨ὡς⟩ εἶναι καθ' αὑτό, οὕτως αὕτη πάλιν τῶν ἄλλων αἰσθήσεων· πάντα γὰρ τὰ ζῶα ἔχοντα φαίνεται τὴν ἁπτικὴν μόνην αἴσθησιν. δι' ἣν δὲ αἰτίαν ταὐτόν τι τούτων ἑκατέροις συμβέβηκεν, ὕστερον ἐροῦμεν ἐπὶ τέλους κατὰ σχολήν· νυνὶ δ' ἐπὶ τοσοῦτον εἰπόντες ἀρκέσομεν, ὡς ἐπείπερ τὸ σῴζεσθαι τοῖς ζῶσι διὰ τὸ τρέφεσθαι, τροφὴ δὲ ὑγρὸν καὶ θερμὸν καὶ τὰ τούτοις ἐναντία, τοῖς μὲν οὖν φυτοῖς διὰ τὸ μόνιμον ἀπέχρησεν εἰς τροφὴν τὸ προστυχὸν ἔγγιον, οἰκεῖον ὄν, τὰ δὲ κατὰ τόπον κινητικὰ καὶ ἄποθεν τὸ θρέψον ἐκποριζόμενα ἐνδεᾶ τῆς κατὰ τὴν ἁφὴν διακρίσεως τοῦ ὠφελοῦντος καὶ βλάπτοντος. ταῦτ' ἄρα τῶν ἄλλων κοινότατα καὶ ἀναγκαιότατα, τροφὴ μὲν εἰς σωτηρίαν, ταύτης δὲ ἁφῇ τὰ ζῶα μετέχουσιν. αὐτῶν δὲ τούτων καὶ τῶν ἄλλων πάντων ἀρχὴ καὶ αἰτία ψυχὴ καὶ ἐν τούτοις ὥρισται, θρεπτικῷ, αἰσθητικῷ, διανοητικῷ, κινήσει. ὃ δὲ πρότερον ἠπορήσαμεν οὐδὲν κωλύει καὶ πάλιν ἐπαπορήσασθαι τῆς ἀκολουθίας διδούσης· πότερον γὰρ τῶν ἀπηριθμημένων ἕκαστόν ἐστι ψυχὴ καὶ ἀλλήλων

2 τοῦτο AC   12 ἐπιδεᾶ] an ἐπιδεῖ?   15 καὶ (ante θυμὸς) om. A   προσρριφθήσεται AC   21 ἔχοι B   22 τοιαῦτ' εἶναι πολλὰ AC   24 πρώτω συνυπάρχει C   26 ὡς addidi   29 ἐπὶ τέλους] καὶ A: καὶ ἐπὶ τέλους C   35 ἁφῇ] ἁφὴ ἧς B   36 καὶ τὰ ζῶα C

ἀπέσχισται, ὡς ἂν εἰ καὶ πολλαὶ ψυχαὶ ἦσαν, ἢ μιᾶς τὰ πάντα μόρια ψυχῆς; καὶ εἰ τοῦτο, πότερον ὥστ' εἶναι χωριστὰ μόνῳ λόγῳ καὶ ἐννοήματι, ὅλα δὲ τῇ περιχωρήσει διὰ πάντων ἓν καὶ τῷ ὑποκειμένῳ ταὐτά, ἢ καὶ τόπῳ; ὥσπερ καὶ ποιεῖν ἐλέγομεν Τίμαιον, ἄλλοις ἄλλα συντάττοντα τοῖς σωματικοῖς τὰ ψυχικά. καὶ περὶ μέν τινων οὐ χαλεπὸν ἰδεῖν, ὡς οὐ τοπικῶς ἀλλήλων διήρηνται, ἀλλὰ διὰ παντὸς ἰσομοίρως τοῦ ὑποκειμένου σώματος ἥκουσιν, οἷον τροφὴ καὶ αὔξησις ἐπὶ τοῖς φυτοῖς, αἴσθησις δὲ καὶ κίνησις ἐν τοῖς ζῴοις. περὶ δὲ τῶν ἄλλων τὸ ἀληθὲς εἰπεῖν ἔχει ἀπορίαν. τὰ μὲν γὰρ φυτὰ φαίνεται διαιρούμενα ζῆν καὶ χωριζόμενα ἀπ' ἀλλήλων, ὡς οὔσης τῆς ἐν αὐτοῖς ψυχῆς ἐντελεχείᾳ μὲν καὶ τῷ ὑποκειμένῳ μιᾶς ἐν ἑνὶ ἑκάστῳ τῶν φυτῶν, δυνάμει δὲ πολλῶν· καὶ περί τινας δὲ ἄλλας διαφόρους τῆς ψυχῆς δυνάμεις ὁρῶμεν συμβαῖνον ἐν τοῖς διατεμνομένοις τῶν ζῴων τισί· καὶ γὰρ αἴσθησιν ἑκάτερον τῶν μερῶν τοῖς ἐντόμοις ἔχει διαιρεθεῖσι καὶ κίνησιν τὴν κατὰ τόπον. προσβιάσαιτο δ' ἄν τις καὶ φαντασίαν καὶ ὄρεξιν· ὅπου μὲν γὰρ αἴσθησις, λύπη τε καὶ ἡδονὴ παρακολουθεῖ, ὅπου δὲ ταῦτα, ἐξ ἀνάγκης καὶ ἐπιθυμία. περὶ δὲ τοῦ νοῦ καὶ τῆς θεωρητικῆς δυνάμεως οὐδέ πω φανερόν, εἴτε παντὶ τῷ ὑποκειμένῳ συμπέφυκε σώματι ἢ ἑνὶ τῶν μερῶν κατακεκλήρωτο. ἀλλ' ἔοικε ψυχῆς γένος ἕτερον εἶναι, καὶ τοῦτο μόνον ἐνδέχεται χωρίζεσθαι ὥσπερ τοῦ φθαρτοῦ τὸ ἀίδιον. ὅτι μὲν οὖν οὐκ ἔστι ταῦτα οὕτω μόρια τῆς ψυχῆς, ὥστ' εἶναι χωριστὰ καθάπερ φασί τινες, δῆλα ἐκ τούτων καὶ τῶν πρότερον εἰρημένων· τῷ δὲ λόγῳ ὅτι ἕτερα, φανερόν· αἰσθητικῷ γὰρ εἶναι καὶ δοξαστικῷ ἕτερον, εἴπερ καὶ τοῦ αἰσθάνεσθαι τὸ δοξάζειν, ὁμοίως δὲ καὶ τῶν ἄλλων τῶν εἰρημένων ἕκαστον. ὃ δὲ περὶ τῶν ἄλλων αἰσθήσεων ὑποθράττει, ὡς οὔτε ἐν σώματι παντὶ καὶ ἴδιον ἑκάστῃ τὸ συγγενὲς αἰσθητήριον ἢ πάσαις κατὰ κοινοῦ μόνος ὑπέστρωται ὁ ἐγκέφαλος, ὅθεν προέρχονται διαιρούμεναι καὶ πρὸς ὃν ἐπιστρέφουσι κατὰ τὸ ἀμερὲς συναπτόμεναι, ὑπερβαίνομεν ἐπειγόμενοι. ἐκεῖνο δὲ λέγομεν ὃ καὶ πολλάκις εἰρήκαμεν, ὡς ἐνίοις μὲν τῶν ζῴων ὑπάρχει τὰ ψυχικὰ μέρη πάντα, ἐνίοις δὲ ἐλάττω, τοῖς δὲ ἓν μόνον. τὸ δὲ αὐτὸ τοῦτο συμβάν ἐστι καὶ περὶ τὰς αἰσθήσεις· τὰ μὲν γὰρ ἔχει πάσας, τὰ δὲ ἐλάττους, τὰ δὲ μίαν, ὡς εἴρηται, τὴν ἀναγκαιοτάτην, ἁφήν. ταῦτα γοῦν καὶ τὴν διαφορὰν τοῖς ζῷσιν ἐποίησε καὶ τὸ βέλτιον καὶ τὸ χεῖρον καὶ τὸ τιμιώτερον καὶ τὸ ἀτιμότερον ἐπεισήγαγε κεφάλαιον. ὥσπερ ⟨γὰρ⟩ νῷ πᾶσα τῶν ὄντων ἡ τάξις καὶ πρόοδος (πᾶν γὰρ τὸ καλῶς ἔχον ἢ ὂν ὀρθός ἐστι λόγος, οὗτος δ' ἐκεῖθεν), οὕτω τοι καὶ τοῖς ζῷσι ψυχῇ. φανερὸν οὖν ἄλλως, ὅτι νοῦς καὶ ψυχῆς καὶ ὄντος ὑπερεκτέταται.

Ἐπεὶ δὲ ὥσπερ ᾧ ἐπιστάμεθα λέγεται διχῶς (τὸ μὲν γὰρ ἐπιστήμην εἶναι

---

1 ἦσαν om. A 2 εἰ om. B 4 Τίμαιον] Tim. 31. 32 9 τῆς] τοῖς C 15 ἐπιθυμίας B. 16 τῷ om. A[1] ὑποκειμένου C: τοῦ ὑποκειμένου A 17 κατεκλήρωτο A 19 οὕτω ταῦτα A 20 δῆλον AC 21. 22 αἰσθητικὸν—δοξαστικὸν A 22 τὸ αἰσθάνεσθαι τοῦ δοξάζειν AC 23 τῶν (post ἄλλων) om. A 24 ἢ] fort. τὴν B 30 ἐλάττους] ἐλάττ (ωσ supra) C: ἐλάττω AB 32 τὸ (ante ἀτιμότερον) om. A ἀτιμώτερον C γὰρ addidi 34 ψυχῇ correxi: ψυχή libri

φαμέν, τὸ δὲ ψυχήν· καὶ γὰρ καὶ τῇ ἐπιστήμῃ καὶ τῇ ψυχῇ ἐπίστασθαι λέγομεν, καὶ τὸ μὲν ὡς ὕλη καὶ ὑποκείμενον, τὸ δὲ ὡς εἶδος· ὁμοίως δὲ καὶ ᾧ ὑγιαίνομεν τὸ μὲν ὑγεία καὶ εἶδος, τὸ δὲ τοῦ σώματός τινι μορίῳ, οἷον ὀφθαλμῷ, ἢ καὶ ὅλῳ τῷ σώματι), οὕτω καὶ ᾧ ζῶμεν καὶ αἰσθανόμεθα διττόν, τὸ μὲν τῇ ψυχῇ, τὸ δὲ τῷ ὀργανικῷ σώματι, φανερὸν οὖν ὅτι ὡς εἶδος ἡ ψυχὴ ἐν τῷ συνθέτῳ καὶ οὐχ ὡς ὑποκείμενον καὶ ὕλη, καὶ καλῶς οὕτως αὐτὴν ἐν τοῖς ἄνω ἡμεῖς ὡρισάμεθα εἶδος προσειπόντες καὶ ἐντελέχειαν τοῦ φύσει ὀργανικοῦ σώματος. τῶν γὰρ πραγμάτων ἐξ ὕλης καὶ εἴδους συνεστώτων ἢ ἀνάλογόν γε εἴδει καὶ ὕλῃ τὴν σύστασιν ἐχόντων, διπλῶς καὶ τῷ σημαινομένῳ τῶν αὐτῶν ὀνομάτων πολλάκις ἐν τοῖς τοιούτοις προσχρώμεθα, τὸ μὲν πρὸς τὴν ὕλην, τὸ δὲ πρὸς τὸ εἶδος ἀποσκοπούμενοι. ἀλλὰ κύριον μὲν τὸ τοῦ εἴδους καὶ πρῶτον, δεύτερον δὲ τὸ τῆς ὕλης· τῷ γὰρ τοῦ εἴδους μετεσχηκέναι λέγεται τοῦθ' ὅπερ λέγεται. οἷον λευκοὶ καὶ τῇ λευκότητι λεγόμεθα καὶ τῇ ἐπιφανείᾳ, καὶ θερμοὶ καὶ ψυχροὶ ταῖς τοιαῖσδε ποιότησι καὶ τῷ σώματι, καὶ ὑγιεῖς καὶ ἐπιστήμονες ὡσαύτως· ἀλλὰ τούτων ἡ μὲν λευκότης καὶ θερμότης καὶ ὑγεία καὶ ἐπιστήμη εἶδός τι καὶ μορφὴ καὶ λόγος, τὸ δὲ θερμὸν σῶμα καὶ λευκὸν καὶ ψυχρὸν καὶ ὑγιαῖνον καὶ ἡ ψυχὴ οἷον ὑποκείμενα καὶ ὕλη· καὶ αἱ μέν πως οἷον ἐνέργειαι καὶ τελειότητες τῶν δεκτικῶν, ἡ μὲν ἐπιστήμη τοῦ ἐπιστημονικοῦ, ἡ δὲ ὑγεία τοῦ ὑγιαστοῦ καὶ αἱ λοιπαὶ ὁμοίως, τὰ δὲ οἷον τὰ δεδεγμένα καὶ διατιθέμενα, τὸ σῶμα καὶ ἡ ψυχή· δοκεῖ γὰρ ἐν τῷ πάσχοντι καὶ διατιθεμένῳ τὴν τῶν ποιητικῶν ἐνεῖναι ἐνέργειαν. καίπερ μιᾶς οὔσης τῆς τοῦ ποιοῦντος καὶ πάσχοντος ἐνεργείας, ἀρχομένης μὲν ἀπὸ τοῦ ποιοῦντος, στηριζομένης δὲ ἐν τῷ πάσχοντι, ὅμως τῷ τὸν μὲν ἐπὶ τῆς οἰκείας μένειν ἀκίνητον τελειότητος, τὸν δὲ ἀλλοιοῦσθαι καὶ μεταβάλλειν ἀγόμενον πρὸς τὸ τέλειον, μᾶλλον τὸ κινεῖσθαι προστίθεμεν. οὐ γὰρ ὁ ὑγιάζων ἢ διδάσκων ἰατρὸς καὶ ἐπιστήμων, καθὸ ὑγιάζει ἢ διδάσκει, ὁ μὲν κινεῖται πρὸς ὑγείαν, ὁ δὲ πρὸς ἐπιστήμην, ἀλλ' ὁ νοσῶν καὶ ὁ μανθάνων πρὸς τὰς οἰκείας ἄγονται ἐξαλλαττόμενοι καὶ μεταποιούμενοι τελειότητας, καθ' ἃς δυνάμει εἰσίν, ὑπὸ τῶν ἐνεργείᾳ ὄντων· ὥσθ' ὑγείαν ἐνταῦθα καὶ ἐπιστήμην οὐ τὴν ἐν τοῖς κινοῦσι καὶ πρώτοις, ἀλλὰ τὴν ἐν τοῖς διατιθεμένοις καὶ πάσχουσι λέγομεν. εἰ οὖν οὕτω ταῦτα, ἡ δὲ ψυχὴ τοῦτο ᾧ ζῶμεν καὶ αἰσθανόμεθα καὶ κινούμεθά ἐστι πρώτως, ἡ ψυχὴ ἄρα ὡς εἶδός τι καὶ λόγος ἐστὶν ἐν τῷ συνθέτῳ, ἀλλ' οὐχ ὡς ὑποκείμενον καὶ ὕλη, ὥσπερ εἴρηται. ἔτι τριχῶς λεγομένης τῆς οὐσίας, ὧν τὸ μὲν ὕλη, τὸ δὲ εἶδος, τὸ δὲ ἐξ ἀμφοῖν τούτων καὶ σύνθετον, ἡ μὲν ὕλη δύναμις, ὡς ἐλέγετο πρότερον, τὸ δὲ εἶδος ἐντελέχεια. ἀλλ' αὕτη σώματός τινος· οὐ γὰρ τοῦ ἁπλῶς, ἀλλὰ τοῦ τοιοῦδε τοῦ ὀργανικοῦ. ἐπεὶ δὲ τρία εἴδη τῶν ψυχῶν ἐν τῇ ὅλῃ φύσει τῶν ἐμψύχων κατενοήσαμεν κατὰ τὸ φύσει πρότερον καὶ ὕστερον διαφέροντα, καὶ τὸ μὲν πᾶσι, τὸ δὲ τισί, τὸ δὲ ἑνὶ μόνῳ τῷ ἀνθρώπῳ νοῦς καὶ λόγος ἐγγίνεται, κατὰ κοινοῦ μὲν ἐντελεχείας

---

4 οὕτω δὲ καὶ C 8. 9 ὕλῃ καὶ εἴδει AC 11 κύριον] incertum B
16 λευκὸν σῶμα καὶ θερμὸν AC 20 διατιθεμένῳ A² τὸ σῶμα — διατιθεμένῳ om. A 21 καίπερ] fort. καίπερ γὰρ 22 στεριζομένης B 36 τὸ ἁπλῶς A

τῶν ὑποδεδεγμένων σωμάτων αὐτὰς ὠνομάκαμεν, ὁ τρόπος δὲ διαφέρει. τὴν μὲν γὰρ φυτικὴν καὶ αἰσθητικήν, ὡς ἂν εἰ καὶ τὸ ἁπλῶς εἶδος τὸ φυσικὸν ἢ τεχνητὸν ἐν τῇ προστυχούσῃ ὕλῃ ἐγγίνεσθαι εἴποιμεν, οἷον τὸ τοῦ λίθου καὶ ἀνδριάντος, οὕτως εἴδη καὶ ἐντελεχείας καὶ ταύτας διοριζόμεθα συγγεννωμένας τοῖς ὑποκειμένοις καὶ συναπολλυμένας· τὴν δὲ λογικὴν ψυχὴν ἑτέρως, εἴπερ τοῦ πλωτῆρος μεμνήμεθα χωριστοῦ ὄντος κἂν τῇ νηὶ μὴ μέρους ὄντος αὐτῆς. ὅθεν καὶ ὥσπερ ἐκείνης ἀπολλυμένης οὐδὲν ἧττόν ἐστιν ἄνθρωπος, πλὴν μέντοι ἄλλως τὸ εἶναι αὐτῷ πλωτῆρι ἔφθαρτο συνεχόμενον τῇ νηὶ καὶ ταῖς περὶ τὸν πλοῦν ἐνεργείαις αὐτοῦ, αἷς καὶ κυβερνήτης ἐτύγχανε, μόνας δὲ τὰς οἰκείας ὑπολείπεται ἔχων καὶ φυσικάς, καθ' ἃς ἄνθρωπος, οὕτω τοι καὶ περὶ τῆς λογικῆς ψυχῆς λέγομεν μένειν μὲν καὶ μετὰ τὴν διάλυσιν οὐδὲν ἧττον καθ' αὑτήν, μὴ μέντοι ψυχὴν κυρίως ἢ ἐντελέχειαν τυγχάνειν σώματος· φθείρεται γὰρ αὐτῆς τοῦτο· τί γὰρ ζωοποιήσει, ἢ τίσιν ὀργάνοις αἴσθησιν ὀρέξει καὶ κίνησιν συμφθαρεῖσι τῷ σώματι; ἔσται δὲ νοῦς ὅλη τῶν οἰκείων καὶ συγγενῶν ἀντιλαμβανομένη τρανέστερον. δεῖ γὰρ αὐτήν ποτε, ἃ νῦν περιφαντάζεται καὶ ἐν σκιαῖς ὁρᾷ καὶ ὥσπερ οἱ χειμαζόμενοι σκοπουμένη πόρρωθεν, τὰ θεῖα λέγω καὶ νοητά, καὶ συγγενέσθαι τούτοις ἀμέσως καὶ κατὰ νοῦν ἐνεργῆσαι, καὶ μὴ μάτην τοῦτο αὐτῇ δεδόσθαι παρὰ τῆς φύσεως. διὰ τοῦτο καλῶς ὑπολαμβάνουσιν, οἷς δοκεῖ ὅτι οὔτε ἄνευ σώματος ἡ ψυχή, καθὸ εἶδος καὶ ἐντελέχεια, εἴπερ μηδὲ ἁπλῶς εἶδος ἄνευ ὕλης ἢ κυβερνήτης ἄνευ νηός, οὔτε σῶμά τι ἡ ψυχή· ἀλλὰ σῶμα μὲν οὐκ ἔστι, σώματος δέ τι· εἶδος γὰρ αὐτοῦ καὶ οὐσία ἡ κατὰ λόγον· καὶ διὰ τοῦτο ἐν σώματι τοιούτῳ ὀργανικῷ καὶ δυνατῷ ζῆν καὶ τὸ ὅλον εἰπεῖν ψυχικῷ, ἀλλ' οὐχ ὥσπερ οἱ πρότερον εἰς σῶμα τὸ τυχὸν ἐνήρμοζον αὐτήν, οὐδὲν προσδιορίσαντες, ἐν τίνι καὶ ποίῳ τὴν ποίαν, ὡς μὴ δέον κατάλληλον ταῖς διαφόροις ἐνεργείαις καὶ εἴδεσιν ἀποδιδόναι τὰ ὄργανα· ἄλλο μὲν γὰρ ἔσται τὸ τῆς λογικῆς ὄργανον τοῦ τῆς ἀλόγου καὶ ἀμφοτέρων τὸ τῆς φυτικῆς, αἵ τε χρησόμεναι ταῖς ἐνεργείαις καὶ ταῖς φύσεσιν ἕτεραι· τά τε ὑπουργήσοντα τοσοῦτον πρὸς ἄλληλα τὸ διάφορον ἕξουσιν, ὅσον τὸ οἰκεῖον πρὸς τὰς συγγενεῖς ψυχὰς καὶ κατάλληλον. φύρουσι δὲ ταῦτα οἱ τὰς μετεμψυχώσεις καὶ τὰς παλιγγενεσίας εἰσάγοντες· καὶ ἧττον μὲν οἱ μόνοις τοῖς ὁμοειδέσι τὴν μετάβασιν ὁριζόμενοι καὶ τὴν αὐτὴν λογικὴν διάφορα μὲν ἀλλάττειν σώματα, ἀνθρώπινα δέ· ὅσοι δὲ καὶ πρὸς τὴν ἄλογον ἢ ἀναίσθητον ἀποικίζουσιν, ὥσπερ ἵππον καὶ βοῦν τὸν ποτὲ ἄνθρωπον γίνεσθαι, μᾶλλον δοκοῦσιν ἄλογοι καὶ ἀναίσθητοι, οὕτω πρὸς τὰ ἐναργῆ παντελῶς ἐσκοτωμένοι. οὐδὲ γὰρ φαίνεται τὸ τυχὸν εἶδος πρὸς τὸ τυχὸν ἐγγίνεσθαι ὑποκείμενον· οὔτε γὰρ ὄψις γεύσεται οὔτε γλῶσσα ὄψεται οὔτε ὀσμαῖς ἀκοὴ ὑποκείσεται οὔτε φωνῶν ἡ ὄσφρησις αἰσθανθήσεται. ἀλλ' οὐδ' ὁ χαλκὸς οὗτος ὄστρακον ἢ τὸ ἀνάπαλιν ἔσεται. τοῦτο δὲ γίνεται καὶ κατὰ λόγον· ἑκάστου γὰρ ἡ ἐν-

---

8 πλωτῆρι scripsi: πλωτὴρ libri ταῖς] τῶν A 9 τὸν] τῶν A ἐνεργειῶν A 14 ἔστι B καὶ om. B 20 νηός sic libri 22 κατὰ τὸν λόγον A 23 πρότεροι A 27 τὸ om. A χρησάμενοι A 28 ὑπουργήσαντα A 30 τὰς om. A 33 ὥσπερ] ὡς AC 36 ὄψεις A[1] ὀσμαῖς] ὀσμῆς C[1] 37 χαλκεὺς B ὄστρακος AC 38 ἔσεται sic libri ἕκαστον B

τελέχεια ἐν τῷ δυνάμει ὑπάρχοντι τοιούτῳ καὶ τῇ οἰκείᾳ ὕλῃ ἐγγίνεσθαι πέφυκεν.

Ὅτι μὲν οὖν ἐντελέχειά τις ἐστὶν ἡ ψυχὴ τοῦ δυνάμει ἔχοντος εἶναι τοιούτου σώματος, καὶ διότι, φανερὸν ἐκ τούτου· νυνὶ δέ που καιρὸς καὶ περὶ τῶν μερῶν ἐπελθεῖν, ὅπως ἕκαστον ἐντελέχεια ἑκάστῳ τῶν τοῦ σώματος λέγεται. οὐ γὰρ καθάπαξ ἐπὶ τῷ καθόλου ἵστασθαι δεῖ, ἀλλὰ καὶ τὰ μέρη ζητεῖν καὶ διαιρούμενον ἐφοδεύειν κατ' εἴδη· οὐκοῦν τίνες τε αἱ δυνάμεις τῆς ψυχῆς καὶ τίσι καὶ πόσαι ὑπάρχουσι καὶ δι' ἥντινα τὴν αἰτίαν, καὶ πῶς διαλαβεῖν ἀναγκαῖον, ποῖαί τε χωρισταὶ καὶ τίνων καὶ ποῖαι ἀχώριστοι· καὶ ὅτι ταῖς μὲν κρείττοσιν αἱ χείρους ἕπονται, τὸ ἀνάπαλιν δ' οὔ. II 3 τῶν οὖν εἰρημένων δυνάμεων τῆς ψυχῆς τοῖς μὲν ἐνυπάρχουσι πᾶσαι, καθάπερ εἴπομεν, τοῖς δὲ τινὲς αὐτῶν, ἐνίοις δὲ μία μόνη. δυνάμεις δ' εἴπομεν θρεπτικόν, ὀρεκτικόν, αἰσθητικόν, κινητικὸν κατὰ τόπον, διανοητικόν. ὑπάρχει δὲ τοῖς μὲν φυτοῖς τὸ θρεπτικὸν μόνον· τοῦτο γὰρ αὐτοῖς καὶ αὔξην παρέχει καὶ γέννησιν· ἑτέροις δὲ τοῖς ἀλόγοις αὐτό τε καὶ τὸ αἰσθητικόν, τοῖς ἀνθρώποις δὲ πρὸς τούτοις καὶ νοῦς. ἔνθα δὲ τὸ αἰσθητικόν, καὶ τὸ ὀρεκτικὸν πάντων. κοινὸν δέ τι τὸ τῆς ὀρέξεως· καὶ γὰρ καὶ ἐπιθυμίᾳ καὶ θυμῷ, ἔτι δὲ βουλήσει ὄρεξις ἕπεται, καὶ μόνοις τοῖς τρισὶ τούτοις ὁρίζεται καὶ ὁμωνύμως πρόσεστιν. ἡ μὲν γὰρ ὄρεξις τοῦ ἐπιθυμητικοῦ πρὸς λῆψιν τοῦ ἡδέος, ὁ δὲ τοῦ θυμικοῦ πρὸς ἄμυναν τοῦ λυπήσαντος, ἡ δὲ τοῦ βουλευτικοῦ καὶ λογικοῦ πρὸς τὴν τῶν πρακτέων τελείωσιν. ἔτι πᾶσα μὲν αἴσθησις ἡδέος ἐστὶ καὶ λυπηροῦ· ἐν οἷς δὲ τοῦτο, καὶ ὄρεξις. πάντα δὲ τὰ ζῶα, εἰ καὶ μὴ πάσας ἢ τινάς, κἂν μίαν τῶν αἰσθήσεων τὴν ἁφὴν ἔχει. ᾧ δ' αἴσθησις ὑπάρχει ἁπλῶς, τούτῳ ἡδονή τε καὶ λύπη ἢ τὸ ἡδύ τε καὶ λυπηρόν· οἷς δὲ ταῦτα, καὶ ἐπιθυμία· τοῦ γὰρ ἡδέος ἐστὶν ὄρεξις αὕτη πρώτως, ἡ δὲ ἡδονὴ παρακολούθημα· ὅθεν καὶ τὰ προσπεφυκότα τῶν ζώων μόνης τῆς ἁφῆς κοινωνοῦντα ὁρᾶται συστελλόμενα καὶ διαχεόμενα, ὧν τὸ μὲν ἡδέος ἐστί, τὸ δὲ λυπηροῦ. ἀλλὰ τοῖς τοιούτοις τῶν ζώων μόνην τὴν ἁφὴν ἔχουσι καὶ μόνη ἐπιθυμία ὑπάρχει, τοῖς δὲ πάσας καὶ θυμός, τοῖς λογικοῖς δὲ πρὸς τούτοις καὶ βούλησις, νοῦ καὶ λόγου οὖσα ἀπότεγμα. ἔτι τὰ ὁπωσοῦν αἰσθητικὰ πρώτην τὴν ἁφὴν ἔχειν ἀνάγκη· τρέφεσθαι γὰρ ἀνάγκη, αὕτη δὲ τροφῆς αἴσθησις. αἰσθάνεται μὲν γὰρ τῶν τεττάρων, θερμοῦ, ψυχροῦ, ξηροῦ καὶ ὑγροῦ, ἐξ ὧν καὶ τὸ ζῶον συνέστηκεν· ἐξ ὧν δὲ συνέστηκεν, ἐκ τούτων καὶ τρέφεται, ὡς κἂν ὁμοίοις τὸ ὅμοιον. ἡ ἁφὴ ἄρα τροφῆς αἴσθησις καὶ διὰ τοῦτο καὶ πᾶσι σύνεστι. καὶ πεῖνα μὲν καὶ δίψα ἔνδειαι τροφῆς, ἡ μὲν ξηροῦ καὶ θερμοῦ, ἡ δὲ ὑγροῦ καὶ ψυχροῦ, ἐπείπερ τὸ ἀπορρέον δεῖται πληρώσεως. καὶ εἴπερ ποτὲ διψῶντες τῷ ὑγρῷ καὶ θερμὸν προσεμίξαμεν, οὐ καθ' αὑτὸ τὸ θερμὸν ὡς ποτὸν προσελάβομεν, ὥσπερ οὐδ' οἶνος ὑγρότητι ἔστιν ὅτε πεῖναν κατέπαυσεν (ἢ γὰρ ἂν μᾶλλον ὕδωρ), ἀλλ' ᾗ θερμός. θερμὸν δὲ καὶ ξηρὸν

---

3 δύναμιν A: fort. recte 6 τῷ scripsi: τὸ libri 10 τοῖς μὲν A 14 αὔξησιν C 15 αὐτό γε AC 16 πάντως A: fort. recte 19 ἡ δὲ C 30 ἀπότευγμα A 31 τρέφεσθαι — ἀνάγκη om. C 32 ὑγροῦ καὶ ξηροῦ A 39 ᾗ] ἡ C

καὶ τὰ ἕτερα οὐ τῇ θίξει κρίνομεν μᾶλλον ἢ τῇ δυνάμει. οὐ πάντοτε δὲ ἡ δίψα καὶ ἄμφω, ἀλλ' ἔστιν ὅτε ψυχροῦ μόνου. οἱ γοῦν πυρέττοντες δεόμενοι ψύξεως, καίπερ ὑγρῶν πολλάκις πλήρεις ὄντες τὰς γαστέρας, διψῶσιν· οἷς καὶ ψυχρὸς πολλάκις ἀὴρ ἐπήρκεσεν. ἔτι πρὸς τὰς κενώσεις ἢ πληρώσεις καὶ τὰς ἐφέσεις ἔχομεν· οἱ μὲν γὰρ καὶ ποτοῦ καὶ τροφῆς τοῖς σώμασιν ἐνδεεῖς ἄμφω τῶν ἐναντίων κατὰ τὸ αὐτὸ τὴν ἐπιθυμίαν ἔχομεν· εἰ δὲ τοῦτο παρὰ μέρος, κἀκεῖνο κατὰ λόγον. ἀλλὰ τρεφόμεθα μέν, ὡς εἴρηται, τοῖς κατὰ τὴν ἁφὴν αἰσθητοῖς, τοῖς δὲ ἄλλοις τῶν αἰσθητῶν τῶν παρ' ἑτέραις αἰσθήσεσιν, ὄψει ὀσφρήσει καὶ ἀκοῇ οὔ· οὐδὲν γὰρ εἰς τροφὴν τούτων συμβάλλεται πλὴν ἢ κατὰ συμβεβηκός, οἷον ψόφος, χρῶμα, ὀσμή. ἡ μὲν γὰρ κατὰ τὴν ἁφὴν αἴσθησις τῆς τροφῆς ὡς καθ' αὑτήν· ὅτι μέντοι λευκὸς ἢ ἡδὺς ὁ οἶνος ἢ εὔοσμος ἢ ὁ ἄρτος, κατὰ συμβεβηκὸς ὀρεγόμεθα. ἡ δὲ γεῦσις αὐτόθεν ἁφή· ὅθεν καὶ οἱ χυμοί, πικρόν, γλυκύ, ἁλμυρόν, τῶν ἁπτῶν εἰσιν οἷον ἀρτύματα καὶ ἡδύσματα. ἔθρεψαν μὲν γὰρ ἂν τὰ ἁπτὰ καὶ χωρὶς προσφερόμενα τῆς ἐν τῷ λάρυγγι συναισθήσεως, τῇ κατὰ τὴν γλῶσσαν μόνῃ διακρίσει ἀρκούμενα, οὐκ ἂν δὲ μέγας ἦν ὁ δεσμός, ἀλλ' ᾤχετο καθάπαξ ψυχὴ καὶ τοῖς προστυχοῦσι λυπηροῖς ἐδυσχέρανεν. νυνὶ δ' ἡ φύσις ὡς περόνῃ τῇ ἡδονῇ τὴν ψυχὴν τῷ σώματι συνεδήσατο. ἀγαπητὴν δὲ καὶ τὴν ἐξ ἀλλήλων γένεσιν ἡ ἡδονὴ καὶ διαδοχὴν ἐνεποίησεν, ἣν καὶ ταύτης χωρὶς οὐδὲν ἐκώλυε γίνεσθαι. καὶ ταῦτα μὲν ἐπὶ τοσοῦτον· διασαφητέον δὲ ὕστερον περὶ αὐτῶν· νυνὶ δ' ἐπὶ τοσοῦτον διωρίσθω, ὅτι τῶν ζώων τοῖς ἔχουσιν ἁφὴν καὶ ὄρεξις ὑπάρχει. περὶ δὲ φαντασίας ὡς μήπω περὶ αὐτῆς εἰποῦσιν ἄδηλον ἔτι. τοῖς τε γὰρ σπόγγοις καὶ ἄλλοις τῶν ὀστρακοδέρμων εἰ εὐθύς, ὥσπερ ἁφῆς μετεδώκαμεν, οὕτω καὶ φαντασίαν ὑποληψόμεθα, οὐκ ἂν εἴη ἐπεσκεμμένον. ἐνίοις δὲ πρὸς τούτοις καὶ τὸ κατὰ τόπον κινητικόν, ἑτέροις δὲ καὶ τὸ διανοητικὸν καὶ νοῦς, οἷον ἀνθρώποις καὶ εἴ τι ζῷον τοιοῦτον ἕτερόν ἐστιν ἢ τιμιώτερον.

Ἐπεὶ δὲ τὸ φύσει πρότερον καὶ τὸ ὕστερον, ὥσπερ ἐν τοῖς σχήμασιν, οὕτως ὁρᾶται κἀν ταῖς ψυχαῖς, τῶν δὲ τοιούτων τὸ κοινῶς κατηγορούμενον οὐκ ἔστι γένος, δῆλον ὡς οὐδ' ὁ κατὰ τοὔνομα λόγος φύσεώς ἐστι λόγος, ἀλλ' ὁμώνυμος καὶ αὐτός. τῶν γὰρ ὁμωνύμων ἢ ἀφ' ἑνὸς καὶ πρὸς ἓν καὶ οἱ ὅροι κατάλληλοι, ὡς ἐν τοῖς Τοπικοῖς ἐλέγετο ὑγιεινὸν τὸ συμμέτρως ἔχον πρὸς ὑγείαν· οὔτε γὰρ κατὰ τὸ αὐτὸ σιτίον καὶ ἀέρα καὶ περίπατον ὑγιεινὸν ἐλέγομεν οὔτε τὸν λόγον ὁμοίως τούτοις κατὰ ταὐτὸ συνετάττομεν. τοιοῦτος καὶ ὁ τοῦ σχήματος τοῖς γεωμέτραις ἀποδοθεὶς λόγος, τὸ ὑπό τινος ἢ τινῶν ὅρων περιεχόμενον, καὶ ὁ τῆς ψυχῆς παρ' ἡμῶν ἐντελέχειαν τιθεμένων φυσικοῦ ὀργανικοῦ σώματος. καὶ τὸν αὐτὸν τρόπον τῷ γεωμετρικῷ ὁ παρὼν εἷς ἂν εἴη καὶ ὅμοιος· οὔτε γὰρ ἐκεῖ σχήματα παρὰ τὸ τρίγωνόν ἐστι καὶ τὰ ἐφεξῆς οὐδ'

---

3 πλήρης A 4 ἀὴρ πολλάκις AC 5 οἱ] εἰ AC 6 εἰ δὲ] καὶ διὰ B 9 πλὴν εἰ A 11 καθ' αὐτή AC ὅτι μέντοι] ὅτι δὲ A: τὸ μὲν C ἢ ἡδὺς ὁ] ὁ ἡδὺς A 13 ἀρτήματα C A[1] 17 ὡς περόνῃ] ὥσπερον (ras. IV literarum) A 19 ἣν] ἧς BC 21 διωρίσθαι B 22 ὡς — εἰποῦσιν] εἰ πᾶσιν A 23 εἰ] καὶ B 24 ὑπολειψόμεθα A 26 post ἢ add. καὶ A 29 οὐδ' ὁ] οὐδὲ B 31 ἐν τοῖς Τοπικοῖς] Top. A, 15. 107b8 ἔχον] ἔχειν B 35 τιθεμένοις AC

ἔστι τις τοιαύτη φύσις ἰδία κατὰ τὸ κοινὸν ἱσταμένη καὶ καθ' αὑτήν, οὔτ' ἐνταῦθα ψυχὴ παρὰ τὰς εἰρημένας. διὸ ὡς ἂν ἐπὶ τῶν σχημάτων γένοιτο λόγος κοινός, ὃς ἐφαρμόσει μὲν πᾶσι τοῖς κατὰ μέρος, ἴδιος δὲ οὐδενὸς ἐσεῖται καθόλου σχήματος, οὕτω καὶ ἐπὶ ταῖς εἰρημέναις ψυχαῖς. ἔν τε γὰρ τοῖς σχήμασιν καὶ ἐν ταῖς ψυχαῖς ἀεὶ ἐν τῷ ἐφεξῆς ὑπάρχει τὸ πρότερον, οἷον ἐν τετραγώνῳ μὲν τὸ τρίγωνον, ἐν αἰσθητικῷ δὲ τὸ θρεπτικόν. οὐ γὰρ ὥσπερ ἐν τοῖς ὡς γένος διαιρουμένοις εἰς εἴδη ὁ κατὰ τὸ κοινὸν ἀποδιδόμενος λόγος καὶ πᾶσι κατὰ τὸ αὐτὸ καὶ ὁμοίως ὑπάρχει τοῖς εἴδεσι καὶ ἴδιος οὐδενί, ἀλλ' ἑνὸς τοῦ καθόλου καὶ γενικοῦ, οὕτως ἔχει καὶ ἐπὶ τῶν εἰρημένων· ὁ μὲν γὰρ τοῦ ζώου ὁρισμὸς ἐξ ἴσου καὶ ἀνθρώπῳ καὶ ἵππῳ καὶ βοῒ καὶ τοῖς λοιποῖς ἐφήρμοσεν εἴδεσιν, ἐπεὶ μὴ τὸ φύσει πρότερον ἐν τούτοις καὶ ὕστερον. οὔτε γὰρ ἑνὸς ἀναιρεθέντος ἀνῄρηται τὰ λοιπὰ οὔτε τῶν ὅλων τὸ κοινόν· ἀνθρώπου γὰρ ἀναιρεθέντος οὐδὲν ἧττον μένει τὰ λοιπά, καὶ τῶν κατὰ μέρος ὑπολειπόντων πάντων ζώων ἔτι τὸ κοινὸν γένος τὸ ζῷον καὶ καθ' αὑτὸ ὡς οὐσία ἔμψυχος αἰσθητικὴ ἐπινοεῖται. ἐνταῦθα δὲ οὔτε κατὰ τὸ αὐτὸ πᾶσιν οὔθ' ὁμοίως ὁ λόγος τῶν καθόλου ταῖς κατ' εἶδος ψυχαῖς ἐφήρμοσεν ἢ τοῖς σχήμασιν, ἀλλ' ὁ μὲν τῷ τριγώνῳ πρώτως, ὁ δὲ τῇ φυτικῇ· ὑπόστασις γὰρ ταῦτα τῶν ἐφεξῆς καὶ ἀναιρεῖ ἀναιρούμενα· καὶ τὸ κοινὸν ἀμφοτέροις οὐδὲν παρὰ τὰ καθ' ἕκαστα. ὅθεν οὐ μόνον ὅλοις οἰχομένοις συνοίχεται, ἀλλὰ καὶ τὰ παρ' ἑκατέροις ἑνί, τῷ τριγώνῳ καὶ θρεπτικῷ. τά τε γὰρ ἄλλα σχήματα, ὥσπερ τῷ τριγώνῳ συντέθειται, οὕτω τούτῳ καὶ ἀναλύονται, αἵ τε ψυχαὶ τῷ θρεπτικῷ καὶ συνέχονται καὶ συμφθείρονται. εἰ οὖν οὕτω ταῦτα, ἐνδεῖ δὲ πρὸς ἀρκοῦσαν διδασκαλίαν, ὥς γε εἴρηται, ἡ ψιλὴ τῶν ὁρισμῶν ἔκθεσις συνεσπειραμένη καὶ ὡς ἐν κεφαλαίῳ τὸ πρᾶγμα περιλαμβάνουσα, οὐκ ἐν τοῖς ὁμωνύμοις μόνον, οἷς καὶ ἧττον διὰ κυρίων ὁ λόγος εἶσιν, ἀλλ' οὐδ' ἐν τοῖς φυσικοῖς καὶ κατὰ γένος ἀφωρισμένοις, γελοῖοι ἐσόμεθα ζητήσαντες ἐπὶ τῆς ψυχῆς καὶ εὑρόντες τὸν κοινὸν λόγον, ὃς οὐδενός ἐστι τῶν κατὰ μέρος ἴδιος, καὶ ὁλοσχερώτερόν πως αὐτὴν ὁρισάμενοι ἀποχρῶσαν διδασκαλίαν νομίσαντες εὐθὺς ἀπαλλάττεσθαι. ἀλλὰ μὴ τοῦτον μὲν ἀφεῖναι δεῖ, τὸν δὲ κατὰ μέρος καὶ κατὰ τὸ οἰκεῖον καὶ ἄτομον εἶδος ἑκάστῃ τῶν ψυχῶν προσήκοντα ἕτερον ἑτέρᾳ πειρᾶσθαι τοῖς ἐξ ἀρχῆς συνάγειν καὶ πράγματ' ἔχειν κατ' εἴδη διαιροῦντας, τάς τε καθ' ἕκαστον αἰτίας ἐπισκεπτομένους καὶ τοὺς τρόπους διερμηνεύοντας. ὥσπερ γὰρ τὸν γεωμέτρην, οὕτως ἔχειν δήπουθεν καὶ τὸν φυσικὸν δεῖ· ἐκείνῳ τε γὰρ οὐκ ἀπέχρησεν ἐν τῷ καθόλου τὸ σχῆμα ὁρίσασθαι παρεῖναι τί ἐστι τρίγωνον ἢ τετράγωνον, καὶ τούτῳ μετὰ τοῦ κοινῶς εἰπεῖν περὶ ψυχῆς καὶ τὰς κατὰ μέρος ἐπελθεῖν δεῖ. ὥστε καθ' ἕκαστον ζητητέον, τίς ἑκάστου ψυχή, οἷον τίς φυτοῦ καὶ τίς ἀνθρώπου ἢ θηρίου. καὶ διὰ τίνα δ' αἰτίαν τὸ ἐφεξῆς οὕτως ἔχουσι σκεπτέον. ἄνευ μὲν γὰρ τοῦ θρεπτικοῦ τὸ αἰσθητικὸν οὐκ ἔστι, τοῦ δὲ αἰσθητικοῦ χωρίζεται τὸ θρεπτικὸν ἐν

---

1 ἱσταμένους B 7 ὡς γένη A τὸ] τὸν BC 19. 20 ἀλλὰ καὶ τῷ A 25 εἶσιν scripsi: ἴησιν BC: ἴεἰσιν A 28 ante ἀποχρῶσαν add. ὡς AC 30 καὶ (ante ἄτομον) om. B 31 ἕτερα BC ἐξ ἀρχῆς] ἐξῆς A ἔχει A 34 δεῖ om. A 36 τὰς] τὰ B ἐπεξελεύσεσθαι A 37 φυτικοῦ B καὶ (ante τίς) om. A

τοῖς φυτοῖς. πάλιν δὲ ἄνευ μὲν τοῦ ἁπτικοῦ τῶν ἄλλων αἰσθήσεων οὐδεμία ὑπάρχει, ἁφὴ δὲ ἄνευ τῶν ἄλλων ὑπάρχει· πολλὰ γὰρ τῶν ζώων οὔτ' ὄψιν οὔτ' ἀκοὴν ἔχουσιν οὔτ' ὀσμῆς ὅλως αἴσθησιν. καὶ τῶν αἰσθητικῶν τὸ μὲν ἔχει τὸ κατὰ τόπον κινητικόν, τὰ δ' οὐκ ἔχει. τελευταῖα δὲ καὶ ἐλάχιστα ἔχει λογισμὸν καὶ διάνοιαν, οἷον ἄνθρωπος ἢ εἴ τι ἕτερον τοιοῦτον ὑπάρχει. καὶ οἷς μὲν ὑπάρχει λόγος, τούτοις καὶ τὰ λοιπὰ πάντα τῶν εἰρημένων· οἷς δὲ ἐκείνων ἕκαστον, οὐ πᾶσι καὶ λογισμός, ἀλλὰ τοῖς μὲν τῶν ζώων οὐδὲ φαντασία, τὰ δὲ ταύτῃ μόνῃ ζῶσι. περὶ δὲ τοῦ θεωρητικοῦ ἕτερος λόγος. ὡς γὰρ ἐπὶ τῶν βαθμίδων ἔχει τῆς κλίμακος (ὁ τῆς δεκάτης ἐπιβὰς καὶ ἄκρας καὶ πασῶν ἐπέβη, πρώτης, τρίτης καὶ τῶν ἑξῆς, ὁ δὲ τῆς πρώτης ἢ δευτέρας μόνης οὐκ ἐξ ἀνάγκης καὶ τῶν μετ' αὐτάς), οὕτω καὶ ἐνταῦθα· τὸ μὲν γὰρ λογικὸν καὶ αἰσθητικὸν καὶ θρεπτικὸν πάντως· οὐκ ἔμπαλιν δὲ ἀνάγκη. καὶ ἐπ' αὐτῆς δὲ τῆς αἰσθήσεως ἰδίως οὕτως ἔχει. τὰ μὲν γὰρ ὄψεως ἢ ἀκοῆς μετέχοντα πάντως καὶ ὀσφρήσεως καὶ γεύσεως καὶ ἁφῆς· τὰ δὲ τούτων οὐ πάντως ἐκείνων. σπόγγοι μὲν γάρ, ὥς φασι, καὶ ἀκαλῆφαι μόνης τῆς ἁφῆς κοινωνοῦσιν, ὡς ἁπτόμενα ὅλῳ τῷ σώματι τοῦ περικεχυμένου ἔξωθεν ὑγροῦ τὴν τροφὴν προσπορίζεσθαι, καὶ οὐ δι' ἑνὸς γευστικοῦ μορίου τοῦ στόματος. χῆμαι δὲ καὶ ὄστρεια πρὸς τῇ ἁφῇ καὶ τὴν γεῦσιν ἔχει· μία γάρ τις ἐν αὐτοῖς ἡ τῆς τροφῆς εἴσοδος, ἔχει δέ τι καὶ ὃ ἀναλογεῖ κοιλίᾳ καὶ στόματι· ὄσφρησιν δὲ οὐκ ἔχει· οὐ γὰρ φαίνεται ἁλισκόμενα τῷ δελέατι. πορφύραι δὲ καὶ κήρυκες ἐπεὶ ἕπονται δελεαζόμενα, μετέχοι ἂν καὶ ὀσφρήσεως· ἥκιστα δὲ ἀκοῆς· οὐ γὰρ φαίνεταί τι ὑπὸ τῶν ψόφων πάσχοντα. ὁ ἀσπάλαξ δὲ καίπερ ἀκοὴν ἔχων ὄψεως ἀπεστέρηται ἢ τελέως, ἢ οὐ κυρίως ἔχει. τέλεια δὲ τῶν ζώων κατὰ τὴν αἴσθησιν τὰ καὶ ὄψιν ἔχοντα. ὑπὲρ δὲ τὰς αἰσθήσεις προσεχῶς τέτακται τὸ ὀρεκτικόν, ὃ καὶ ἀναγκαίως πάσαις ταῖς αἰσθήσεσιν ἕπεται, κἂν ᾗ μία μόνη. ὑπὲρ δὲ τοῦτο τὸ φανταστικόν, ὅπερ οὐ παντὶ τῷ κατὰ τόπον πρόσεστι κινουμένῳ· μύρμηξι μὲν γὰρ καὶ μελίτταις καὶ τοῖς ὁμοίοις, ἔτι δὲ καὶ τοῖς ὑπὲρ ταῦτα, καὶ ἁπλῶς οἷς τισιν οὐκ ἀόριστος οὐδ' ἀνεπίστροφος κίνησις, ἀνάγκη παρεῖναι φαντασίαν, πρὸς ἣν ποιοῦνται τεταγμένην τὴν κίνησιν· σκώληκες δὲ καὶ μυῖαι καὶ ὅσα ἄλλα ἀτάκτως καὶ ἀορίστως ὁρῶνται κινούμενα καὶ μάλιστα τὰ ἐκ σήψεως ἐπετείως γινόμενα ἢ οὐ δοκοῦσιν ὅλως ἔχειν ἢ ἀμυδράν τινα. οὕτω τοι καὶ ἐπὶ τῶν λογικῶν δυνάμεων. καὶ εἴπερ ἔμψυχα τὰ οὐράνια σώματα κατὰ τὸν Ἑλληνικὸν ἀναπλασμόν, δεῖ τελεωτέραν εἶναι καὶ ὑπὲρ τὴν ἀνθρωπίνην τὴν ἐν αὐτοῖς ψυχήν· ὥστε διανοίᾳ μὲν χρήσονται συστοίχῳ ταῖς ἐν αὐτοῖς ζωαῖς, διὰ δὲ τὸ ὅλως περικεῖσθαι σώματα καὶ δόξῃ τῇ ὡς συμπέρασμα, ἡ δήπου καὶ διανοίας ἀποτελεύτησις. οὐκ ἂν δήπου τοσοῦτον ὁ λόγος ἔχοι τὸ προσκορὲς ἀναγκαζομένων τὰ αὐτὰ πολλάκις λέγειν διὰ τὸ σαφές. ἔχοι δ' ἂν ἡ τάξις αὕτη τοῖς οὖσι καὶ κατὰ λόγον. μᾶλλον γὰρ * * τὰ ἐγγύτερα τῆς μιᾶς τῶν πάντων ἀρχῆς. ὡς γὰρ ἐπὶ

2 ἁφή τε AB   3 τὰ μὲν A   4 τελευταῖον A   5 τοιοῦτον ἕτερον AC   13 ἔχοι A   16 ἁπτομένων A   17 οὐ om. B   18 ὄστρια C   21 μετέχει ἂν C   22 ψήφων A   25 ὀρεκτὸν B   27 τόπων A   29 τεταγμένα C   31 ἐπετιῶς A: ἐπετίς C   39 lacunam significavi; fort. excidit ὄντα vel τίμια

τῶν ἀριθμῶν οἱ τῆς μονάδος ἐγγύτεροι τῇ δυνάμει μᾶλλον τῶν πορρωτέρω στοιχεῖα ὄντες αὐτῶν, ἧττους δὲ τῷ ἀριθμῷ, καὶ τούτῳ ἀλλήλων καὶ ἐλαττοῦνται καὶ ὑπερέχουσι, τῷ τε πλήθει καὶ τῇ δυνάμει, κατὰ τὸ ἐγγὺς καὶ τὸ πόρρω, οὕτω τοι καὶ τὰ ὄντα πάντα ἐκεῖθεν προελθόντα τὰ μὲν ἐγγύτερα, ὅσῳ τῷ πλήθει συνῄρηνται, τοσούτῳ τῇ δυνάμει τῶν ἐφεξῆς ὑπερέχουσιν, καθ᾽ ὅσον δὲ τῆς ἀρχῆς ἀφιστάμενα πρὸς τὴν ὕλην νενεύκασιν, ἴσην τὴν προσθήκην ποιοῦνται καὶ τὴν ὑφαίρεσιν. ἐντεῦθεν τοῖς οὖσι τὸ χρεῖττον καὶ τὸ χεῖρον. ἔνθεν ἡ λογικὴ τῆς ἀλόγου καὶ πάσης τῆς ἀναισθήτου φύσεως τιμιωτέρα, ταύτης δὲ ὡς ἑνοειδεστέρα μᾶλλον ἡ νοερά· κατὰ γὰρ τὴν ἐν τῇ προόδῳ τῶν ὄντων πρὸς θεὸν ἐγγύτητα καὶ ἀπόστασιν τὸ βέλτιον ἔνεστι καὶ θειότερον. ὅθεν ἄγγελοι μὲν ἀνθρώπων, οἱ δὲ ἀλόγων, τὰ δὲ φυτῶν, τὰ δὲ ἀψύχων κατ᾽ ἀξίαν καὶ δύναμιν προβεβήκασιν.

Ὅτι μὲν οὖν ὁ περὶ τούτων ἑκάστου λόγος, λέγω δὴ ὁ περὶ τῶν τῆς ψυχῆς
II 4 μορίων, οὗτος οἰκειότατος καὶ περὶ ψυχῆς, δῆλον. ἀναγκαῖον δὲ τὸν μέλλοντα περὶ τούτων σκέψιν ἐπικαιροτάτην ποιήσασθαι λαβεῖν ὁρισμῷ τί ἐστιν ἕκαστον αὐτῶν, εἶθ᾽ οὕτω περὶ τῶν ἐχομένων καὶ ἑπομένων συμβεβηκότων αὐτοῖς ἐπισκέψασθαι. ἐπεὶ δὲ ἐν τοῖς ἑξῆς ἀπὸ τῆς οὐσίας, δυνάμει, ἐνεργείᾳ καὶ τῷ πρὸς ὃ ἡ ἐνέργεια, τὸ πρότερον καὶ τὸ ὕστερον διττὸν ὁρᾶται καὶ ἔμπαλιν (χρόνῳ μὲν γὰρ ἡ δύναμις τῆς ἐνεργείας πρεσβύτερον ἐπὶ τοῦ αὐτοῦ, αὕτη δὲ τοῦ ἀντικειμένου καὶ πρὸς ὃ λέγεται, τῇ φύσει δὲ καὶ τῷ λόγῳ τῷ πρὸς ἡμᾶς ὕστερα· ὧν γὰρ ἐν τῷ ὁρισμῷ προσλαμβάνομέν τινα, ταῦτα πρῶτα ἐκείνων· τὴν γοῦν ὄψιν ὁριζόμενοι συλλαμβάνομεν καὶ τὴν ὅρασιν, λέγοντες αὐτὴν δύναμιν τοῦ ὁρᾶν, καὶ ἐν τῷ λόγῳ δὲ τῆς ὁράσεως καὶ τοῦ ὁρατοῦ μνημονεύομεν φάσκοντες αὐτὴν ἀντίληψιν χρωμάτων· τὸ ἀνάπαλιν δ᾽ οὔ), εἰ οὖν οὕτω ταῦτα, καὶ χρὴ λέγειν, τί ἕκαστον αὐτῶν, οἷον τί τὸ νοητικὸν ἢ αἰσθητικὸν ἢ θρεπτικόν, τὰς δυνάμεις αὐτάς, πρότερον ἔτι λεκτέον τί τὸ νοεῖν καὶ τὸ αἰσθάνεσθαι· πρότεραι γάρ εἰσιν, ὥς γε εἴρηται, τῶν δυνάμεων αἱ ἐνέργειαι καὶ αἱ πράξεις κατὰ φύσιν καὶ λόγον. ἀλλὰ καὶ τούτων ἔτι πρότερα τὰ ἀντικείμενα καὶ ἐν οἷς αἱ ἐνέργειαι· καὶ δεῖ τεθεωρηκέναι περὶ ἐκείνων πρότερον ἀνάγκῃ καὶ διὰ τὴν αὐτὴν αἰτίαν, οἷον περὶ τροφῆς καὶ αἰσθητοῦ καὶ νοητοῦ· ὥστε πρῶτον περὶ τούτων λεκτέον. λέγομεν δὴ οὖν ἀρξάμενοι πρῶτον περὶ τροφῆς καὶ γεννήσεως· ἡ γὰρ θρεπτικὴ καὶ τοῖς ἄλλοις ὑπάρχει καὶ πρώτη καὶ κοινοτάτη δύναμίς ἐστι ψυχῆς, καθ᾽ ἣν ὑπάρχει τὸ ζῆν ἅπασιν. ἧς ἔργον γεννῆσαί τε καὶ τροφῇ χρήσασθαι· φυσικώτατον γὰρ καὶ σκοπιμώτατον τέλος τῶν ἔργων τοῖς ζῶσιν, ὅσα τέλεια καὶ μὴ πηρώματα, ὥσπερ τὰ νεογνὰ αἵ τε στεῖραί τε καὶ εὐνοῦχοι (πήρωμα δέ τι καὶ ἀμφοτέρων τῶν φύσεων αἱ ἡμίονοι), ἢ τὴν γένεσιν αὐτόματον ἔχει καὶ ἀσυνδύαστον, ὡς μυῖαι καὶ ψύλλαι, τὸ ποιῆσαι ἕτερον οἷον αὐτό, ζῶον μὲν ζῶον, φυτὸν δὲ φυτόν,

---

2 ἀριθμῷ] ποσῷ A² 4 ἐκεῖ C 8 τῆς (post πάσης) om. AC 13 λόγον B 18 τῷ] τὸ BC 19 αὕτη] αὐτὸ B 20 τὰ πρὸς B 21 πρῶτα] imino πρότερα 25 οὖν om. C 26 τὸ νοεῖν καὶ om. B 30 ἀνάγκῃ καὶ] ἂν δέοι A 31 οὖν om. C 34 ἧς] οἷς B 36 τε (post στεῖραι) om. A οἱ εὐνοῦχοι A 37 αἱ] οἱ A ἀσυνδοίαστον AC

ἵνα δὴ τοῦ ἀεὶ καὶ τοῦ θείου μετέχωσιν, ᾗ δύνανται· πάντα γὰρ ἐκείνου ὀρέγονται, κἀκείνου ἕνεκα πράττει, ὅσα κατὰ φύσιν. καὶ ἄγγελοι μὲν καὶ ψυχαὶ λογικαὶ καὶ τῷ ἀριθμῷ τοῦ ἀιδίου μετέχουσιν· τὰ δὲ παρὰ ταῦτα καὶ ἐν γενέσει καὶ φθορᾷ τῷ εἴδει, τοῦτο δὲ τῇ διαδοχῇ. ἀπορήσειεν ἄν τις, εἴπερ φυσικώτατόν ἐστι τὸ ποιῆσαι οἷον αὐτό, ἕκαστον δὲ τοῦ ὁμοίου γεννητικόν· συμβήσεται ἢ καὶ ἐν τῇ ἀλόγῳ ἐνεῖναι τὴν γεννητικὴν δύναμιν, καὶ τὴν αἴσθησιν γεννᾶν αἴσθησιν καὶ τὸν θυμὸν θυμόν, καὶ ἐπὶ τῶν ἄλλων οὕτως, ἢ τὴν φυτικὴν γεννᾶν τὴν ἄλογον, ὡς εἶναι τὸ κρεῖττον παρὰ τοῦ χείρονος· τοῦτο δὲ ἄτοπον. μήποτ' οὖν, ὥσπερ τῶν αὐτομάτων ζώων τε καὶ φυτῶν ἡ γένεσις οὐκ ἐκ προϋποκειμένης ψυχῆς τῇ διαδοχῇ γίνεται, ἀλλὰ τῆς ὕλης ἐπιτηδείου γενομένης ὑπὸ τῆς ὅλης δημιουργίας ἐνίενται ἐν αὐτῇ τῶν βοτανῶν καὶ τῶν ζώων τὰ εἴδη καὶ αἱ ἐν αὐτοῖς ψυχικαὶ δυνάμεις, οὕτω καὶ ἐπὶ τῆς ἀλόγου ψυχῆς ἐν τοῖς ζώοις γίνεται, ἐκ τῆς ὅλης δημιουργίας ὑφισταμένης αὐτῆς. ἡ γόνιμος οὖν δύναμις τῆς ἀλόγου ψυχῆς οὐκ ἐν τῇ μερικῇ, ἀλλ' ἐν τῇ ὅλῃ φύσει, ἥτις γίνεται τῆς διαμονῆς τῶν ψυχικῶν εἰδῶν αἰτία. οὐδεμία δὲ περὶ τῆς λογικῆς ψυχῆς ἐν τούτῳ ἀπορία κατ' ἀριθμὸν ἐχούσης ἀιδιότητα, οὐδὲ προσδεὴς γονιμότητος. ἀλλ' εἰ πάντα τοῦ ἀεὶ ἐφίεται καὶ ἀγαθοῦ, καὶ διὰ τοῦτο τοῖς ἐμψύχοις ἡ γεννητικὴ ἐνέσπαρται δύναμις, πῶς ἐπὶ τῶν ἀψύχων ὁ λόγος εὐοδωθήσεται; οὐδὲ γὰρ τὴν γεννητικὴν ἔχει δύναμιν. λέγομεν οὖν ὅτι ἔνεστι κἀνταῦθα κατὰ τὰ μέτρα αὐτῶν τὴν τοιαύτην θεωρῆσαι ἐνέργειαν. ὡς γὰρ ἐν τοῖς ἐμψύχοις οὐχ ὁμοία ἡ ἔφεσις τοῦ τοιούτου, ἀλλ' ἐν μὲν τοῖς ζώοις τοῖς κινουμένοις κατὰ τόπον καὶ ὄρεξις ὑπὸ τῆς φύσεως ἐντέθειται παρορμῶσα καὶ διεγείρουσα πρὸς τὴν τοιαύτην ἐνέργειαν, καὶ ἐν αὐτοῖς δὲ τούτοις διαφορὰ πλείστη (ὁ μὲν γὰρ ἄνθρωπος καὶ ἐφιστάνει τῷ γινομένῳ δι' ὅ, αὐτομάτως δ' ἐν τοῖς φυτοῖς ἐπιγίνεται), οὕτως οὐδὲν θαυμαστόν, εἰ καὶ ὑφειμένως πως καὶ τὰ ἄψυχα τῆς τοιαύτης μετέχειν φανῶσι δυνάμεως. τὰ γὰρ στοιχεῖα φθαρτὰ ὄντα καὶ παθητὰ καὶ ὑπ' ἀλλήλων δρῶντα καὶ πάσχοντα, τό τε ἐπικρατοῦν ἕλκει τὸ ἕτερον καὶ πρὸς ἑαυτὸ μεταβάλλει, καὶ τοῦ ἐνταῦθα ὑπὸ θερμοῦ φθαρέντος ψυχροῦ ἀλλαχοῦ ἡ ἀνταπόδοσις γίνεται ἐπικρατοῦντος τοῦ ψυχροῦ διὰ τὸ παραμένειν τὰ εἴδη. καὶ τὰ μέταλλα δὲ φθειρόμενα πάλιν ἀνταποδίδοται· εἰ γὰρ καὶ μὴ ὅδε ὁ λίθος γεννᾷ ἑαυτῷ ὅμοιον, ἀλλ' ἥ γε τοῦ ὅλου μετάλλου ὁλότης γεννητικήν πως ἔχει τινὰ δύναμιν· καὶ ἔοικεν ὁ λίθος οὗτος τινὶ τῶν ἐν τοῖς ζώοις μορίων, αὐτὴ δὲ ἡ τοῦ μετάλλου ὁλότης ὅλῳ τῷ ζώῳ. καὶ γὰρ τοῖς ζώοις ἐν τοῖς ὅλοις ἡ γεννητικὴ δύναμις, οὐκ ἐν τοῖς μορίοις, καὶ καθάπερ σαρκός τινος ἀφαιρεθείσης ἀντ' αὐτῆς ἡ φύσις ἑτέραν ἐγέννησεν, οὕτω κἀν τοῖς μετάλλοις ἀντὶ τοῦ ἀφαιρεθέντος ἀποδίδοται ἕτερον. ἐπεὶ δ' ἅπαξ τοῦ τελικοῦ αἰτίου μεμνήμεθα καὶ τοῦ οὗ ἕνεκα, βραχέα ἄττα

---

1 μετέχουσιν AC ἐκείνου om. B 4 fort. ἀπορήσειε δ' 9 τούτοις B δὲ] δὴ BC 12 αἱ A Philoponus: om. BC τῆς] τοῖς C 17 γονιμότατος A 20 θεωρῆσαι] τεθεᾶσθαι A 23 παρορμῶσα] παροιστρῶσα A 26 φανῶ C 28 ἕλκοι C 32 γεννητικήν] κινητικόν B κινητικόν—33 μετάλλου ὁλότης in margine add. B 35 post καθάπερ add. ἐκεῖ A αὐτοῦ AC ἑτέραν ἡ φύσις A

περὶ τούτου διαλαβεῖν ἀναγκαῖον. διττὸν γὰρ τοῦτο, τὸ μὲν οὗ, τὸ δὲ ᾧ, οἷον τέλος μὲν τῷ οἰκοδόμῳ κατὰ τὴν οἰκίαν τὸ σκέπασμα ποιῆσαι κωλυτικὸν ὄμβρων καὶ καυμάτων, ἀλλ' ὡς οὗ· ἐπεὶ δὲ ἡμῖν τοῦτο ποιεῖ τοῖς ἐπιτάξασιν καὶ μισθωσαμένοις, ἔχοι ἂν καὶ ἡμᾶς ἄλλο τέλος ὡς ᾧ. ὡς γοῦν ἐπὶ τῶν τεχνητῶν, οὕτω καὶ ἐπὶ τῶν φύσει συνεστώτων ἔχει. ἡ μὲν γὰρ ἔφεσις ἁπλῶς τοῦ θείου, δι' ἣν ἕκαστον ποιεῖ τῶν ἐμψύχων ἄλλο οἷον αὐτό, τὸ οὗ· ἐπεὶ δὲ τῶν χρησομένων ψυχῶν τὰ σώματα ὄργανα, καὶ ταύταις ἡ φύσις ἐπλάσατο, ἔσονται καὶ αὗται τέλος ὡς ᾧ. ἀναλογείτω γοῦν ὁ μὲν οἰκοδόμος τῇ φύσει, ἡ δὲ τῶν ὄμβρων καὶ καυμάτων ἀπαλέξησις τῇ ἐφέσει τοῦ ἀγαθοῦ, ὁ δὲ τῆς οἰκίας κύριος τῇ ψυχῇ, τῷ σώματι δὲ ἡ οἰκία. ἔχοι δ' ἂν οὕτω καὶ ἐπὶ τῶν φυτῶν· τό τε γὰρ σπέρμα ὄργανον ἐπ' αὐτῶν καὶ τὰ σώματα τῶν ἐν αὐτοῖς ψυχῶν, ἥ τε τῆς ἀιδιότητος ἔφεσις καὶ ἐν ἐκείνοις. ἐπὶ δὲ τῶν ἀψύχων οὐκ ἂν εἴη οὕτω προχωρῶν ὁ λόγος, οἷον ἐν τοῖς μετάλλοις. ἓν γὰρ ἐπὶ τούτοις τὸ οὗ ἕνεκα ἡ τοῦ ἀγαθοῦ ἔφεσις καὶ ἀεί, τὸ δὲ ᾧ οὐκ ἔστιν, ὡς μή τινων ὀργανικοῖς χρωμένων τοῖς ἐν τούτοις σώμασιν, ἀλλὰ προσεχῶς μὲν ὑπὸ ψύξεως συνεστώτων καὶ θερμότητος ἐπὶ τῇ ὑγρότητι καὶ ξηρότητι, ἐξῃρημένως δὲ ὑπὸ τῆς ὅλης δημιουργίας· εἰ μήπου τις οὕτω διττὸν τὸ τέλος καὶ ἐπ' αὐτῶν θεωρεῖ, τὸ μὲν οὗ διὰ τὴν κοσμοποιίαν, τὸ δὲ ᾧ ἐπὶ τῷ κοσμῆσαι τὴν ὕλην, καθὸ καὶ πᾶν εἶδος ἐγγίνεται. τοσαῦτα παρεκβατικώτερον εἰπόντες πάλιν τῆς ἀκολουθίας ἐχώμεθα. ἐπεὶ γάρ, ὡς εἴρηται, κοινωνεῖν ἀδυνατεῖ τοῦ ἀεὶ καὶ τοῦ θείου τῇ συνεχείᾳ, διὰ τὸ μηδὲν ἐνδέχεσθαι τῶν φθαρτῶν τὸ αὐτὸ καὶ ἓν ἀριθμῷ διαμένειν, ᾗ μετέχειν ὡς ἕκαστον δύναται, ταύτῃ κοινωνεῖ τὸ μὲν μᾶλλον τὸ δὲ ἧττον· καὶ διαμένει οὐκ αὐτὸ ἀλλ' οἷον αὐτό, ἀριθμῷ μὲν οὐχ ἕν, εἴδει δὲ ἕν.

Ἔστι δὲ ἡ ψυχὴ τοῦ ζῶντος σώματος ἀρχὴ καὶ αἰτία. τούτων δὲ πολλαχῶς λεγομένων ὡς ποιητικόν, ὑλικόν, εἰδικὸν καὶ τελικόν, ἔξω τοῦ ὑλικοῦ κατὰ τοὺς ἄλλους τοὺς διωρισμένους τρεῖς τρόπους ἡ ψυχὴ αἴτιον σώματι· καὶ γὰρ ὅθεν ἡ κίνησις αὐτή, καὶ ὡς οὗ ἕνεκα, ἔτι δὲ καὶ ὡς οὐσία καὶ εἶδος τῶν ἐμψύχων σωμάτων. καὶ πρῶτον μὲν ὅτι οὐσία καὶ εἶδος, δῆλον· ὃ γὰρ αἴτιον τοῦ εἶναί τισι, τοῦτο καὶ οὐσία καὶ εἶδος αὐτῶν, τὸ ζῆν δὲ τοῖς ζῶσι τὸ εἶναι ἐστί, τούτου δὲ αἰτία καὶ ἀρχὴ ψυχή· ἔτι παντὸς τοῦ δυνάμει ὄντος ἡ ἐντελέχεια εἶδος καὶ λόγος ἐστίν, ἡ δὲ ψυχὴ τοῦ δυνάμει ζωὴν ἔχοντος σώματος ἐντελέχεια· ἡ ψυχὴ ἄρα οὐσία καὶ εἶδος τοῦ τοιούτου σώματος. φανερὸν δ' ὡς καὶ οὗ ἕνεκα καὶ ὡς τέλος αἰτία ψυχὴ σώματι· ἱκανῶς γὰρ ἀνωτέρω διείληπται. ὥσπερ γὰρ ὁ νοῦς ὁ πρακτικὸς ἕνεκά του ποιεῖ ἃ ποιεῖ (πάντα γὰρ αὐτῷ πρὸς τὸ τέλος νένευκεν, οἷον τῷ οἰκοδομοῦντι πρὸς τὴν οἰκίαν), τὸν αὐτὸν τρόπον καὶ ἡ φύσις, καὶ τοῦτ' ἐστὶν αὐτῇ τέλος. τοιοῦτον δὲ ἐν τοῖς ζῴοις ἡ ψυχὴ καὶ κατὰ φύσιν· πάντα γὰρ τὰ φυσικὰ καὶ ἔμψυχα σώματα τῆς ψυχῆς ὄργανα, καὶ καθάπερ ἐπὶ τῶν ζῴων, οὕτω καὶ ἐπὶ τῶν

---

1 τούτου] αὐτοῦ AC 5 ἔχοι C 6 ἐπεὶ] ἐπὶ B 8 ἀναλογεῖ τῷ B 12 αὐτοῖς scripsi: αὐταῖς libri ἐπὶ] ἐπεὶ A[1] 16 θερμότητος] θερμότατον B 18 αὐτῶν] αὐτῷ AC 20 ἐχόμεθα AC 22 ὡς om. AC 23 κοινωνεῖν A 34 σώματι] σώματος A

φυτῶν· πρὸς γὰρ τὰς ἑκάστης ψυχῆς ἰδιοτρόπους ἐνεργείας καὶ ἡ διοργάνωσις τῶν δεξομένων σωμάτων ἐπηκολούθησε. διχῶς δὲ τὸ οὗ ἕνεκα, ὡς ἐλέγομεν, τό τε οὗ καὶ τὸ ᾧ· τὸ δεύτερον δὲ τῇ ψυχῇ προσηρμόττομεν. ἀλλὰ καὶ ὡς ποιητικόν, οὐκ οὐσίας μέντοι, ὅθεν δὲ ἡ κατὰ τόπον κίνησις, αἰτία τοῖς ζῶσι ψυχή. οὐκ ἐν πᾶσι δὲ κατάρχει τοῖς ζῶσιν, ὡς πολλάκις εἴρηται, ἡ δύναμις αὕτη. ἔσται οὖν τὰ περὶ τὴν οὐσίαν τέσσαρα εἴδη τῶν κινήσεων, ἡ κατὰ τόπον, ἡ ἀλλοίωσις, ἡ αὔξησις καὶ ἡ φθίσις διὰ ψυχήν. καὶ ὡς μὲν ἡ κατὰ τόπον βουλήσει ψυχῆς τοῖς ζώοις προσγίνεται, οὐ δεῖται κατασκευῆς διὰ τὸ ἐναργές. ὅτι δὲ καὶ ἀλλοίωσις καὶ αὔξησις ἐν τοῖς ἐμψύχοις κατὰ ψυχήν, ἔνθεν· ἡ μὲν γὰρ αἴσθησις ἀλλοίωσίς τις εἶναι δοκεῖ· δυνάμει γὰρ οὖσα ἄγεται εἰς ἐνέργειαν· αἰσθάνεται δ' οὐδὲν ὃ μὴ ψυχὴν ἔχει. ὁμοίως δὲ καὶ περὶ αὐξήσεως καὶ φθίσεως ἔχει· οὐδὲν γὰρ φθίνει οὐδ' αὔξεται φυσικῶς μὴ τρεφόμενον, τρέφεται δ' οὐδὲν ὃ μὴ κοινωνεῖ ζωῆς, οὐ κοινωνεῖ δὲ ζωῆς ὃ μηδὲ ψυχῆς. καὶ οὕτω μὲν αὐξήσεως ἐν τοῖς ἐμψύχοις ποιητικόν τι τὴν ψυχὴν ἡμεῖς ὁριζόμεθα· Ἐμπεδοκλῆς δὲ οὐ καλῶς ποιεῖ ἐν τούτοις αὐτοῖς τὰς ῥοπὰς τῶν στοιχείων ἐπαιτιώμενος. εἴρηκε γὰρ τοῦτο προσθεὶς τὴν αὔξησιν συμβαίνειν τοῖς φυτοῖς κάτω μὲν ῥιζουμένοις διὰ τὸ τὴν γῆν οὕτω φέρεσθαι κατὰ φύσιν, ἄνω δὲ διὰ τὸ πῦρ ὡσαύτως. πρῶτον μὲν τὸ ἄνω καὶ τὸ κάτω οὐ καλῶς λαμβάνει· οὐ γὰρ ταὐτὸ τοῖς ἄλλοις τὸ ἄνω καὶ κάτω καὶ τῷ παντί, εἴπερ οὕτω δεῖ λέγειν ἐπὶ τοῦ κόσμου (τὸ δέ ἐστι πέριξ καὶ μέσον), ἀλλ' ὡς ἡ κεφαλὴ τῶν ζώων, οὕτως αἱ ῥίζαι τῶν φυτῶν, εἰ χρὴ τὰ ὄργανα λέγειν ἕτερα καὶ ταὐτὰ τοῖς ἔργοις. ἄνω δὲ ἡ κεφαλὴ τοῖς ζώοις, ἐπείπερ ἐκεῖθεν διὰ τοῦ στόματος ἡ τῆς τροφῆς εἴσοδος. ὡς γὰρ ἔμπροσθεν λέγομεν, ἐφ' ὃ ἡ αἴσθησις, καὶ δεξιόν, ὅθεν ἡ κίνησις, οὕτω καὶ ἄνω, ὅθεν ἡ τροφή, εἴτε καὶ ταυτίζεται τὸ τοῦ παντὸς ἄνω ὡς ἂν ἐπ' ἀνθρώπου, ἢ καὶ ἔστι διάφορον ὡς ἐπὶ τῶν ἀλόγων καὶ τῶν φυτῶν. πρὸς δὲ τούτοις τί τὸ συνέχον εἰς τἀναντία φερόμενον τὸ πῦρ καὶ τὴν γῆν; διασπασθήσεται γὰρ τὸ φυτόν, εἰ μή τι ἔσται τὸ κωλῦσον καὶ καθέξον· εἰ δὲ ἔστι, τοῦτο δὲ ἡ ψυχή, αὕτη καὶ αἰτία αὐτῷ τοῦ αὔξεσθαι καὶ τοῦ τρέφεσθαι. καὶ τί δεῖ ἐγκαλεῖν Ἐμπεδοκλεῖ, ὃς μόνοις φυτοῖς καὶ μόνης αὐξήσεως καὶ ἐν μέρει τὸ πῦρ ᾐτιάσατο; ἀλλ' εἰσί τινες, οἷς καὶ δοκεῖ τὴν πυρὸς φύσιν ἁπλῶς καὶ μόνον αἰτίαν εἶναι πάσης τροφῆς καὶ αὐξήσεως. ὑπήχθησαν δὲ τῷ μόνον φαίνεσθαι τῶν σωμάτων καὶ τῶν στοιχείων τρεφόμενον καὶ αὐξόμενον· διὸ καὶ ἐν τοῖς ζώοις ὑπέλαβον τοῦτο εἶναι τὸ ἐργαζόμενον. ἐπὶ μὲν γὰρ τῶν ἄλλων ἐναργῶς ὁ πλεονασμὸς πρόσθεσίς ἐστι· γῆ γὰρ γῇ καὶ ὕδωρ ὕδατι προστιθέμενον ὁμοίῳ ὅμοιον μᾶλλόν τι τὸ ὅλον γίνεται· ὧδε δὲ ἀνομοιοειδῶν προστιθεμένων, ξύλων ἢ τῶν τοιούτων, ὥσπερ ἐπὶ τῶν κυρίως τρεφομένων συμβαίνει τὰ τῆς τροφῆς καὶ αὐξήσεως. οὐχ οὕτω δὲ ἔχει, ἀλλὰ γένεσις μὲν πυρὸς τοῦτο κυρίως λέγοιτ' ἄν, τροφὴ δὲ ἢ αὔξησις οὐ πάνυ τοι· οὔτε γὰρ

4 μέντοι] μέντι BC   5 κατάρχει] incertum B   6 περὶ] πρὸς A^1: παρὰ A^2 9 καὶ αὔξησις—10 ἀλλοίωσις om. C   14 μὴ δὲ libri   ποιητικόν τι om. B   15 ἐν τούτοις ποιεῖ B   19 τὸ κάτω A   24 ἄνω ὅθεν] ἄνωθεν A^1 32 μόνην A   36 ἀνομοειδῶν A^1 39 πάνυ τι AC: fort. recte

ὀργανικόν, οὔτε παραμένει τὸ εἶδος τῷ ἀριθμῷ ταὐτὸν κἂν ἐπὶ βραχύ. ἔτι εἰ δεῖ συνεισάγειν τὸ πῦρ πρὸς τὴν ἐν τοῖς ζώοις τροφήν τε καὶ αὔξησιν, συναίτιον μέν πως ἔσται καὶ ὄργανον (συνεισφέρει γὰρ πέττον τὴν τροφήν, ὑφ' ἧς ἡ αὔξησις), οὐ μὴν ἁπλῶς γε αἴτιον. τί γὰρ μᾶλλον ἄν τις τῇ ψυχῇ ἀποδοίη; τοσοῦτον γὰρ δέοι τὸ πῦρ τοῦ κυρίως αἴτιον εἶναι τροφῆς ἢ αὐξήσεως, ὅτι καὶ χεῖρον ἢ κατὰ τὰ ὀργανικά. λόγῳ μὲν γὰρ τῷ τεχνικῷ τὸ ὄργανον ῥυθμιζόμενον οὐκ ἂν ἁμάρτοι τοῦ τέλους, παρεθὲν δὲ τῷ τεχνίτῃ βλάβης οὐδ' ἄν τινι γένοιτο αἴτιον· τί γὰρ ποιήσει μηδενὸς κινοῦντος; τὸ δὲ πῦρ αὐτενέργητον ὂν βλάψει μᾶλλον ἢ ὠφελήσειεν· ἑψομένου γὰρ τοῦ σιτίου ἢ τοῦ φαρμάκου εἴπερ μὴ ὑπὸ τοῦ μαγειρικοῦ ἢ ἰατρικοῦ κυβερνοῖτο, φθείροιτο ἂν τῷ ἕψοντι πυρὶ καὶ τοῦ εἴδους ἐκσταίη. ἔτι ἡ μὲν τοῦ πυρὸς αὔξησις εἰς ἄπειρον, ἕως ἂν ᾖ τὸ καυστὸν καὶ ἀφθονία χορηγουμένης ὕλης· τῶν δὲ φύσει συνεστώτων πέρας ἐστὶ μεγέθους καὶ αὐξήσεως, καὶ μέτρῳ τοσῷδε ἑκάστῳ προσήκοντι τὰ τῶν ἐμψύχων ὥρισται σώματα· ταῦτα δὲ ψυχῆς, ἀλλ' οὐ πυρός, καὶ λόγου μᾶλλον ἢ ὕλης.

Ἐπεὶ δὲ τὰ μὲν προσδιορθούμενοι τὰ δὲ ἀποπεμπόμενοι ἐν τῷ μέσῳ ἱκανῶς ἠσχολήμεθα, πάλιν τῆς ἀρχῆς ἀψόμεθα. ἦν δὲ ὁ λόγος περὶ τῆς θρεπτικῆς δυνάμεως. οὐ δεῖ δὲ λανθάνειν, ὡς ἐπὶ μὲν τῶν ἄλλων ταῦτα κεχώρισται (ἕτερον γὰρ τῷ εἴδει τροφὴ καὶ τρεφόμενον καὶ ὁρῶν καὶ ὁρώμενον καὶ τὰ λοιπά), ἐπὶ δὲ τοῦ γεννῶντος καὶ γεννωμένου ταὐτόν· ὅμοιον γάρ. οὕτω δέ πως ἔχει καὶ ἐπὶ τοῦ αὐξομένου καὶ αὔξοντος· ἔνδον γάρ. ὃ δὲ περὶ αὐξήσεως καὶ γεννήσεως εἰρηκέναι φθάνομεν, ὡς κἂν τῷ παρόντι μετρίως ἔχοντι ἐξαρκούμενοι, τὸ πάλιν λέγειν ὑπερτιθέμεθα· ἄλλως τε, ἐπείπερ ταῦτα ἔργα καὶ τέλη τοῦ θρεπτικοῦ γεννῆσαι καὶ αὐξῆσαι, ὅσα ἂν περὶ τροφῆς εἴποιμεν, ταῦτα καὶ ὑπὲρ αὐτῶν λέγομεν. δεῖ γὰρ ἑκάστῳ τοῦ ἀεὶ εἶναι, τοῦτο δὲ ἐν τοῖς ζώοις διὰ γεννήσεως, γέννησις δὲ προσδεὴς αὐξήσεως· ἔστι γάρ τι μέτρον τοῖς σώμασιν, ὃ φθάσαντα ἐντελῶς ἔχει πρὸς γέννησιν· τροφῇ δὲ τὰ ἔμψυχα καὶ αὔξονται καὶ συνίστανται τελειούμενα. ἐπεὶ οὖν ἡ αὐτὴ δύναμις τῆς ψυχῆς θρεπτικὴ καὶ γεννητικὴ καὶ αὐξητική, περὶ τροφῆς ἀναγκαῖον διορίσαι μόνης (εἴη ἂν ἐν τούτῳ καὶ τὰ περὶ ἐκείνων διωρισμένα), καὶ πρῶτον· τῶν γὰρ ἄλλων ψυχικῶν δυνάμεων προτεθήσεται. ἀφορίζεται δ' αὕτη πρὸς τὰς ἄλλας δυνάμεις τῷ ἔργῳ τούτῳ τῷ τρέφειν. δύο δὲ περὶ τροφῆς δόξαι τοῖς παλαιοτέροις εἰσήγηνται, ἡ μὲν τῷ ὁμοίῳ τρέφεσθαι λέγουσα, ἡ δὲ τῷ ἐναντίῳ. ἄμφω δ' ὡς μὲν ἀληθῆ, ὡς δὲ ψευδῆ· καὶ κατά τι ταὐτὸν καὶ διάφορον οἱ τῶν ἑκατέρων δοξῶν προϊστάμενοι λέγουσι. θεωρητέον τοῦτο δὴ τοῖς ἑξῆς. δοκεῖ γὰρ εἶναι ἡ τροφὴ τὸ ἐναντίον, ὡς ἀπαθοῦς ὄντος τοῦ ὁμοίου. πάσχει δὲ τὸ τρέφον ὑπὸ τοῦ τρεφομένου πεττόμενον καὶ μεταβάλλει κινούμενον· πᾶσα δὲ μεταβολὴ ἢ εἰς τὸ ἐναντίον ἢ εἰς τὸ μεταξύ. πάσχει δὲ ἡ τροφὴ ὑπὸ τοῦ τρεφομένου, ἀλλ' οὐ τοῦτο ὑπὸ τῆς τροφῆς, ὅτιπερ οὐδ' ὁ τέκτων

---

4 οὐ μὴ A1 ἀποδώη A 8 αὐτενέργητον scripsi: ἀντενέργητον libri 10 ἰατροῦ C 17 ἀψώμεθα A 21 κἀπὶ AC ὃ δὲ] ὧδε B 23 ἔχοντος A 27 φθάσασιν ἐντελεχῶς B 30 πρῶτον] ὡς πρῶτον A2 γὰρ expunxit A2 31 προτεθήσονται B 38 εἰς (ante τὸ μεταξύ) om. A

ὑπὸ τῆς ὕλης, ἀλλ' ὑπ' ἐκείνου αὕτη· ὁ δὲ τέκτων μεταβάλλει μόνον εἰς ἐνέργειαν ἐξ ἀργίας. ποιητικὸν γάρ τι καὶ ἀπαθὲς τὸ τρεφόμενον, ἐπεὶ τὸ μὲν τὸ αὐτὸ κατ' εἶδος μένει, τὸ δὲ μεταβάλλει· καὶ ὥσπερ ὁ τεχνίτης μὴ μεταβαλὼν κατὰ πάθος κινεῖται πρὸς ἐνέργειαν, τὴν τῆς ἐν αὐτῷ δυνάμεως τελειότητα, οὕτω κἀνταῦθα οὐ τὸ τρέφεσθαι πάσχειν, ἀλλὰ τῆς θρεπτικῆς τελειότης δυνάμεως· τοῦτο δὲ τῆς μεταβολῆς οὐδὲ κίνησις ἂν καλοῖτο κυρίως ἀλλ' ἢ γένεσις τελειότητος. οὐ πᾶν δὲ παντὶ τῷ ἐναντίῳ, ὥσπερ καὶ γίνεται, οὕτω καὶ τρέφεται, ἀλλ' ὅσα μὴ μόνον γένεσιν ἐξ ἀλλήλων ἔχει, ἀλλὰ καὶ αὔξησιν. γίνεται γὰρ πολλὰ ἐξ ἀλλήλων, ἀλλ' οὐ πάντως καὶ τρέφει, οἷον ὑγιὲς ἐκ κάμνοντος καὶ μέλαν ἐκ λευκοῦ, ὧν οὐδὲν οὐδενὸς τροφή. ὕδωρ δὲ εἰς πῦρ μεταβαλὸν καὶ θρέψαι λέγεται, ὅτι καὶ ηὔξησεν· ἔλαιον γὰρ καὶ κηρός, οἷς τὸ πῦρ τρέφεται, ὕδωρ ἐστὶ πεπονθός τι· καὶ ξύλα δὲ καὶ εἴ τι ἄλλο τῷ ὁπωσοῦν μετέχειν ὑγρότητος καίεται. τὰ γὰρ πάντη κατεξηραμμένα οἷα τὰ σεσηπότα οὐδὲν ὑπὸ πυρὸς πάσχειν δύναται. οὐχ ὥσπερ δὲ τῷ ὑγρῷ τρέφεσθαι τὸ πῦρ λέγομεν, ἤδη καὶ ἀντιστρέψαντες τροφὴν ὕδατος τὴν εἰς αὐτὸ μεταβολὴν τοῦ πυρὸς εἴποιμεν. λόγος δὲ ὅτι τὸ μὲν ὑλικώτερον, τὸ δὲ εἰδικώτερον, καὶ τὸ μὲν δραστικώτατον καὶ λεπτομερέστατον, τὸ δὲ οὐχ οὕτω. τὸ δὲ αὐξόμενον τὸ εἶδος ἐστίν, οὐχ ἡ ὕλη, ὥσπερ ἐν ἄλλοις εἴρηται. τὸ γὰρ αὐξόμενον ἓν εἶναι τῷ ἀριθμῷ πρότερον δεῖ· ἡ δὲ ὕλη ἀπόρρυτος ἀεὶ καὶ ἐπίρρυτος οὖσα καὶ διὰ τοῦτο μὴ ὑπομένουσα ὡς τὸ διὰ σωλῆνος ἰὸν ὕδωρ πῶς ἔσται αὐξόμενον; ἔν τε ταῖς μεταβολαῖς καὶ ταῖς κράσεσι τὴν ἐπὶ τὸ κρεῖττον γένεσιν μὲν ἁπλῶς, φθορὰν δέ τινα ὀνομάζομεν· ἐπικρατούντων δὲ τῶν χειρόνων τὸ ἔμπαλιν. διὰ ταῦτα οὐ τὸν αὐτὸν τρόπον φαίνεται εἶναι ἀλλήλων τροφή, ἀλλὰ τῷ πυρὶ μὲν τὸ ὕδωρ τροφή, τὸ δὲ πῦρ οὐ τρέφει τὸ ὕδωρ. ἐν μὲν οὖν τοῖς ἁπλοῖς σώμασι ταῦτ' εἶναι δοκεῖ μάλιστα τὸ μὲν τροφή, τὸ δὲ τρεφόμενον. καὶ τοιαῦτα μὲν οὖν οἱ τῷ ἐναντίῳ τρέφεσθαι ἰσχυριζόμενοι λέγουσιν· οἱ δὲ τοσοῦτον δέουσι λέγειν τρέφειν τὸ ἐναντίον, ὅτι μηδὲ τὸ οἰκεῖον, εἰ μὴ ἀκριβέστατον· οὔτε γὰρ ἡ ἐν τῇ γαστρὶ χυλοποίησις οὔτε ἡ ἐν ἥπατι ἐξαιμάτωσις, οὐδ' ἡ ἀνάδοσις οὐδ' ἡ πρόσθεσις αὔξησις ἢ τροφή, εἰ μὴ παρ' ὅσον ἡ πρόσφυσις καὶ ὁμοίωσις· σαρκὶ γὰρ ἡ σὰρξ τρέφεται καὶ ὀστοῦν ὀστῷ καὶ τὰ λοιπὰ τῶν ὁμοιομερῶν οὕτως. ἐπεὶ δ' ἑκατέρως τῷ λόγῳ τὸ ἄπορον, ἣν ἂν διαφορὰν ἐπὶ τῆς τροφῆς εὕρωμεν, αὕτη καὶ λύσις ἔσται, καὶ πρὸς ταύτην οἱ λόγοι διαιτηθήσονται. ἡμῖν δὲ ὡς ἔθος διαπορεῖν καὶ περὶ τῶν ἐναργῶν, οὕτω τὸν λόγον προάγομεν. πότερον δέ ἐστιν ἡ τροφὴ τὸ τελευταῖον προσγινόμενον ἢ τὸ πρῶτον, ἔχει διαφοράν, καὶ αὕτη λύσις· ἐπεὶ γὰρ ἄμφω τροφαὶ ὁ ἄρτος καὶ τὸ αἷμα, ἡ μὲν πρώτη, ἡ δὲ τελευταία, καὶ ἡ μὲν ἄπεπτος, ἡ δὲ πεπεμμένη, ἀμφοτέρως ἂν ἐνδέχοιτο τὴν τροφὴν λέγειν καὶ ἐναντίαν τῷ τρεφομένῳ καὶ ὁμοίαν· ᾗ μὲν ἄπεπτος, τὸ ἐναντίον τῷ ἐναντίῳ τρέφεται, ᾗ δὲ πεπεμμένη, τῷ ὁμοίῳ τὸ ὅμοιον. ὥστε φανερὸν

---

5 τῷ τρέφεσθαι AC 6. 7 ἢ γένεσις A 7 οὕτω om. B 9 ἐκκάμνοντες B 11 μεταβαλὼν AC 13 κατεξηραμένα B 16 εἰδικώτατον B 18 ὥσπερ] ὡς κἀν A ἐν ἄλλοις de Gener. et corr. Α, 5 p. 321b sq. 29 ὕπατι A 32 εὕρομεν AC 38 ὅμοιον A

ὅτι λέγουσι τινὰ τρόπον ἀμφότεροι καὶ ὀρθῶς καὶ οὐκ ὀρθῶς. ἐπεὶ δὲ οὐδὲν τρέφεται μὴ μετέχον ζωῆς (ἐλάθομεν γὰρ ἡμεῖς καταχρώμενοι τῷ τοῖς πολλοῖς φύρεσθαι τροφὴν καὶ αὔξησιν ἀνωτέρω κατηγοροῦντες τοῦ πυρός), τὸ ἔμψυχον ἂν εἴη σῶμα τὸ τρεφόμενον, ᾗ ἔμψυχον· οὐ γὰρ τῷ τρέφεσθαι ἔμψυχον, ἀλλ' ὅτι ἔμψυχον τρέφεται· ὥστε καὶ ἡ τροφὴ πρὸς ἔμψυχον ἔσται καὶ οὐ κατὰ συμβεβηκός. ἔστι δ' ἕτερον τροφῇ καὶ αὐξητικῷ εἶναι· ᾗ μὲν γὰρ ποσόν τι τὸ προσφερόμενον, αὐξητικόν, ᾗ δὲ τόδε τι καὶ οὐσία, τροφή· σώζει γὰρ τὴν οὐσίαν, καὶ μέχρι τούτου τὸ πρᾶγμά ἐστιν, ἕως ἂν τρέφηται. ἐπεὶ γὰρ τὸ τρεφόμενον καὶ εἶδός ἐστι καὶ πεπόσωται (ζῶον γὰρ τυχὸν ἢ φυτόν, καὶ τοσόνδε), κατὰ τὰ αὐτὰ δὲ καὶ ἡ τροφή, ἄρτος τυχὸν ἢ οἶνος, καὶ τοσοῦτος, ᾗ μὲν εἶδος, σώζει τὸ εἶδος προστιθεμένη ᾧ προστίθεται, ᾗ δὲ ποσόν, τὴν κατὰ μέγεθος τοῦ τρεφομένου ποιεῖται ἐπίδοσιν· καὶ ὅταν μὲν εἴη τὸ εἰσαγόμενον πλέον τοῦ ἀπορρέοντος, πρὸς οἷς τρέφεται καὶ αὔξεται, ὅταν δὲ ἔλαττον, φθίνει· στάσις δὲ τοῦ ὄγκου καὶ σωτηρία μόνη τοῦ εἴδους, ὅταν ἴσον. ἔστι δ' ὅτε καὶ πλείονος τῆς τροφῆς οὔσης οὐκ αὔξεται τὸ σῶμα ὡς ἤδη ἀποκαμόντων τῷ χρόνῳ τῶν μορίων καὶ σκληροτέρων ἢ ὅσον τροφῇ ἐπεκτείνεσθαι γεγονότων· ὅθεν παισὶ μὲν ὑγροτέροις οὖσιν εὐεκτότερα τὰ ὀστᾶ καὶ τάχιστα αὔξεται, πρεσβυτέροις δὲ τοὐναντίον. ὥσπερ δὲ ἡ θρεπτικὴ δύναμις καὶ τρέφει καὶ αὔξει κατ' ἄλλο καὶ ἄλλο, οὕτω καὶ γεννήσεως ἡ αὐτὴ ποιητικὴ οὐ τοῦ τρεφομένου καὶ παρόντος (ἤδη γάρ ἐστιν αὐτοῦ ἡ οὐσία), ἀλλ' οἷον τὸ τρεφόμενον· γεννᾷ δ' οὐθὲν αὐτὸ ἑαυτό, ἀλλὰ σώζει μόνον. πρός τε δὲ τῆς τροφῆς τὴν ποσότητα καὶ ποιότητα καὶ τὸ σπέρμα περίττωμα τροφῆς ὂν ἢ μειοῦται ἢ αὔξεται· ὥστε ἡ μὲν τοιαύτη τῆς ψυχῆς ἀρχή, τὴν θρεπτικὴν λέγω, δύναμίς ἐστιν οἵα σώζειν τὸ ἔχον αὐτὴν ᾗ τοιοῦτον, ἡ δὲ τροφὴ παρασκευάζειν ταύτῃ ἐνεργεῖν τὰ οἰκεῖα. διὸ τὸ στερηθὲν τροφῆς οὐ δύναται εἶναι. ἀλλὰ θρεπτικὸν τοῦτο· τἄλλα δέ, εἴπερ δεῖ καὶ ταῦτα ὁρίσασθαι, ἔστιν αὐξητικὸν δύναμις ψυχῆς ἄγουσα εἰς τελείωσιν εἴδους τοῦ ἔχοντος αὐτήν, εἰς ὃ γεγονὸς δύναται ἐκτελεῖν πάσας τὰς ἐνεργείας τὰς φυσικάς· γεννητικὸν δὲ δύναμις καὶ αὐτὸ ψυχῆς οἷά τε οὖσα παρασκευάζειν τὸ ἔχον αὐτὴν ποιεῖν ἕτερον οἷον αὐτὸ κατ' ἔφεσιν τῆς ἐν τῷ πρώτῳ ἀιδιότητος. ἐπεὶ δ' ἐστὶ τρία τὸ τρεφόμενον καὶ ᾧ τρέφεται καὶ τὸ τρέφον, τὸ μὲν τρέφον ἐστὶν ἡ ψυχή, τὸ δὲ τρεφόμενον τὸ ἔχον αὐτὴν σῶμα, ᾧ δὲ τρέφεται, ἡ τροφή. ἐπεὶ δὲ ἀπὸ τοῦ τέλους καὶ τοῦ ἔργου ἅπαντα προσαγορεύειν δίκαιον, τέλος δὲ τῆς θρεπτικῆς τὸ γεννῆσαι οἷον αὐτό, εἴη ἂν ἁπλῶς ἡ πρώτη ψυχὴ καὶ φυτικὴ γεννητικὴ οἷον αὐτό· καὶ οὗτος δεύτερος ὁρισμὸς αὐτῇ. ἔτι ἔστιν ᾧ τρέφεται διττόν, τὸ μὲν ὡς ὕλη οἷον ἡ τροφή, ὥσπερ εἴρηται, τὸ δὲ ὡς ὄργανον· καὶ τοῦτο αὖ διττόν, ὥσπερ καὶ ᾧ κυβερνᾷ ὁ πλωτήρ, ἡ χεὶρ καὶ τὸ πηδάλιον, τὸ μὲν κινοῦν καὶ κινούμενον, τὸ δὲ κινούμενον μόνως. τῷ μὲν οὖν ἐμφύτῳ θερμῷ καὶ ᾧ τροφὴ πέττεται ἀναλογείτω ἡ χείρ, κινουμένῳ μὲν ὑπὸ ψυχῆς, κινοῦντι δὲ τὰ ὀργανικὰ τῆς τροφῆς μέλη, στόμα, ὀδόντας, κοιλίαν, ἧπαρ καὶ

---

6 τροφή AC 11 σώζειν A 16 ἢ] ἦ A τροφῆ A 24 λέγω] λόγω A[1] 25 παρασκευάζει A: fort. recte 28 τὰς φυσικὰς ἐνεργείας AC γεννητικὴ B 40 καὶ ἧπαρ A

τἆλλα ἃ κινεῖται μόνως, οὐ κινεῖ δέ, ὥσπερ καὶ τὸ πηδάλιον. εἰ δέ τις δοίη κινεῖν τὴν ναῦν, ἔσται τι ἴσως καὶ αὐτὰ κινοῦντα, τὴν τροφήν. φανερὸν οὖν ὅτι πᾶν ἔμψυχον ἀνάγκη ἔχειν θερμότητα· ἔργον γὰρ πέψις θερμοῦ. τύπῳ μὲν οὖν τί ἐστι τροφὴ εἴρηται· διασαφητέον δὲ ὕστερον περὶ αὐτῆς ἐν τοῖς οἰκείοις λόγοις· ἐν γὰρ τοῖς Περὶ ζώων γενέσεως, ὅταν τὸ σπέρμα περίττωμα τροφῆς λέγωμεν καὶ περὶ τῆς ἁπλῶς τροφῆς διαληψόμεθα.

Διωρισμένων δὲ τούτων λέγομεν κοινῇ περὶ πάσης αἰσθήσεως. ὥσπερ II 5 δὲ ἁπλῶς περὶ πάσης ψυχῆς ἐν τοῖς κατ' ἀρχὰς ἐζητήσαμεν καὶ κοινόν τινα λόγον ὁλοσχερώτερον ἐπὶ κεφαλαίου ἀποδεδώκαμεν, εἶτα πρὸς τὰς κατ' εἶδος τὴν σκέψιν πεποιήμεθα, οὕτω κἀνταῦθα πρὸ τῶν κατὰ μέρος αἰσθητῶν καὶ αἰσθήσεων περὶ τῆς ὅλης αἰσθήσεως καὶ τοῦ ἁπλῶς αἰσθητοῦ εἰπεῖν ἐπιβάλλομεν, εἴ πως ἀμωσγέπως, ὥσπερ ἐκεῖ, ἀποδοῦναι κοινόν τινα λόγον ἰσχύσαιμεν. συλλαμβάνομεν δὲ κατὰ τὸ εἰωθὸς καὶ ὅσα συντείνει πρὸς τὴν λῆψιν τοῦ ὁρισμοῦ, ὅθεν καὶ ἀναγκαίως ὁ λόγος παρεκταθήσεται διὰ τὰς ἐν μέσῳ ἀσχολίας. καὶ πρῶτον ὅτι ἡ αἴσθησις ἐν τῷ κινεῖσθαι καὶ πάσχειν συμβαίνει, καθάπερ εἴρηται. δοκεῖ γὰρ ἀλλοίωσίς τις εἶναι· τῇ τε γὰρ τῶν αἰσθητῶν ἀντιλήψει τοίως ἢ τοίως διατιθεμένη ἀλλοιοῦσθαι δόξειεν ἄν· τοῦτο δὲ κίνησις. ἐπεὶ δ' ἅπαξ τὸ πάσχειν καὶ κινεῖσθαι τὴν αἴσθησιν ἐνεδώκαμεν, κοινῶς περὶ τοῦ ποιεῖν καὶ πάσχειν ἐπαπορήσωμεν, ἵν' ἔχοιμεν καὶ ἰδίως τι λέγειν περὶ αἰσθήσεως. πότερον τῷ ἐναντίῳ πάσχει τὸ ἐναντίον καὶ ποιεῖ, ἢ ὑφ' ὁμοίου τὸ ὅμοιον, ὡς φασί τινες; ἢ καὶ ἄμφω πῶς μὲν πῶς δ' οὐ τῷ δυνάμει καὶ ἐνεργείᾳ, ὡς μικρῷ πρόσθεν διεστειλάμεθα. καὶ ἐν τοῖς καθόλου λόγοις ἱκανῶς ἐπεστήσαμεν, πῶς τοῦτο δυνατὸν καὶ ὅπως ἀδύνατον· οὐδὲν δὲ κωλύει καὶ νῦν ἐπὶ βραχὺ διελθεῖν. οὔτ' οὖν τὰ πάντη ταὐτὰ οὔτε τὰ ἕτερα πάντη πάθοι ἢ δράσοι πρὸς ἄλληλα, ἀλλὰ τὰ ἐνεργείᾳ μὲν ἕτερα δυνάμει δὲ ταὐτὰ πάσχει ἀπὸ τοῦ δυνάμει ἐπὶ τὸ ἐνεργείᾳ κινούμενα· τί γὰρ πάθοι φωνὴ ὑπὸ χρώματος ἢ ὄψις ὑπὸ ὀδμῆς; τί δὲ ὕδωρ ὑφ' ὕδατος ἢ πῦρ ὑπὸ πυρός; ὕδωρ δὲ πυρὶ καὶ πῦρ ὕδατι δρῶσι καὶ πάσχουσι δυνάμει ὄντα ταὐτά· δυνάμει δὲ ταὐτὸν καὶ τῷ αἰσθητῷ αἴσθησις, ἐνεργείᾳ δ' οὔ. ἔτι καὶ τοῦτο ζητήσωμεν· ἔχει [καὶ] γὰρ ἀπορίαν ἀρκοῦσαν, ἣν κάλλιον ἦν εἰ μετὰ πολλὰ προτεθείκαμεν, ἀλλὰ μὴ νῦν ὑπὸ προθυμίας ὀλιγωρήσαντες· τί δήποτε καὶ τῶν αἰσθήσεων αὐτῶν οὐ γίνεται αἴσθησις, καὶ διὰ τί ἄνευ τῶν ἔξω οὐ ποιοῦσιν αἴσθησιν, ἐνόντος πυρὸς καὶ τῶν ἄλλων στοιχείων, ὧν ἐστιν αἴσθησις καὶ τῶν καθ' αὑτὸ προσόντων καὶ οὐσιωδῶς αὐτοῖς, ὡς ἁφὴ θερμότητος καὶ ψυχρότητος καὶ τῶν ἐναντίων, καὶ τῶν κατὰ συμβεβηκός, ὡς ἕτεραι. ἔδει γάρ, εἴπερ ἀντιληπτικὴ τῶν αἰσθητῶν αἴσθησις, αἰσθητὰ δὲ καὶ τὰ αἰσθητήρια, δι' ὧν αἰσθανόμεθα, καὶ τούτων ἀντιλαμβάνεσθαι, καὶ τὸν ὀφθαλμὸν αὐτὸν ὁρᾶν ἔδει καὶ μηδενὸς ἔξωθεν παρόντος. λύεται δέ, ὅτι τὸ αἰσθητικὸν οὐκ ἔστιν

1 κινεῖτ' ὥσπερ A[1] 3 γὰρ om. C 4 τί scripsi: τίς libri 5 Περὶ ζώων γενέσεως] De An. gener. A, 18 p. 724a 14 sqq. 8 ἐξητήσαμεν B: ἐξαιτήσαμεν A 9 ἀπεδώκαμεν C εἴδη AC 10 ἐπεποιήμεθα A 14 παρεκτανθήσεται libri 22 ἐν τοῖς καθόλου λόγοις de Gener. et corr. A, 7 p. 323b 26 ἀπὸ τοῦ] ἀποῦ C 28 καὶ δρῶσι AC 29 αἴσθησιν B 30 καὶ delevi 37 ὁρᾶν αὐτὸν A

ἐνεργείᾳ, ἀλλὰ δυνάμει μόνον, πᾶν δὲ τὸ δυνάμει προάγεται ὑπό τινος ἐνεργείᾳ ὄντος· καὶ καθάπερ τὸ καυστὸν δυνάμει οἷον ξύλον ἢ ἔλαιον οὐ καίεται αὐτὸ καθ' αὑτὸ ἄνευ τοῦ καυστικοῦ (ἔκαιε γὰρ ἂν αὐτό, καὶ οὐδὲν ἐδεῖτο τοῦ ἐντελεχείᾳ πυρὸς ὄντος), οὕτω τοι κἀνταῦθα. ἀναλογεῖ γὰρ τῷ μὲν καυστῷ ἡ αἴσθησις, τῷ δὲ πυρὶ τὸ αἰσθητόν. ὅτι δὲ δυνάμει μόνον ἡ αἴσθησις τῇ ἀπουσίᾳ τῶν αἰσθητῶν, δῆλον ἐκεῖθεν· ἐπεὶ γὰρ τὸ αἰσθανόμενον λέγεται διττῶς (τό τε γὰρ δυνάμει ἀκοῦον καὶ ὁρῶν ἀκούειν καὶ ὁρᾶν λέγομεν, κἂν τύχοι καθεῦδον, καὶ τὸ ἤδη ἐνεργοῦν), διχῶς ἂν καὶ ἡ αἴσθησις λέγοιτο, ἡ μὲν ὡς δύναμις, ἡ δὲ ὡς ἐνέργεια. πάσχει δὲ πᾶν δυνάμει καὶ κινεῖται ὑπὸ τοῦ ποιητικοῦ καὶ ἐνεργείᾳ ὄντος. διὸ ἔστι μὲν ὡς ὑπὸ τοῦ ὁμοίου πάσχει ἡ αἴσθησις τοῦ αἰσθητοῦ, ἔστι δ' ὡς ὑπὸ τοῦ ἀνομοίου, καθάπερ εἴπομεν· πάσχει γὰρ τὸ ἀνόμοιον, πεπονθὸς δὲ ὅμοιον γίνεται. ἀλλὰ τί ταῦτα πρὸς τὸ ζητούμενον; ἐοίκαμεν γὰρ πόρρω βάλλειν ἢ καθ' ἑαυτῶν· εἰ γὰρ ἡ αἴσθησις δύναμις, τελειοῦται δὲ τῇ θίξει τοῦ αἰσθητοῦ, αἰσθητὸν δὲ τὸ ἐν τῷ ὀφθαλμῷ ὑγρὸν τά τε χρώματα καὶ οἱ διάφοροι χιτῶνες, πῶς ἔγγιον ὄντα οὐ μᾶλλον τελειοῦσι τὴν ὅρασιν, ἵν' ὁρατὰ χρηματίσωσιν; ἢ μὴ μόνης εἶναι τὴν αἰσθητικὴν ἐνέργειαν αὐτῆς τῆς αἰσθητικῆς δυνάμεως, ἀλλὰ τοῦ συνάμφω, τοῦ αἰσθητηρίου καὶ τῆς δυνάμεως· δεῖσθαι δὲ καὶ τοῦ μεταξὺ πᾶσαν αἴσθησιν· μέσον δὲ ὁρῶντος καὶ ὁρωμένου τὸ διαφανές, ὅτε πεφωτισμένον ᾖ. πῶς οὖν ἡ ὄψις αὐτὴ γυμνὴ περί τι ἐνεργήσει μὴ ἔχουσα ὄργανον καὶ ἀμέσως; εἰ οὖν δεήσει τὴν ὄψιν τὸν ὀφθαλμὸν ἰδεῖν, δεήσει καὶ ὀργάνου. τί δὲ οἰκειότερον ὀφθαλμοῦ τῇ ὄψει ὄργανον; ὀφθαλμὸς δὲ τὸ ὑγρὸν καὶ λευκὸν καὶ τἆλλα· ὥστε εἰ τὸν ὀφθαλμὸν ὀφθῆναι δεῖ, ἑτέρου ὀφθαλμοῦ ἀοράτου χρεία, καὶ εἰ κἀκεῖνον, ἄλλου· καὶ τοῦτο εἰς ἄπειρον. καὶ ὁ τοιοῦτος ἐπὶ πάσης αἰσθήσεως προχωρήσει λόγος· οὐ γάρ ἐστιν ἡ αἴσθησις ὁ πολύτιμος νοῦς αὐτὸς καθ' ἑαυτὸν ἐνεργῶν, μηδενὸς τῶν σωματικῶν προσδεόμενος πρὸς τὴν τῶν νοουμένων ἀντίληψιν, καὶ ἐντὸς καὶ ὅτε καὶ ὅπως βούλεται πρὸς ἑαυτὸν ἐπιστρέφων αὐτὸς αὑτῷ ταμίας καὶ τῆς ἠρεμίας καὶ τῆς κινήσεως· ἀλλ' ἐκτὸς ἐνεργεῖ καὶ μεθ' ἑτέρου τοῦ σώματος, καὶ ὅτε τὰ αἰσθητὰ πάρεισι, πρὸς ἑαυτὴν ἀνεπίστροφος. ἔνθεν καὶ τῇ τῶν αἰσθητῶν ὑπερβολῇ φθείρεται. σώματι γὰρ προσχρῆται συγγενεῖ τοῦ πάθους καὶ κάμνει πονοῦσα καὶ ὕπνου δεῖται· οὗτος γὰρ ἀργία αἰσθήσεως. ὧν οὐδὲν περὶ τὴν ἄυπνον καὶ ἄυλον καὶ νοερὰν ὁρᾶται φύσιν. οὔπω δὲ τέλος ἱκόμεθα μύθων, ἀλλ' ὅσῳ καρτερώτερον ἀπηντήσαμεν, τοσούτῳ δυσχερεστέρως ἀπαλλαττόμεθα. πῶς γὰρ διωσόμεθα, εἴ τις εἰς πυρετοὺς ἡμᾶς ἐμβάλῃ ἢ ἐπιρρεύσει τοῖς ὀφθαλμοῖς ἴκτερον ἢ ἐπίχυμα, εἶτ' ἄγχων καὶ μηδ' ἀναπνεῖν ἐῶν ἐριστικώτερον ἐρωτᾷ, εἰ αὐτῶν συνῃσθήμεθα, οὕτω τε φύσιν ἔχοντες, ἢ μή. εἰ μὲν οὖν ἀπαλλαγῆναι σπεύδοντες μηδὲ συναισθέσθαι ἰσχυριούμεθα τὴν ἀρχήν, οὐκ ἂν τούτῳ μόνῳ ἀρκέ-

7 διχῶς AC 19 ᾖ] εἰ C 20 εἰ οὖν — 21 ὀργάνου in marg. add. B 23 τὸ B: τ̈ C 24 εἰς om. C 27 βούληται A 28 αὐτῷ C 29 ante πρὸς add. καὶ AC 30 ἡ — ὑπερβολῇ C 35 ἡμᾶς εἰς πυρετοὺς AC ἐμβάλοι A 36 αὐτῶν scripsi: αὐτῶν libri 37 τε] περὶ C A[1]: παρὰ A[2] 38 τούτῳ] οὕτω B

σαιμεν γέλωτος, ἀλλ' οὐδὲ τοὺς ἄλλους λάθοιμεν οὕτως ἀναισθήτως ἔχοντες· εἰ δ' ὁμολογήσαιμεν, τί δ' ἂν ἔτι μεμφοίμεθα εὐκαίρως ἡμᾶς ὀνειδίζοντι αὐτοὺς ἑαυτοῖς ἀντιλέγοντας καὶ οὕτω παρὰ πόδας ἄνω βαλλομένους κάτω; εἰ γὰρ τούτῳ μὴ αἰσθάνεσθαι τῶν οἰκείων ὀργάνων τὴν αἴσθησιν ᾐτιώμεθα τῷ μὴ χωριστῶς ἐνεργεῖν, δεῖσθαι δὲ καὶ τοῦ μεταξύ, πῶς ἁφῇ μὲν τῆς ἐντὸς τοῦ πυρετοῦ θερμότητος αἰσθανόμεθα, ὠχρὰ δὲ τοῖς ἰκτεριῶσι τὰ ἔξω φαίνεται, αὐτὸ τοῦτο τοῦ αἰσθητηρίου πάσχοντος, καὶ κωνώπια ὡς πρὸ τῶν ὀφθαλμῶν ὁρῶμεν τὰ ἐντὸς συνεστῶτα τῶν ἐπιχύσεων, ἢ διχοτομουμένην τὴν κόρην, ὅταν τινὶ νεφέλῃ διείργηται; ταῦτά τε εἴποιεν καὶ ἕτερ' ἄττα· ἔτι δὲ προσφέροιεν ἂν καὶ τὰ τῆς γλώττης παθήματα, ὡς παρὰ φύσιν ἐχούσης τῆς ἐνούσης ὑγρότητος ἐπαισθάνεται, οἷον πικρότητος ἐν πυρετοῖς, κατὰ φύσιν δ' οὔ. τίς οὖν εἰς ταῦτα θεραπεία, καὶ πῶς ἀπαλλαγῶμεν; ἆρ' οὖν, εἰ πρὸς ἰατροὺς οὕτως ἔχοντες ἔλθοιμεν, ἕξομέν τινα τοῖς παροῦσι βοήθειαν; ἐκεῖνοι γὰρ λέγουσιν ἀκριβῶς τὴν φύσιν ἐπισκεψάμενοι, ὡς πυρέττοντες ἑαυτῶν αἰσθανόμεθα οὐ τῶν νεύρων ἢ τῶν σαρκῶν τεθερμασμένων, ἐν οἷς πρώτοις ἡ ἁπτικὴ σύνεστιν αἴσθησις, ἀλλὰ τῶν ὑγρῶν, αἵματος, φλέγματος καὶ τῶν ὑπολοίπων. τί γοῦν ἄτοπον, εἰ κατὰ φύσιν μὲν ἐχόντων διὰ τὸ ὁμαλὸν καὶ οἰκεῖον τῆς ἐν ὅλῳ τῷ σώματι κράσεως μηδενὸς τῶν τοιούτων αἰσθάνεσθαι, ὥσπερ οὐδ' οἱ τὴν κρᾶσιν θερμότεροι ἑαυτῶν ὡς θερμοτέρων αἰσθάνονται, ἐν ταῖς ὑπερβολαῖς δέ, ὥσπερ ἐκτὸς ἑστώτων τῶν τοιούτων τῆς φύσεως, ὡς ἀλλοτρίων ἐντὸς τὴν φύσιν ἐν τοῖς οἰκείοις μένουσαν ἐπαισθάνεσθαι. εἰ γὰρ αὐτὰ τὰ νεῦρα καὶ τὴν σάρκα τεθερμάνθαι ἐλέγομεν, εἶτα ἑαυτῶν ἐπαισθάνεσθαι, ἦν ἴσως ἄλογον· ἄλλων δὲ πασχόντων γνωρίζειν τὴν αἴσθησιν οὐδὲν κωλύει. καὶ σημεῖον ὡς εἰ καθάπαξ τὸ ζῷον θερμαίνοιτο καὶ ὁμαλῶς τὸ δύσκρατον ἔχοι, μηδενὸς τῶν μερῶν ὑγιαίνοντος, ἵν' εἴη τῶν πασχόντων κριτήριον, φθορὰ τοῦτο καὶ τοῦ ζῴου διάλυσις γίνεται. ἀλλ' ἐπὶ μὲν ἁφῆς οὕτως ὁ λόγος εὐώδωται, ἄλλου φανέντος τοῦ πάσχοντος καὶ ἄλλου τοῦ κρίνοντος· ἐπὶ δὲ γλώσσης καὶ ὀφθαλμοῦ, αὐτῶν πασχόντων καὶ αὐτῶν γνωριζόντων, καὶ ἐπὶ τῶν ἄλλων αἰσθήσεων οὐκ ἀποχρήσει ταῦτα. ἢ κοινότερον τὸν λόγον ποιήσαντες ἴσως ἂν ἀρκέσαιμεν. οὐδὲν οὖν ἕτερόν ἐστιν αἴσθησις, ὡς καὶ μετὰ μικρὸν δηλωθήσεται, ἢ κρίσις ὑπὸ τῆς αἰσθητικῆς δυνάμεως τοῦ ἐν τῷ αἰσθητηρίῳ ἐγγινομένου πάθους ὑπὸ τῶν αἰσθητῶν· οὐδὲν δὲ ὑφ' αὑτοῦ πάσχει, ἀλλ' ὑφ' ἑτέρου καὶ ἀνομοίου. ταῦτ' ἄρα κατὰ φύσιν μὲν ἐχόντων τῶν αἰσθητηρίων οὐκ αἰσθανόμεθα αὐτῶν, ἅτε μηδενὸς ἐν αὐτοῖς ἐγγινομένου πάθους· ὅταν δέ τινι παρὰ φύσιν χυμῷ ἐνσκήψαντι παραχθείη τὸ αἰσθητήριον, εἰκότως τοῦ πάθους ἡ αἴσθησις ἀντιλήψαιτο· οὐδὲν γὰρ μᾶλλον τὸ ἔξωθεν αἰσθητὸν τοίως ἢ τοίως τὸ αἰσθητήριον διατίθησιν ἢ ἐν τοῖς τοιούτοις τὸ πάθος ἔνδον· ὅθεν καὶ οὐ μᾶλλον τοῦ ἐκτὸς ἢ τοῦ ἐντὸς ἡ κριτικὴ δύναμις αἰσθανθήσεται. οὐχ ὁρῶμεν δὲ καὶ μύοντες ταῦτα, καίπερ ἐντὸς ἔχοντες, διὰ τὸ δεῖσθαι τοῦ μεταξὺ καὶ

1 λάθοιμεν scripsi: λάθωμεν B: λάθομεν AC 4 τῷ] τοῦ B 6 θερμότητα A[1] 9 προφέροιεν C 12 ἆρ' οὖν] ἄρ' οὖν AC: ambigue B 17 ὁμαλὲς AC 18 αἰσθάνεσθαι] συνέσθεσθαι A 24 ἔχοιε A 26 εὐόδωται AC 31 κρίσησ C 32 πάσχει ὑφ' αὐτοῦ AC 36 ἀντιλήψαιτο sic libri: fort. ἀντιλήψεται 38 ἡ κριτικὴ] ἢ κριτικὸς B

τῷ τὴν ὄψιν μὴ ἄνευ φωτὸς ἐνεργεῖν· οὐδὲ γὰρ ἐν σκότῳ τὰ ἐκτὸς παρακείμενα ὄψεται. ἔξωθεν γοῦν ἐνεργοῦσα μετὰ φωτὸς τὸ μὴ καλῶς ἔχειν τὸ αἰσθητήριον τῇ τῆς ἐνεργείας γινώσκει διαφορότητι· ὅθεν καὶ τοῖς ἔξω τὸ οἰκεῖον περιάπτει πάθος, ὥσπερ ἡ γεῦσις τοῖς σιτίοις τὴν ἰδίαν πικρότητα, οἵ τε σκοτοδινιῶντες οἴονται κύκλῳ τὰ ἔξω φέρεσθαι αὐτοὶ στρεφόμενοι. ὡς γὰρ τὰ κεχρωσμένα τῶν σπέκλων ἐρυθρῷ ἢ κυανῷ βάμματι πάντα τὰ δι' αὐτῶν ὁρώμενα ὁμόχροα ἑαυτοῖς δείκνυσιν, οὕτω δὴ καὶ ὅταν φθάσῃ τῶν αἰσθητηρίων ἕκαστον ὑπό τινος νόσου προκαταληφθῆναι, πᾶσι τοῖς ἄλλοις αἰσθητοῖς, ὧν ἐστι κριτικόν, τὴν ἰδίαν ποιότητα περιτίθησιν. ἢ καὶ δυσχεράνειεν ἄν τις· τί δ' ἂν ἔτι καὶ τοῖς πολλοῖς ἐγκαλέσομεν αὐτοὶ τὰ πράγματα φύροντες· χωρὶς γὰρ ὄντων κινήσεως πάθους καὶ ἐνεργείας, ἡμεῖς ὡς καθ' ἑνὸς τούτοις χρώμεθα καὶ ὡς τοῦ αὐτοῦ ὄντος τοῦ πάσχειν καὶ κινεῖσθαι καὶ ἐνεργεῖν λέγομεν, ὡς ἂν καὶ τὸ περὶ τὴν αἴσθησιν ποτὲ μὲν κίνησιν, ποτὲ δὲ πάθος, ἔστιν οἷς καὶ ἐνέργειαν ὀνομάζοιμεν. ἀλλὰ πᾶσα μὲν κίνησις καὶ ἐνέργεια, οὐκ ἔμπαλιν δέ· καὶ πᾶν πάθος κίνησις, οὐκ ἀντιστρέφει δέ. δεῖ γὰρ διαιρεῖν· καὶ ἡ μὲν ἐκ τοῦ δυνάμει εἰς τὸ ἐνεργείᾳ ἀτελὴς ἐλέγετο πρόοδος, ἐνέργεια δὲ πρὸς ταύτῃ καὶ ἡ τελεία προβολὴ τῆς ἕξεως, ἥ τε ἀθρόα ὁμοῦ καὶ μὴ συμπροϊοῦσα τῇ κινήσει μηδὲ τῷ χρόνῳ συρρέουσα, ὥσπερ ἡ τοῦ φωτὸς ἐν τῷ παντὶ προβολὴ καὶ διάδοσις ἄχρονος (ἅμα γὰρ τῷ φανῆναι φωτιστικόν, καὶ ἀθρόως ᾧ [δ'] ἂν προσβάλοι, ἀστράπτεται) καὶ ἐν παντὶ μέρει χρόνου ταῖς ἐνεργείαις ὁμοίως ἔχει ἑστῶσα καθ' ἕν, ὡς ἂν καὶ ἐπὶ τῶν αἰσθήσεων εἴποιμεν (καὶ κατὰ ταὐτὸ γὰρ τό τε ὄμμα διήραμεν καὶ τῶν ὁρατῶν ἀντελάβομεν) ἥ τε μεριστὴ καὶ τῷ χρόνῳ συμπαροδεύουσα, οἷα τὰ τοῦ διανοητικοῦ ἐνεργήματα καὶ κινήματα τὰ ἀπὸ προτάσεως ἐπὶ τὰ συμπεράσματα τέλεια μὲν τῇ ἕξει, οὐκ ἀθρόα δὲ τῇ ἐνεργείᾳ, ἀλλὰ τὸ μὲν πρῶτον, τὸ δὲ μετ' αὐτό, καὶ ἔσχατον τὸ συμπέρασμα. διττὸν δὲ καὶ τὸ πάσχειν, ὡς προϊόντες ἐροῦμεν. πρότερον δὲ διαιρετέον περὶ δυνάμεως καὶ ἐντελεχείας (νῦν γὰρ ἁπλῶς λέγομεν περὶ αὐτῶν), ἵν' ἐπιόντες τοὺς τρόπους, ὅπη περ ἡ αἴσθησις δύναμις, εὕρωμεν καὶ εἰ τὴν ἀπὸ τῆς δυνάμεως αὐτῆς εἰς τὴν ἐνέργειαν ἔγερσιν ἀλλοιοῦσθαι κυρίως ἢ πάσχειν καλεῖν δεῖ, ἀλλὰ μή τι ἕτερον. λέγεται μὲν οὖν δυνάμει καὶ τὸ κατ' ἐπιτηδειότητα μόνην φυσικήν· ἔστι γάρ πως οὕτως ἐπιστῆμόν τι, ὡς ἂν εἴποιμεν ἄνθρωπον ἐπιστήμονα δυνάμει καὶ τὸ παιδίον φύσει ἐπιστήμης δεκτικόν· ἕτερον δὲ ὡς ἤδη λέγομεν ἐπιστήμονα τὸν ἔχοντα τελείαν τὴν ἐπιστήμην, οἷον εἰπεῖν τὴν γραμματικήν, ἀργοῦντα δὲ ἢ καθεύδοντα. φανερὸν οὖν ὡς οὐ τὸν αὐτὸν τρόπον ἑκάτερος τούτων δυνατός ἐστιν, ἀλλ' ὁ μὲν ὅτι τὸ γένος τοιοῦτον καὶ ἡ ὕλη, ὁ δὲ ὅτι βουληθεὶς δυνατὸς θεωρεῖν καὶ ἐνεργεῖν, ἂν μή τι κωλύσοι τῶν ἔξωθεν. τρίτος δὲ παρὰ τούτους ὁ καθ' ἐνέργειαν καὶ ἤδη θεωρῶν ἐντελεχείᾳ ὢν καὶ κυρίως ἐπιστάμενος τόδε τὸ Α. ἀμφότεροι

6 σπλέκλων B 9 ἢ καὶ AC 10 ἐγκαλέσαιμεν AC 11 γὰρ τῶν ὄντων C 16 εἰς] πρὸς AC 20 δ' delevi 21 καὶ (ante κατὰ) om. A 23 ἐνεργήματος καὶ κινήματος B 24 προτάσεων A 28 εὕρομεν AC 31 ἔστι μὲν γὰρ A 34 φανερὸν οὖν κτλ. v. Torstrikii ed. p. 141 35 τὸν αὐτὸν] ταυτὸν τὸν A: ταυτὸν C

μὲν οὖν οἱ πρῶτοι κατὰ δύναμιν ἐπιστήμονες, ἀλλ' ὁ μὲν πρώτως, ὁ δὲ δευτέρως, καὶ ὁ μὲν διὰ μαθήσεως ἀλλοιωθεὶς καὶ πολλάκις ἐξ ἐναντίας μεταβαλὼν ἕξεως, ὁ δὲ ἐκ τοῦ ἔχειν τὴν αἴσθησιν τελείαν ἢ τὴν γραμματικὴν μὴ ἐνεργεῖν δέ· καθ' ὃ μόνον καὶ τὸ αἰσθητικὸν δυνάμει λέγομεν καὶ τὴν αἴσθησιν δύναμιν. καὶ ἔτι ἄλλον τρόπον δυνάμει ὁ ἤδη ἐνεργῶν ὁ διδάσκων γραμματικὸς καὶ ὁ ὁρῶν τόδε τὸ λευκόν. οὐκ ἔστι δὲ ἁπλοῦν οὐδὲ τὸ πάσχειν, ἀλλὰ τὸ μὲν φθορά τις ὑπὸ τοῦ ἐναντίου, ὡς τὸ ξύλον πάσχει καιόμενον ὑπὸ τοῦ πυρός, καὶ τὸ μέλαν ὅτε λευκαίνεται, τὸ δὲ σωτηρία μᾶλλον τοῦ δυνάμει ὑπὸ τοῦ ἐντελεχείᾳ ὄντος καὶ οὕτως ὁμοίου ὡς δύναμις ἔχει πρὸς ἐντελέχειαν, ὥς τό τε παιδίον πάσχει μανθάνον καὶ τελειούμενον εἰς γραμματικὴν ὑπὸ τοῦ ἐνεργείᾳ γραμματικοῦ, ὅ τε καθ' ἕξιν ἐπιστήμων γινόμενος ἐνεργείᾳ θεωρῶν, ὃ πρότερον ἐλέγομεν ἄνω δυνάμει καὶ δεύτερον· ὅπερ οὐδὲ κυρίως πάσχειν ἂν ἢ ἠλλοιῶσθαι λέγοιτο. πῶς γὰρ πάθος ἢ ἀλλοίωσις ἡ τοῦ εἴδους πλήρωσις καὶ τελείωσις; εἰς ἑαυτὸ γὰρ ἡ ἐπίδοσις καὶ εἰς ἐντελέχειαν. ἢ τῷ πτωχεύειν ὀνομάτων κοινωνήσει μὲν τοῦ ὀνόματος, διοίσει δὲ τῇ φύσει, καὶ ἕτερον τοῦτο γένος πάθους ἔσται καὶ ἀλλοιώσεως. οὔκουν καλῶς ἔχει λέγειν τὸ καθ' ἕξιν φρονοῦν ἢ ἐπιστάμενον, οἷον τὸν καθεύδοντα γεωμέτρην, ὅταν ἐγείρηται καὶ ἐνεργείᾳ φρονῇ καὶ ἐπίστηται, παθεῖν τι ἢ ἠλλοιῶσθαι, ὥσπερ οὐδὲ τὸν οἰκοδόμον ὅταν οἰκοδομῇ. ἀλλ' οὐδὲ διδασκαλίαν τοῦτο λεκτέον, ἀλλ' ἑτέραν ἐπωνυμίαν ἔχειν δίκαιον. οὕτως οὐδὲ τὸ δυνάμει αἰσθητικόν, ὅταν ἐνεργείᾳ αἰσθάνηται, πάσχειν κυρίως ἢ ἠλλοιῶσθαι λέγειν δεῖ. τὸ δὲ ἐκ δυνάμει ὄντος μανθάνον καὶ λαμβάνον ἐπιστήμην ὑπὸ τοῦ ἐντελεχείᾳ ὄντος καὶ διδασκαλικοῦ, τὸ πρῶτον λέγω δυνάμει, τὸ κατ' ἐπιτηδειότητα μόνην καὶ ἀτελές, ἤτοι οὐδὲ πάσχειν φατέον οὐδ' αὐτό, ὥσπερ εἴρηται. ἢ ὁμώνυμόν τι καὶ δύο τρόπους εἶναι πάθους καὶ ἀλλοιώσεως, τήν τε ἐπὶ τὰς στερητικὰς διαθέσεις μεταβολὴν καὶ τὴν ἐπὶ τὰς ἕξεις καὶ τὴν φύσιν. τούτων οὖν οὕτως ἐχόντων οὐκ ἂν εἴη κυρίως ἡ τῆς δυνάμει αἰσθήσεως διέγερσις καὶ μεταβολὴ εἰς ἐνέργειαν πάθος ἢ ἀλλοίωσις, ὥσπερ ἐλέγετο· εἰ γοῦν καὶ ἔτι λέγοιμεν, καταχρηστικῶς ἂν λέγοιμεν καὶ οὐ κυρίως.

Ἀλλ' ἐπειδὴ μηδενὸς τῶν καλλίστων καὶ τοῖς τοιούτοις προσηκόντων λόγοις ἐλλελεῖφθαι φιλοτιμούμεθα τῷ πονήματι, ἄνωθεν καὶ τὴν τοῦ δυνατοῦ διαίρεσιν προθέντες ἐντελέστερον ἐπεξέλθωμεν καὶ ὡς ἑτέροις ἐκδέδοται, κἂν τινος διὰ τὴν παλιλλογίαν ὑπαίτιοι μέμψεως, καὶ τοῦτο δεχόμεθα. τοῦ δυνατοῦ τὸ μὲν ἤδη ὂν κατ' ἐνέργειαν, ὡς ὅταν τὸν βαδίζοντα λέγωμεν δύνασθαι βαδίζειν καὶ τὸν ἥλιον δύνασθαι κινεῖσθαι ἢ φωτίζειν, τὸ δὲ κατὰ δύναμιν καὶ ἐπιτηδειότητα μόνην, ὡς ὅταν λέγωμεν τὸν καθήμενον δύνασθαι βαδίζειν καὶ τὸν βαδίζοντα μὴ βαδίζειν. πάλιν τοῦ κατ' ἐνέργειαν τὸ μὲν εἶναι συμφυὲς τῷ πράγματι τῷ δύνασθαι αὐτὸ λεγομένῳ καὶ εἰδοποιὸν αὐτοῦ, τὸ δὲ ἐπίκτητον καὶ οὐκ ἀεὶ παρὸν τῷ ὑποκειμένῳ. καὶ τοῦ μὲν συμφυοῦς καὶ

---

1 ἐπιστήμονες] ἐπιστήμη B 4 ἐνεργεῖ A 6 ὁ om. C 7 ἐναντίον B 12 ὅπερ] ὃ A οὐδὲ scripsi: οὔτε libri 16 γένους πάθος BC 18 ἐπίσταται A 21 λέγειν δεῖ om. A 27 δυνάμεως αἴσθησις C διέγερσις om. C 30 ἐπεὶ A 32 ἐπεξέλθομεν AC 33 παλιλογίαν B 37 καὶ τὸν — βαδίζειν om. C

εἰδοποιοῦ, ὡς εἴρηται, τῶν ὑποκειμένων τὸ μὲν εἶναι ἀίδιον καὶ ἐν ἀιδίοις πράγμασιν ὑφιστάμενον, ὡς τὸ κινεῖσθαι κύκλῳ τὸν οὐρανὸν ἢ τὴν γῆν ἐν τῷ μέσῳ τετάχθαι τοῦ παντὸς ἢ τὸν θεὸν ἀγαθὸν εἶναι, τὸ δὲ οὐκ ἀίδιον μὲν οὐδ' ἐπ' ἀιδίων θεωρούμενον ὑποκειμένων, ἕως μέντοι ἂν ὦσι τὰ ὑποκείμενα, συνυπάρχον αὐτοῖς, ὡς ὅταν λέγωμεν τόδε τὸ πῦρ δύνασθαι θερμαίνειν καὶ τήνδε τὴν χιόνα ψύχειν, τοῦ λοιποῦ δηλαδὴ σημαινομένου τοῦ κατ' ἐνέργειαν, τοῦ μὴ συμφυοῦς τοῖς ὑποκειμένοις, θεωρουμένου ἐπὶ τῶν ἐκ δυνάμεως εἰς τὴν ἐνέργειαν μεταβεβηκότων, ὡς ἐλέγομεν ἐπὶ τοῦ τὸν καθήμενον δύνασθαι βαδίζειν. τοῦ δ' αὖ ἐπ' ἀιδίων πραγμάτων λεγομένου τὸ μὲν θεωρεῖσθαι ἐν ταῖς παντάπασιν ἐξῃρημέναις τῆς ὕλης οὐσίαις, ὡς ἀγαθότητα τοῦ θεοῦ καὶ τὴν νόησιν, τὸ δὲ ἐκείνου προσεχῶς ἐξηρτημένον καὶ ὑφεστηκὸς ἐν σώμασι μέν, ἀλλ' ἁπλοῖς καὶ μηδὲν ἔχουσιν ἐναντίον καὶ κατὰ μόνην τὴν κύκλῳ κίνησιν ἀεὶ κινουμένοις πάσης τε θνητῆς δυσχερείας ἀπηλλαγμένοις. πάλιν δὲ τοῦ κατὰ δύναμιν τὸ μὲν εἶναι οἷον μεταβάλλειν εἰς τὴν ἐνέργειαν, ὡς ὅταν λέγωμεν τὸν παῖδα δύνασθαι στρατηγεῖν, * * ἂν μή τι τῶν ἔξωθεν ἐμποδὼν γένηται, τὸ δὲ εἰς ἐνέργειαν μὲν οὐδέποτε ἀχθησόμενον, κατ' αὐτὸ δὲ μόνον τὸ δυνάμει τὸ εἶναι ἔχον, ὡς ἐπὶ τῆς εἰς ἄπειρον τομῆς τῶν μεγεθῶν καὶ πάντων ἁπλῶς τῶν συνεχῶν καὶ τῆς ἐπὶ πλέον προόδου τῶν ἀριθμῶν. καὶ περὶ μὲν τοῦ δυνατοῦ τοσαῦτα. ἔστι δέ πως ἄλλως τὸ αἰσθάνεσθαι, ὥσπερ καὶ τὸ νοεῖν· ἄμφω γὰρ κατὰ λῆψιν τῶν εἰδῶν τὸ μὲν νοητῶν τὸ δὲ αἰσθητῶν, καὶ ὥσπερ ἐκεῖ ταὐτὸν ὁ νοῦς τῷ νοητῷ ὁ κατὰ δύναμιν καὶ ἐνέργειαν τῷ δυνάμει καὶ ἐνεργείᾳ, οὕτως ὧδε ἡ αἴσθησις τῷ αἰσθητῷ. ὡς γὰρ ὁ κηρὸς δυνάμει λέγεται ὅπερ τὸ σφραγιστήριον, γίνεται δέ πως καὶ ἐνεργείᾳ ὅπερ ἐκεῖνος τῷ ἐκτυποῦσθαι, οὐχ ὅλον δὲ τοῦτο γέγονεν ὁ κηρὸς ὅπερ ἡ σφραγὶς κατὰ τὴν ὕλην, ἀλλ' ὅσον τὸ ἐκτύπωμα δέξασθαι αὐτοῦ κατὰ τὴν ἐπιφάνειαν, οὕτω δεῖ καὶ ἐπὶ τοῦ νοῦ νοεῖν καὶ αἰσθήσεως, ὅταν λέγωμεν τὸν μὲν ὅπερ τὰ νοητά, τὴν δὲ ὅπερ τὰ αἰσθητὰ γίνεσθαι. οὔτε γὰρ ἄγγελος ὁ νοῦς ἢ λίθος αὐτὰ νοῶν, οὔτε λευκὴ ἡ ὄψις ἢ μέλαινα τὰ τοιάδε ὁρῶσα χρώματα, ἀλλὰ μόνα τὰ εἴδη ὁ μὲν τῶν νοητῶν ἡ δὲ τῶν αἰσθητῶν ἀύλως καὶ γνωστικῶς ἐν αὐτοῖς ὑπεδέξαντο. ὥστε ἔσται αἴσθησις ψυχῆς δύναμις μερικὴ γνωστική, διά τινος ἀλλοιώσεως καὶ μεταβολῆς ὁμοιουμένη τοῖς αἰσθητοῖς· αἰσθητὸν δὲ τὸ τοῖς στοιχείοις ἐνὸν καὶ τοῖς κατὰ μέρος σώμασιν οὐσιωδῶς ἢ καὶ κατὰ συμβεβηκὸς μερικὸν ὄν, δι' οὗ καὶ ἡ κατ' ἐνέργειαν αἴσθησις ὑπ' αὐτοῦ πάσχουσα ὁμοιοῦται, πρότερον δυνάμει οὖσα ὁμοία αὐτῷ. καὶ τοῦτο τῷ μακρῷ λόγῳ μόλις συνεπεράναμεν· οὐ δὲ σκώμματος διὰ τὸ παράδειγμα δεῖ δεικνύουσιν ἀδηλοτέρῳ τὸ ἄδηλον, καὶ τοῖς ἄλλοις κοινούμεθα, οἷς ἧττον εὐπορία τῶν ἐμφανῶν, πρὸς τὰ ἀφανῆ καὶ ἀκριβέστερα καταφεύγουσι καὶ μαθηματικῶς ἐν ὑλικοῖς χρωμένοις ταῖς ἀποδείξεσιν.

---

2 ὑφισταμένου B 5 συνυπάρχοντα B 6 ψύχον B 8 τοῦ τὸν] τοῦτον B 9 αὖ om. A λεγούμενου A 11 ὑφεστηκὼς A 15 lacunam indicavi 20 νοητὸν B 21 αἰσθητὸν B 22 τὸ δυνάμει C[2] 27 τὰ δὲ A 29 αἰσθητῶν αἰσθητῶς C 31 γνωστικὴ μερικὴ AC 36 κινούμεθα A[1] 37 ἐμφανῶς A[1] 38 μαθηματικαῖς A

Ἐπεὶ οὖν περὶ αἰσθήσεως ἁπλῶς ζητοῦντες τὰ πρὸς τοῦτο συμπαρελάβομεν, πῶς τε τὸ ποιεῖν καὶ πάσχειν λέγεται καὶ ποσαχῶς τὸ δυνάμει καὶ ἐνεργείᾳ, καὶ ἔτι πρὸ τούτων τινὰ τῶν φερομένων περὶ αἰσθήσεως διῃτήσαμεν καὶ κοινόν τινα λόγον ἐκ τούτων αἰσθητοῦ καὶ αἰσθήσεως συνηγάγομεν, ἤδη πάλιν ἐχόμεθα τῶν ἑξῆς καὶ περὶ τῶν κατ' εἴδη αἰσθητῶν καὶ αἰσθήσεων τὸν λόγον ποιούμεθα. μικρὰ δ' ἄττα πρότερον περὶ τὴν τῆς αἰσθήσεως γένεσιν καὶ ὅπως τὸ ζῶον αἰσθητικὸν τὴν ἀρχὴν ὑπῆρξε, διαλαβεῖν ἀναγκαῖον. ἐπεὶ οὖν τριττόν πως τὸ δυνατὸν ὥρισται πρότερον, τὸ μὲν κατὰ μόνην ἐπιτηδειότητα, τὸ δὲ κατὰ τελείαν ἕξιν, τὸ δὲ κατὰ τὴν ἐνέργειαν, καὶ τούτοις ἡ τῶν ἐν γενέσει καὶ φθορᾷ φύσις ἐξάγεται, ὅπως καὶ ἐπ' αἰσθήσεως ταῦτα συμβαίνει, σκεπτέον. τοῦ μὲν οὖν αἰσθητικοῦ ἡ πρώτη μεταβολὴ γίνεται ὑπὸ τοῦ γεννῶντος· τὸ γὰρ σπέρμα καὶ τὰ καταμήνια καὶ ὅλως ἡ τοῦ ζώου ὕλη ἔνδον ἐν τῷ γεννῶντι, αἰσθητικὸν οὕτω δυνάμει, ὡς κἂν τὸ ἀρτιγενὲς παιδίον γραμματικόν· ἄμφω γὰρ κατὰ τὸ πρῶτον καὶ ἀτελὲς δυνάμει λέγεται. ἄγεται δὲ τὸ μὲν ὑπὸ τοῦ διδασκάλου εἰς ἕξιν ἐπιστημονικήν, τὸ δὲ ὑπὸ τῆς ἐν τῇ μητρὶ φύσεως εἰς τὴν καθ' ἕξιν αἴσθησιν. ὅταν γὰρ ἀποκυηθῇ, ἤδη τὴν ἕξιν ἔχει· ἡ γὰρ κύησις ἀλλοίωσίς τίς ἐστι καὶ μεταβολὴ τοῦ πεφυκότος αἰσθάνεσθαι ἐπὶ τὴν καθ' ἕξιν αἴσθησιν, καὶ ἔστιν οὕτω τότε τὸ αἰσθάνεσθαι, ὥσπερ καὶ τὸ ἐπίστασθαι τῷ καθεύδοντι γεωμέτρῃ. ἀλλ' ἡ μὲν ἐκ τοῦ πρώτου δυνάμει ἐπὶ τὴν ἕξιν μεταβολὴ ἐν τῇ κυήσει ὑπὸ τῆς ἐν τῷ γεννῶντι φύσεως, ὥσπερ εἴρηται, γίνεται, ἡ δὲ ἐκ τῆς ἕξεως εἰς τὴν ἐνέργειαν ὑπὸ τῶν αἰσθητῶν. διὸ ἅμα τῷ γεννηθῆναι, ἂν παρῇ τὸ αἰσθητόν, ἀντιλαμβάνεται τὸ τεχθέν· ὅθεν εὐθὺς κλαυθμυρίζεται εἰς ἀσυνήθη καὶ ψυχρὸν ἀέρα ἐμπίπτον, καὶ ἀνιώμενον οὐ μόνον τῇ ἁφῇ τῷ περιέχοντι, ἀλλὰ καὶ τῇ ὄψει ὑπὸ τοῦ φωτός. τοῦτο δ' ἂν πάθοι καὶ ἐν ταῖς ἄλλαις αἰσθήσεσιν, εἴ γε πάρεισιν αὐτῷ καὶ τὰ τούτων αἰσθητά. ἔστιν οὖν τὸ καθ' ἕξιν αἰσθάνεσθαι ὥσπερ τὸ ἁπλῶς ἐπίστασθαι· τὸ δὲ κατ' ἐνέργειαν ὁμοίως λέγεται τῷ θεωρεῖν. διαφέρει δέ, ὅτι τοῦ μὲν τὰ ποιητικὰ τῆς ἐνεργείας ἔξωθεν, τὸ ὁρατὸν τὸ ἀκουστόν, ὁμοίως δὲ καὶ τὰ λοιπὰ τῶν αἰσθητῶν. αἴτιον δὲ ὅτι τῶν καθ' ἕκαστον ἡ κατ' ἐνέργειαν αἴσθησις, ἡ δ' ἐπιστήμη τῶν καθόλου· ταῦτα δὲ ἐν αὐτῇ πως ἔσται τῇ ψυχῇ. διανοηθῆναι μὲν γὰρ ἐπ' αὐτῷ, ὅταν βούληται, αἰσθάνεσθαι δὲ οὐκ ἐπ' αὐτῷ· ἀναγκαῖον γὰρ παρεῖναι τὸ αἰσθητόν. ὁμοίως δὲ τοῦτ' ἔχει κἀν ταῖς ἐπιστήμαις ταῖς τῶν αἰσθητῶν, καὶ διὰ τὴν αὐτὴν αἰτίαν, ὅτι τὰ αἰσθητὰ τῶν καθ' ἕκαστα καὶ μερικὰ καὶ ἔξωθεν, ὥσπερ ὁ πολιτικὸς καὶ ὁ μηχανικὸς καὶ οἱ κατὰ μέρος τεχνῖται. τούτοις γὰρ ἡ μὲν καθόλου περὶ τὰς τέχνας θεωρία ἐπ' αὐτοῖς, ἡ δὲ ἀπὸ τῶν τεχνῶν ἐπὶ τὰ καθ' ἕκαστα οὐκ ἐπ' αὐτοῖς· δεῖ γὰρ τῆς ὕλης καὶ τῶν ὀργάνων. ἀλλὰ περὶ μὲν τούτων διασαφῆσαι καιρὸς γένοιτ' ἂν καὶ εἰσαῦθις· ἐν τῷ τρίτῳ γὰρ περὶ τοῦ πρακτικοῦ νοῦ καὶ ὅπως ἐκεῖνος ἴσχει τὰς ἐνεργείας διαληφθήσεται. οὐκ ἂν δὲ

---

5 ἐχώμεθα A   6 ἅττα AC   11 συμβαίνοι AC   12 γὰρ om. C
23 κλαυθμυρίζεται AC Philoponus: κλαυθμηρίζει B   27 τὸ θεωρεῖν AC
31 πῶς A   33 ταῖς (ante τῶν) om. C   38 εἰσαῦθις] εἰσύνθεσις A¹   ἐν τῷ τρίτῳ] de An. Γ, 7

παρέλθοιμι καὶ ἃ περὶ τῆς λογικῆς ψυχῆς ἐν τούτοις φιλοσοφοῦσιν Ἕλληνες, ὡς διττὸν καὶ ἐπὶ ταύτῃ τὸ δυνάμει καὶ ἐνεργείᾳ. προστιθέασι δὲ καὶ τὸ τῆς μεταβολῆς αἴτιον· ἔξω μὲν γάρ φασιν οὖσαν σώματος κεχωρίσθαι πάντῃ τοῦ πρώτου δυνάμει, νοῦν οὖσαν καθαρῶς καὶ πάντα τὰ νοητὰ καθ' ἕξιν ἔχουσαν· ἐλθοῦσαν δὲ εἰς γένεσιν κατὰ τὰ αὐτὰ τῷ ἐπιστήμονι πάσχειν, εἴπερ ὑπὸ νόσου ἢ χρόνου οὗτος ἢ λήρου φθαρείη τὴν ἐπιστήμην, καὶ γίνεσθαι κατὰ τὸ πρῶτον δυνάμει, ἄγεσθαι δὲ εἰς ἕξιν ὑπὸ τοῦ διδασκάλου ἢ ὑπὸ τῶν αἰσθητῶν αὐτὴν ζητοῦσαν καὶ εὑρίσκουσαν, εἶτα εἰς ἐνέργειαν, ποιητικὴν αἰτίαν καὶ παρ' αὐτῇ τὴν βούλησιν ἔχουσαν. καὶ ταῦτα μὲν ἐκεῖνοι· νῦν δὲ διωρίσθω τοσοῦτον, ὅτι οὐχ ἁπλοῦ ὄντος τοῦ δυνάμει λεγομένου, ὡς πολλάκις εἴρηται, ἀλλὰ τοῦ μὲν ὥσπερ ἂν εἴποιμεν τὸν παῖδα δύνασθαι στρατηγεῖν, τοῦ δὲ ὡς τὸν ἐν ἡλικίᾳ ὄντα, οὕτως ἔχει τὸ αἰσθητικόν. ἐπεὶ δ' ἀνώνυμος αὐτῶν ἡ διαφορά (οὐ γὰρ ἰδίων εὐποροῦμεν ὀνομάτων ἐπί τε τοῦ πρώτου καὶ δευτέρου, ἀλλ' ἄμφω δυνάμει λέγομεν), διώρισται δὲ περὶ αὐτῶν, ὅτι ἕτερα καὶ πῶς ἕτερα, χρῆσθαι ἀναγκαῖον τῷ πάσχειν καὶ ἀλλοιοῦσθαι ὥσπερ ἂν εἰ καὶ κυρίοις ὀνόμασι. τὸ δὲ αἰσθητικὸν δυνάμει ἐστὶν οἷον τὸ ⟨αἰσθητὸν⟩ ἤδη ἐντελεχείᾳ, καθάπερ εἴρηται· πάσχει μὲν οὖν οὐχ ὅμοιον ὄν, πεπονθὸς δὲ ὡμοίωται καὶ ἔστιν οἷον ἐκεῖνο.

II 6 Τούτων οὕτω διωρισμένων καιρὸς καὶ τὸν καθ' ἑκάστην αἴσθησιν προχειρίσασθαι λόγον. λεκτέον δὲ περὶ τῶν αἰσθητῶν πρῶτον, εἶτα περὶ τῆς δυνάμεως· σαφέστερον γὰρ τῆς ἐνεργείας καὶ τῆς δυνάμεως κατὰ τὴν διδασκαλίαν τὸ εἰς ὃ ἡ ἐνέργεια. τῶν οὖν αἰσθητῶν τὰ μὲν καθ' αὑτά, τὰ δὲ κατὰ συμβεβηκός. τῶν δ' αὖ καθ' αὑτὸ τὸ μὲν ἴδιόν ἐστιν ἑκάστης αἰσθήσεως καὶ ταῖς ἑτέραις ἀμέθεκτον, τὸ δὲ κοινὸν πασῶν ἢ ταῖς πλείοσι. λέγω δὲ ἴδιον μὲν ὃ μὴ ἐνδέχεται * * ἀπατηθῆναι, οἷον ὄψις χρώματος καὶ ἀκοὴ ψόφου καὶ γεῦσις χυμοῦ καὶ ἀτμῶν ὄσφρησις· πλείους δὲ καὶ τῆς ἁφῆς αἱ διαφοραί, οἷον θερμότης ὑγρότης καὶ αἱ ἐναντίαι, βάρος ἀντιτυπία καὶ τἆλλα. κρίνει γοῦν ἑκάστη αἴσθησις ἀσφαλῶς περὶ τούτων τὸ ἑαυτῆς οἰκεῖον καὶ οὐκ ἀπατᾶται· οὐ γάρ ποτε ὅτι χρῶμα τόδε ἡ ὄψις ἀπατηθήσεται, ἢ ψόφος ἡ ἀκοή, ἀλλὰ τίς ἡ οὐσία τοῦ κεχρωσμένου καὶ ποῦ· τὸ γὰρ χολοβαφὲς χρυσὸν οἰηθείη ἄν ποτε, καὶ εἰ † ὀστρειόλεπα ἐν τῷ δεξιῷ ἠχήσειε τοῦ οἰκήματος ὑπολάβοι ἐν τῷ ἀριστερῷ ἠχῆσαι χρυσίνους. τὰ μὲν οὖν τοιαῦτα λέγεται ἴδια ἑκάστης· κοινὰ δὲ ἢ ἐν πλείοσι κίνησις, ἠρεμία, ἀριθμός, σχῆμα, μέγεθος. τὰ γὰρ τοιαῦτα οὐδεμιᾶς ἐστιν ἴδια, ἀλλὰ κοινά, τινὰ μὲν πάσαις, ὡς ἀριθμὸς καὶ κίνησις καὶ στάσις, πλὴν γεύσεως, μέγεθος δὲ καὶ σχῆμα ταῖς τρισίν, ἀκοῇ ὄψει καὶ ἁφῇ. ἀλλὰ τὰ μὲν καθ' αὑτὸ αἰσθητὰ οὕτω· διττὸν δὲ καὶ τὸ κατὰ συμβεβηκὸς αἰσθητόν, αἵ τε οὐσίαι (οὐ γὰρ αἰσθητή τινος οὐσία,

---

3 φασιν] φυσιν A[1] 5 ὑπὸ] ἀπὸ B 8 ante εἰς add. καὶ A 9 αὐτῇ scripsi: αὐτῆ libri 16 αἰσθητὸν ex Aristotele addidi 19 προκεχειρίσθαι A 23 τὸ om. B 25 ὃ μὴ ἐνδέχεται ἑτέρᾳ αἰσθήσει αἰσθάνεσθαι καὶ περὶ ὃ μὴ ἐνδέχεται ἀπατηθῆναι de An. 418a11 27 ὑγρότης scripsi: ψυχρότης libri 29 ἡ ἀκοὴ B 30 χρυσᾶ C 31 ὀστρειόλεπα] fort. ὄστρεια (vel ὄστρακα) λεπτά 32 ἰδία B 35 τοῖς B

ἀλλὰ λογισμῷ ληπτή, οἷον τοῦ λίθου· τούτου γὰρ οὐ τὸ σχῆμα, οὐ τὸ χρῶμα οὔτε ὁ ὄγκος ἢ τὸ βάρος καὶ ἡ ἀντιτυπία καὶ ὅσων ἄλλων ἐν αὐτῷ ἡ αἴσθησις ἅπτεται, οὐσία αὐτῷ, ἀλλὰ τῇ οὐσίᾳ ἐπισυμβάντα, καὶ εἰ τόδε τὸ λευκὸν εἴη Διάρους υἱός, κατὰ συμβεβηκὸς γνωρίζομεν τῇ ὁράσει τὸν ἄνθρωπον, ὅτι τῷ λευκῷ συμβέβηκε τοῦτο, οὗ αἰσθάνεται. ἡ μὲν γὰρ ὄψις καθ' αὑτὸ καὶ προηγουμένως τοῦ χρώματος ἀντελάβετο, ἡ δὲ ψυχὴ τὴν οὐσίαν συνέγνωκε· διὸ καὶ οὐδὲν πάσχει ᾗ τοιοῦτον ὑπὸ τοῦ αἰσθητοῦ τοῦ κατὰ συμβεβηκὸς ἡ ὅρασις)· αἵ τε οὖν οὐσίαι, ὥς γε εἴρηται, κατὰ συμβεβηκὸς αἰσθηταὶ καὶ τὰ παρ' ἑκάστην ἴδια ταῖς λοιπαῖς. ἑωρακότες γάρ τι ξανθὸν οἷον στύρακα λέγομεν ἑωρακέναι τι εὐῶδες, καὶ πάλιν ὀσφρανθεὶς λέγω ὅτι ξανθοῦ ὠσφράνθην, καὶ ἠχήσαντος ἀργύρου φημὶ λευκοῦ ἀκηκοέναι. ἔτι διαφέρει τὰ ἴδια αἰσθητὰ τῶν τε κατὰ συμβεβηκὸς καὶ τῶν καθ' αὑτὸ κοινῶν δὲ πρῶτον μὲν ὡς τούτων μὲν ἕκαστον μιᾷ τινι ἑκάστῃ τῶν αἰσθήσεων ἀφορίζεται, τὰ δὲ πλείοσι. καὶ περὶ μὲν τῶν κοινῶν πρόδηλον· τὸν γὰρ ἀριθμὸν εἴτ' οὖν τοὺς δέκα ἀστραγάλους καὶ ἡ ὄψις αἴσθοιτ' ἂν καὶ ἡ ἁφὴ καὶ αἱ ἕτεραι, καὶ ἐπὶ τῶν ἄλλων οὕτως. φανερὸν δὲ καὶ περὶ τῶν κατὰ συμβεβηκός· ἀπὸ διαφόρων γὰρ αἰσθήσεων τῆς αὐτῆς οὐσίας αἰσθοίμεθ' ἄν. καὶ γὰρ καὶ ἰδόντες ἔγνωμεν τὸν Σωκράτην καὶ ἀκούσαντες καὶ ἀψάμενοι, τό τε μέλι καὶ γευσάμενοι ἔγνωμεν καὶ ἰδόντες καὶ ὀσφρανθέντες ἢ καὶ ἁψάμενοι. δεύτερον δὲ ὅτι περὶ μὲν τὰ ἴδια αἰσθητά, κατὰ φύσιν ἐχουσῶν τῶν αἰσθήσεων καὶ ἐξ ὧν πεφύκασι τόπων ἀντιλαμβάνεσθαι προσβαλουσῶν τοῖς αἰσθητοῖς, οὐκ ἀπάτη γίνεται περὶ αὐτά, περὶ δὲ τὰ κατὰ συμβεβηκὸς αἰσθητὰ καὶ τὰ κοινὰ πολλὴ ἡ ἀπάτη· λευκὸν γὰρ ὁρῶντες ἀμφιβάλλομεν, εἰ λίθος ἢ ἵππος, καὶ φωνῆς ἀκούοντες τίνος καὶ ὅθεν πλανώμεθα, καὶ τῶν σχημάτων κατὰ ποιάν τινα σχέσιν τῶν ἀποστάσεων τὰ μὲν πολύγωνα περιφερῆ, εὐθύγραμμα δὲ τὰ στρογγύλα, τά τε κινούμενα ἑστῶτα καὶ τὰ ἑστῶτα πολλάκις κινούμενα φαίνεται. πλείστη δὲ κἂν τοῖς μεγέθεσι κατὰ τὸ πόρρω καὶ ἔγγιον ἡ διαφορά, πρόδηλος δὲ καὶ ἡ περὶ τὸν ἀριθμὸν ἀπάτη. ἴσως δ' ἄν τις καὶ κατὰ μικρὸν ἀπάτη προϊοῦσι κἂν τοῖς ἰδίοις θεωρηθήσεται. ἔτι τοῖς μὲν καθ' αὑτὸ αἰσθητοῖς ἐπιπάσχουσιν αἱ αἰσθήσεις, ἐν δὲ τοῖς κατὰ συμβεβηκὸς οὔ. καὶ ὅτι τὰ μὲν ἴδια αἰσθητὰ δρῶσι περὶ τὰς ἰδίας αἰσθήσεις πρόδηλον· ὅτι δὲ καὶ τὰ κοινά, φανερὸν ἐντεῦθεν· τό τε γὰρ ὀξυγώνιον ἄλλως δρᾷ τὴν ὄψιν (ἀνιᾷ γάρ), ἥδει δὲ τὸ ἀμβλυγώνιον, καὶ μᾶλλον τὸ λεῖον ἢ τὸ ἀγώνιον· προφανῆ δὲ καὶ τὰ περὶ τῆς ἁφῆς, ὡς διαφόρως περὶ τὰ διάφορα τῶν σωμάτων διατίθεται σχήματα. καὶ ὄψις δὲ καὶ ἀκοὴ ἄλλως ἑστῶτος αἴσθονται ἢ κινουμένου, εἰ καὶ τὰς διαφορὰς ἑρμηνεῦσαι ἀδυνατοῦμεν. ἔτι τὸ μέγεθος δόξει δρᾶν τι καὶ εἰς τὴν ὄψιν καὶ εἰς τὴν ἁφήν· ὑπὸ γὰρ τοῦ μείζονος χρώματος ἢ μείζονος θερμοῦ μᾶλλον συγκρίνεται ἢ διακρίνεται τὰ αἰσθητήρια, ἡ ἁφὴ καὶ ὄψις. ἀθρόαι γὰρ οὖσαι αἱ δυνάμεις ῥώννυνται μᾶλλον καὶ ἑαυτῶν δυνα-

---

2 ὄγγος A ὅσων ἄλλων] ὅσω μᾶλλον C 4 διάρρους AC 11 ὀσφράνθην AC 16 καὶ (ante περὶ) om. C 21 προσλαβουσῶν B ἀπάτη γίνεται] ἀπατῶνται A 22 περὶ τὰ δὲ B 23 post ἵππος add. ἢ ἄνθρωπος A 29 κἂν] καὶ B 33 προφανὲς C

μικώτεραι γίνονται, ὡς ἐπὶ τῶν βαρῶν ἔστιν ἰδεῖν· συνιόντα γὰρ τὰ βάρη βαρύτερα γίνεται ἢ ὅταν ᾖ διακεκριμένα. καὶ πρὸς τούτοις τὰ μὲν τῇ ὄψει καὶ ἀκοῇ καὶ γεύσει ὑποκείμενα παρὰ τῆς συνηθείας ὠνόμασται (τὰ μὲν γὰρ χρώματα ἐκαλέσαμεν, τὰ δὲ ψόφους, τὰ δὲ χυμούς), τὰ δὲ τῇ ἀφῇ καὶ ὀσφρήσει ἀνώνυμα· ἁπτὰ γὰρ λέγομεν καὶ ὀσφραντὰ παρονομάζοντες, εἰ μή τις τὴν ὀσμὴν καὶ ἐπὶ τῆς ὀσφρήσεως θεῖτο. καὶ ἑκάστη μὲν τῶν ἄλλων αἰσθήσεων περὶ μίαν ἔχει ἀντίθεσιν, οἷον ὄψις περὶ λευκὸν καὶ μέλαν (τὰ γὰρ ἄλλα μεταξύ), γεῦσις δὲ περὶ γλυκὺ καὶ πικρόν, καὶ ἀκοὴ περὶ βαρὺ καὶ ὀξύ, καὶ περὶ τὸ εὐῶδες καὶ δυσῶδες ἡ ὄσφρησις. ἡ μέντοι γε ἁφὴ περὶ πλείους ἔχει τὰς ἀντιθέσεις μὴ δυναμένας ὑπὸ μίαν κοινήν τινα συναχθῆναι· θερμῶν γὰρ καὶ ψυχρῶν καὶ ὑγρῶν καὶ ξηρῶν καὶ λείων καὶ τραχέων καὶ βαρέων καὶ κούφων καὶ τοιούτων ἄλλων ἀντιλαμβάνεται, ἃ οὐχ ὑπ' ἄλληλά εἰσιν οὐδὲ πρὸς μίαν κοινήν τινα περικλείονται. ἀπορήσειεν ἄν τις, εἰ αἱ οὐσίαι τῶν κατὰ συμβεβηκὸς αἰσθητῶν, ὡς ἄνωθεν εἴρηται (συλλογισμῷ γὰρ ληπταὶ δι' αἰσθήσεως, τοῦτο δὲ λόγος), πῶς ἔγνω κύων καὶ βοῦς τὸν κτησάμενον καὶ ὄνος τὴν φάτνην τοῦ κυρίου αὐτοῦ. ἢ οὐχ ὡς οὐσιῶν αἴσθονται (οὐδὲν γὰρ ζῷον τῶν ἀλόγων αἴσθησιν ἔχει οὐσίας), ἀλλ' ὡς τοιῶνδε σχημάτων ἢ χρωμάτων ἡδέων ἢ λυπηρῶν προσγεγονότων συνήθων τῇ αἰσθήσει αὐτῶν.

Τούτων οὕτω συμπεπερασμένων βαδιούμεθα ἤδη πρὸς τὸν περὶ ἑκάστης αἰσθήσεως λόγον, ὡς ἱκανῶς τὰ πρὸς τοῦτο προευκρινήσαντες. εἰ δ' ὥσπερ τιμιωτέραν τῶν ἄλλων καὶ πολυτελεστέραν καὶ τῇ τάξει κἀνταῦθα πρώτην τὴν ὅρασιν τάξαιμεν, οὐ καινοτομοῦμεν. ἐπεὶ οὖν διττὰ τὰ καθ' αὑτὰ αἰσθητά, τὰ ἴδια κυρίως εἰσὶν αἰσθητὰ καὶ πρὸς ἃ ἡ οὐσία πέφυκεν ἑκάστης αἰσθή-
II 7 σεως. ἔστι δὲ ὁρατὸν τοῦτο, οὗ ἡ ὄψις ἀντιλαμβάνεται· διττὸν δέ, τὸ μὲν χρῶμα, τὸ δὲ ὃ λόγῳ μὲν ἔστιν εἰπεῖν, ἀνώνυμον δὲ τυγχάνει ὄν, οἷον τὰ πυρώδη ὡς πυγολαμπίς, μύκης, κέρας· δῆλον δὲ ἔσται ὃ λέγομεν προελθοῦσι μάλιστα. νῦν δὲ τὸ ὁρατὸν κυρίως ἐστὶ χρῶμα. τοῦτο δὲ τὸ ἐγγινόμενον ἐπὶ τοῦ καθ' αὑτὸ ὁρατοῦ, λέγω δὴ τῆς ἐπιφανείας. πολλαχῶς δὲ τοῦ καθ' αὑτὸ λεγομένου (τά τε γὰρ ἐν τῷ ὁρισμῷ κείμενα καθ' αὑτὸ πρόσεστι τοῖς ὑποκειμένοις, οἷον τὸ ζῷον τὸ λογικὸν τῷ ἀνθρώπῳ, καὶ ὧν ἐν τῷ ὁρισμῷ τὸ ὑποκείμενον προσλαμβάνεται, οἷς ἐνυπόκεινται, ὡς τῷ ἀριθμῷ καθ' αὑτὰ τὸ περιττὸν καὶ τὸ ἄρτιον· τοῖς γὰρ ἀμφοτέρων λόγοις ὁ ἀριθμὸς προσλαμβάνεται· καὶ ἡ σιμότης τῇ ῥινί· τῷ γὰρ λόγῳ τοῦ σιμοῦ τὴν ῥῖνα προσειλῆφθαι ἀνάγκη), οὐ καθ' ἕτερον οὖν τῶν τρόπων καθ' αὑτὸ ὁρατὸν τὴν ἐπιφάνειαν λέγομεν, ἀλλ' ὡς ἔχουσαν ἐν ἑαυτῇ πρώτως τὸ αἴτιον τοῦ ὁρατὴν εἶναι, καὶ οὐχ ὥσπερ τὸ σῶμα ὁρατὸν δι' αὐτήν, καὶ ὑποκείμενον τοῦ καθ' αὑτὸ ὁρατοῦ χρηματίζουσαν. χρῶμα δὲ τοῦτο, οὗ καὶ αἱ ὄψεις ἀντιλαμβάνονται, τὸ ἐν ἐπιφανείᾳ καὶ ἐξεπιπολῆς, οὐ τὸ ἐν βάθει. εἰ γὰρ καὶ δοκοῦμεν τοὺς διαφανεῖς τῶν λίθων δι' ὅλου τοῦ βάθους κεχρωσμένους ὁρᾶν, ἀλλὰ τῆς

---

2 διακεκριμμένα A 3 γὰρ om. A 4 καλέσαντες A 6 ὀδμὴν C 9 καὶ τὸ δυσῶδες AC 16 οὐσία A 18 συνηθῶν B 23 ἡ] καὶ B 26 ἔσται scripsi: ἐστιν libri 34 ante ὁρατὸν add. τὸ BC 35 ὁρατὴ A 37 χρηματίζουσα A 39 τῶν] τοὺς A[1] ἐχρωσμένους B

ὄψεως ἡ ἀπάτη· τῷ μὲν γὰρ διαφανεῖς εἶναι βαίνουσι διὰ τοῦ βάθους αἱ ὄψεις ἢ αἱ τῶν χρωμάτων ἐνέργειαι. σημεῖον δὲ ὡς εἰ ὕελος ἢ λίθος τῶν τοιούτων μιᾷ ἐπιφανείᾳ χρωσθείη, δόξειε δ' ἂν ἡμῖν τὸ ὅλον σῶμα κεχρῶσθαι διὰ βάθους. καθ' αὑτὴν μὲν ὁρατὴ διὰ ταῦτα ἡ ἐπιφάνεια, τὸ δὲ ἐν αὐτῇ καὶ πρὸ αὐτῆς ὁρατὸν χρῶμα. ἄμφω δὲ πέρατα, τὸ μὲν τοῦ ὡρισμένου σώματος, τὸ δὲ τοῦ διαφανοῦς· ἔστι γὰρ χρῶμα τὸ τοῦ διαφανοῦς ἐν σώματι ὡρισμένῳ πέρας· ὥστε τῷ μὲν ὑποκειμένῳ ταὐτὸν χρῶμα καὶ ἐπιφάνεια, τῷ λόγῳ δὲ διάφορον. πᾶν δὲ χρῶμα κινητικὸν εἴτ' οὖν τελειωτικὸν τοῦ κατ' ἐνέργειαν διαφανοῦς. τότε δὲ τὸ διαφανὲς κατ' ἐνέργειαν, ὅταν πεφωτισμένον ᾖ, δυνάμει δὲ ὅταν ἀφώτιστον. διόπερ οὐχ ὁρατόν τι ἄνευ φωτός, ἀλλὰ πᾶν τὸ ἑκάστου χρῶμα ἐν φωτὶ ὁρᾶται. διὸ περὶ φωτὸς λεκτέον καὶ πρὸ τούτου περὶ τοῦ διαφανοῦς καὶ τοῦ χρώματος. διαφανὲς οὖν λέγομεν, ὅπερ ὁρατὸν μέν ἐστιν, οὐ καθ' αὑτὸ δὲ ὁρατὸν ὡς ἁπλῶς εἰπεῖν, ἀλλὰ δι' ἀλλότριον χρῶμα τὸ φῶς. τοιοῦτον δέ ἐστιν ἀὴρ καὶ ὕδωρ καὶ πολλὰ τῶν στερεῶν, οἷον λίθοι, ὕελοι, κέρατα καὶ τὰ ὅμοια· οὐ γὰρ ᾗ ὕδωρ οὐδ' ᾗ ἀὴρ οὐδ' ᾗ ἕκαστον τῶν τοιούτων, διαφανῆ, ἀλλ' ὅτι ἐστί τις φύσις οὐκ ἰδίως ἀφωρισμένη καὶ καθ' αὑτὴν ἑστηκυῖα, ἀλλ' ἐν ἑτέροις ἐγγινομένη. ἔν τε γὰρ τοῖς ἁπλοῖς τούτοις σώμασι τῶν στοιχείων, ἀέρι καὶ ὕδατι, ἃ καὶ ἀόριστα λέγεται, καὶ ἐν τοῖς συνθέτοις καὶ ὡρισμένοις, καὶ ἐν τῷ ἀιδίῳ δὲ τῷ ἄνω σώματι ἡ τοῦ διαφανοῦς φύσις ἐφήπλωται. αἵ τε γὰρ σφαῖραι διαφανεῖς καὶ τὸ μεταξὺ ἅπαν (πῶς γὰρ ἂν αἱ ὄψεις εἰς τὸν οὐρανὸν ἱκνοῦντο;) τὰ δὲ ἄστρα οὔ. οὐ μέντοι ἐπ' ἴσης ἑαυτὴν τοῖς δεξομένοις ἡ διαφάνεια κατενείματο, ἀλλὰ μᾶλλον μὲν τοῖς ἁπλοῖς, ἧττον δὲ τοῖς ἄλλοις· καὶ τούτοις αὖ ἀνίσως· λίθοι γὰρ λίθων διαφανέστεροι, ἔτι δὲ ὕελος. ὥσπερ οὖν τῶν σωμάτων ἀνάγκη τι εἶναι ἔσχατον, οὕτω καὶ ταύτης, καὶ τοῦτο δὴ τὸ χρῶμα. ἣν γὰρ ἔξω φύσιν ἐν τοῖς ἀορίστοις χρωματιζομένην ὁρῶμεν, ταύτην καὶ ἐντὸς ἐν τοῖς ὡρισμένοις ὑπολαμβάνειν δεῖ. φαίνεται δὲ καὶ ἀὴρ καὶ θάλασσα χρωματιζόμενα· καὶ γὰρ ἡ αὐγὴ τοιοῦτον. ἀλλ' ἐκεῖ μὲν διὰ τὸ ἐν ἀορίστῳ οὐ τὴν αὐτὴν ἐγγύθεν καὶ προσιοῦσι καὶ πόρρωθεν ἔχει χρόαν οὔθ' ὁ ἀὴρ οὔθ' ἡ θάλασσα· ἐν δὲ τοῖς σώμασιν ἐὰν μὴ τὸ περιέχον ποιῇ μεταβάλλειν, ὥρισται καὶ ἡ φαντασία τῆς χρόας. δῆλον ἄρα ὅτι τὸ αὐτὸ κἀκεῖ κἀνθάδε δεκτικὸν τῆς χρόας. τὸ ἄρα διαφανὲς καθ' ὅσον ἐνυπάρχει τοῖς σώμασιν, χρώματος ποιεῖ μετέχειν· ὑπάρχει δὲ μᾶλλον καὶ ἧττον, καὶ τὰ χρώματα κατὰ λόγον λαμπρότερα ἢ ζοφωδέστερα. ἐπεὶ δ' ἐν πέρατι ἡ χρόα, τούτου ἂν ἐν πέρατι εἴη. πᾶν μὲν ⟨οὖν⟩ χρῶμα ἐν ἐπιφανείᾳ γε καὶ σὺν ἐπιφανείᾳ, οὐ μὴν πᾶσα ἐπιφάνεια σὺν χρώματι, ὅτι μηδὲ πᾶν σῶμα διαφανὲς ὡρισμένον. τὸ μὲν γὰρ ἀόριστον διαφανὲς ὥσπερ οὐδ' ἐπιφάνειαν οἰκείαν τε καὶ ὡρισμένην ἔχει (ὁρίζεται γὰρ τοῖς περιέχουσι καὶ συσχηματίζεται), οὕτως οὐδ' οἰκεῖον ἔχει χρῶμα, ἀλλ' ἔστι τῶν ἀλλοτρίων χρωμάτων διάκονόν τε καὶ δεκτικὸν ὥσπερ καὶ σχημάτων, οἷος

---

11 ἑκάστω A 15 στερρῶν A 17 γὰρ om. A 22 ἡ διαφάνεια] καὶ διαφάνη B 27 καὶ ὁ ἀὴρ A 34 ἂν καὶ πέρατι C εἴη scripsi, cf. de Sens. et sens. 439b 10: ἡ libri μὲν om. B 35 οὖν addidi χρῶμα scripsi: σῶμα libri

ὁ ἀὴρ καὶ τὸ ὕδωρ. καὶ εὐλόγως ἡ φύσις ἄχρουν ἐποίησε τὸ τὰ ἀλλότρια διακονῆσον χρώματα, ὡς μὴ τὸ οἰκεῖον τῇ μίξει κωλύῃ τοῦ ἀλλοτρίου τὴν ἀκριβῆ μήνυσιν. τὸ δὲ ἐν τοῖς ὡρισμένοις σώμασι καὶ στερεοῖς διαφανὲς ὥσπερ καὶ σχήματι καὶ ἐπιφανείᾳ ὥρισται, οὕτω καὶ τούτῳ, καὶ ἔστι πέρας διὰ τοῦτο τὸ χρῶμα τοῦ ὡρισμένου διαφανοῦς. τὰ δὲ ἐν βάθει τῶν ὡρισμένων διαφανῶν οὕτως ἔχει χρῶμα ὡς ἐπιφάνειάν τε καὶ σχῆμα. ὃ δὲ ἐν ἀέρι καὶ ὕδατι φῶς καὶ σκότος, τοῦτο ἐν τοῖς ἄλλοις τῶν σωμάτων λευκὸν καὶ μέλαν. ἐπεὶ δὲ λέγεται καὶ τὸ φῶς κινεῖν τὸ διαφανές, λέγεται δὲ καὶ τὸ χρῶμα, σκεπτέον τὸν τρόπον ὅπως. τὸ μὲν γὰρ ὅτι ἐνεργείᾳ ποιεῖ διαφανές, οὕτω τελειωτικὸν αὐτοῦ λέγεται, τὸ δὲ ὅτι τὴν διαπορθμευτικὴν αὐτοῦ δύναμιν εἰς ἐνέργειαν ἄγει· διατίθεται γάρ πως ὑπὸ τοῦ χρώματος ἀναματτόμενόν πως αὐτὸ καὶ τῇ ὄψει διαδιδόν· καὶ τὸ μὲν φῶς, ᾗ διαφανές, τελειοῖ, τὸ δὲ χρῶμα, ᾗ διαπορθμευτικὸν καὶ ἀπαγγελτικόν. ἔχει δὲ πρός τι ἀπορίαν ὁ περὶ τῶν τοιούτων λόγος, εἴπερ ὁρατὸν ὁ ἀὴρ καὶ ἁπλῶς τὸ διαφανὲς ὑπὸ τοῦ φωτὸς καὶ μηδενὸς προσδεῖται. εἰ γὰρ ἔν τινι σκεύει ἀποθοῖο λύχνον, τοῦ φωτὸς ἀνιόντος ἀπὸ τῆς ὀπῆς ἄνω, εἴπερ ἀποβλέψειας εἰς τὸν ὑπὲρ τοῦτον ἀέρα, οὐκ ὄψει πεφωτισμένον, εἰ μή τι στερεὸν ἀντιβαίνοι οἷον ὄροφος ἢ ἕτερόν τι· ὥστε δόξειεν ἂν μὴ δι' αὐτὸν μᾶλλον τὸν ἀέρα ἢ τῷ ἀντιβαίνειν τὰ στερεὰ ὁρατὸν ὑπὸ τοῦ φωτὸς εἶναι. ὃ δὲ ἐπὶ τοῦ μερικοῦ, τί κωλύει καὶ ἐπὶ τοῦ καθόλου λέγειν; μήποτε γὰρ διὰ τὸ τῷ ἡλιακῷ φωτὶ πανταχόθεν ἀντιβαίνειν στερεὰ σώματα ταύτῃ τοι ὁρατὸν τὸν ὑπὲρ ἡμᾶς ἀέρα γίνεσθαι. ὅπῃ γὰρ ἂν ἀποβλέψαιμεν, στερεοῖς τισιν ἐντυγχάνομεν, γῇ καὶ θαλάσσῃ καὶ ὄρεσιν· καὶ εἴ τις δὲ προσβιάζων ὑποθοῖτο, εἰ μετεωρισθῇ, τὸν ὑπὲρ τὸν ἥλιον καὶ τὸν ἀνωτάτω κατοπτεῦσαι χῶρον, οὔτι που ἴδοι, ἕως ἂν μὴ στερέου τινος τῷ ἄνω φωτὶ ἀντίβασις γένοιτο. εἰ δ' ἐστί τι ὃ περιτειχίζει καὶ τοῦτο, ἡ ἐξωτάτη καὶ ἀπλανὴς σφαῖρα, αὐτός τε ὄψεται καθαρῶς καὶ ὁ ὑπὲρ σελήνης τόπος πεφωτισμένος ἔσται διηνεκῶς. ἀλλὰ τὸ μὲν διαφανὲς τοῦτο· φῶς δὲ ἡ τοῦ διαφανοῦς ἐνέργεια ᾗ διαφανές· δυνάμει δὲ ἐν ᾧ τοῦτό ἐστι, καὶ τὸ σκότος. τὸ δὲ φῶς οἷον χρῶμά ἐστι τοῦ διαφανοῦς, ὅταν ᾖ ἐντελεχείᾳ διαφανὲς ὑπὸ τοῦ πυρὸς ἢ τοιούτου οἷον τὸ ἄνω σῶμα· καὶ γὰρ τοῦτο ὑπάρχει τι ἓν καὶ ταὐτό.

Μέλλοντας δὲ τὸν περὶ φωτὸς καὶ ὄψεως ποιεῖσθαι λόγον τοσοῦτον ἀναγκαῖον προσδιορίσασθαι, ὡς οὔτε καθάπαξ, ὅ τί τις περὶ φωτὸς ἁπλῶς ἀπεφήνατο, συλληψόμεθα καὶ τὰ καίρια οὐ παρήσομεν, οὔτε μὴν πρὸς πάσας τὰς ἐνστάσεις ἀπαντῆσαι παρεσκευάσμεθα. ὅθεν εἰ μὴ κατὰ πάντα ἀποχρώντως ἔχοι, μὴ θαυμάζειν χρή· πολλὰς γὰρ ἔχει τὰς ἀντιλήψεις καὶ τὰς λύσεις ἐργωδεστέρας· μόνον γὰρ τῶν ἄλλων καὶ ἀπορώτατον, ὡς εἰπεῖν, καὶ φανότα-

2 κωλύῃ scripsi: κωλύει libri 3 στερροῖς C post διαφανὲς add. δὲ A 4 σχῆμα καὶ ἐπιφάνεια A τοῦτο A: τούτῳ C 13 ᾗ] ἡ C 15 προσδεῖσθαι A ἀπόθοιο AC: θοῖει B 18 αὑτὸν scripsi: αὐτὸν libri τῷ] τοῦ B 19 τοῦ (ante φωτὸς) om. AC 24 τὸν om. A ἴδῃ B 25 ἀντίασις A 26 σελήνην A 32 μέλλοντες C: μέλλοντας A 36 ἔχοι] ἔχειν B

τον, τὸ μὲν τῷ λόγῳ, τὸ δὲ τῇ αἰσθήσει. εὐθὺς γὰρ πότερον τὸ φῶς σῶμά ἐστιν ἢ ἀσώματον; πῶς ποτε καὶ τὸ ὁρᾶν γίνεται, πότερον κατά τινων ἀκτίνων σωματικῶν ἐκπομπὴν ἀπὸ τῶν ὀμμάτων, ὥσπερ οἱ μαθηματικοὶ λέγουσιν, ἢ τῇ εἰσδοχῇ τῆς τῶν ὁρωμένων ποιότητος, ὥσπερ οἱ φυσικοί; ἢ ἕτερόν τι μᾶλλον καὶ τρίτον, καὶ τοῦτ' ἔσται δήπου κατὰ συναύγειαν; εἰ μὲν οὖν σῶμα τὸ φῶς, οὐ μόνον σῶμα διὰ σώματος ἔσται χωρῆσαν τὸ τοῦ φωτὸς τοῦ ἀέρος, ἀλλὰ καὶ κίνησιν σωματικὴν ἄχρονον τοῖς οὖσιν ὑποληψόμεθα· ἅμα γὰρ ⟨τῷ⟩ ὑπὲρ τὸν ὁρίζοντα γενέσθαι τὸν ἥλιον ἀθρόως φωτίζεται τὸ περίγειον. ἔτι εἴπερ σῶμα καὶ κινεῖται, κατά τινα τῶν σωματικῶν καὶ φυσικῶν κινήσεων κινηθήσεται· αὗται δὲ ἢ εὐθεῖα ἢ κύκλῳ, καὶ τῆς εὐθείας ἡ μὲν ἄνω, ἡ δὲ κάτω. τὸ δὲ φῶς καὶ ἄνω καὶ κάτω καὶ τοῖς ἐν μέσῳ ἰσοτίμως ὁρᾶται κινούμενον· ἀθρόως γὰρ ὁ οἶκος ἅπας ἁφθέντος λύχνου φωτίζεται. οὔτε μὴν κύκλῳ· ἐν γὰρ τοῖς ἀπομήκεσι τῶν στεγασμάτων ἡ τοῦ φωτὸς συμπρόεισιν ἔλλαμψις. ἐχρῆν δήπου καὶ τὸν ἀέρα παχύτερον εἶναι φωτιζόμενον ἢ ἐν σκότει. ἀλλ' οὐδὲ τοὺς ἀπαρτῶντας τῷ ἡλίῳ τὰς σωματικὰς τοῦ φωτὸς ἀκτῖνας ἀποδεχόμεθα, ὡς ἂν συμπροϊούσας φωτίζειν καὶ μὴ γίνεσθαι κίνησιν ἄχρονον· τί δ' ἂν εἴποιεν περὶ σελήνης ἢ τῶν ἄλλων πυρῶν (ὁμοίως γὰρ ἅπαντα φωτίζει), ἢ ὅταν ἐν σκότει τῇ παρατρίψει φωτίσαιμεν; οὔκουν οὐδὲ τοὺς σῶμα μὲν τιθεμένους, ἄυλον δὲ διὰ τὸ κεχωρίσθαι· οὕτω δ' ἂν καὶ ὁ οὐρανὸς ἐν κέγχρῳ συναχθήσεται. καὶ οὐ δι' ἀέρος μόνον, ἀλλὰ καὶ διὰ γῆς καὶ τῶν στερροτέρων ἔδει χωρεῖν, καὶ ἦν ἂν ἡμέρα καὶ ὑπὸ γῆν ὄντος τοῦ ἡλίου. ἔτι δοκεῖ τὸ φῶς ἐναντίον εἶναι τῷ σκότει· ἔστι δὲ τὸ σκότος στέρησις τῆς τοιαύτης ἕξεως ἐκ τοῦ διαφανοῦς· ἡ δὲ τούτου παρουσία τὸ φῶς. ὥστε δῆλον, εἰ μή τι σῶμα τὸ σκότος, οὐδὲ τὸ φῶς, καὶ οὐκ ὀρθῶς Ἐμπεδοκλῆς οὐδ' εἴ τις ἄλλος οὕτως εἴρηκεν, ὡς φερομένου τοῦ φωτὸς καὶ γινομένου ποτὲ μεταξὺ τῆς γῆς καὶ τοῦ περιέχοντος, ἡμᾶς δὲ λανθάνοντος· τοῦτο γάρ ἐστι καὶ παρὰ τὴν τοῦ λόγου ἐνάργειαν καὶ παρὰ τὰ φαινόμενα· ἐν μικρῷ μὲν γὰρ διαστήματι λάθοι ἄν, ἀπ' ἀνατολῆς δὲ ἐπὶ δυσμὰς τὸ λανθάνειν μέγα λίαν τὸ αἴτημα. τί οὖν τὸ φῶς καὶ πῶς φωτίζεται τὰ ὁρώμενα; λέγομεν οὖν ἐνέργειάν τινα ἐκπέμπεσθαι ἀσώματον ἐκ τοῦ φωτιστικοῦ σώματος εἰς τὰ διαφανῆ πεφυκότα ταύτην δέχεσθαι, καὶ οὕτω τὸ φωτίζειν γίνεσθαι. ὡς γὰρ τὸ πῦρ καὶ πόρρω που κείμενον ἡμῶν οἶδε θερμαίνειν οὐ τῷ αὐτὸ φοιτᾶν πρὸς ἡμᾶς, ἀλλὰ τῷ αὐτὸ μὲν τὸν προσεχῆ ἀέρα θερμαίνειν πεφυκότα πάσχειν ὑπὸ τοῦ πυρός, ἐκεῖνον δὲ θερμανθέντα γίνεσθαι τοιοῦτον, ὡς δύνασθαι τὰ παρακείμενα αὐτῷ θερμαίνειν, καὶ τούτου μέχρι παντὸς γινομένου τὰ πορρωτάτω τοῦ πυρὸς θερμαίνεσθαι, οὕτω τοι καὶ τῶν διαφανῶν σωμάτων ἐφεξῆς κειμένων συνεχῆ συμβαίνει τὴν διάδοσιν γίνεσθαι. αἵ τε γὰρ σφαῖραι ἅπτονται ἀλλήλων, καὶ τῆς ἐσχάτης ὁ περὶ ἡμᾶς ἀὴρ ἐφεξῆς ὤν, καὶ τούτου τὸ

---

7 καὶ om. C ὑπολειψόμεθα AC 8 τῷ addidi post ἥλιον add. καὶ A 17 περὶ] ἐπὶ AC 19 κεχωρῆσθαι A 21 στεροτέρων B 25 γινομένης C 32 οὐ τῷ — 33 θερμαίνειν om. C 33 τῷ] τὸ A 35 τοῦτο A γινομένου] γίνεσθαι καὶ οὕτω A 36 θερμαίνεται A 37 συνεχῆ — γίνεσθαι om. A

ὕδωρ. προσεχῶς οὖν ὁ ἥλιος εἰς τὸ παρακείμενον, σῶμα ὂν καὶ ἁπτόμενον αὐτοῦ, δράσας ποιεῖ αὐτὸ ἐνεργείᾳ διαφανές, κἀκεῖνο τοιοῦτον γινόμενον ὁμοίου ποιητικὸν τῷ μετ' αὐτὸ γίνεται, κἀκεῖνο ἄλλῳ· καὶ οὕτω μέχρι τῶν ἐσχάτων ἀέρος καὶ ὕδατος ἡ ὁμοία φωτιστικὴ ἐνέργεια ἀφικνεῖται, οὐ τῆς τοῦ ἡλίου ἐνεργείας εἰς τὰ ἔσχατα φοιτώσης ἀμέσως, ἀλλὰ τῶν πλησίων καὶ πρώτως πασχόντων δυναμένων καὶ εἰς τὰ δεκτικὰ τὴν αὐτὴν ἐνεργεῖν ἐνέργειαν. οὐ θαυμαστὸν δέ, εἰ ἀθρόα ἡ ἐν ἅπασιν ἐνέργεια γίνεται, ὁπότε ἀσώματος. ὥσπερ γὰρ εἰ σχοίνου τις μακρᾶς καὶ διατεταμένης τὸ ἄκρον κινήσειεν, ἡ πᾶσα σχοῖνος ἀχρόνως συγκινεῖται, διὰ τὴν τῶν μορίων συνέχειαν τοῦ πρώτου κινοῦντος τὸ μετ' αὐτό, τοῦτο δὲ τὸ ἐχόμενον, ταῦτα λέγειν ⟨δεῖ⟩ καὶ περὶ τῆς τοῦ φωτὸς ἐνεργείας καὶ διαδόσεως γίνεσθαι, τῷ ἐφεξῆς ἀλλήλων τὰ τοῦ κόσμου σώματα ἅπτεσθαι. ἔστιν οὖν τὸ φῶς οὔτε πῦρ οὔτε ὅλως σῶμα οὐδ' ἀπορροὴ σώματος οὐδενός (εἴη γὰρ ἂν σῶμά τι καὶ οὕτως), ἀλλ' ἡ τοῦ διαφανοῦς ἐνέργεια ᾗ διαφανές, ὡς ἄνωθεν εἴρηται, ἥ τις ἐγγίνεται ὑπὸ ποιητικοῦ πρώτως μὲν τοῦ ἥλιου (τούτῳ γὰρ ὁ θεὸς τὴν πηγὴν τοῦ φωτὸς ἐναπέθετο), δευτέρως δὲ καὶ ὅσα τῷ μετασχεῖν ἀπορροίας τινὸς τῆς ἐξ ἐκείνου φωτιστικὰ γέγονεν, ὡς σελήνη καὶ ἄστρα καὶ πῦρ. ἀλλ' ἐοίκαμεν ἐν σκότει τὸν περὶ φωτὸς πεποιῆσθαι λόγον· τοσαῦτα γὰρ εἰπόντες ἔτι δεδοίκαμεν, μὴ σκιὰν ἀντὶ φωτὸς κατέχοιμεν. εἰ γὰρ μὴ σῶμα, πῶς ἐν τοῖς ἐνόπτροις αἱ ἀνακλάσεις γίνονται; τοῦτο δὲ κἀν τοῖς περὶ ὄψεως ἀπορηθήσεται. τίς δὲ καὶ ἡ τοῖς πυρείοις τῶν ἀκτίνων παράτριψις καὶ θέρμανσις καὶ ἔξαψις; πόθεν δὲ καὶ τῶν ἀκρωρειῶν αἱ πεδιάδες θερμότεραι, εἴπερ μὴ τῇ διπλώσει τῶν ἀκτίνων ὁ ἀὴρ ἐθερμαίνετο; τοῦτο δὲ σώματος. καὶ τοῦτο δὴ παρέντες κατὰ σχολὴν ἐπισκέψασθαι τὸν ὅμοιον τρόπον καὶ περὶ ὄψεως διαλάβωμεν· εἰ μὲν οὖν κατ' ἐκπομπὴν μόνην σωματικῶν τινων ἀκτίνων τὸ ὁρᾶν γίνεται, αἱ αὐταὶ κἀνταῦθα τῶν ἀποριῶν, αἵπερ καὶ περὶ φωτός. πῶς γὰρ οἷόν τε ἅμα ἀναβλέψαντας μόνῳ τῷ ὀπτικῷ πνεύματι τοῦ οὐρανοῦ ἀντιλαβέσθαι καὶ σῶμα τὸ βραχύτατον τοσαύτην ἀχρόνως κινηθῆναι διάστασιν; τό τε γὰρ ἀπὸ γῆς μέχρις οὐρανοῦ δύο ζωδίων ἐδείχθη διάστημα, ὅπερ ἕκτον τοῦ ὅλου κύκλου τοῦ τὸν οὐρανὸν διεζωκότος. ἡ γὰρ ἀπὸ τοῦ κέντρου ἴση τῇ τοῦ ἑξαγώνου πλευρᾷ· ἑξάγωνος δὲ πλευρὰ τῶν δύο ζωδίων ἐστὶ τὸ διάστημα. ἡ δὲ ἀπὸ τοῦ κέντρου ἡμίσεια τῆς διαμέτρου· τριπλασιεφέβδομος ἡ περίμετρος τῆς διαμέτρου. ἔτι ἐπεὶ ἀναβλέψαντες τὸ τεταρτημόριον ὁρῶμεν τοῦ οὐρανοῦ, εἰ αἱ ὄψεις σῶμα, ἀνάγκη διὰ τοῦ ἀέρος ἰούσας ἢ διὰ τούτου χωρεῖν, καὶ ἔσται πάλιν σῶμα χωροῦν διὰ σώματος, ἢ τέμνειν αὐτόν. καὶ εἰ τοῦτο, οὐκ ἔδει συνεχῆ ὁρᾶν τὸν οὐρανὸν οὔτε τι ἄλλο τῶν ὁρατῶν. καὶ πρὸς τούτοις πόσον ἂν εἰς τοσούτου σώματος

---

1 ὄν] ὢν BC 3 post μέχρι add. καὶ AC 4 ἀφικνεῖται ἐνέργεια AC 5 πλησίως BC 6 δυναμένων A Philoponus: διαβαίνειν BC ἐνεργεῖν A Philoponus: om. BC 7 πᾶσιν A 10 τῷ μετ' αὐτό B δεῖ addidi 14 ἄνωθεν om. C ἥτις] εἴ τις A ὑπὸ τοῦ ποιητικοῦ C 16 ὅσα] ὑπὸ τῶ A[2] φωτιστικῶν γεγονότων A[2] 17 περὶ τοῦ φωτὸς AC 20 ἐν τοῖς πυρείοις A 21 ἡ θέρμανσις A ἡ ἔξαψις A 30 ἑξαγώνου δὲ AC 32 τριπλασιεφέβδομος — διαμέτρου A Philoponus: om. BC 35 αὐτήν C

ἐκπομπὴν ἡ κόρη διήρκεσε περιληψομένη τὸν οὐρανόν; οὕτως οὐκ αὐτάρκης ἑαυτῇ μόνη ἡ ὄψις ἐξιοῦσα ὁρᾶν. εἰ δὲ τῇ εἰσδοχῇ τῆς τῶν ὁρωμένων ποιότητος τὸ ὁρᾶν, ὡς ἂν οἱ φυσικοὶ λέγοιεν διαβαίνειν τὰς τῶν χρωμάτων ἐνεργείας διὰ μέσου τοῦ διαφανοῦς πρὸς τὴν ὄψιν καὶ ἀπαγγέλλειν αὐτῇ τῶν ἰδίων ὑποκειμένων, λέγω δὴ τῶν χρωμάτων, τὴν αἴσθησιν, πῶς τὸ πλῆθος τῶν ὁρωμένων γινώσκεται καὶ τὸ μέγεθος ἢ τὸ διάστημα πάντων ἐπικειμένων τῷ ὄμματι, κἀκείνου μόνου καὶ τοσούτου αἰσθομένης τῆς ὄψεως, ὅσον τὴν κόρην ἐπλήρωσε; διὰ τί δὲ καὶ εἰ πλήρης ὁ ἀὴρ τῶν τοιούτων εἰδώλων, οὐ πανταχόθεν ὁρῶμεν, ὥσπερ δὴ καὶ ἀκούομεν καὶ ὀσφραινόμεθα; πῶς δὲ καὶ οὐ σύγχυσις τῶν χρωμάτων καὶ ἐπιμιξία τοῦτο; τῷ γὰρ ἅπαξ τὸν ἀέρα τὰ χρώματα δέχεσθαι, μὴ ὥσπερ κατὰ μῆκος, οὕτω καὶ κατὰ πλάτος πάσχειν λέγειν παράλογον. πῶς δὲ καὶ ἀνάκλασις ὄψεως γίνεται, εἰ μή τι ἐκπέμπεται; μήποτ' οὖν ἐξιέναι μέν τι τῶν ὀμμάτων δεῖ λέγειν (τοῦτο δὲ αὐγοειδὲς καὶ ὀπτικὸν πνεῦμα), πρὸς τὴν τῶν ὁρατῶν ἀντίληψιν, μὴ μέντοι καθάπαξ ἀρκεῖν, ὥσπερ οἱ ἀπὸ μαθημάτων λέγουσιν, ἀλλὰ δεῖσθαι καὶ τοῦ ἐκτὸς φωτὸς χειραγωγήσοντος καὶ συναντιληψομένου, καὶ οὕτω κατὰ συναύγειαν τὴν ὄψιν ὁρᾶν. τά τε γὰρ πολλὰ τῶν ἀπόρων ἐν τούτῳ λυθήσεται, καὶ σύμφωνα τοῖς φαινομένοις μᾶλλον ἔσται, εἴπερ τὰ πρότερα. ὅτι μὲν γὰρ ἐξέρχεταί τι τῶν ὀφθαλμῶν, τὸ τῶν ὀπτικῶν νεύρων πρὸς τὰ τῶν ἄλλων αἰσθητηρίων διάφορον παρίστησιν ἐναργῶς. σωλῆνες γὰρ ὥσπερ ταῦτα καὶ πόροι, ναστὰ δέ πως τὰ τῶν ἄλλων καὶ ἄτρητα. οὐχ ὁρῶμεν δὲ ἐν σκότῳ, ὅτι κοινωνίαν δεῖ τῶν φώτων εἶναι καὶ ὅτι κατὰ συναύγειαν τοῖς ὄμμασιν ἡ ἐνέργεια. πολλὴ γὰρ ἡ ἀμφοτέρων τῶν φώτων σχέσις πρὸς ἄλληλα καὶ οἰκείωσις τοῦ ὀπτικοῦ καὶ τοῦ ἔξωθεν· ζητεῖ γὰρ ἄλληλα καὶ ἑνοῦσθαι σπεύδει, καὶ τὸ μεῖζον ἕλκει τὸ ἔλαττον, τὸ δ' ἕπεται τῆς οἰκείας ὁλότητος ἐφιέμενον. ὅθεν ἐν νυκτὶ καὶ πόρρωθεν ὄντα τὸν πυρσόν, εἰ μή τινι ἐπικρύπτοιτο, κατὰ ἄρρητον ὁρῶμεν ταχυτῆτα· καὶ οἱ ἐπὶ πλέον ἡλίῳ προσδιατρίψαντες ἢ λαμπροῖς ἑτέροις ἠρέμα τὰς ὄψεις ἀμαυροῦνται, συνεκφορουμένου τοῦ ὀπτικοῦ καὶ μερικοῦ πρὸς τὴν ἐκτὸς ὁλότητα. καθ' αὑτὴν μὲν γὰρ ἡ ὄψις οὐκ ἰσχύει μέχρι πολλοῦ διιέναι, ἐμπίπτουσα δὲ τῷ περιέχοντι διαφανεῖ καὶ τῇ πρώτῃ προσβολῇ τὴν ἀλλοίωσιν ἐργαζομένη διαδίδωσιν ἄχρι πλείστου συνεχοῦς ἑαυτήν, ἕως οὗ καταλάβῃ τὸ ὁρατόν, συνεκτεινομένη τῷ περὶ τὸν μεταξὺ ἀέρα φωτὶ καθὰ συγγενεῖ. ὅ τε γὰρ ἀὴρ ἄχρους ὢν καὶ διαφανὴς εὐδιάχυτός τε καὶ εὐαλλοίωτος ὡς οὐδέν, καὶ ἡ ὄψις δὲ καθαρῶς ὑπάρχει φωτοειδής. καὶ ὅπερ τὸ τοῦ λύχνου φῶς ἐν οἴκῳ δρᾷ σκοτεινῷ (τῇ πρώτῃ γὰρ εἰσόδῳ τὸν ἐν αὐτῷ ἀέρα φωτίζει ὁμοῦ), τοῦτο δὴ καὶ τὴν ὄψιν νοητέον ποιεῖν ἐν τῷ μεταξὺ ταύτης τε καὶ τοῦ ὁρατοῦ πεφωτισμένῳ ἀέρι· τῇ πρώτῃ γὰρ προσβολῇ τοῦτον ἀλλοιοῦν ἰσχύει, δυναμουμένη τῷ ἐκτὸς φωτὶ καὶ συνεργοῦσα τούτῳ διὰ τὴν οἰκείωσιν. συνᾴδει

---

6 τὸ (ante διάστημα) om. A 7 μόνον B 9 ὀσφρανόμεθα C 10 τὰ om. B 13 μέντι A (ο supra ι) τὸ αὐγοειδὲς AC 24 τῶν ἔξωθεν A 27 τὴν ταχυτῆτα AC 28 συνεκφερουμένου C 29 αὐτὴ AC 30 διαφανῆ A 35 αὐτῇ BC

δὲ τῷ περὶ τῆς ἐκπομπῆς τοῦ ὀπτικοῦ πνεύματος καὶ ἡ ἀποδιδομένη αἰτία τοῦ διπλᾶ ὁρᾶν ἐν τῇ παραθέσει τῶν ὀφθαλμῶν ἢ φυσικῶς ἢ τῇ τῶν δακτύλων ἐπεμβολῇ καὶ τῷ μὴ ὑπὸ μίαν καὶ τὴν αὐτὴν εὐθεῖαν τὰς κόρας εἶναι. κωνικῶς γὰρ καὶ κατὰ τρίγωνα ὁρώσης τῆς ὄψεως, ὅταν οἱ κῶνοι ἐξ ἀμφοτέρων τῶν ὀμμάτων ἐξίωσι καὶ προσβάλωσιν αἱ ὄψεις τοῖς ὁρατοῖς, ποιοῦσι τρίγωνα βάσιν μὲν ἔχοντα κοινὴν τὴν αἰσθητήν, πλευρὰς δὲ τὰς τοῖς κωνικοῖς ἄξοσι παρ' ἑκάτερα ἐφεστώσας ὄψεις, καθ' ἃς καὶ τῶν ὁρατῶν αἱ κρίσεις γίνονται· ἄξονες δὲ δύο περὶ τοὺς δύο κώνους, περὶ οὓς αἱ λοιπαὶ ὄψεις εἰσίν. δῆλον οὖν ὡς, εἰ μὲν ἀπαρέγκλιτος εἴη ἡ διὰ τῶν κέντρων τῶν κρυσταλλοειδῶν ἐν τοῖς ὄμμασιν ἀγομένη εὐθεία, αἱ ἐκ τῶν δύο κώνων ἴσον ἀφεστηκυῖαι τῶν ἀξόνων ὄψεις κατὰ τὰ αὐτὰ σημεῖα προσβαλοῦσιν, ὡς ἐφαρμόζειν ἀλλήλοις τὰ πέρατα τῶν ὄψεων τῶν ἴσων παρ' ἑκατέρου τῶν ἀξόνων ἐφεστηκυιῶν. ἐπειδὰν δὲ μὴ ἀπαρέγκλιτοι ὦσιν οἱ κῶνοι, ὥσπερ ὅταν ἡ θέσις διαστραφείη τῆς ὄψεως, αἱ ἴσον ἀφεστηκυῖαι τῶν ἀξόνων ἑκατέρου τοῦ κώνου οὐ τοῖς αὐτοῖς προσβαλοῦσι σημείοις, καὶ εἰκότως οὐχ ὡς ἑνὸς τοῦ ἑνὸς ἀντιλαμβάνονται, ἀλλ' ὥσπερ κἂν εἰ δύο εἴη τὰ αἰσθητὰ καὶ πλείονα, διὰ τὸ ἄλλας προσπίπτειν ὄψεις κατὰ μηδὲν συμβαλλούσας ἀλλήλαις καὶ τὰς γωνίας διαφόρους γίνεσθαι· συμβαίνει γὰρ εἰς τὸ αὐτὸ αἰσθητὸν ἐξ ἑκατέρου κώνου ὄψεις προσβάλλειν μὴ ἴσον τῶν ἀξόνων ἀφεστηκυίας, καὶ ἐπεὶ διάφοροι πρὸς τὰ αὐτὰ σημεῖα τοῦ αἰσθητοῦ αἱ γωνίαι γίνονται, εἰκότως καὶ δύο αἱ κρίσεις· καὶ διὰ τοῦτο καὶ δύο τὸ ἓν αἰσθητὸν δοκεῖ.

Ἔστι μὲν οὖν χρώματος δεκτικὸν τὸ ἄχρουν, ψόφου δὲ τὸ ἄψοφον, ὀσμῆς δὲ τὸ ἄνοσμον· ταῦτα δὲ ὁ ἀὴρ πρώτως καὶ δευτέρως τὸ ὕδωρ. εἰ γὰρ εἶχέ τι τούτων ὁ ἀὴρ οἰκεῖον παρεμφαινόμενον ἐκώλυεν ἂν τὸ ἀλλότριον, ὥσπερ ἐπὶ τῆς ἀχρωματίστου ὑέλου καὶ τῆς κεχρωσμένης ἔστιν ὁρᾶν· ἡ μὲν γὰρ πάντα τὰ ἀλλότρια διαπορθμεύσει χρώματα, καὶ μᾶλλον ὅσῳ καὶ μᾶλλον διειδής· ἡ δὲ οὔτε πάντα οὔτ' ἀκριβῶς, ἀλλ' ἓν μόνον προφανεῖ τὸ προκαταλαβόν. ἔτι δὲ καὶ ἐντεῦθεν μᾶλλον· τὰ γὰρ ἐνθαδὶ κείμενα χρώματα διάφορα ὄντα πολλάκις καὶ ἐναντία οἵ τε ἔμπροσθεν καὶ οἱ ὄπισθεν καὶ ἁπλῶς οἱ κατὰ πᾶν ὄντες μέρος ἐπόψονται καὶ διὰ τοῦ αὐτοῦ μορίου τοῦ ἀέρος, ὅπερ, εἰ αὐτὸς ἐχρώννυτο, οὐκ ἂν ἐγίγνετο· οὐ γὰρ ἐδύνατο ἅμα τοῖς ἐναντίοις χρώννυσθαι. καὶ ἡ μὲν ὄψις τοίως ἢ τοίως διατιθεμένη ὑπὸ τῶν χρωμάτων πάσχει, τὸ δὲ μεταξὺ διαφανὲς ἀπαθὲς μένει. ἄχρουν οὖν τὸ διαφανὲς καὶ ἀόρατον ἢ τὸ μόλις ὁρώμενον, οἷον δοκεῖ τὸ σκοτεινόν. τοιοῦτον δὲ τὸ διαφανές, ἀλλ' οὐχ ὅταν ᾖ ἐντελεχείᾳ διαφανές, ἀλλ' ὅταν δυνάμει· ἡ γὰρ αὐτὴ φύσις ὁτὲ μὲν φῶς ὁτὲ δὲ σκότος ἐστίν. οὐ πάντα δὲ ἃ ὁρατά ἐστιν ἐν φωτί

1 τῷ] τὸ AC 6 τὴν αἰσθητήν] τὸ αἰσθητόν Philoponus 7 ante ἐφεστώσας add. ἐξ ἴσου Philoponus 8 οὓς] ἃς B 12 τῶν ἴσων — ἐφεστηκυιῶν] τῶν ἴσον παρ' ἑκάτερα ἀφεστηκυιῶν Philoponus ἀφεστηκυιῶν A 13 θέσις] λέξις A[1]: τάξις A[2] 16 ἢ πλείονα AC 17 συμβαλούσας B τὰς] ἔτι τῷ A[2] γίνεσθαι] ποιεῖν A[1] 19 πρὸς τὰ αὐτὰ] ἀπὸ τῶν αὐτῶν A Philoponus σημείων AC Philoponus 23 δεύτερον A 25 ante ἐπὶ add. καὶ C 27 καταλαβόν B 35 ἡ ἐντελέχεια B 36 ἃ om. AC

ἐστιν, ἀλλὰ μόνον ἑκάστου τὸ οἰκεῖον χρῶμα· ἔνια γὰρ ἐν τῷ μὲν φωτὶ οὐχ ὁρᾶται, ἐν δὲ τῷ σκότει ποιεῖ αἴσθησιν, οἷον τὰ πυρώδη φαινόμενα καὶ λάμποντα (ἀνώνυμα δὲ ταῦτα ἑνὶ ὀνόματι, εἰ μή τις κοινὸν τὸ λαμπρὸν θείη), οἷον μύκης, κέρας, κεφαλαὶ ἰχθύων καὶ λεπίδες καὶ ὀφθαλμοί· ἀλλ' οὐδενὸς ὁρᾶται τὸ οἰκεῖον χρῶμα τούτων. ἓξ οὖν, ὡς κοινῶς εἰπεῖν, τυγχάνει τὰ ὁρατά· ὧν τὰ μὲν ἐν φωτὶ μόνως ὁρᾶται, ἃ δὴ καὶ καλεῖται χρώματα, τὰ δὲ μόνως ἐν σκότει, οἷον τὰ προειρημένα πυρώδη· νικᾶται γὰρ τὸ τούτων λαμπρὸν μειζοτέρῳ τῷ φωτί· τὰ δὲ καὶ ἐν σκότει καὶ ἐν φωτί, ὡς σελήνη καί τινες τῶν ἀστέρων καὶ τὸ πῦρ. ὁρατὸν δὲ καὶ τὸ ἐνεργείᾳ διαφανὲς ὁ πεφωτισμένος δηλαδὴ ἀήρ. ἔτι δὲ καὶ τὸ σκότος ὁρατὸν τὸ καὶ δυνάμει διαφανές· τῇ γὰρ ὄψει κρίνομεν ἀποφατικῶς. ἕκτον ἐπὶ τούτοις γένος τῶν ὁρατῶν ὁ ἥλιος τὸ μάλιστα πάντων φανότατον, ὃν οὔτε ἐν σκότῳ ὁρατὸν θείημεν (ἀφανιστικὸς γὰρ αὐτοῦ) οὔτε ἐν ἡμέρᾳ· αὐτὸς γὰρ τῆς ἡμέρας δημιουργός. δι' ἣν μὲν οὖν αἰτίαν τὰ προρρηθέντα πυρώδη ἐν νυκτὶ ἢ ὅλως ὁρᾶται μήτε πῦρ ὄντα μήτε χρῶμα ἔχοντα, ἄλλος λόγος· πέφυκε γὰρ ὁ ἀὴρ ὑπὸ παντὸς λαμπροῦ φωτίζεσθαι. περὶ δὲ τῶν ἀστέρων ὁρωμένων ἐν νυκτὶ ἀπορήσειεν ἄν τις· εἰ γὰρ αἰτία τοῦ μὴ ἐν ἡμέρᾳ φαίνεσθαι τὸ κρύπτεσθαι τῇ περιουσίᾳ τῆς ἡλιακῆς λαμπρότητος, πῶς ἐν νυκτὶ ὁρῶνται οὐδὲν ἧττον ὄντες ἐν φωτί; τὸ γὰρ κωνικὸν τῆς γῆς ἀποσκίασμα, ὃ δὴ νύξ ἐστιν, οὐχ ὑπερβαίνει τὴν τῆς σελήνης σφαῖραν, ἀλλ' αὐτοῦ που μυουριζόμενον ἀπολήγει, διηνεκῶς δὲ ὁ ὑπὲρ σελήνην φρυκτωρεῖται τόπος. ἢ πρὸς τοῦτο ἐκεῖνο ἀποχρήσει ῥηθέν, ὡς κεχυμένου περὶ ἡμᾶς τοῦ κώνου τῆς σκιᾶς τῆς γῆς τὸν μὲν παρ' ἑκάτερα πεφωτισμένον ἀέρα οὐχ οἷόν τε ὁρᾶν, τὰ μέντοι ἄστρα ὁρᾶν, ἰσχυροποιουμένης τῷ πολλῷ σκότει τῆς ὄψεως καὶ μὴ διακρινομένης, ὡς κἂν ἐν νυκτὶ πόρρωθεν ὄντες τοῦ πυρσοῦ αὐτὸν μὲν ὁρῶμεν, τὸν δὲ περὶ αὐτὸν πεφωτισμένον οὐχ ὁρῶμεν ἀέρα. ἤρκεσε γὰρ τῇ ὄψει πρὸς τὴν τούτων αἴσθησιν τὸ διὰ τοσούτου προελθεῖν σκότους, ὅπου γε καὶ ἐν σταθερᾷ μεσημβρίᾳ ὄψεταί τις ἀστέρας, εἴπερ εἰς φρέαρ κατέλθοι βάθος ἀξιόλογόν τι ἔχον· τὸ γὰρ αὐτὸ κἀκεῖ αἴτιον, δυναμουμένης τῆς ὄψεως καὶ περικλωμένης τῇ μέχρι τοῦ στομίου τοῦ ἀέρος παχύτητι καὶ ζοφερότητι. ἐν γὰρ ταῖς τοιαύταις τοῦ ἀέρος καταστάσεσιν μᾶλλόν τι τῇ ὄψει ἡ ἐνέργεια· ἔνθεν ἀνατέλλων ἢ δύνων ὁ ἥλιος ἀνεμποδίστως ὁρᾶται καὶ μείζων ἑαυτοῦ, ὡς διὰ νοτεροῦ καὶ ἠρέμα παχέος τοῦ ἀέρος τοῦ προσγείου ὁρώμενος.

Τούτων οὕτω διωρισμένων μικρὸν ἔτι περὶ γενέσεως καὶ διαφορᾶς χρωμάτων φιλοσοφήσωμεν, ὡς ἂν ἐντελέστερον οὕτω τὸν περὶ ὄψεως καταθῶμεν λόγον. ἁπλᾶ μὲν οὖν τῶν χρωμάτων ἐστίν, ὅσα τοῖς στοιχείοις συνακολουθεῖ, οἷον πυρὶ καὶ ἀέρι καὶ ὕδατι καὶ γῇ. ἀὴρ μὲν οὖν καὶ ὕδωρ καθ' αὑτὰ τῇ φύσει λευκά, τὸ δὲ πῦρ ξανθόν. καὶ ἡ γῆ δέ ἐστι φύσει λευκή, παρὰ δὲ τὴν βαφὴν πολύχρους

1 ἐστιν om. AC   ἐν μὲν τῷ AC   4 μήκης AC   6 τὸ μὲν B   8 ὡς ἡ σελήνη C   15 μήποτε πῦρ A   17 μὴ καὶ ἐν A   18 πῶς καὶ ἐν AC   20 μυουριζούμενον B   25 κἄν C   27 σταθηρᾷ B   30 ζοφερότητι scripsi: ζοφότητι libri   33 τοῦ προσγείου ἀέρος AC   36 συνακολουθῆναι A¹   38 ξανθόν] καὶ ὁ ἥλιος ξανθά AC: cf. de Color. 791a 3

φαίνεται. δῆλον δὲ τοῦτο ἐπὶ τῆς τέφρας· ἐκκαυθέντος γὰρ τοῦ τὴν βαφὴν πεποιηκότος ὑγροῦ λευκὴ γίνεται, οὐ παντελῶς δὲ διὰ τὸ καπνῷ βεβάφθαι μέλανι ὄντι. τὸ δὲ μέλαν χρῶμα συνακολουθεῖ τοῖς στοιχείοις, εἰς ἄλληλα μεταβαλλόντων· τὰ δὲ ἄλλα ἐκ τούτων εὐσύνοπτα· τῇ μίξει γὰρ κεραννυμένων ἀλλήλοις γίνεται. τὸ δὲ σκότος ἐκλείποντος τοῦ φωτὸς γίνεται. τριχῶς γὰρ τὸ μέλαν ἡμῖν φαίνεται. ἢ γὰρ ὅλως τὸ μὴ ὁρώμενόν ἐστι τῇ φύσει μέλαν, ἢ ἀφ' ὧν μηδὲν ὅλως φέρεται φῶς πρὸς τὰς ὄψεις· τὸ γὰρ μὴ ὁρώμενον, ὅταν ὁ περιέχων τόπος ὁρᾶται, φαντασίαν ποιεῖ μέλανος. φαίνεται δὲ καὶ ταῦτα ἡμῖν μέλανα, ἀφ' ὅσων ἀραιὸν καὶ ὀλίγον ἰσχυρῶς ἀνακλᾶται τὸ φῶς. διὸ καὶ αἱ σκιαὶ μέλαιναι φαίνονται· ὁμοίως δὲ καὶ τὸ ὕδωρ, ὅταν τραχυνθῇ, καθάπερ καὶ ἡ τῆς θαλάσσης φρίκη· διὰ γὰρ τὴν τραχύτητα τῆς ἐπιφανείας ὀλίγων τῶν αὐγῶν προσπιπτουσῶν καὶ διασπωμένου τοῦ φωτός, τὸ σκιερὸν μέλαν φαίνεται. καὶ τὸ νέφος ὅταν ᾖ πυκνὸν ἰσχυρῶς, καὶ τὸ ὕδωρ καὶ ὁ ἀήρ, ὅταν μὴ παντελῶς διαδῦνον τὸ φῶς ἔχωσι, διὰ τὸ βάθος μέλανα δοκεῖ. ὥστε τὸ σκότος οὐ χρῶμα, ἀλλὰ μόνον φωτὸς στέρησις. τὸ δὲ μέλαν χρῶμα συμβαίνει γίνεσθαι, ὅταν ὁ ἀὴρ καὶ τὸ ὕδωρ τὰ μεμιγμένα τοῖς σώμασιν ὑπὸ τοῦ πυρὸς διακαυθῇ, καθάπερ ξύλα καὶ ἄνθρακες σβεσθέντος τοῦ πυρός. διὸ καὶ τοῦ καπνοῦ μελάντατος γίνεται ὁ ἀπὸ τῶν πιόνων καὶ λιπαρῶν, οἷον ἐλαίου καὶ πίττης καὶ δᾳδός, διὰ τὸ μάλιστα ταῦτα καίεσθαι καὶ συνέχειαν ποιεῖν. μέλανα δὲ καὶ ταῦτα γίνεται, δι' ὅσων ῥεῖ τὸ ὕδωρ, ὅταν βρυωθέντων τὸ πρῶτον ἀναξηρανθῇ τὸ ὑγρόν, καθάπερ καὶ τὰ ἐν τοῖς τοίχοις κονιάματα καὶ οἱ καθ' ὕδατος λίθοι· καὶ γὰρ οὗτοι βρυωθέντες ὕστερον ἀποξηραινόμενοι γίνονται μέλανες. τὰ μὲν οὖν ἁπλᾶ τῶν χρωμάτων ταῦτα καὶ τοσαῦτά ἐστι. τὰ δὲ ἄλλα ἐκ τούτων τῇ κράσει καὶ τῷ μᾶλλον καὶ ἧττον γινόμενα πολλὰς καὶ ποικίλας ποιεῖ χρωμάτων φαντασίας· κατὰ μὲν τὸ μᾶλλον καὶ ἧττον, ὥσπερ τὸ φοινικοῦν καὶ τὸ ἁλουργόν, κατὰ δὲ τὴν κρᾶσιν, ὥσπερ τὸ λευκὸν καὶ τὸ μέλαν, ὅταν μιχθέντα φαιοῦ ποιήσῃ φαντασίαν. διὸ τὸ μέλαν καὶ σκιερὸν τῷ φωτὶ μιγνύμενον φοινικοῦν. τὸ γὰρ μέλαν μιγνύμενον τῷ τε τοῦ ἡλίου καὶ τῷ τοῦ πυρὸς φωτί (φῶς γὰρ καὶ τὸ τοῦ πυρὸς χρῶμα) θεωροῦμεν ἀεὶ γινόμενον φοινικοῦν, καὶ τὰ μέλανα πυρωθέντα πάντα εἰς χρῶμα μεταβάλλοντα φοινικοῦν· αἵ τε γὰρ καπνώδεις φλόγες καὶ οἱ ἄνθρακες, ὅταν ὦσι διακεκαυμένοι, φαίνονται χρῶμα ἔχοντες φοινικοῦν. τὸ δ' ἁλουργὸν εὐανθὲς γίνεται καὶ λαμπρόν, ὅταν τῷ μετρίῳ λευκῷ καὶ σκιερῷ κραθῶσιν ἀσθενεῖς αἱ τοῦ ἡλίου αὐγαί. διὸ καὶ περὶ ἀνατολὰς καὶ δύσεις ὁ ἀὴρ πορφυροειδὴς ἔστιν ὅτε φαίνεται, περὶ ἀνατολὴν καὶ δύσιν ὄντος τοῦ ἡλίου· ἀσθενεῖς γὰρ οὖσαι τότε μάλιστα πρὸς σκιερὸν ὄντα τὸν ἀέρα προσβάλλουσιν. φαίνεται δὲ καὶ ἡ θάλασσα πορφυροειδής, ὅταν τὰ κύματα μετεωριζόμενα

14 ἔχουσι AC 22 τοίχοις] στοιχείοις C βρϊωθεντες C 24 καὶ τῷ scripsi, cf. de Col. 792 a 4: κατὰ τὸ libri 26 καὶ τὸ ἧττον C 27 διὸ] διὰ A 29 καὶ τῷ] καὶ τὸ A[1]: καὶ τοῦ A[2] ἀπὸ τοῦ πυρὸς AC, cf. de Color. 792 a 11 30 θεωρούμενον C 31 αἵ τε — 32 φοινικοῦν om. C 33 post εὐανθὲς add. μὲν A 34 κραθῶσιν] κραθωσιν (υβ supra) AC

κατὰ τὴν ἔγκλισιν σκιασθῇ· πρὸς γὰρ τὸν ταύτης κλισμὸν ἀσθενεῖς αἱ τοῦ ἡλίου αὐγαὶ προσβάλλουσαι ποιοῦσι φαίνεσθαι τὸ χρῶμα ἁλουργόν. ὃ καὶ ἐπὶ τῶν πτερωμάτων θεωρεῖται γινόμενον· ἐντεινόμενα γάρ πως πρὸς τὸ φῶς ἁλουργὸν ἔχει τὸ χρῶμα. ἐλάττονος δὲ τοῦ φωτὸς προσβάλλοντος ζοφερόν, ὃ καλοῦσιν ὄρφνιον. καὶ σχεδὸν τὰ αἴτια κοινῶς τῆς τῶν χρωμάτων γενέσεως ἔν τε τοῖς ἔξω καὶ ἀορίστοις τῶν σωμάτων καὶ ἐν τοῖς ὡρισμένοις ταῦτά ἐστι μάλιστα, τό τε ἀπὸ τοῦ ἡλίου φῶς καὶ τὸ ἀπὸ τοῦ πυρὸς καὶ ὁ ἀὴρ καὶ τὸ ὕδωρ· κεραννύμενα γὰρ τῷ μᾶλλον καὶ ἧττον πάσας ὡς εἰπεῖν τὰς χρόας ἀποτελεῖ. ἐπιληπτέον δὲ καὶ ἀπὸ τῶν ἄλλων χρωμάτων ταῖς αὐγαῖς κεραννυμένων τὴν ὁμοιότητα· οἱ γὰρ ἄνθρακες καὶ ὁ καπνὸς καὶ τὸ θεῖον καὶ τὰ πτερώματα κεραννύμενα τὰ μὲν ταῖς τοῦ ἡλίου αὐγαῖς, τὰ δὲ ταῖς τοῦ πυρός, πολλὰς καὶ ποικίλας ποιοῦσι μεταβολὰς χρωμάτων. τὰ δὲ καὶ τῇ πέψει θεωρητέον, γινόμενα ἐν φυτοῖς καὶ καρποῖς καὶ τριχώμασι καὶ πτερώμασι καὶ τοῖς τοιούτοις πᾶσι. δεῖ δὲ μὴ λανθάνειν τὸ πολυειδὲς καὶ τὸ ἄπειρον τῶν χρωμάτων, διὰ πόσα συμβαίνει γίνεσθαι· εὑρήσομεν γὰρ ἢ διὰ τὸ τῷ φωτὶ καὶ ταῖς σκιαῖς ἀνίσως καὶ ἀνωμάλως λαμβάνεσθαι (καὶ γὰρ αἱ σκιαὶ καὶ τὸ φῶς κατὰ τὸ μᾶλλον καὶ ἧττον πολὺ διαφέρουσιν αὐτῶν, ὥστε καὶ καθ' αὑτὰς καὶ μετὰ τῶν χρωμάτων μιγνύμεναι ποιοῦσι μεταβολὰς χρωμάτων), ἢ τῷ τὰ κεραννύμενα τῷ πλήθει καὶ ταῖς δυνάμεσι διαφέρειν, ἢ τῷ λόγους ἔχειν μὴ τοὺς αὐτούς. πολλὰς γὰρ καὶ τὸ ἁλουργὸν ἔχει διαφορὰς καὶ τὸ φοινικοῦν καὶ τῶν ἄλλων ἕκαστον τῶν ὡρισμένων (ἑπτὰ γὰρ τῶν χρωμάτων ὥρισται καὶ πλέον οὐδέν, λευκόν, μέλαν, φοινικοῦν, ἁλουργόν, πράσινον, κυανοῦν, φαιόν, τὸ δὲ ξανθὸν ὑπάγεται τῷ λευκῷ)· κατὰ γὰρ τὸ μᾶλλον καὶ ἧττον καὶ κατὰ τὴν πρὸς ἄλληλα μῖξιν καὶ εἰλικρίνειαν αὐτῶν ἡ πολυσχιδὴς ἑτερότης γίνεται. ποιεῖ δὲ διαφορὰν καὶ τὸ λαμπρὸν ἢ στίλβον εἶναι τὸ μιγνύμενον ἢ τοὐναντίον αὐχμηρὸν καὶ ἀλαμπές. ἔστι δὲ τὸ στίλβον οὐκ ἄλλο τι ἢ συνέχεια φωτὸς καὶ πυκνότης. τὸ γὰρ χρυσοειδὲς γίνεται, ὅταν τὸ ξανθὸν καὶ τὸ ἡλιῶδες πυκνωθὲν ἰσχυρῶς στίλβῃ. ἔστι δὲ καὶ ἃ λειούμενα τρίψει καὶ δυνάμεσί τισιν ἀλλοίας ἴσχει καὶ ποικίλας τὰς χρόας. καὶ πρὸς τούτοις ἐκεῖνο ἰστέον, ὡς οὐδὲν τῶν χρωμάτων ὁρῶμεν εἰλικρινὲς οἷόν ἐστιν, ἀλλὰ πάντα κεραννύμενα ἀλλήλοις. καὶ γὰρ ἂν μηδενὶ τῶν ἄλλων, ταῖς γε τοῦ φωτὸς αὐγαῖς καὶ ταῖς σκιαῖς κεραννύμενα ἀλλοῖα, καὶ οὐχ οἷά ἐστι, φαίνεται. διὸ καὶ τὰ ἐν σκιᾷ θεωρούμενα καὶ ἐν φωτὶ καὶ ἡλίῳ, καὶ σκληρᾷ αὐγῇ ἢ μαλακῇ, καὶ κατὰ τὰς ἐγκλίσεις οὕτως ἢ οὕτως, καὶ κατὰ τὰς ἄλλας διαφοράς, ἀλλοῖα φαίνεται καὶ οὐχ οἷά ἐστι. καὶ ταῖς πρὸς τῷ πυρὶ καὶ τῇ σελήνῃ, καὶ ταῖς τῶν λύχνων αὐγαῖς, διὸ καὶ τὸ φῶς ἑκάστου τούτων ἀλλοιοτέραν ἔχει χρόαν. καὶ τῇ πρὸς ἄλληλα δὲ μίξει τῶν χρωμάτων· δι' ἀλλήλων γὰρ φαινόμενα χρώζεται, ὥσπερ ἂν εἰ καὶ γραφεῖς ποιῶσι. καὶ τὰ βαπτόμενα δὲ πάντα

10 post καπνὸς add. καὶ ὁ ἰὸς A: cf. de Color. 792b27 17 αὑτῶν scripsi: αὐτῶν BC: αὐτῷ A 24 πολυσχιδὴς scripsi: πολυσχεδὴς libri 26 συνεχεία C 27 πυκνότητος B 28 στίλβοι A 29 τισιν] τισὶ δὲ A 31 μηδενὶ scripsi, cf. de Color. p. 793b14: μηδὲν libri 32 ἀλλ' οἷα AC τὰ] τὴν A 35 ταῖς] τῇ A 37 φαινόμενα] φερόμενα B²C² cf. de Color. 793b22

τὰς χρόας ἀπὸ τῶν βαπτόντων λαμβάνει. πολλὰ μὲν γὰρ τοῖς ἄνθεσι βάπτεται τοῖς φυομένοις, πολλὰ δὲ ῥίζαις, πολλὰ δὲ φλοιοῖς ἢ φύλλοις ἢ καρποῖς. ἔτι δὲ γῇ μὲν πολλά, πολλὰ δὲ ἀφρῷ, πολλὰ δὲ καὶ μελαντηρίᾳ. τὰ δὲ καὶ τοῖς ζώων χυλοῖς, καθάπερ καὶ τὸ ἁλουργὲς τῇ πορφύρᾳ. τὰ δὲ οἴνῳ, τὰ δὲ καπνῷ, τὰ δὲ κονίᾳ, τὰ δὲ θαλάττῃ, ὥσπερ τὰ τριχώματα τῶν θαλαττίων· πολλὰς δὲ καὶ αἱ στύψεις ἐν τῇ βαφῇ ποιοῦσι διαφορὰς καὶ μίξεις. καὶ οἱ καρποὶ δὲ πεπαινόμενοι μεταβάλλουσιν εἰς τὸ κατὰ φύσιν χρῶμα· καὶ γὰρ λευκοὶ καὶ φαιοὶ καὶ ξανθοὶ καὶ μελανοειδεῖς καὶ φοινικοῖ καὶ οἰνωποὶ καὶ κροκοειδεῖς καὶ σχεδὸν ἁπάσας ἔχοντες γίνονται τὰς τῶν χρωμάτων διαφοράς. ἐπεὶ δὲ τὰ πλεῖστα γίνονται τῶν χρωμάτων πλειόνων κεραννυμένων ἀλλήλοις, φανερὸν ὅτι καὶ τὰς ἐν τοῖς φυτοῖς χρόας ἀνάγκη τὰς αὐτὰς ἔχειν κράσεις· διὰ τούτων γὰρ τὸ ὑγρὸν διηθούμενον καὶ μεθ' ἑαυτοῦ συνεκβλύζον ἁπάσας λαμβάνει τὰς τῶν χρωμάτων δυνάμεις. καὶ τούτου συνεψομένου περὶ τὰς τῶν καρπῶν πέψεις ὑπό τε τοῦ ἡλίου καὶ τῆς τοῦ ἀέρος θερμότητος ἕκαστα καθ' ἑαυτὰ συνίσταται τῶν χρωμάτων, τὰ μὲν θᾶττον τὰ δὲ βραδύτερον, καθάπερ συμβαίνει καὶ περὶ τὴν βαφὴν τῆς πορφύρας. γίνεται δὲ καὶ τὰ τριχώματα καὶ τὰ πτερώματα καὶ τὰ δέρματα καὶ ἵππων καὶ βοῶν καὶ προβάτων καὶ ἀνθρώπων καὶ τῶν ἄλλων ζώων ἁπάντων καὶ λευκὰ καὶ φαιὰ καὶ πυρρὰ καὶ μέλανα ὑπὸ τῆς φύσεως διὰ τὴν αὐτὴν αἰτίαν· τῷ γὰρ πολυειδῶς ἐν τῇ μίξει τὸ ὑγρὸν ὑπὸ τοῦ θερμοῦ πεπέφθαι καὶ ἐξηράνθαι πολυειδῆ καὶ τὰ χρώματα γίνεται. λευκὰ μὲν ὅταν ἔτι ὑπὸ τῆς πέψεως τὸ ὑγρὸν τὸ οἰκεῖον ἔχον χρῶμα καταξηρανθῇ, μέλανα δὲ τοὐναντίον, ὅταν αὐτῶν ἐν τῇ γενέσει τὸ περὶ τὸν χρῶτα ὑγρόν, καθάπερ ἐν τοῖς ἄλλοις ἅπασι, παλαιούμενον καὶ χρονιζόμενον διὰ τὸ πλῆθος καταμελανθῇ· πάντων γὰρ τῶν τοιούτων ὅ τε χρὼς καὶ τὰ δέρματα γίνεται μέλανα. φαιὰ δὲ καὶ ξανθὰ καὶ πυρρὰ καὶ τὰς ἄλλας ἔχοντα χρόας, ὅσα φθάνει καταξηραινόμενα πρότερον ἢ τελέως μεταβάλλειν ἐν αὐτοῖς εἰς τὸ μέλαν χρῶμα τὸ ὑγρόν. οἷς δὲ ἀνωμάλως τοῦτο συμβῇ καὶ τὰ χρώματα τοιαῦτα γίνεται ποικίλα· διὸ καὶ πάντα τοῖς δέρμασι καὶ τῷ χρώματι συνανακολουθεῖ, ἐπεὶ καὶ τῶν ἀνθρώπων τῶν ἐμπύρρων καὶ τὰ τριχώματα γίνεται λευκόπυρρα, τῶν δὲ μελάνων μέλανα. οὕτως ἅπαντα τὰ τριχώματα καὶ τὰ πτερώματα τοῖς δέρμασι συνακολουθεῖ, καὶ τὰ κατὰ μέρος καὶ τὰ κατὰ σῶμα ὅλον. ὁμοίως δὲ τούτοις ὁπλαὶ καὶ χηλαὶ καὶ ῥύγχη καὶ κέρατα· καὶ γὰρ ταῦτα τῶν μελάνων γίνεται μέλανα, τῶν δὲ λευκῶν λευκά, διὰ τὸ καὶ τούτοις ἅπασι διὰ τοῦ δέρματος τὴν τροφὴν εἰς τὴν ἐκτὸς περιοχὴν διηθεῖσθαι. ἀνακεφαλαιούμενοι δὲ τὰ εἰρημένα λέγομεν ὡς ἐνδέχεται καὶ παρ' ἄλληλα τιθέμενα τὸ λευκὸν καὶ τὸ μέλαν, ὥστε ἑκάτερον εἶναι ἀόρατον διὰ

1 βαπτόντων A cf. de Color. p. 794a16: βαπτῶν BC post γὰρ add. ἂν C 3 μελαντηρίω C 4 ζώων χίλοις C: ζώοις χιλλοῖς A 6 στύψεις scripsi: στίψεις libri 8 post μελανοειδεῖς add. καὶ σκιοειδεῖς AC: cf. de Color. 795a33 12 ἑαυτῆς, ut videtur, B συνεκκλύζον C: συνεκκλύζων A, cf. de Color. 795b6 13 συνεψημένου B . 16 βαφὴν] γραφὴν C 18 πυρὰ A 22 αὐτὸν C ἐν] ἕνα A 29 ἐμπύρρων scripsi: ἐμπύρων libri 30 γίνεται — τριχώματα om. C λευκόπυρα B 32 ῥέγχη B 33 μέλαινα A διὰ τὸ A, cf. de Color. 797b21: τὸ om. BC 35 ante καὶ add. μὲν A 36 ἀόρατον] ἀόριστον A

σμικρότητα, τὸ δ' ἐξ ἀμφοῖν ὁρατὸν γίνεσθαι· καὶ ἐπεὶ οὔτε λευκὸν οὔτε μέλαν οἷόν τε ἀκραιφνὲς τοῦτο εἶναι, ἔχειν δέ τι χρῶμα ἀνάγκη, μικτόν τι τοῦτο καὶ ἕτερον εἶδος χρόας, παρ' οἷς συνετέθη. ὃ δὲ ἐπὶ τούτων, καὶ ἐπὶ τῶν ἄλλων χρωμάτων κεραννυμένων οὐδὲν κωλύει γίνεσθαι. ἔστι μὲν οὖν οὕτως ὑπολαβεῖν πλείους γίνεσθαι χρόας, πολλὰς δὲ καὶ τῷ λόγῳ· τρία γὰρ πρὸς δύο, καὶ τρία πρὸς τέτταρα, καὶ κατ' ἄλλους ἀριθμοὺς ἔστι παρ' ἄλληλα κεῖσθαι, τὰ δὲ ὅλως μὲν κατ' οὐδένα λόγον, καθ' ὑπεροχὴν δέ τινα καὶ ἔλλειψιν ἀσύμμετρον, καὶ τὸν αὐτὸν δὴ τρόπον ἔχειν ταῦτα ταῖς συμφωνίαις· τὰ μὲν γὰρ ἐν ἀριθμοῖς εὐλογίστοις χρώματα ἥδιστα, καθάπερ ἐκεῖ αἱ συμφωνίαι, οἷον τὸ ἁλουργόν, τὸ φοινικοῦν, τὸ χρυσοειδὲς καὶ ὀλίγα ἄττα τοιαῦτα, δι' ἥνπερ αἰτίαν καὶ αἱ συμφωνίαι ὀλίγαι, τὰ δὲ ἄλλα χρώματα οὐκ ἐν ἀριθμοῖς. ἢ καὶ πάσας μὲν δεῖ λέγειν ἐν ἀριθμοῖς εἶναι τὰς χρόας, ἀλλὰ τὰς μὲν τεταγμένας, τὰς δὲ ἀτάκτους. εἷς μὲν οὖν τῆς τῶν χρωμάτων γενέσεως τρόπος οὗτος, ἕτερος δὲ τὸ φαίνεσθαι δι' ἀλλήλων, οἷον ἐνίοτε οἱ γραφεῖς ποιοῦσιν· ἑτέραν χρόαν ἐφ' ἑτέραν ἐναργεστέραν ἐπαλείφουσιν, ὥσπερ ὅταν ἐν ὕδατι ἢ ἐν ἀέρι βούλωνταί τι ποιῆσαι φαινόμενον. τὰ δὲ ὅλως οὐκ ἐν λόγῳ, ἀλλ' ἐν μίξει καὶ κράσει τῇ τῶν στοιχείων καὶ φυσικῶς ἐν τοῖς συνθέτοις τῶν σωμάτων πᾶσιν. ὃς δὴ καὶ κυριώτερος τῶν ἄλλων καὶ πολυειδέστερος· ὅσα γὰρ ἔξωθεν ἢ ποιᾷ κράσει ἢ σχέσει ἢ τέχνῃ χρωμάτων εἴδη γίνεται, ταῦτα ἐκ περιττοῦ ἔνδον ἡ φύσις ποιεῖ ἔν τε τοῖς ἁπλοῖς τῶν σωμάτων καὶ συνθέτοις.

Τοσαῦτα καὶ περὶ χρωμάτων ὡς ἐν παρεκβάσει διαλαβόντες πάλιν ἐπανιόντες λέγομεν. φανερὸν οὖν ὅτι τὸ μὲν ἐν φωτὶ ὁρώμενον χρῶμα. διὸ οὐχ ὁρᾶται ἄνευ φωτός· τοῦτο γὰρ καὶ ἦν αὐτῷ τὸ χρώματι εἶναι, τὸ κινητικῷ εἶναι τοῦ κατ' ἐνέργειαν διαφανοῦς· ἡ δ' ἐντελέχεια τοῦ διαφανοῦς φῶς ἐστιν. σημεῖον δὲ τοῦ τὰ χρώματα ἐν φωτὶ ὁρᾶσθαι καὶ διὰ μέσου τοῦ διαφανοῦς· εἰ γάρ τις θείη τὸ ἔχον χρῶμα ἐπ' αὐτὴν τὴν ὄψιν, οὐκ ὄψεται, οὐχ ὡς οὐκ ὄντος τοῦ ὀπτικοῦ αἰσθητηρίου, ἀλλ' ὡς τοῦ μεταξὺ μὴ ὄντος, λέγω δὴ τοῦ διαφανοῦς. τὸ μὲν γὰρ χρῶμα κινεῖ τὸ διαφανές, λέγω δὴ τὸν ἀέρα, ὑπὸ τούτου δὲ συνεχοῦς ὄντος κινεῖται τὸ αἰσθητήριον. οὐ γὰρ καλῶς τοῦτο λέγει Δημόκριτος οἰόμενος, εἰ γένοιτο κενὸν τὸ μεταξύ, ὁρᾶσθαι ἂν ἀκριβῶς, καὶ εἰ μύρμηξ ἐν τῷ οὐρανῷ εἴη· τοῦτο γὰρ ἀδύνατόν ἐστιν. πάσχοντος γὰρ τοῦ αἰσθητικοῦ γίνεται τὸ ὁρᾶν· ὑπ' αὐτοῦ μὲν τοῦ ὁρωμένου χρώματος ἀδύνατον, λείπεται δὲ ὑπὸ τοῦ μεταξύ, ὥστ' ἀναγκαῖον εἶναί τι μεταξύ· κενοῦ δὲ γενομένου οὐχ ὅτι ἀκριβῶς, ἀλλ' ὅλως οὐδὲ ὀφθήσεται. δι' ἣν μὲν οὖν αἰτίαν τὸ χρῶμα ἀναγκαῖον ἐν φωτὶ ὁρᾶσθαι, εἴρηται. τὸ πῦρ δὲ ἐν ἀμφοῖν ὁρᾶται, καὶ ἐν σκότῳ καὶ ἐν φωτί, καὶ τοῦτο ἐξ ἀνάγκης· τὸ γὰρ διαφανὲς ὑπὸ τούτου γίνεται διαφανές· ἔνθα γὰρ πῦρ, ὁ περὶ αὐτὸ ἀὴρ πεφώτισται, ὡς καὶ ὁρᾶσθαι χρώματα. ὃ γοῦν ἑτέροις, παρέχει πολλῷ μᾶλλον

2 μικτόν A², cf. de Sensu et sens. p. 439b24: μικρὸν BC 3 εἶδος χρόας ἕτερον AC 4 κεραννυμένων om. B 7 κεῖσθαι scripsi, cf. de S. et s. p. 439b29: κινεῖσθαι libri 10 ἅττα AC 16 βούλονταί C 18 πολυειδέστατος AC 24 κινητῷ B 30 αἰσθητήριον] αἰσθητικόν A 32 καὶ ἡ μύρμηξ C 33 post γὰρ add. τι AC

αὐτῷ· χρῶμα γὰρ πυρὸς φῶς. ὁ δ' αὐτὸς λόγος καὶ περὶ ψόφου καὶ ὀσμῆς ἐστιν· οὐδὲν γὰρ ἁπτόμενον τοῦ αἰσθητηρίου ποιεῖ αἴσθησιν, ἀλλ' ὑπὸ μὲν ὀσμῆς καὶ ψόφου τὸ μεταξὺ κινεῖται, ὑπὸ δὲ τούτων τῶν αἰσθητηρίων ἑκάτερον. ὅταν δὲ ἐπ' αὐτό τις ἐπιθῇ τὸ αἰσθητήριον τὸ ψοφοῦν ἢ τὸ ὄζον, οὐδεμίαν αἴσθησιν ποιήσει. ἔστι δὲ οὐχ ἡ ῥὶς τὸ τῶν ὀσφραντῶν αἰσθητήριον, ἀλλ' ἡ ἐντὸς μαστοειδὴς τοῦ ἐγκεφάλου ἀπόφυσις, οὐδὲ τὸ οὖς ἀκουστικὸν πρῶτον, ἀλλ' ἡ ἐντὸς μῆνιγξ ἢ τὸ ἐν αὐτῇ πνεῦμα. περὶ δὲ ἁφῆς καὶ γεύσεως ἔχει μὲν ὁμοίως· κἀκεῖναι γὰρ διὰ τοῦ μεταξὺ ποιοῦνται τὴν αἴσθησιν· οὐ φαίνεται δέ, ἐπείπερ οὐχ ἔξωθεν, ὥσπερ ὁ ἀὴρ τῶν ἄλλων, ἀλλὰ τῇ περιπεφυκυίᾳ σαρκὶ τῶν ἁφῆς καὶ γεύσεως αἰσθανόμεθα. ἔτι δὲ προϊοῦσιν ἔσται δῆλον. τὸ μὲν οὖν μεταξὺ χρωμάτων καὶ ψόφων ἀὴρ κυρίως, ὀσμῆς δὲ ὃ καὶ κοινόν τι πάθος ἐπ' ἀέρος καὶ ὕδατος. ὡς γάρ, ὃ διαφανές, ἐν χρώματι, οὕτω τὸ ἔχον ὀσμὴν ἐν ἀμφοτέροις ὑπάρχει τούτοις, ἀνώνυμον μὲν τοῖς παλαιοτέροις, ἀτμὸς δὲ καὶ δίοσμον τοῖς μεταγενεστέροις ὠνόμασται. φαίνεται γὰρ καὶ τὰ ἔνυδρα τῶν ζώων ἔχειν αἴσθησιν ὀδμῆς καὶ ψόφων (ἔστι γάρ πως καὶ τὸ ὕδωρ διηχὲς καὶ δίοσμον, ὡς καὶ ὁ ἀήρ), ἀλλ' ὁ μὲν ἄνθρωπος καὶ τῶν πεζῶν ὅσα ἀναπνεῖ, ἀδυνατεῖ ὀσμᾶσθαι μὴ ἀναπνέοντα, τὰ δὲ ἔνυδρα ὀσμᾶται μέν, οὐκ ἀναπνεῖ δέ· ἡ δὲ αἰτία καὶ περὶ τούτου ὕστερον λεχθήσεται.

II 8 Νυνὶ δὲ περὶ ψόφου καὶ ὀσφρήσεως διορίσωμεν, κατὰ τὸν ὑφηγημένον τρόπον περὶ τῶν ἀντικειμένων διαλαβόντες πρότερον. ἔστι δὲ διττὸς ὁ ψόφος, ὁ μὲν ἐνεργείᾳ, ὁ δὲ δυνάμει, ὡς καὶ τὸ ὁρατὸν τό τε ἐν σκότει καὶ τὸ ἐν φωτί. τῶν γὰρ σωμάτων τὰ μὲν οὔ φαμεν ἔχειν ψόφον, οἷον σπόγγον καὶ ἔριον, τὰ δὲ ἔχειν, οἷον χαλκόν, λίθον, καὶ τούτων μάλιστα ὅσα στερεώτερα καὶ λειότερα. ταῦτα δέ, ὅταν μὴ πρὸς ἄλληλα φέρηται, δυνάμει ψοφητικὰ καὶ κατὰ μόνην ἐπιτηδειότητα, ὅταν δὲ καὶ πρὸς ἄλληλα κρούηται, ἤδη καὶ ἐνεργείᾳ γίνεται. ψόφος γὰρ κατ' ἐνέργειαν οὐδὲν ἕτερόν ἐστιν ἢ ἡ μεταξὺ αὐτῶν καὶ τῆς ἀκοῆς τοιῶσδε ἐγγινομένη πληγὴ ἀέρος. ἔστι δὲ οὗτος ἀεί τινος πρός τι καὶ ἔν τινι, ἐν ἀέρι ἢ ὕδατι· πληγὴ γάρ ἐστιν ἡ ποιοῦσα. διὸ καὶ ἀδύνατον ἑνὸς ὄντος γίνεσθαι ψόφον· ἕτερον γὰρ τὸ τυπτόμενον καὶ τύπτον· ὥστε τὸ ψοφοῦν πρός τι ψοφεῖ. πληγὴ δ' οὐ γίνεται ἄνευ φορᾶς. ὥσπερ δὲ εἴπομεν, οὐ τῶν τυχόντων πληγὴ ὁ ψόφος· οὐδένα γὰρ ποιεῖ ψόφον ἔρια ἐν πληγῇ, ἀλλὰ χαλκὸς καὶ ὅσα λεῖα καὶ κοῖλα· ὁ μὲν γάρ, ὅτι λεῖος· τὰ δὲ κοῖλα τῇ ἀνακλάσει πολλὰς ποιεῖ πληγὰς μετὰ τὴν πρώτην, ἀδυνατοῦντος ἐξελθεῖν τοῦ κινουμένου. δεῖ μὲν οὖν πρὸς τὸ γενέσθαι ψόφον δύο σκληρῶν καὶ λείων σωμάτων ἀθρόαν συνέμπτωσιν γενέσθαι πρὸς ἄλληλα. ἐν γὰρ τούτοις ὁ ἐναπολαμβανόμενος ἀὴρ ἀθρόως ἐκθλιβόμενος καὶ βιαίως ποιεῖ τὸν ἦχον.

---

1 αὐτῷ scripsi: αὐτῷ libri 5 οὐδὲ μίαν C 6 ἀπόφασις A 7 αὐτῇ] ταύτῃ AC 12 ὃ δὴ καὶ A ὡς γὰρ — 13 τούτοις] cf. de An. 419a33 ὥσπερ τὸ διαφανὲς χρώματι, οὕτω τῷ ἔχοντι ὀσμὴν ὃ ἐν ἀμφοτέροις ὑπάρχει τούτοις 17 τῶν] τῷ C τὰ δὲ ἔνυδρα κτλ. v. Torstrikii ed. p. 145 25 δὲ om. A post ὅταν add. μὲν AC 30 γενέσθαι A 32 οὐθένα A cf. de An. p. 419b14: οὐδὲν B: οὐθὲν C ψόφος C 33 ἐν πληγῇ] · εἰ πληγῆ A

οὔτε γοῦν τὰ μαλακά, ὥσπερ εἴρηται, τῶν σωμάτων ψοφεῖ οὔτε τὰ σκληρά, μὴ ἀθρόως δὲ προσκρουόμενα ἀλλ' ἠρέμα καὶ κατὰ μικρόν. φθάνει γὰρ κατὰ μέρος οἷον θρυφθῆναι ὁ ἀήρ. διὸ δεῖ τῆς σφοδρᾶς τῶν σκληρῶν σωμάτων συνεμπτώσεως, ἵνα πολὺς ἀὴρ ἐναποληφθῇ μεταξύ, ὃς ἐναπολαμβανόμενος καὶ ἀθρόως ἐξωθούμενος ποιεῖ τὸν ψόφον· φθάνουσα γὰρ ἡ πληγὴ τὴν ἔξοδον αὐτοῦ ἀποκλείει καὶ ἐκπυρηνίζει. τὰ δὲ μαλακὰ οὐ ψοφεῖ, διότι οὐχ οἷά τέ ἐστιν ἀθρόον ἐξωθῆσαι τὸν ἐναπολαμβανόμενον ἀέρα· διὰ γὰρ τῶν πόρων (μανὰ γάρ εἰσι τὰ μαλακά), κατακερματισθεὶς ἔξεισι. δεῖ δὲ καὶ λειότητος τοῖς πληττομένοις, καὶ μάλιστα πρὸς τὸ πλείονα γενέσθαι τὸν ψόφον· ἀθρόως γὰρ ὁ ἀὴρ ἐκ τούτων ἐκθλίβεται, ἐν δὲ τοῖς μὴ λείοις ἐν τοῖς κοιλώμασι κατακερματίζεται πλείοσιν οὖσι, καὶ οὐκ ἀθρόος ἔξεισι. τὰ δὲ ἠχεῖα καὶ τὰ κύμβαλα πληττόμενα ἐπίμονον ποιεῖ τὸν ψόφον. τοῦτο δὲ διὰ τὴν κοιλότητα· ὁ γὰρ ἐναποληφθεὶς ἀὴρ τῇ κοιλότητι εἰλούμενος ἐπὶ πολὺ καὶ ἐξελθεῖν μὴ δυνάμενος παρατείνει τὸν ψόφον. καὶ σημεῖον ὡς, ἂν μὴ ἠρτημένος ᾖ ἀπὸ λεπτοῦ ἱμάντος, ἀλλὰ κατέχηται τῇ χειρὶ κωλυόμενον κραδαίνεσθαι ὑπὸ τῆς πληγῆς, οὐ παρατείνει τὸν ἦχον. τοῦτο δὲ ὅτι μὴ κινούμενον τὸ ἠχεῖον οὐ κινεῖ τὸν ἐντὸς ἀέρα. οὐ μόνον δὲ στερρότητος καὶ λειότητος χρεία πρὸς τὸ ποιὸν ἢ ποσόν τινα τὸν ἦχον γενέσθαι τοῖς πληττομένοις καὶ πλήττουσιν, ἀλλὰ καὶ τῆς τοιᾶσδε φύσεως. διὰ τοῦτο ἧττον μὲν διηχὲς τὸ ξύλον· ὁ γὰρ ἐν αὐτῷ ἀὴρ γῇ σύμμικτος· μᾶλλον δὲ χαλκός, διὰ τὸ τὸν ἐν αὐτῷ ἀέρα ὑγρῷ συμπεφύρθαι. ἐντεῦθεν κατασκευάζειν εἰώθασι καὶ τὰ ὀξύβαφα ἐκ πλειόνων, ὡς ἂν τῇ τε διαφορᾷ τῶν ἀπηχήσεων τὴν ἁρμονίαν ἀποτελέσωσι, συγκατασπαρθῇ δὲ καὶ ἀὴρ μᾶλλον ἐν ταῖς συμμίξεσιν. ἔτι ἀκούεται ἐν ἀέρι καὶ ὕδατι. οὐκ ἔστι δὲ ψόφου καθάπαξ κύριος ὁ ἀὴρ οὐδὲ τὸ ὕδωρ, ἀλλὰ δεῖ καὶ στερεῶν πληγὴν γενέσθαι πρὸς ἄλληλα καὶ πρὸς τὸν ἀέρα. τοῦτο δὲ γίνεται, ὅταν ὑπομένῃ πληγεὶς ὁ ἀὴρ καὶ μὴ διαχυθῇ. διὸ καὶ ἂν ταχέως καὶ σφοδρῶς πληγῇ, ψοφεῖ· δεῖ γὰρ φθάσαι τὴν κίνησιν τοῦ ῥαπίζοντος τὴν θρύψιν τοῦ ἀέρος, ὥσπερ ἂν εἰ σωρὸν ἢ ὁρμαθὸν ψάμμου ἀπὸ χωνείας τινὸς τύπτῃ τις φερόμενον τάχει. ἠχὼ δὲ γίνεται, ὅταν ἀπὸ τοῦ ἀέρος ἑνὸς γινομένου διὰ τὸ ἀγγεῖον τὸ διορίσαν καὶ κωλῦσαν θρυφθῆναι πάλιν ὁ ἀὴρ ἀπωσθῇ, ὥσπερ σφαῖρα. ὠθοῦντος γὰρ τοῦ προσδιαλεγομένου σχεδὸν μὲν πάντα τὸν κύκλῳ καὶ περὶ αὐτὸν ἀέρα ἢ μάλιστα τὸν ἔμπροσθεν, τὸν [δὲ] ὠθούμενον ὅταν ἐνεχθῆναι γένηται ἐπί τι ἀντίτυπον ἔχον κοιλότητα, οἷά εἰσι τὰ ἄντρα, συνεχῆ ὄντα καὶ μείναντα ἀσκέδαστον διὸ τὸ περισχεθῆναι, ὠθεῖται πάλιν ἐκεῖθεν εἰς τὸ ἔμπαλιν, ὥσπερ ἡ ῥιπτομένη κατὰ τοῖχον σφαῖρα, καὶ οὕτω χωρεῖ ἐπὶ τὸν πλήξαντα ἀνακλώμενος εἰς τοὐπίσω μετὰ τῆς οἰκείας ἐνεργείας,

---

4 ἐναποληφθῇ B Philoponus: ἐναπολειφθῇ AC 6 μαλάκια A 7 ἀθρόου B 9 ἀθρόως] ἀθρόος AC² 13 ἐναποληφθεὶς C Philoponus: ἐναπολειφθεὶς AB 17 στερότητος BC 21 ὑγρῷ] γῇ B ὀξύβαφα Diels cf. Bellermanni anon. de mus. p. 28: ὀξύβαρα libri 28 ἀπὸ χωνείας τινὸς om. A χωρείας C: χώνης Philoponus τύπῃ B: τύπτει AC: τύπτοι de An. p. 419b24 31 ὁ προσδιαλεγούμενος A¹ 32 καὶ μάλιστα A τῶν ἔμπροσθεν A τοῦ δὲ ὠθουμένου A² δὲ expunxi: δὴ Diels 33 γένοιτο A 34 συνεχὴν A¹ ante ὠθεῖται add. εἶτα A² 35 κατατοίχων A 36 χωρεῖ] χωρήσαντα A² ἀνακλώμενον B

λέγω δὴ τοῦ ψόφου· καὶ οὐ πάντως αὐτοῦ τοῦ πληγέντος δήπουθεν πρῶτον ἀέρος φερομένου μέχρι καὶ τοῦ ἀγγείου καὶ πάλιν αὐτοῦ τούτου ἀνακλωμένου μέχρι τοῦ πλήξαντος, ἀλλὰ τῇ ἐφεξῆς μεταλήψει καὶ μεταδόσει τῆς ἐνεργείας γινομένης· ὁ πρῶτος γὰρ πληγεὶς καὶ σχηματισθεὶς τὸν μετ' αὐτὸν ἔπληξε καὶ τοῦ πάθους μετέδωκε, κἀκεῖνος πάλιν τὸν ὑπ' αὐτόν, καὶ τοῦτο δι' ὅλου ἔν τε τῇ πρώτῃ πέμψει καὶ ἀνακλάσει. ἔναρθρος δὲ γίνεται ἡ ἠχώ, ὅτι περ ὁ πρῶτος ὑφ' ἡμῶν πληγεὶς ἀὴρ πρῶτος καὶ ἀνέστρεψε φέρων τὴν πρώτην συλλαβήν, καὶ ὁ δεύτερος τὴν δευτέραν καὶ ἑξῆς οὕτω, καὶ οὕτως ἡ τάξις τῆς διαλέκτου φυλάττεται. ἔοικε δὲ ἀεὶ γίνεσθαι ἠχώ, ἀλλ' οὐ σαφής, ἐπεὶ συμβαίνει γε ἐπὶ τοῦ ψόφου ὅπερ καὶ ἐπὶ τοῦ φωτός· καὶ γὰρ τὸ φῶς ἀεὶ ἀνακλᾶται καὶ ἀπὸ παντὸς σώματος πεφωτισμένου (οὐδὲ γὰρ ἐγίνετο ἂν πάντη φῶς ἔξω τοῦ ἡλιουμένου, καὶ οὔτε τὰ ὑπόστεγα οὔτε τὰ τῶν οἴκων ἐντὸς ἐφωτίζετο, εἰ μήπω ἐκ τῶν κύκλῳ πεφωτισμένων καὶ ἔγγιον καὶ πρὸς αὐτὰ τὸ φῶς διεδίδοτο κατ' ἀνάκλασιν), ἀλλ' οὐχ οὕτως ἀνακλᾶται ὥσπερ ἀφ' ὕδατος καὶ χαλκοῦ ἢ καί τινος ἄλλου, ὡς σκιὰν ποιεῖν, ᾗ τὸ φῶς ὁρίζεται. οὕτω τοι καὶ ἠχὼ μὲν δυνατὸν πάντοτε καὶ ἀπὸ πάντων γίνεσθαι, μὴ σαφῆ δὲ μηδ' εὔγνωστον πᾶσαν, πλὴν τῆς ἀπὸ τῶν λείων καὶ κοίλων γινομένης τόπων. διὰ ταῦτ' οὖν ὀρθῶς τοῖς πάλαι φυσιολόγοις τὸ κενὸν κύριον τοῦ ἀκούειν ἐλέγετο. ἐδόκει γὰρ αὐτοῖς εἶναι κενὸν ὁ ἀήρ, οὗτος δέ ἐστιν ὁ ποιῶν ἀκούειν, ὅταν κινηθῇ συνεχὴς καὶ εἷς. ἀλλὰ διὰ τὸ ψαθυρὸς εἶναι οὐ γεγωνεῖ, ἂν μὴ λεῖον ᾖ τὸ πληγέν· τότε γὰρ εἷς γίνεται ἅμα διὰ τὸ ἐπίπεδον. αὐτὸ μὲν δὴ ἄψοφον ὁ ἀὴρ διὰ τὸ εὔθρυπτον· ὅταν δὲ κωλυθῇ θρύπτεσθαι, ἡ τούτου κίνησις ψόφος. καὶ ψοφητικὸν μὲν οὐχ ἁπλῶς πᾶν τὸ τύπτον καὶ τυπτόμενον, ἀλλὰ τὸ κινητικὸν ἑνὸς ἀέρος συνεχοῦς μέχρις ἀκοῆς. τοιαῦτα δὲ μόνα, ὡς πολλάκις εἴρηται, τὰ στερεὰ καὶ λεῖα. τῇ δὲ ἀκοῇ ἐστί τις συμφυὴς ἀὴρ καὶ τοῖς ὠσὶν ἐγκατῳκοδόμηται πρὸς τὸ ἀκίνητος εἶναι, συνεχὴς ὢν τῇ τε ἔνδοθεν μήνιγγι καὶ τῷ ὑμένι καὶ τῷ ἔξωθεν ἀέρι, ὅπως αἰσθάνηται πάσας τὰς διαφορὰς τῆς κινήσεως. πάσχων γὰρ ὑπὸ τοῦ ἔξωθεν κινουμένου ἀέρος καὶ δεχομένου τὰς τῶν ψόφων ἐνεργείας διαπορθμεύει ἐπὶ τὸ πρῶτον αἰσθητήριον, τὸ ἀκουστικὸν πνεῦμα τὸ ἐν αὐτῇ τῇ μήνιγγι ἱδρυμένον. νεῦρον δὲ πεποροποιημένον ἡ μῆνιγξ, ἐν ᾗ τὸ πνεῦμα ἀπ' ἐγκεφάλου μέχρι τῆς ἕδρας τῶν ὤτων προϊὸν ὡς κἀν ταῖς ἄλλαις αἰσθήσεσιν. πρόεισι δὲ ὡς ἀπὸ πλατυτέρου τοῦ ἔξωθεν ἐπὶ στενώτερον τὸ ἔνδοθεν. οὐ δεῖ δὲ νομίζειν τοῦτον τὸν ἐν τοῖς ὠσὶν ἀέρα, ἐπείπερ ἀκίνητος καὶ ἀνεξόδευτος, ἤδη καὶ ἄφθαρτον καὶ ἀεὶ τῷ αὐτῷ ἀριθμῷ ἕνα εἶναι, ἀλλ' ἔστι κατὰ μέρη γεννητὸς καὶ φθαρτός, ὡς καὶ τὸ ὅλον σῶμα· εἰ δὲ καθ' ὅλον ἑαυτὸν πάθοι καὶ φθαρείη, ἀπόλλυται ἡ ἀκουστικὴ δύναμις. ὥσπερ δὲ τὸ ὀπτικὸν πνεῦμα οὐ πανταχόθεν ἔχει ὑγρόν,

4 μετασχηματισθεὶς B 13 μήπου AC 17 πᾶσαν om. A: πᾶσι C κοίλων καὶ λείων A γινομένην A 18 πάλαι] πάλιν B 20 γεγονεῖ B μὴ] μὲν B 21 γὰρ] δὲ A 22 τούτου de An. 420a8: τούτων libri 26 ἀκίνητον C 27 πασῶν τῶν διαφορῶν A[2] 28 δεχόμενος AC: fort. recte 29 ἐπὶ] ἀπὸ A[1] 30 πεποιημένον B 31 μῆνιξ C 32 ὡς (ante ἀπὸ) om. AC 33 τοῦ ἔνδοθεν BC 34 ἀκίνητον καὶ ἀνεξόδευτον B 37 πάντοθεν A

ἵνα καὶ ἐν ἄλλῳ μέρει τοῦ σώματος ὄψεται, ἀλλ' ἐν μόνῳ τῷ ὀφθαλμῷ καὶ τῇ κόρῃ τοῦτό ἐστιν, οὕτω καὶ ἐπὶ τῆς ἀκοῆς οὐ πάντῃ τὸ ζῷον ἀκούει, οὐδὲ πάντῃ διέρχεται ὁ ἀήρ· οὐ γὰρ πανταχοῦ ἔχει ἀέρα τὸ κινησόμενον μέρος καὶ ἔμψυχον, ἀλλ' ἐν ὠσὶ μόνοις· ὃς εἰ καὶ συνάπτεται τῷ ἐκτός, ἀλλὰ τοῖς ἐσχάτοις μόνοις, οὐ μήν γε δι' ὅλου μίγνυται. οὐ γὰρ εἴσεισι δι' ὅλου αὐτοῦ ὁ περιέχων ἀήρ (ἤδη γὰρ ἂν ἐξέκρουε καὶ ἐκένου καὶ τὴν ἀκοὴν ἔφθειρεν, ὅπερ κἂν τοῖς μεγάλοις τῶν ψόφων καὶ ὑπερβάλλουσι γίνεται· σφόδρα γὰρ ὁ ἐκτὸς πληγεὶς τὸν ἐντὸς ἀπεσφαίρισεν), ἀλλὰ μέχρι τοῦ ἀκροτάτου, ᾧ καὶ συνάπτεται, τὰς ἐνεργείας τῶν ψόφων ἀποκομίσας αἰσθέσθαι ἐκεῖνον ἀφίησι. διὰ ταῦτα δὲ καὶ ἐν ὕδατι ἀκούομεν, ὅτι οὐκ εἰσέρχεται πρὸς αὐτὸν τὸν συμφυῆ ἀέρα τὸ ὕδωρ· ἀλλ' οὐδ' εἰς τὸ οὖς διὰ τὰς ἕλικας. ὅταν δὲ τοῦτο συμβῇ, οὐκ ἀκούει. οὐδ' ἂν ἡ μῆνιγξ κάμοι, ὥσπερ τὸ ἐπὶ κόρῃ δέρμα. ἀλλὰ σημεῖον τοῦ ἀκούειν ἢ μὴ τὸ ἠχεῖν αἰεὶ ὥσπερ τὸ κέρας· αἰεὶ γὰρ οἰκείαν τινὰ κίνησιν ὁ ἀὴρ κινεῖται ὁ ἐν τοῖς ὠσίν, εἰ μὴ ἄλλην, αὐτὴν γοῦν τὴν ζωτικὴν καὶ διαπορθμευτικήν· καὶ εἴπερ τῷ δακτύλῳ τὸ οὖς ἐπιπωμάσαντες αἰσθανοίμεθά τινος βόμβου, ὑγιαίνειν αὐτὸ φήσομεν. ἡ γὰρ τοῦ δακτύλου πίλησις ὠθεῖ ἔξωθεν ἀέρα, ὃς στενούμενος καὶ προσκρούων τῷ συμφυεῖ ποιεῖ τὸν βόμβον· οὐκ ἂν δέ, εἰ μὴ ὑγιῶς εἶχεν, ᾔσθετο. καὶ ὁ ἐν τοῖς κέρασι δὲ τοῖς κοίλοις ἀπειλημμένος ἀὴρ ἦχόν τινα πληττόμενος τῷ ἔξωθεν ἀέρι ποιεῖ προσκρούων. καὶ διὰ τοῦτό φασιν ἀκούειν τῷ κενῷ καὶ ἠχοῦντι, ὅτι ἀκούομεν τῷ ἐντὸς ὡρισμένῳ ἀέρι. ἐπεὶ δὲ οὐχ ἁπλῶς πᾶσα ἡ τινὸς πρός τι καὶ ἔν τινι πλῆξις ψόφος (δῆλον γάρ, εἴπερ ὁ ψόφος ἡ κίνησίς ἐστιν ἀέρος δυναμένου κινεῖσθαι τὸν τρόπον τοῦτον, ὅνπερ τὰ ἀφαλλόμενα ἐκ τῶν λείων, ὅταν τις κρούσῃ), οὐ πᾶν ψοφήσει τὸ τυπτόμενον ἢ τύπτον, ὥσπερ καὶ εἴρηται, ἀλλὰ δεῖ πρὸς τῷ ποιὸν εἶναί τι καὶ ποσόν τι ἔχειν. οὐ γὰρ μόνον σπόγγοι καὶ ἔρια οὐ ψοφεῖ, ὅτι μὴ ποιά τινα, ἀλλ' οὐδ' ὅτε πατάξει τις βελόνῃ βελόνην· προσδεῖται γὰρ τοῦ ποσοῦ, ὡς ἂν τῇ τοσῇδε τῶν πληττομένων ὁμαλότητι καὶ στερεότητι ἀθροῦν τὸν ἀέρα ἀφάλλεσθαι καὶ σείεσθαι, καὶ μὴ ὥσπερ ἀπὸ τῶν τραχέων καὶ ἀνωμάλων· οὐ γὰρ ἀθρόως ἐκεῖθεν ἐκπέμπεται κατακερματιζόμενος. αἱ δὲ διαφοραὶ τῶν ψόφων τῷ κατ' ἐνέργειαν ψόφῳ δηλοῦνται, οὐκ ἐν τῷ κατὰ δύναμιν· ὃ γὰρ οὐκ ἔστι, σχολῇ γ' ἂν ἕξει διαφοράν. ὡς γὰρ ἄνευ φωτὸς χροιαὶ οὐχ ὁρῶνται, ὡς οὐκ ἐν τῷ δυνάμει διαφανεῖ, ἀλλ' ἐν τῷ ἐνεργείᾳ, οὕτως οὐδ' ἄνευ τοῦ ἐνεργείᾳ ψόφου τὸ ὀξὺ καὶ τὸ βαρύ, αἳ δὴ πρῶται καὶ γενικώταται ἐν ἤχῳ διαφοραί. πλὴν τοσοῦτον τὸ τῶν ψόφων τοῦ τῶν χρωμάτων ἐνδεῖ παραδείγματος, καθ' ὅσον ἐκεῖ μὲν ἕτερα τὰ χρώματα τοῦ ἀέρος, κινοῦντα δὲ αὐτὸν μόνας διαπορθμεύειν τὰς ἐνεργείας, ἐνταῦθα δὲ οὐχ ἕτερον οἱ ψόφοι τοῦ κατ' ἐνέργειαν διηχοῦς ἀέρος, ἀλλ' ἐν αὐτῷ τὴν σύστασιν

---

5 οὐ μήν γε] καὶ οὐ A² 6 ἂν om. A ἐκείνου A¹ 8 ἀλλὰ del. A² ᾧ] οὗ A¹BC 11 οὐδεὶς B 15 τῷ] τὸ C post οὖς add. ἢ τῇ χειρὶ AC ἐπιπωμάσαντες AC Philoponus: ἐπιπωματίσαντες B αἰσθανόμεθα A 21 πᾶσα διατινὸς A 22 ἡ om. A τοῦ δυναμένου A 23 ὧσπερ A 25 τῷ] τὸ AC 26 ὅταν πατάξῃ A 28 στερότητι AC ἄρθρουν C 30 ante τῷ add. ἐν A 31 ἕξοι A 32 διαφανῆ C

ἔχουσι. λέγεται δὲ τὸ ὀξὺ καὶ τὸ βαρὺ κατὰ μεταφορὰν ἀπὸ τῶν ἁπτῶν. ὀξὺ γὰρ ἐκεῖ τὸ ταχέως ἐνεργοῦν, οἷον τὸ μαχαίριον, ὅτι ταχέως κεντεῖ, ἀμβλὺ δὲ τὸ βραδέως, καὶ οὐ κεντοῦν ἀλλ' ὠθοῦν, ὡς ὁ ὕπερος· καὶ ψόφων ὀξὺν μὲν διὰ ταῦτα τὸν ταχέως ἰόντα ἐπὶ τὴν αἴσθησιν καὶ παραμένοντα λέγομεν, βαρὺν δὲ τὸν βραδέως καὶ μὴ μένοντα. ὡς κἂν ἐπὶ τῶν χορδῶν ἔχοι· αἱ μὲν λεπταὶ καὶ μᾶλλον τεταμέναι, οἷον ἡ νεάτη πληγεῖσα, ὡς μὴ πολὺν ἔχουσαι ἀέρα τὸν ἀντιπίπτοντα, ἔτι δὲ καὶ τὸ ἐπείγεσθαι μᾶλλον τὸν οἰκεῖον τόπον καταλαβεῖν, τὴν εὐθύτητα, καὶ τεινόμεναι ἀπὸ τῶν περάτων ἐν ὀλίγῳ χρόνῳ ὀξύτατα τὸ διηχὲς τοῦ ἀέρος κινοῦσι, πρὸς δὲ καὶ τὴν αἴσθησιν. σώζουσι δὲ καὶ τὸν ἦχον ἐπὶ πολύ· σφοδρῶς γὰρ ὑπ' αὐτῶν πληγεὶς ὁ ἀὴρ ἀντιπλήττει πολλάκις καὶ ἀντιπλήττεται, ὅθεν καὶ ἧττον παλλόμεναι ἀποκαθίστανται. ὅπερ ἐπὶ τῶν παχέων καὶ ἀνειμένων οὐκ ἔστιν ἰδεῖν, καὶ μᾶλλον τῆς ὑπάτης· βραδὺ γὰρ τὸν ἀέρα κινεῖ καὶ σχολαιότερον ἀποκαθίσταται φθάνουσα τὴν εὐθύτητα. καὶ ἐπὶ τῶν τόξων δὲ τὰ σκληρὰ καὶ μᾶλλον τεταμένα πορρωτέρω τὸ βέλος ἀφίησιν. ἡ γὰρ νευρὰ τῶν δακτύλων ἀφεθεῖσα θᾶττον τὸν οἰκεῖον καταλαμβάνει τόπον αὐτῆς, τὴν εὐθύτητα, καὶ τὸ βέλος διὰ τὸ ἐν ὀλίγῳ ὠθῆσαι χρόνῳ ἐπὶ πλέον ἀπέτεινε· μείζονος γὰρ δυνάμεως τὸ ἐν ὀλίγῳ τὸ αὐτὸ κινῆσαι χρόνῳ, ὅπερ ἐν πλείονι. ἔστιν οὖν ὀξὺ τὸ ἐν ὀλίγῳ χρόνῳ ἐπὶ πολὺ κινοῦν τὴν αἴσθησιν, βαρὺ δὲ τὸ ἐν πολλῷ ὀλίγον. ὥστε οὐχὶ ταχὺ τὸ ὀξύ, τὸ δὲ βαρὺ βραδύ (οὐ γὰρ αὐτὸς ὁ ψόφος βραδὺς ἢ ταχὺς λέγεται, εἴπερ ἐνέργειά τις ἀσώματος καὶ ἀκίνητος), ἀλλὰ γίνεται τοῦ μὲν διὰ τὸ τάχος ἡ κίνησις τοιαύτη, τοῦ δὲ διὰ τὴν βραδυτῆτα· ὥστε συμβαίνει τὸ μὲν ταχὺ τὸ δὲ βραδὺ εἶναι. περὶ μὲν οὖν ἁπλῶς ψόφου ταύτῃ διωρίσθη· ἡ δὲ φωνὴ ψόφος τίς ἐστιν ἐμψύχου· οὐδὲν γὰρ φωνεῖ ἄψυχον, ἀλλὰ καθ' ὁμοιότητα φωνεῖν λέγεται, οἷον αὐλοὶ καὶ λύρα καὶ ὅσα ἄλλα τῶν ἀψύχων ἀπότασιν καὶ μέλος καὶ διάλεκτον ἔχει· ἔοικε γὰρ ὅτι καὶ ἡ φωνὴ ταῦτ' ἔχει. οὐ πάντα δὲ τὰ ζῷα φωνὴν ἔχει· τῶν γὰρ ἀναίμων οὐδὲν ἔχει. ἀλλ' οὐδὲ τὰ ἔναιμα πάντα, οἷον ἰχθύες. καὶ τοῦτ' εὐλόγως, εἴπερ ἀέρος κίνησίς τις ὁ ψόφος (ἀλλ' οἱ λεγόμενοι φωνεῖν ἐν τῷ Ἀχελῴῳ ἰχθύες ψοφοῦσι τοῖς βραγχίοις ἢ τοιούτῳ τινὶ ἑτέρῳ), φωνὴ δέ ἐστιν ζῴου ψόφος οὐ τῷ τυχόντι μορίῳ (οὐ γὰρ ὁ διὰ τῆς χειρὸς ψόφος φωνή), ἀλλ' ὁ διὰ τῶν φωνητικῶν ὀργάνων, καὶ οὐ δι' ἐκείνων ἅπας (οὐ γὰρ ἡ βὴξ φωνὴ ἢ ὁ πταρμός), ἀλλ' ὁ μετὰ φαντασίας καὶ τοῦ σημῆναί τι. ἔτι ἐπεὶ ψοφεῖ πᾶν τύπτοντός τινός τι καὶ ἔν τινι, τοῦτο δ' ἐστὶν ἀήρ, εὐλόγως ταῦτα φωνοίη μόνα ὅσα δέχεται τὸν ἀέρα. ἤδη γὰρ τῷ ἀναπνεομένῳ καταχρῆται ἡ φύσις ἐπὶ ἔργα δύο, καθάπερ τῇ γλώττῃ ἐπὶ τὴν γεῦσιν καὶ τὴν διάλεκτον, ὧν τὸ μὲν ἀναγκαῖον ἡ γεῦσις (διὸ καὶ ὑπάρχει πλείοσι), τὸ δὲ τοῦ εὖ εἵνεκα ἡ ἑρμηνεία, ὣς καὶ τῷ πνεύματι πρός τε τὴν θερμότητα τὴν ἐντὸς ὡς ἀναγκαίαν (ἡ δ'

1 ante τὸ ὀξὺ add. καὶ AC 3 καὶ οὐ om. B 5 βαρύδε A 6 τεταγμέναι A 7 πολὺν] πολλὴν A ἔχουσα B τὸν ἀντιπίπτοντα ἔχουσαι ἀέρα AC τὸ] an τῷ? 8 ἀπὸ scripsi: ὑπὸ libri 19 ὀλίγον] ὀλίγω C 20 παχὺ B 22 διὰ τάχους B 36 ἐπὶ] ἐπί τε AC 38 ὣς scripsi: ὡς libri ἀναγκαῖον AC

αἰτία ἐν ἄλλοις εἴρηται) καὶ πρὸς τὴν φωνήν, ὅπως τὸ εὖ ὑπάρχῃ. τρία δὲ ταῦτα περὶ τὴν τοῦ ἀνθρώπου θεωρεῖται φωνήν (ἄνθρωπος γὰρ κυρίως ἔχει φωνὴν ἔκφανσιν οὖσαν νοῦ), ῥυθμός, ἁρμονία καὶ λέξις. ἔστι δὲ ὁ μὲν ῥυθμὸς περὶ τὸν μακρὸν καὶ βραχὺν χρόνον τῆς ἐκφωνήσεως καὶ τὴν ποιὰν τάσιν· ὅθεν οἱ μετρικοὶ τὰ τῶν φωνηέντων ἐν χρόνῳ ἐκφωνούμενα πλείονι μακρὰ κατωνόμαζον, βραχέα δὲ τὰ ἐν ἐλαχίστῳ, καὶ τῇ τούτων πρὸς ἄλληλα συνθέσει τὸ εὔρυθμον τῶν ἐπῶν ἐποιοῦντο· ἡ δὲ ἁρμονία περὶ τὴν τοῦ ὀξέος καὶ βαρέος συμμετρίαν, ἡ δὲ λέξις περὶ τὴν τῶν συλλαβῶν διατύπωσιν, ἐξ ἧς ἡ τῶν λεγομένων διασημαίνεται ἔννοια. διαφέρει δὲ ῥυθμὸς μέτρου τῷ γενικώτερον καὶ τῷ εἰδικώτερον· πᾶν γὰρ μέτρον ῥυθμός, οὐ τὸ ἔμπαλιν δέ· καὶ ἐπὶ τῶν κροτούντων ἢ χερσὶν ἢ ποσὶν ὁ ῥυθμὸς λέγεται. ὅταν γὰρ ἡ ταχεῖα καὶ βραδεῖα τῶν ποδῶν ἄρσις καὶ θέσις λόγον ἔχῃ πρὸς ἄλληλα, ῥυθμὸς γίνεται. ἐντεῦθεν ἡ τοιάδε τῶν συλλαβῶν τῶν πρὸς μέτρου γένεσιν παραλαμβανομένων συμπλοκὴ πόδες ἐκλήθησαν, ὡς ὄντος τοῦ ῥυθμοῦ συμμέτρου χρόνῳ ἐν ᾧ ἡ κίνησις γέγονεν. ὄργανον δὲ ἀναπνοῆς ὁ φάρυγξ. ἔστι δὲ τοῦτο τὸ μόριον ἕνεκα τοῦ πνεύμονος· ἔνθερμος γάρ, καὶ τούτῳ τῷ μορίῳ πλέον ἔχει τὸ θερμὸν τὰ πεζὰ τῶν ἄλλων. δεῖται δὲ τῆς ἀναπνοῆς καὶ ὁ περὶ τὴν καρδίαν πρῶτος τόπος. διὸ ἀνάγκη εἴσω ἀναπνεομένου εἰσιέναι τὸν ἀέρα καὶ τὸν ἔνδον καταψύχειν τόπον τό τε περίττωμα τοῦ θερμοῦ ἀποκρίνειν καὶ ὕλην τῷ καταλελειμμένῳ γίνεσθαι. τῶν δὲ πεζῶν τοῖς μὴ ἔχουσι πνεύμονα οἷον τοῖς ἐντόμοις ἡ ἔμψυξις τοῦ ἐμφύτου θερμοῦ δι' αὐτῶν τῶν ἐντομῶν γίνεται, τοῖς βραγχίοις δὲ τῷ ὕδατι [καὶ] τὰ ἔνυδρα τὸ ἐντὸς καταψύχουσιν. οὕτως οὖν ἀναγκαῖον τὸ τῆς ἀναπνοῆς πρὸς τὸ εἶναι συμβάλλον· πρὸς δὲ τὸ εὖ εἶναι διὰ τὴν φωνὴν καὶ διάλεκτον. ἐκ δὲ τῶν εἰρημένων συνάγοντες τὴν φωνὴν ὁριζόμεθα· ἡ γὰρ πρὸς τὴν καλουμένην τραχεῖαν ἀρτηρίαν τοῦ ἀναπνεομένου ἀέρος πληγὴ ὑπὸ τῆς ἐν τούτοις τοῖς μορίοις ψυχῆς φαντασιώδης καὶ ἕνεκά του φωνή ἐστιν. οὐ γὰρ πᾶς ζώου ψόφος φωνή ἐστι, καθάπερ εἴρηται· ἔστι γὰρ καὶ τῇ γλώσσῃ ψοφεῖν, καὶ οἷον ποιοῦσιν οἱ βήττοντες· ἀλλὰ δεῖ ἔμψυχόν τε εἶναι τὸ τύπτον καὶ μετὰ φαντασίας τινός· σημαντικὸς γὰρ δή τις ψόφος ἐστὶν ἡ φωνή, καὶ οὐ τοῦ ἀναπνεομένου ἀέρος, ὥσπερ ἡ βήξ· ἀλλὰ τούτῳ τύπτει τὸν ἐν ἀρτηρίᾳ πρὸς αὐτήν· σημεῖον δὲ τούτου· οὐδεὶς γὰρ δύναται φωνεῖν ἅμα ἀναπνέων ἢ ἐκπνέων, ἀλλὰ κατέχων τούτῳ κινεῖ. ὕλη δὲ τῆς φωνῆς ὁ εἰσπνεόμενος ἀήρ, ποιητικὸν δὲ αἴτιον ἡ φύσις, ὀργανικὸν δὲ ἡ τραχεῖα ἀρτηρία, τελικὸν δὲ ἡ περί τι σημασία. τῆς δὲ διαλέκτου ὕλη μέν, ὡς εἴρηται, ἡ φωνή, ποιητικὸν δὲ ἡ λογικὴ ψυχή, ὀργανικὸν δὲ γλῶττα, ὑπερῷα, ὀδόντες καὶ χείλη, τελικὸν δὲ ἡ σημασία τῶν νοημάτων. εὐφωνία δὲ καὶ κακοφωνία καὶ ὀξύτης καὶ βαρύτης παρὰ τὴν ποιὰν

---

1 ἐν ἄλλοις] de Respir. 11 sqq. ὅπως] ὅπερ A ὑπάρχει A 3 ἔμφασιν B 4 βραχὺ A 7 εὔρρυθμον AC 8 βαρέως C 9. 10 τῷ — τῷ] τὸ — τὸ AC 11 τραχεῖα B 12 ἔχει A 13 ante ἡ add. καὶ A 15 χρόνου AC ὁ om. B 17 πλεῖον AC 20 ὕλην scripsi: ὕλη libri 22 γίνεται om. B fort. δ' ἐν τῷ ὕδατι καὶ delevi 25 παχεῖαν A 26 fort. φαντασιώδους B 33 τῆς] τις B 36 ὑπερῶα AC: ὑπερω (α supra) B

σύστασιν καὶ κατασκευὴν τῆς ἀρτηρίας γίνεται· λεία γὰρ οὖσα καὶ ὁμαλὴς ἐμμελής, τραχυνθεῖσα δὲ ἄρρυθμος· καὶ στενωτέρα μὲν ὀξύν, εὐρυτέρα δὲ βαρὺν τὸν ἦχον ἐργάζεται. ὅθεν νέοι μὲν καὶ γυναῖκες εὔφωνοι καὶ ὀξύφωνοι, καὶ εὐνοῦχοι· γέροντες δὲ τοὐναντίον. φανερὸν δὲ καὶ διότι οἱ ἰχθύες ἄφωνοι· οὐ γὰρ ἔχουσι φάρυγγα. οὐκ ἔχουσι δὲ τοῦτο τὸ μόριον, ὅτι οὐ δέχονται τὸν ἀέρα οὐδ' ἀναπνέουσι. δι' ἣν δ' αἰτίαν, ἕτερος ἔσται περὶ αὐτῶν λόγος.

II 9 Περὶ δὲ ὀσμῆς καὶ ὀσφραντοῦ ἑξῆς ἂν εἴη λέγειν. εἰ γὰρ καὶ κατὰ τὴν διδασκαλίαν τάξιν αὐτῇ τὴν μέσην τῶν ἄλλων αἰσθήσεων ἀπονείμωμεν, οἵαν κἀν ταῖς ἐνεργείαις καὶ τῷ ὑποκειμένῳ παρὰ τῆς φύσεως ἔλαβε, πρεπῶδες ἂν ποιήσαιμεν. οὔτε γὰρ οὕτω ταῖς ἐνεργείαις πρόεισι πόρρωθεν, ὥσπερ ὄψις καὶ ἀκοή, οὔθ' οὕτως ἐγγύτατα, ὥσπερ γεῦσις καὶ ἁφή· τῇ θίξει γὰρ αἰσθάνονται. μέση δὲ καὶ κατὰ τὸ ὑποκείμενον· ὄψει μὲν γὰρ ὑπόκειται χρώματα καὶ φῶς, ἢ πῦρ ἢ ὄντα πύρινα, ψόφοι δὲ ἀκοῇ ἀέρος ὄντες, ἁφῇ δὲ τὰ γεωδέστερα, καὶ τῇ γεύσει χυμοί· τῇ δὲ ἀτμοὶ καὶ ὅ φασι δίοσμον, μεταξὺ τυγχάνοντα ἀέρος καὶ ὕδατος. οὐκ ἔστι δὲ ῥᾴδιον διορίσαι ὁμοίως τοῖς εἰρημένοις αἰσθητοῖς, οἷον ψόφῳ καὶ χρώματι καὶ τοῖς ἄλλοις, καὶ τί ἐστιν ὀσμή. ἐπὶ μὲν γὰρ ἐκείνων οὐ μόνον τί τὸ γένος τῶν αἰσθητῶν, ἀλλὰ καὶ τῶν εἰδῶν ἐγινώσκομεν ἕκαστον, ὡς ἐπὶ ὄψεως χρῶμα μὲν τὸ κοινόν, λευκὸν δὲ καὶ μέλαν τὰ μερικά· καὶ ψόφου δὲ διαφοραὶ ὠνομάσθησαν τὸν μὲν τούτων ὀξὺν τὸν δὲ βαρὺν διελομένοις. πολλὰ δὲ καὶ τὰ τῶν γευστῶν εἴδη καὶ πρός τι κοινὸν τὸν χυμὸν ἀφορίζεται. καὶ τῆς ἁφῆς δέ, εἰ μὴ τὸ κοινόν, ἀλλ' οὖν τά γε εἴδη οὐδὲν ἧττον ἐφεύρηται καὶ ὠνόμασται θερμὸν καὶ ψυχρὸν καὶ τὰ ὅμοια. μόνης δὲ τῆς ὀσφρήσεως οὔτε τοῦ κοινῶς ὑποκειμένου τὸ ὄνομα ἔχομεν οὔτε τῶν ὑπ' αὐτό· ὀσφραντὸν γὰρ λέγοντες παρωνύμως λέγομεν, καὶ τὸ εὐῶδες καὶ τὸ δυσῶδες οὐκ εἰσι τῆς τοῦ ὀσφραντοῦ δηλωτικὰ φύσεως, ἀλλὰ τῆς ἐγγινομένης ἐν αἰσθήσει ποιᾶς ὑπ' αὐτῶν διαθέσεως. αἴτιον δὲ ὅτι οὐκ ἔχομεν ἀκριβῆ ταύτην τὴν αἴσθησιν, ἀλλὰ χείριστα ὀσμᾶται πολλοῖς τῶν ζώων ὁ ἄνθρωπος καὶ οὐδεμίαν ἄνευ τοῦ ἡδέος καὶ λυπηροῦ δύναται αἰσθάνεσθαι ὀσμήν, ὡς τοῦ αἰσθητικοῦ ὄντος οὐκ ἀκριβοῦς. ὥσπερ οὖν τοῖς σκληροφθάλμοις εἰκὸς ἀδήλους εἶναι τὰς τῶν χρωμάτων διαφορὰς καὶ συγκεχυμένας, ἀλλὰ τῷ φοβερῷ καὶ ἀφόβῳ διορίζειν μόνον, οὕτω καὶ περὶ τὰς ὀσμὰς τοῖς ἀνθρώποις· τῇ γὰρ οὐσίᾳ τῶν ὀσφραντῶν μὴ ἐπιστήσαντες, ἅτε μὴ αἴσθησιν λαβόντες, οὐδὲ ὀνομάσαι αὐτὰ ἠδυνήθημεν, ἀλλ' ἢ ἐκ παραφράσεως καὶ ἀπὸ τῶν ὑποκειμένων, ὡς ὅταν κρόκου ὀσμὴν ἢ στύρακος εἴποιμεν, ἢ κατὰ μεταφορὰν τὴν ἐκ τῶν γευστῶν (τὰς μὲν γὰρ αὐτῶν γλυκείας τὰς δὲ πικρὰς προσηγορεύκαμεν), ἐπεὶ καὶ ἔοικέ τι καὶ ἀνάλογον ἔχειν πρὸς γεῦσιν καὶ ὅμοιά πως τὰ εἴδη τῶν χυμῶν τοῖς τῆς ὀσμῆς· ἀλλὰ τὴν γεῦσιν ἔχομεν ἀκριβεστέραν διὰ τὸ εἶναι ἁφήν τινα, ταύτην δὲ ἔχει τὴν αἴσθησιν ἀκριβεστάτην

---

4 οἱ om. C   7 λέγει A   8 ἀπονείμομεν AC   12 ὑπόκειται scripsi: ὑποκείσεται libri   15 τυγχάνον A   17 τοῦ αἰσθητοῦ A   20 διελομένοις scripsi: διελόμενοι libri   21 εἰ καὶ μὴ AC   24 παρωνύμα B   29 οὐκ om. B   35. 36 πικρὰς τὰς δὲ γλυκείας AC   καὶ (ante ἀνάλογον) om. A

ὁ ἄνθρωπος. ἐν μὲν γὰρ ταῖς ἄλλαις πολλοῖς τῶν ζώων λείπεται (κύνες γὰρ ὀσφραντικώτεροι καὶ ἀετοὶ ὀξυδερκέστεροι), κατὰ δὲ τὴν ἁφὴν πολλῷ τῶν ἄλλων διαφερόντως ἀκριβοῖ. διὸ καὶ φρονιμώτατος τῶν ζώων ἐστί. σημεῖον δέ· καὶ γὰρ αὐτῶν τῶν ἀνθρώπων οἱ μὲν εὐφυεῖς οἱ δὲ ἀφυεῖς παρ' οὐδὲν ἕτερον αἰσθητήριον ἢ παρὰ ταύτην, ὡς ὑλικὴν εἰπεῖν αἰτίαν. ὧν μὲν γὰρ ἡ σὰρξ μαλακή, εὐφυεῖς, ἀφυεῖς δὲ τὴν διάνοιαν, ὧν σκληρά, τῶν ἄλλων δηλαδὴ τῶν αὐτῶν φυλαττομένων, ἀγωγῆς ἡλικίας καὶ φύσεως· ὁ γὰρ ἐν τούτοις ἐξετασθεὶς μαλακώτερος εὐφυέστερος, ὡς τῶν περιττωμάτων διαφορουμένων ἐν τούτοις μᾶλλον λεπτότερον τὸ ἐν ἐγκεφάλῳ πνεῦμα καὶ φανταστικὸν ὑπολείπεσθαι. ἔτι διττόν πως τὸ τῶν ὀσφραντῶν· τὸ μὲν γάρ ἐστι κατὰ τοὺς χυμοὺς τεταγμένον αὐτῶν, ὥσπερ εἴπομεν, καὶ τὸ ἡδὺ καὶ τὸ λυπηρὸν κατὰ συμβεβηκὸς ἔχουσι· διὰ γὰρ τὸ τοῦ θρεπτικοῦ εἶναι πάθησιν, ἐπιθυμούντων μὲν ἡδεῖαι αἱ ὀσμαὶ τούτων εἰσί, πεπληρωμένοις δὲ καὶ μηδὲν δεομένοις οὐχ ἡδεῖαι οὐδὲ αἱ ὀσμαί· τὸ δὲ ὅπερ ἐπὶ τῶν ἀνθῶν καὶ τῶν ἄλλως ἀρωματωδῶν αἱ καὶ καθ' αὑτὰς ἡδεῖαι τῶν ὀσμῶν εἰσιν· οὐδὲν γὰρ μᾶλλον οὐδ' ἧττον πρὸς τὴν τροφὴν παρακαλεῖ, οὐδὲ συμβάλλεται πρὸς ἐπιθυμίαν τροφῆς οὐδέν. καὶ τοῦτο μὲν τὸ εἶδος τοῦ ὀσφραντοῦ καὶ ἴδιον ἀνθρώπου ἐστίν· ἡ δὲ κατὰ τοὺς χυμοὺς τεταγμένη καὶ τῶν ἄλλων ζώων ἐστί. κἀκείνων μὲν διὰ τὸ κατὰ συμβεβηκὸς ἔχειν τὸ ἡδὺ διῄρηται τὰ εἴδη κατὰ τοὺς χυμούς (ἑπτὰ δὲ οὗτοι, ὥστε καὶ ταῦτα), ταύτης δὲ οὐκέτι, διὰ τὸ τὴν φύσιν αὐτῆς καθ' αὑτὴν εἶναι ἡδεῖαν ἢ λυπηράν. αἴτιον δὲ τοῦ εἶναι ἀνθρώπου τὴν τοιαύτην ὀσμὴν διὰ τὴν περὶ τὸν ἐγκέφαλον ψύξιν. ψυχροῦ γὰρ ὄντος τούτου τὴν φύσιν καὶ τοῦ αἵματος τοῦ περὶ αὐτὸν ἐν τοῖς φλεβίοις ὄντος λεπτοῦ μὲν καὶ καθαροῦ, εὐψύκτου δέ (διὸ καὶ ἡ τῆς τροφῆς ἀναθυμίασις ψυχομένη διὰ τὸν τόπον τὰ ῥευματικὰ νοσήματα ποιεῖ), τοῖς ἀνθρώποις πρὸς ὑγείας βοήθειαν τὸ τοιοῦτον τῆς ὀσμῆς εἶδος ἡ φύσις πεποίηται· οὐδὲν γὰρ ἄλλο ἔργον αὐτῆς ἢ τοῦτο. ἀναφερομένων γὰρ τῶν ὀσμῶν περὶ τὸν ἐγκέφαλον διὰ τὴν ἐν αὐταῖς τῆς θέρμης κουφότητα, ὑγιεινοτέρως ἔχει τὰ περὶ τὸν τόπον τοῦτον· ἡ γὰρ τῆς ὀσμῆς δύναμις θερμὴ τὴν φύσιν ἐστίν. ἔτι τὸ τοῖς χυμοῖς συγκατατεταγμένον τῶν ὀσφραντῶν τὸ μὲν συμφωνεῖ, τὸ δὲ οὔ. ἔστι γὰρ ὥσπερ χυμὸς ὁ μὲν γλυκὺς ὁ δὲ πικρὸς καὶ οἱ ἕτεροι, οὕτω καὶ ὀσμαί· καὶ γὰρ γλυκεῖα καὶ πικρὰ καὶ αὐστηρὰ καὶ δριμεῖα καὶ ἁλυκὴ καὶ λιπαρὰ καὶ στύφουσα ὀσμὴ κατὰ τοὺς χυμοὺς τῶν ὑποκειμένων ὀνομαζόμεναι· οὐ μέντοι γε ὁμοίως ἐπὶ πᾶσιν ὁ λόγος ἥκει, ἀλλὰ τὰ μὲν ἔχει τὴν ἀνάλογον ὀσμὴν καὶ χυμόν, ὥσπερ εἴρηται, τὰ δὲ διαλλάττει. κρόκου μὲν γὰρ καὶ μέλιτος ὅ τε χυμὸς ἥ τε ὀσμὴ τὰ αὐτά (καὶ γλυκέα γάρ) καὶ θύμου καὶ σκορόδου· ἄμφω γὰρ δριμέα· ἀλόη δὲ καὶ στύραξ τὴν γεῦσιν πικραί, γλυκεῖς δὲ τὴν ὀσμήν. τὸν αὐτὸν δὲ τρόπον καὶ ἐπὶ τῶν ἄλλων. τοῦτο δὲ διὰ τὸ μὴ σφόδρα διαδήλους εἶναι τὰς

---

8 μαλακότερος AC 12 πάθησιν] cf. de Sens. et sens. 443b21, ubi plerique habent πάθη 14 αἳ libri 24 ἡ A, cf. de Sens. et sens. p. 444a12: om. BC 28 τοῦτον om. B 31 ante γλυκεῖα add. καὶ AC 32 ἀλικὴ BC στίφουσα A ante ὀσμὴ add. ἐστὶν AC 36 καὶ (ante γλυκέα) om. A 37 τὴν μὲν γεῦσιν AC πικροὶ AC

ὀσμάς, ὥσπερ τοὺς χυμούς, καθάπερ εἴρηται· ὅθεν καὶ ἀπὸ τούτων εἴληφε τὰ ὀνόματα καθ' ὁμοιότητα τῶν πραγμάτων.

Ὅπερ δὲ ἐπὶ τῶν ἄλλων αἰσθήσεων (ἑκάστη γὰρ ἀμφοτέρων αἰσθάνεται τῆς τε οἰκείας ἕξεως καὶ στερήσεως, ἔτι δὲ καὶ τῶν οἰκείων ὑπερβολῶν· ὅρασις μὲν γὰρ ὁρατοῦ καὶ ἀοράτου, ἀκουστοῦ δὲ καὶ ἀνηκούστου ἀκοή· τό τε γὰρ φῶς καὶ τὸ σκότος ὄψει αἰσθητόν, καὶ ψόφος καὶ σιγὴ ἀκοῇ), οὕτω καὶ ἐπ' ὀσφρήσεως· ἡ γὰρ αὐτὴ καὶ ὀσφραντοῦ καὶ ἀνοσφράντου κριτική. οὐ πᾶν δὲ ἁπλῶς τὸ ἄνοσμον κρίνει, ὥσπερ οὐδὲ ἡ ὄψις τὸ ἀόρατον ἅπαν, ἀλλὰ τὸ σύστοιχον καὶ μόνην τῆς οἰκείας καταφάσεως τὴν ἀπόφασιν· λόγου γὰρ ὅτι ἡ φωνὴ ἀόρατος, οὐχ ὁράσεως. ἔτι τριττὸν τὸ ἀνόσφραντον, ὥσπερ καὶ τὸ ἀόρατον· ἢ τὸ μηδ' ὅλως ἔχον ἢ τὸ ἀμυδρῶς ἢ τὸ ὑπερβαλλόντως καὶ φθαρτικόν, ὡς ἐκεῖ τὸ ὑπέρλαμπρον. ἔστι δὲ καὶ ἡ ὄσφρησις διὰ τοῦ μεταξὺ ποιουμένη τὰς ἐνεργείας, ἀέρος καὶ ὕδατος· καὶ γὰρ τὰ ἔνυδρα φαίνεται καὶ ὀσμῆς αἰσθανόμενα, ὥσπερ ἐλέχθη πρότερον, καὶ τὰ ἔναιμα ⟨καὶ τὰ ἄναιμα⟩, ὥσπερ καὶ τὰ ἐν ἀέρι· καὶ γὰρ ἔνια τούτων πόρρωθεν ἀπαντᾷ πρὸς τὴν τροφὴν αἰσθανόμενα τῆς ὀσμῆς, κύνες καὶ ἔνια τῶν πτηνῶν. πλὴν ὁ τρόπος διάφορος τῇ διόδῳ τῶν ὀσφραντῶν πρὸς τὰ τῆς ἀκοῆς καὶ ὄψεως αἰσθητά· ὀσμὴ γὰρ ὀσμὴν ἐκκρούει τὴν ἐλάττω ἡ μείζων, χρῶμα δὲ χρῶμα οὔ· καὶ μετά τινος ἀπορροίας τὸ ὀσφραντὸν ἐπὶ τὸ αἰσθητήριον πρόεισιν, ὅθεν ἐπὶ τῶν δυσωδῶν ῥάκους ταῖς ῥισὶν ἐπιθεμένου εἴρχθη μὲν ἡ ὀσμή, τῷ δὲ ἀέρι ἡ εἴσοδος οὐκ ἐκωλύετο. ἀπορήσειεν ἄν τις, εἰ μὴ μόνα τὰ πεζὰ τῶν ζώων ὄσφρησιν ἔχει, ἀλλ' ἤδη καὶ τὰ ἔνυδρα, πῶς τὰ μὲν ἄλλα καὶ μὴ εἰσπνέοντα ὀσφραίνεται, ὁ δὲ ἄνθρωπος καὶ ὅσα πνεύμονα ἔχει ζῷα οὐκ αἰσθάνεται τοῦ ὀσφραντοῦ μὴ εἰσπνέοντα· κατέχοντα γὰρ τὸ πνεῦμα ἢ ἐκπνέοντα οὐκ ὀσμᾶται οὔτ' ἐγγὺς οὔτε πόρρω, οὐδ' ἂν ἐπιθῇ τις εἰς τὸν μυκτῆρα ἐντὸς τὸ εὐῶδες (καὶ τὸ μὲν ἐπ' αὐτῷ τῷ αἰσθητηρίῳ τιθέμενον ἀναίσθητον εἶναι κοινὸν πάντων, τὸ δὲ ἄνευ τοῦ εἰσπνεῖν μὴ αἰσθάνεσθαι ἴδιον τῶν ἐχόντων πνεύμονα· καὶ τοῦτο δὲ πειρωμένῳ δῆλον)· ὡς ⟨εἰ⟩ τὰ μὴ ἔχοντα πνεύμονα μὴ ἀναπνεῖ, αἰσθάνεται δὲ τοῦ εὐώδους καὶ τοῦ δυσώδους, ἑτέραν τινὰ αἴσθησιν ὑπολείπεται ἔχειν παρὰ τὰς εἰρημένας. ἀλλ' ἀδύνατον, εἴπερ τῆς ὀσμῆς αἰσθάνεται· ὧν γὰρ ἐνέργειαι αἱ αὐταί, τούτων καὶ τὸ κρῖνον ἕν· ἡ δὲ τοῦ εὐώδους καὶ τοῦ δυσώδους αἴσθησις ὄσφρησίς ἐστιν. ἔτι φαίνεται καὶ ταῦτα φθειρόμενα ὑπὸ τῶν ἰσχυρῶν ὀσμῶν, ὑφ' ὧνπερ καὶ τὰ ἔχοντα πνεύμονα, οἷον ἀσφάλτου καὶ θείου, ὡς τῆς αὐτῆς οὔσης ὧδε κἀκεῖσε τῆς συναισθήσεως. ὥστε ὀσφραίνεσθαι μὲν τὰ τοιαῦτα λέγειν δεῖ, μὴ ἐν τῷ ἀναπνεῖν δέ, καὶ ἔοικε τοιοῦτόν τι συμβῆναι περὶ τὴν ὄσφρησιν ὅπερ ἐπὶ τῆς ὄψεως ἔν τισιν· ὡς γὰρ ἐκεῖ τὰ μὲν σκληρόφθαλμα τῶν ζώων βλεφάρων οὐ δεῖται εἰς φυλακὴν καὶ προκάλυμμα, αὐτόθεν ἔχοντα τὴν ἀσφάλειαν ὄντα δυσπαθῆ τῇ σκληρότητι, καὶ εὐθὺς

5 ἀνακούστου B ἡ ἀκοή AC 9 λόγου] λόγος κρίνει Philoponus 10 τριττὸν δὲ τὸ A 14 καὶ τὰ ἄναιμα addidi: ὁμοίως δὲ καὶ τὰ ἔναιμα καὶ τὰ ἄναιμα de An. p. 421b10 15 ἐν τῷ ἀέρι AC 18 μείξω A 20 fort. ἐπιτιθεμένου τὴν ὀσμὴν A[1] 21 ἐκώλυτο AC ἔχοι A 25 τῷ μὲν A 26 αὐτὸ A 28 ὡς εἰ scripsi: ὡς B: ἤγουν C: εἰ οὖν A 31 κρῖνον] κρίνειν B 35 μὲν] μέντοι AC

ὁρᾷ, ὅτι ἂν τεθῇ ἐν τῷ διαφανεῖ, τὰ δὲ μαλακόφθαλμα ἀντὶ παντὸς φυλακτηρίου προβάλλει τὰ βλέφαρα ὥσπερ τι πῶμα καὶ ἔλυτρον, ἅπερ ἂν μὴ ἀνασπάσῃ καὶ κινήσῃ, οὐχ ὁρᾷ τὸ ζῷον, οὕτω τοι καὶ τὸ ὀσφραντικὸν αἰσθητήριον τοῖς μὲν ἀκάλυφον εἶναι τοῖς μὴ ἔχουσι πνεύμονα, ὥσπερ τὸ ὄμμα τοῖς σκληροφθάλμοις, τοῖς δὲ τὸν ἀέρα δεχομένοις ἔχειν ἐπικάλυμμα, ὃ ἀναπνεόντων ἀνακαλύπτεται, διευρυνομένων τῶν νεύρων καὶ τῶν πόρων. τὰ γὰρ ἐπὶ τῇ βάσει τῆς ῥινὸς ὑπὸ τὸν ἐγκέφαλον ἰσθμοειδῶν ὀστέων συμμεμυκότων καὶ πεφραγμένων τῇ τῶν ὑγρῶν ἐπιρρεύσει διανοίγει ὁ ἀὴρ εἰσπνεόμενος καὶ διίστησιν. ὅθεν τὰ ἀναπνεόντα ἐν τῷ ὑγρῷ οὐκ ὀσμᾶται, ὅτι ἀνάγκη ἀναπνεύσαντα ὀσφρανθῆναι, τοῦτο δὲ ποιεῖν ἐν τῷ ὑγρῷ ἀδύνατον.

Ἔστι δὲ ἡ ὀσμὴ τοῦ ξηροῦ, ὥσπερ ὁ χυμὸς τοῦ ὑγροῦ· ὕλη γὰρ ἑκατέρου ἑκάτερον. οὔτε δὲ ξηρὸν οὕτω λέγομεν τὸ παντελῶς ἐστερημένον ὑγρότητος (τὸ γὰρ ἄνθος ὑγρὸν καὶ εὐῶδες), οὔτε ὑγρὸν τὸ ξηρότητος τῆς ὁπωσοῦν ἀνεπίδεκτον οἷον τὸ ὕδωρ (ἄνοσμα γὰρ τὰ τοιαῦτα καὶ ἄχυμα), ἀλλ' ἐν ἑκατέροις τὸ μᾶλλον τοῦτο ἢ ἐκεῖνο. καθόλου γὰρ πᾶς χυμὸς καὶ ὀσμὴ ἐν ποιᾷ τινι κράσει τῶν στοιχείων πρὸς ἄλληλα γίνεται. εἰλικρινῆ γὰρ καὶ καθ' ἑαυτὰ μένοντα ἄνοσμά τε καὶ ἄχυμα· καὶ τῶν ἐν συνθέσει δὲ τὰ μᾶλλον ἁπλᾶ μᾶλλον ἄνοσμα καὶ ἄχυμα, οἷον λίθος ἄνοσμον, ὅτι καὶ ἄχυμον, ὀσμώδη δὲ τὰ ξύλα, ὅτι καὶ ἔγχυμα, καὶ τούτων [ἔτι] ἧττον τὰ ὑδατώδη. καὶ τῶν μεταλλευομένων δὲ χρυσὸς μὲν ἄοσμον, ἄχυμον γάρ, ὀσμώδη δὲ χαλκὸς καὶ σίδηρος. ὅταν δὲ καὶ τούτων τὸ ὑγρὸν ἐκκαυθῇ, πάντων αἱ σκωρίαι ἀνοσμότεραι γίνονται. ὃ δὲ ἐν μόνῳ ὕδατι χυμός, τοῦτο ἐν ἀέρι καὶ ὕδατι ὀσμή. κοινὸν δὲ κατὰ τούτων λέγομεν τὸ διαφανές, ἔστι δὲ ὀσφραντὸν οὐχ ᾗ διαφανές, ἀλλ' ᾗ πλυτικὸν καὶ ῥυπτικὸν ἐγχύμου ξηρότητος. εἰ οὖν τις θείη τὸν ἀέρα καὶ τὸ ὕδωρ ἄμφω ὑγρά, εἴη ἂν ἡ ἐν ὑγρῷ τοῦ ἐγχύμου ξηροῦ φύσις καὶ πλύσις ὀσμή. τὸ δὲ ὀσφραντικὸν αἰσθητήριον δυνάμει τοιοῦτον. ἀμβλύνει δὲ τοὺς χυμοὺς καὶ τὰς ὀσμὰς τὸ ψυχρὸν κατὰ λόγον· τὸ γὰρ θερμὸν τὸ κινοῦν καὶ δημιουργοῦν ἡ ψύξις καὶ ἡ πῆξις ἐκδιώκει. ποτὲ δὲ τὸ αὐτὸ ξηρὸν καὶ ἀμφοτέρων παραίτιον, ἐν μὲν ὕδατι θερμῷ πλυνθὲν χυμοῦ, ἐν δ' ἀέρι πυρὶ θυμιώμενον τῆς ὀσμῆς. τοσαῦτα καὶ περὶ ὀσφρήσεως.

Περὶ δὲ γεύσεως, ἐπειδήπερ ἁφή τίς ἐστι (τῇ θίξει γὰρ αἰσθάνεται), II 10
ἔσται καὶ τὸ γευστὸν ἁπτόν τι· καὶ τοῦτο αἴτιον τοῦ μὴ εἶναι τοὺς χυμοὺς αἰσθητοὺς καὶ διὰ μέσου ἀλλοτρίου σώματος, ὥσπερ καὶ τὰ τῶν ἄλλων αἰσθήσεων ὑποκείμενα. δυσὶ γὰρ ἐκεῖναι τοῖς μεταξὺ ἐποιοῦντο τὴν αἴσθησιν, τοῖς τε ἀλλοτρίοις ἀέρι καὶ ὕδατι, καὶ τοῖς συμπεφυκόσιν αἰσθητηρίοις· ἡ μέντοι γε ἁφὴ καὶ γεῦσις ἑνὶ καὶ συμφυεῖ τῇ σαρκί. ἔτι τὸ σῶμα, ἐν ᾧ τὸ γευστὸν ὁ χυμὸς ὡς ἐν ὕλῃ, τὸ ὑγρόν ἐστι· τοῦτο δὲ ἁφῆς. ὥστε τῇ γεύσει ἅψις ἕπεται, καὶ οὐ διὰ τοῦ μεταξύ· εἰ δέ ποτε γευόμεθα καὶ διὰ τοῦ μεταξύ,

---

1 ὅτι Diels: εἴ τι libri 2 ἅπερ ἂν] ἄν περ B 6 τὰ] πᾶν B 7 ἰσθμοειδῆ AC ὀστέα C: ὅστε A συμμεμυκότα AC 8 πεφραγμένα C 13 ξηρότητος] ξηρότατον B 19 ἔτι delevi, cf. de Sensu et sens. p. 443a16 ἧττον ἔτι AC καὶ τὰ ὑδατώδη AC 26 ὀσφραντὸν B 29 πλυθὲν C

ὡς κἂν ἐν ὕδατι ἦμεν, ᾐσθανόμεθα ἂν ἐμβληθέντος τοῦ γλυκέος καὶ διὰ τοῦ μεταξύ, ἀλλ' οὐχ οὕτως ὥσπερ ἂν εἰ καὶ τῶν χρωμάτων ἢ τῶν ψόφων αἰσθοίμεθα. ἐκείνων γὰρ οὐ τῷ μίγνυσθαί τι τῇ οὐσίᾳ, τῷ ἀέρι καὶ ὕδατι, τούτου δὲ τῇ μίξει· * * εἰ γὰρ μὴ κίνησις ἀρκοῦσα καὶ ἀμφοτέρων ἐν τῇ μίξει τοῦ ὕδατος καὶ τοῦ μέλιτος γένηται, οὐκ ἂν ἐσεῖται μελίκρατον. οὔκουν ὁρῶμεν ταῖς ἀπορροίαις τῶν ὁρατῶν (ἦν γὰρ ἂν ἐν τῷ μέσῳ καὶ χρόνος καὶ κίνησις, εἴπερ αἱ ἀπόρροιαι σώματα) οὐδὲ μίγνυται τὸ χρῶμα τῷ ἀέρι. καὶ γευσαίμεθα γλυκέος διὰ τοῦ μεταξὺ ὄντες ἐν ὕδατι τῷ ἀνακεκρᾶσθαι τὰ σώματα. καὶ τὸ μὲν μεταξὺ οὐδέν ἐστι κοινὸν γεύσει πρὸς ὄψιν καὶ ἀκοήν· ὅτι δὲ χρώματι καὶ ψόφῳ καὶ χυμῷ τὸ ὁρατὸν καὶ ἀκουστὸν καὶ γευστὸν ἀφορίζεται, κεκοινώνηκεν. ἥνωται γὰρ γεῦσις ἁφῇ μὲν τῷ ἀμέσως ποιεῖσθαι τὴν αἴσθησιν, ὄψει δὲ καὶ ἀκοῇ τῷ τὸ κοινὸν ἔχειν ὠνομασμένον καὶ εἰς ἃ τὸ γένος διῄρηται· ὡς γὰρ ἐκεῖ χρῶμα καὶ ψόφος, χυμὸς ὧδε· ὡς δὲ λευκὸν καὶ μέλαν ἢ ὀξὺς καὶ βαρύς, γλυκὺ καὶ πικρὸν καὶ τὰ ἕτερα. οὐδὲν δὲ ποιεῖ χυμοῦ αἴσθησιν ὑγρότητος ἄνευθεν, ὡς καὶ πρότερον εἴρηται, ἀλλ' ἢ δυνάμει ἢ ἐνεργείᾳ πᾶν ἔγχυμον μετέχει ὑγρότητος, οἷον τὸ ἁλμυρὸν ἐνεργείᾳ μὲν ξηρόν, δυνάμει δὲ ὑγρόν· τηκτόν τε γὰρ αὐτὸ καὶ τῆς γλώττης συντηκτικόν. οἱ γὰρ ἅλες αὐτοί τε γευόμενοι τήκονται ὡς δυνάμει ὑγροί, καὶ τὴν τῆς γλώττης ὑγρότητα ἐξικμάζουσι προσθέντες τὴν παρ' αὐτῶν. καὶ εἴ τι δὲ τῶν ἄλλων ξηρῶν γευστὸν ᾖ, οἷον ἄρτος, πέπερι καὶ τὰ ὅμοια, οὐχ ᾗ ξηρά, ταύτῃ γευστά εἰσιν, ἀλλὰ τὰ μὲν τῷ δυνάμει μετέχειν ὑγρότητος τὰ δὲ τῷ προσκτᾶσθαι τῷ ὑγρῷ πλησιάσαντα, τῷ τε ἔξωθεν καὶ τῷ ἐν τῷ στόματι· ὅθεν τὰ ὑπερκαυθέντα ὡς φυσικῆς καὶ ἐπεισάκτου ὑγρότητος ἀνεπίδεκτα ἢ ἀμυδρῶς ἢ παντελῶς ἄγευστα. ὥσπερ δὲ ἡ ὄψις αἰσθητική, ὡς καὶ πρόσθεν ἐλέγετο, τοῦ τε ὁρατοῦ, οἷον τοῦ ἐν φωτὶ χρώματος, καὶ τοῦ ἀοράτου (ὅ τε γὰρ σκότος ἀόρατος κατὰ στέρησιν καὶ ὁ ἥλιος ὑπερβάλλων λαμπρότητι, ἄμφω δὲ ὅμως τῇ ὄψει κρίνεται), καὶ ἡ ἀκοὴ ψόφου καὶ σιγῆς καὶ μεγάλου ψόφου (ὡς γὰρ ὁ μικρὸς ἀνήκουστος, τρόπον τινὰ καὶ ὁ μέγας δήπου καὶ βίαιος), οὕτω τοι καὶ γεῦσις γευστοῦ καὶ ἀγεύστου. ἔτι ἐπεὶ ἀόρατον τὸ μὲν φύσει λέγεται, ὡς τὸ ἀσώματον καὶ ἄχρουν, οἷον ἡ φωνή, ἡ ψυχή, τὸ δὲ ἂν πεφυκὸς μὴ ἔχῃ ἢ φαύλως, καθάπερ ὁ ἐσκοτισμένος ἀὴρ καὶ τῶν χρωμάτων ὅσα ἢ τῇ ἀποστάσει ἢ τῷ συγχεῖσθαι μὴ καθαρὰν τῇ ὄψει τὴν ἀντίληψιν δίδωσιν, ὡς κἂν τὸ ἀδύνατον ἢ τὸ ἄπουν τό τε μηδ' ὅλως, ὡς οἱ ἰχθύες, ἢ τὸ κακῶς, ὡς ἡ νυκτερίς, διττόν τι ἔσται δήπουθεν καὶ τὸ ἄγευστον, τό τε μηδαμῶς ἔχον χυμὸν ἢ μικρὸν καὶ φαῦλον, καὶ τὸ φθαρτικὸν ἔχον τῆς γεύσεως, οἷον τὰ τῶν δηλητηρίων ἄκρατα. ἐπεὶ δὲ ἡ γεῦσις ἁφή, ἁφὴ δήπου φθείρεται φθειρομένης γεύσεως. τὸ δὲ ζῶον τῇ ἁφῇ ὥρισται· ἀνάγκη ἄρα τῆς γευστικῆς φθαρείσης δυνάμεως καὶ τὸ ζῶον

---

1 κἂν εἰ ἐν de An. 422 a 11 3 ἐκείνων μὲν γὰρ A 4 lacunam indicavi: fort. excidit αὕτη δὲ οὐκ ἄνευ κινήσεως 7 μίγνυται] τῷ μίγνυσθαι A τῷ] τὸ C post ἀέρι add. καὶ ὕδατι A 8 τὸ] τῷ A 15 ὡς καὶ προείρηται C 16 τὸ om. AC ἁλμηρὸν B 19 ξηρὸν C 21 ἀλλὰ scripsi: ἀλλ' ἢ libri προκτᾶσθαι B 23 ἢ καὶ παντελῶς AC 29 φύσει] φύσις B 31 ἢ (post ὅσα) om. C 34 τε] μὲν, ὃ A 35 τῆς repetit B ἐπεὶ δὲ — 37 ἁφῇ om. C

ἀπόλλυσθαι. ἔτι ἄνωθεν διαιρουμένοις ἔσται τῶν γευστῶν τὸ μὲν ποτὸν τὸ δὲ ἄποτον· δοκεῖ γὰρ ἀρχὴ ταῦτα εἶναι καὶ πρώτη διαίρεσις. γεῦσις γάρ τις ἀμφότερα, ἀλλὰ τὸ μὲν φαύλη καὶ φθαρτική, τὸ δὲ τελειωτικὸν καὶ κατὰ φύσιν, τὸ ποτόν. τούτου δὲ τὸ μὲν γλυκύ, τὸ δὲ πικρόν, τὸ δὲ ἁλμυρόν, τὸ δὲ δριμύ, τὸ δὲ αὐστηρόν, τὸ δὲ στρυφνόν, τὸ δὲ ὀξύ· τὸ δὲ λιπαρὸν γλυκύ τι. ἑπτὰ δὲ οἱ χυμοί, ὅσα καὶ τὰ χρώματα, λευκόν, μέλαν, φαιόν, φοινικοῦν, ἁλουργόν, πράσινον, κυανοῦν· τὸ δὲ ξανθὸν τῷ λευκῷ συντέτακται. ἁπλᾶ μὲν οὖν πως καὶ ὡρισμένα χυμοὶ καὶ χρώματα ταῦτα· ἡ δὲ τούτων πρὸς ἄλληλα μῖξις καὶ τὸ μᾶλλον καὶ ἧττον τήν τε τῶν χυμῶν ἀπειρίαν καὶ τὰ τῶν χρωμάτων ἐγέννησαν. ἐπεὶ δὲ κοινὸν ἁφῆς καὶ γεύσεως τὸ ποτόν (ὑγρὸν γάρ ἐστιν ἔγχυμον, οὗ τὸ μὲν ἁπτὸν τὸ δὲ γευστόν), ἀνάγκη τὸ αἰσθητήριον αὐτοῦ μήτε ὑγρὸν εἶναι ἐντελεχείᾳ μήτε ἀδύνατον ὑγραίνεσθαι, ὥσπερ καὶ ἐπὶ τῶν ἄλλων. ἔτι πάσχει ἡ γεῦσις ὑπὸ τοῦ γευστοῦ, ᾗ γευστόν, καὶ διὰ τοῦτο ἀνάγκη τὸ γευστικὸν αἰσθητήριον ὑγραίνεσθαι δύνασθαι καὶ ὑγρὸν μὴ εἶναι. σημεῖον δὲ τὸ μήτε κατάξηρον οὖσαν τὴν γλῶτταν αἰσθάνεσθαι μήτε λίαν ὑγράν· αὕτη γὰρ ἁφὴ γίνεται τοῦ πρώτου ὑγροῦ· ὥστε εἰ τοιαύτη, οὐκ ἂν φθάνοι ὑπὸ τῆς ἐν τοῖς χυμοῖς παθεῖν ὑγρότητος, πάσχουσα ὑπὸ τῆς ἐν αὐτῇ καὶ οἰκείας, ὥσπερ ὅταν τις προγευματίσας ἰσχυροῦ χυμοῦ γεύηται ἑτέρου, καὶ τοῖς ἰκτεριῶσιν ἢ πυρέττουσι πικρὰ τὰ προσφερόμενα φαίνεται ὡς τοιαύτης αὐτοῖς πεπληρωμένης τῆς γλώττης. οὔτ' αὖ ὅταν ἄγαν κατάξηρος ᾖ· ἧττον γὰρ πάσχει ὑπὸ τοῦ ὑγροῦ καὶ διὰ πλείονος χρόνου. τὰ δὲ ἀπηριθμημένα τῶν χυμῶν εἴδη ὥσπερ καὶ τὰ τῶν χρωμάτων ἁπλᾶ μὲν τὰ ἐναντία, ὥσπερ ἐκεῖ τὸ λευκὸν καὶ τὸ μέλαν, οὕτως ὧδε τὸ γλυκὺ καὶ τὸ πικρόν, ἐχόμενα δὲ τοῦ μὲν τὸ λιπαρόν, τοῦ δὲ τὸ ἁλμυρόν· μεταξὺ δὲ τούτων τὰ ἕτερα. καὶ σχεδὸν αὗται μόναι δοκοῦσι διαφοραὶ χυμῶν. ἐπεὶ δὲ χυμῶν μὲν ὑποκείμενον τὸ ὑγρόν, ὑγροῦ δὲ τὸ ὕδωρ πηγή, ἢ ἐν τῷ ὕδατι καθάπαξ τοὺς χυμοὺς ἐνεῖναι δεῖ λέγειν, καὶ τοῦτο διττῶς, ὥσπερ τε Ἐμπεδοκλῆς πάντα ἐν πᾶσιν ὑποθέμενος τὰ γένη τῶν χυμῶν ἐν ὕδατι προσομολογεῖν, ἀναίσθητα δὲ διὰ τὴν σμικρότητα, ἢ τοιαύτην ὕλην ἐναποκεῖσθαι τῷ ὕδατι οἷον πανσπερμίαν χυμῶν, καὶ ἅπαντα μὲν ἐξ ὕδατος εἶναι, μᾶλλον δὲ γίνεσθαι ἄλλα ἐξ ἄλλων (ἄμφω δὲ ψευδῆ, ὡς κύριον τῶν χυμῶν καὶ μόνον τὸ ὕδωρ ὑπολειπόμενον, τὸ δὲ καθ' αὑτὸ εἶναι ἄχυμον βούλεται)· τρίτη δὲ δόξα τὸ μηδεμίαν διαφορὰν τοῦ ὕδατος ἔχοντος τὸ ποιοῦν αἴτιον εἶναι, τὸ θερμὸν μετὰ τῆς γεώδους ξηρότητος. φαίνονται δὲ καὶ οἱ χυμοί, ὅσοιπερ ἐν τοῖς καρποῖς, ἐνεῖναι πρότερον δυνάμει καὶ ἐν τῇ γῇ. ὥσπερ οὖν οἱ ἐναποπλύνοντες ἐν τῷ ὑγρῷ τὰ χρώματα καὶ τοὺς χυμοὺς τοιοῦτον ποιοῦσιν ἔχειν τὸ ὕδωρ, οὕτω καὶ ἡ φύσις ἐν τοῖς φυτοῖς καὶ τοῖς ζῴοις τὸ ὕδωρ διὰ τοῦ ξηροῦ καὶ γεώδους διηθοῦσα καὶ τῷ θερμῷ κινοῦσα καὶ μεταβάλλουσα ποιόν τι τὸ ὑγρὸν παρα-

---

8 ὡρισμέναι A 9 καὶ τὸ ἧττον C 19 φαίνηται B 20 post γλώττης add. ὑγρότητος A κατάξηρεν AB ᾖ om. B 28 ὑποθέμενος] ὑπέθετο A[1] καὶ τὰ γένη A 31 ὑπολειπόμεναι in ras. A: ὑπολειπόμενα C 32 post ἄχυμον add. εἶναι B 37 καὶ τοῦ γεώδους AC 38 διηθῶσα A[1]

σκευάζει. καὶ ἔστι τοῦτο χυμὸς τὸ γινόμενον ὑπὸ τοῦ εἰρημένου ξηροῦ ἐν τῷ ὑγρῷ πάθος· ἀπόπλυνσις γὰρ ξηροῦ τροφίμου ἐν ὑγρῷ πεφθέντος τῷ θερμῷ ὁ χυμός. τὸ μὲν οὖν θερμὸν αὐξάνει καὶ δημιουργεῖ τὴν τροφὴν καὶ τὸ μὲν κοῦφον ἕλκει ἄνω, τὸ δὲ ἁλμυρὸν καὶ πικρὸν καταλείπει. ὃ γὰρ ἐν τοῖς ἔξω σώμασι ποιεῖ τὸ ἔξωθεν θερμόν, τοῦτο ἐν τῇ φύσει καὶ τῶν φυτῶν καὶ τῶν ζώων τὸ ἔνδον. τρέφεται δὲ τὰ τρεφόμενα προηγουμένως μὲν τῷ γλυκεῖ, συμμίγνυνται δὲ οἱ ἄλλοι χυμοὶ εἰς τὴν τροφὴν τὸν αὐτὸν τρόπον τῷ ἁλμυρῷ καὶ ὀξεῖ, ἀντὶ ἡδύσματος· ταῦτα δὲ τῷ ἀντισπᾶν τῷ λίαν εἶναι τρόφιμον καὶ ἐπιπολαστικὸν τὸ γλυκύ.

II u Οὕτω διῃτημένων καὶ τῶν περὶ τῆς γεύσεως λέγειν περὶ ἁπτοῦ καὶ ἁφῆς ὑπολείπεται. δυσὶ δὲ προβλήμασι τὸν περὶ αὐτῆς πλεῖστον λόγον διεξοδεύσομεν, εἰ πολλαὶ καὶ μὴ μία, καὶ εἰ ἡ σὰρξ αἰσθητήριον. ἐπ' ἄμφω δὲ τοὺς λόγους γυμνάσαντες, ἡμεῖς γοῦν τοῖς πιθανωτέροις ἑψόμεθα, καὶ τὰ πολλὰ τῷ δευτέρῳ πρὸς ἀπόδειξιν τοῦ προτέρου προσχρησόμεθα. οὕτω δὲ προάγομεν· πότερον μία αἴσθησις ἡ ἁφὴ ἢ πλείους; εἰ μὲν μὴ μία ἀλλὰ πλείους, ἀνάγκη καὶ τὰ ἁπτὰ πλείω αἰσθητὰ εἶναι. τί δὲ καὶ τὸ τοῦ ἁπτικοῦ αἰσθητήριον; πότερον ἡ σὰρξ καὶ ἐν τοῖς ἄλλοις τὸ ἀνάλογον, ἢ οὔ, ἀλλὰ τοῦτο μέν ἐστι τὸ μεταξύ, ὥσπερ ἐν ταῖς ἄλλαις τὸ διαφανὲς ἢ διηχὲς ἢ δίοσμον, τὸ δὲ πρῶτον αἰσθητήριον ἄλλο τί ἐστιν ἐντός, καὶ τοῦτο ἢ τὸ πνεῦμα, ὃ πασῶν κοινόν, ἢ τὸ τῆς ζωτικῆς ἀρχῆς μόριον. καὶ δὴ μίαν μὲν αἴσθησιν τὴν ἁφὴν λέγειν οὐκ ἀνάγκη, ὅτι περ μιᾶς ἐναντιώσεως μία δήπου καὶ αἴσθησις καὶ τὸ ἔμπαλιν· ὄψις γὰρ λευκοῦ καὶ μέλανος μόνη μόνης, καὶ ἀκοὴ βαρέος καὶ ὀξέος, καὶ τὸ μὲν πικρὸν τὸ δὲ γλυκὺ τὸ τῆς γεύσεως· πλείους δὲ τῆς ἁφῆς αἱ ἀντιθέσεις. ὀκτὼ γὰρ αἱ πᾶσαι καὶ οὐχ ὑπάλληλοι οὐδ' ὑπὸ μίαν συνάγονται, θερμότης ψύξις, ξηρότης ὑγρότης, σκληρότης μαλακότης, κουφότης βαρύτης, καὶ αἱ λοιπαί. οὐκ ἄρα μία ἡ τῶν ἁπτῶν αἴσθησις. ἔτι τῇ μιᾷ αἰσθήσει ἓν καὶ τὸ ὑποκείμενον, ὄψει μὲν χρῶμα, ἀκοῇ δὲ ψόφος· περὶ ἕν γάρ τι γένος ἑκάτερον ἰδίως συμφέρεται· ἁφῇ δὲ οὔτι που τὸ γένος ὡρισμένον, εἰς ὃ καταγίνεται· οὐ γὰρ ἕν. οὐ μία δήπου οὐδὲ κατὰ τοῦτο ἡ ἁπτικὴ αἴσθησις. ἔτι δηλοῖ τὸ πλείους ἁφὰς εἶναι καὶ ἡ ἐπὶ τῆς γλώσσης ἁφή· ἁπάντων γὰρ τῶν ἁπτῶν, θερμοῦ ψυχροῦ καὶ τῶν ἄλλων αἰσθάνεται, ἔτι δὲ καὶ χυμοῦ κατὰ τὸ αὐτὸ μόριον· ὥστε καθάπερ ὧδε, εἰ μὲν καὶ ἡ ἄλλη σὰρξ χυμοῦ ᾐσθάνετο, μία ἂν ἐδόκει ἡ ἁφὴ καὶ ἡ γεῦσις (τίνι γὰρ διακρίνοιτο;) νυνὶ δὲ τῷ μὴ ἀντιστρέφειν κεχώρισται, οὕτω καὶ ἁφῆς διαφόρους εἶναι τὰς αἰσθήσεις οὐδὲν κωλύει, τῷ δὲ δι' ἀλλήλων ἥκειν καὶ πάσας πάντων καὶ τῶν πασῶν ἑκάστην ἀντιλαμβάνεσθαι συγκεχύσθαι καὶ εἰς ἓν φύρεσθαι. οὕτω δὲ πρὸς ταῦτα ἀνθυποφέρεται· εἰσὶ γὰρ οἳ λέγουσιν ὡς εἰσί πως πλείους αἱ ἀντιθέσεις κἀν ταῖς ἄλλαις αἰσθήσεσιν. οὐ γὰρ μόνον ὀξύτης καὶ βαρύτης ἐν ἀκοῇ, ὥσπερ ἐλέγετο, ἀλλὰ καὶ μικρότης καὶ μέγεθος, καὶ φωνὴν λείαν

---

5 καὶ (post φύσει) om. AC   τῶν ζώων καὶ τῶν φυτῶν AC   10 τῶν] τῷ A¹   13 πιθανοτέροις AC   23 τῶν τῆς γεύσεως A²: τὰ τῆς γεύσεως C   26 καὶ βαρύτης AC   31 ἄλλων] λοιπῶν A   35 τῷ δὲ scripsi: τὸ δὲ libri

καὶ τραχεῖαν ἠκούσαμεν, καὶ τοιαῦται διαφοραὶ ἕτεραι· καὶ περὶ ὄψιν δὲ οὐ μόνον χρῶμα λευκὸν καὶ μέλαν, ἀλλὰ καὶ σφοδρὸν καὶ ἀμυδρόν. εἰ δὲ ταῦτα, τί κωλύει, ὥσπερ ἐπ' ἐκείνων μίαν συνεωρῶμεν ἐν πλείσταις ἐναντιώσεσιν αἴσθησιν, οὕτω τοι καὶ περὶ ἁφῆς τίθεσθαι; ἢ τοῦτο μὲν καὶ παραλογισμός ἐστιν· οὐ γὰρ κυρίως ἐπὶ φωνῆς τὸ λευκὸν ἢ τὸ μέλαν οὐδὲ τὸ μέγα καὶ μικρὸν λέγεται ἢ τραχὺ καὶ λεῖον, οὔτ' ἐπὶ χρώματος τὸ σφοδρὸν καὶ ἀμυδρόν. μόνῃ γὰρ ἀκοῇ συγγενὴς ἡ τοῦ ὀξέος καὶ βαρέος ἀντίθεσις, ὄψει δὲ ἡ τοῦ λευκοῦ καὶ μέλανος. ἐκεῖνο δὲ δεῖ λέγειν, ὃ πρὸς τὸ δεύτερον ἀντιτίθεται, ὡς ἕν τι καὶ τὸ τῆς ἁφῆς ὑποκείμενον. εἰ δ' ὅτι μὴ δῆλον, εἰ ἕν, μηδ' ὠνόμασται, τί δεῖ μᾶλλον περὶ ἁφῆς ταῦτα ζητεῖν ἢ περὶ ὀσφρήσεως; προσβιάσαιτο δ' ἄν τις κἀνταῦθα κοινόν πως τὸ ἀντιτυπὲς ὑποθέσθαι, μὴ τὸ ἀντιδιεσταλμένον τῷ μαλακῷ, ἀλλ' ἁπλῶς τὸ τῷ μαθηματικῷ ὡς φυσικόν, ὥσπερ ἐκεῖ τὸ δίοσμον. ἔτι εἰ, διότι τὸ γευστικὸν καὶ ἅπτεται, ἔστιν ἐγχωροῦν καὶ ἁφὰς εἶναι πλείονας, οὐκ ἐπὶ γλώσσης μόνον τοῦτο προσίσταται, ἀλλὰ καὶ ἐπὶ τῶν ἄλλων. ὡς γὰρ αὕτη μετὰ τοῦ ἰδίου καὶ τῶν τῆς ἁφῆς συναισθάνεται, καὶ ὀφθαλμὸς ὁρᾷ καὶ θερμαίνεται ἢ ψύχεται, καὶ ἀκοὴ δὲ ὁμοίως καὶ ὄσφρησις· κοινὸν γάρ τι τοῖς αἰσθητηρίοις τὸ ἁπτικόν, ὡς τούτῳ τὸ αἰσθητικὸν ἅπαν σῶμα συνέστηκε. καὶ τὸ μὲν πρῶτον τῶν ἠπορημένων οὕτως εὐθύνθη τοῖς λόγοις. πότερον δὲ ἡ σὰρξ αἰσθητήριον ἢ δι' οὗ; τοῦτο γὰρ ζητηθῆναι προβέβληται δεύτερον. πῶς μὲν οὖν θεωροῦσι τοῦτο ἐσεῖται πρῶτον, πῶς δ' οὔ. εἰ μὴ γὰρ ἡ σὰρξ πρῶτον αἰσθητήριον, † ἧττονος ἔδει ἢ ἀχρόνως τὴν ἅψιν γίνεσθαι. οὐ γὰρ ἐπ' ἀκοῆς οὕτως· οὐ γὰρ ἅμα τῷ πληγῆναι τὰ νέφη τὸν ψόφον ἠκούσαμεν, ἀλλ' ἦν τις μεταξὺ καὶ χρόνος καὶ κίνησις, ὅσον ἡ βροντὴ τῆς ἀστραπῆς καθυστέρησεν· ἅμα γὰρ τὸ πλῆξαν πνεῦμα τῇ τε ῥήξει τὸν ἦχον καὶ τῇ πυρώσει τὴν λάμψιν ἐποίησεν, ὅρασις δὲ ἀκοῆς καὶ ψόφου φῶς ταχινώτερα. τί δ' ἄν τις καὶ ἄλλο εἴποι ταύτην παρείς; οὐ γὰρ ἕτερον ὁρῶμεν ἔξω σαρκός. ἔτι ὃ ἄν τις καὶ ἐπ' ἄλλων ἴδοι παρατηρήσας καὶ κοινὸν ταῖς αἰσθήσεσι, τὸ μὴ ποιεῖσθαι ἄμεσον τὴν ἐνέργειαν, τοῦτο καὶ ἐπὶ τῆς σαρκὸς ὄψεται· οὐ γὰρ ἄμεσος ταύτῃ τῶν ἁπτῶν ἡ θίξις, ἀλλ' ἔστι τὸ μεταξὺ ἢ ὕδωρ ἢ ἀήρ. ὡς γάρ, εἰ βάψαις ἐν ὕδατι ἢ ἐν ἐλαίῳ τὸν δάκτυλον, εἶτα τοῦ λίθου ἅπτῃ, ἐστί τι μεταξὺ αὐτὸ δὴ τὸ ὑγρόν, οὕτω τοι καὶ ἐπὶ τῶν ἐν ἀέρι ἁπτομένων πάντων ἀὴρ ἐν μέσῳ δι' ὅλου συνείληπται, καὶ ὕδωρ τοῖς ἁπτομένοις ἐν ὕδατι, εἰ καὶ λανθάνει τὴν αἴσθησιν τῇ βραχύτητι. τοῦτο δὲ καὶ τοῖς πάλαι ἠπόρηται, ὅπως ἅψις γίνεται, καὶ εἰ διεροῦ διερόν ἐστι κυρίως ἁπτόμενον· εἰ γὰρ ἅπαν σῶμα βάθος ἔχει, τοῦτο δ' ἐστὶ τὸ τρίτον μέγεθος, ὧν δ' ἐστὶ δύο σωμάτων μεταξὺ σῶμα, ταῦτ' ἀδύνατον ἀλλήλων ἅπτεσθαι, τὸ δὲ ὑγρὸν ἄνευ σώματος οὐκ ἔστιν οὐδὲ τὸ διερόν, ἀλλ' ἀναγκαῖον ἢ ὕδωρ εἶναι ἢ ὕδωρ ἔχειν, οὐκ ἂν εἴη διεροῦ διερὸν κυρίως ἁπτό-

---

2 φαιδρὸν [υφυ] B 4 ἁφῆς] αὐτῆς B 7 γὰρ om. B 8 δεῖ om. A 10 δεῖ] δὴ A 12 φυσικός B 14 post γλώσσης add. τοῦτο B 19 τοῖς λόγοις εὐθύνθη AC 21 fort. ἡττόνως ἔδει καὶ μὴ ἀχρόνως 26 ταχεινότερα B 30 βάψαις] fort. βάψας 31 ἁπτὴ C 33 λανθάνοι A 34 ὅπως] ὅπερ C 37 τὸ δὲ] ὅτι δὲ C

μενον. ὡς δὲ καὶ τὰ ἁπτόμενα ἀλλήλων ἐν τῷ ὕδατι μὴ ξηρῶν τῶν ἄκρων ὄντων ἀναγκαῖον ὕδωρ ἔχειν μεταξύ, οὗ ἀνάπλεα τὰ ἔσχατα, εἰ δὲ τοῦτο, ἀδύνατον ἄλλο ἄλλου ἐν ὕδατι ἅψασθαι, τὸν αὐτὸν τρόπον καὶ ἐν ἀέρι. ὁμοίως γὰρ ἔχει ὁ ἀὴρ πρὸς τὰ ἐν αὐτῷ ὥσπερ τὸ ὕδωρ πρὸς τὰ ἐν αὐτῷ τῷ ὕδατι. λανθάνει δὲ ἡμᾶς ἥ τε ἅψις τῶν ἐν τῷ ὕδατι ζώων καὶ δοκεῖ ἄμεσος καὶ μᾶλλον ἡ τῶν ἐν ἀέρι διὰ τὴν τοῦ μέσου βραχύτητα καὶ λεπτότητα. καὶ τοῦ σκληροῦ οὖν καὶ τοῦ μαλακοῦ δι' ἑτέρου ἂν αἰσθανοίμεθα, ὥσπερ δήπου καὶ τοῦ ὁρατοῦ καὶ τοῦ ψόφον ἔχοντος· ἀλλ' ὅτι τὰ μὲν πόρρωθεν ἐναργές, τὰ δὲ διὰ τὸ λίαν ἐγγὺς λανθάνει. καὶ ὥσπερ καὶ δι' ὑμένος περιπεφυκότος τῇ σαρκὶ ἁπάντων ἂν αἰσθανοίμεθα τῶν ἁπτῶν, καὶ εἰ τὸ διεῖργον ἐλάνθανεν, οὕτως ἔχει ἐπὶ τῆς γεύσεως καὶ ἁφῆς ἐν ἀέρι καὶ ὕδατι· δοκοῦμεν γὰρ αὐτῶν θιγγάνειν καὶ μηδὲν εἶναι μέσον διὰ τὸ πολὺ τῆς ἐγγύτητος. πλὴν διαφέρει τοῖς μέσοις τὰ ἁπτὰ τῶν ὁρατῶν καὶ ψοφητικῶν, ὅτιπερ ἐκείνων ᾐσθανόμεθα τῷ τὸ μεταξὺ πάσχειν τι, εἶτα ποιεῖν εἰς ἡμᾶς, τῶν μέντοι ἁπτῶν καὶ γευστῶν οὐχ ὑπὸ τοῦ μεταξὺ πάσχοντος ἢ ποιοῦντος ἀντιλαμβάνομεν, ἀλλ' ἅμα σὺν τῷ μεταξύ, ὥσπερ οἱ διὰ τῆς ἀσπίδος πληγέντες· οὐ γὰρ ἡ ἀσπὶς πληγεῖσα ἐπάταξεν, ἀλλ' ἅμα ἀμφοῖν συνέβη παθεῖν. ἧττον δὲ καὶ οὗτοι τῶν λόγων ἀκίνητοι· εἰ γὰρ διὰ τοῦτο ἡ σὰρξ αἰσθητήριον, διὰ τὴν ἄχρονον αἴσθησιν, τί μᾶλλον ἐπὶ ἁφῆς τοῦτο δεῖ λέγειν ἢ ἐπὶ ὄψεως; ἀμφοῖν γὰρ ἡ αἴσθησις ἄχρονος, ὥσπερ δήπου καὶ ἐπὶ πάσης ἡ γένεσις. οὐ γάρ· ἐστιν αἰσθήσεως γένεσις· οὐ γὰρ κατὰ μικρὸν καὶ ἐν παρατάσει τὸ τέλειον, ἀλλ' ἅμα τε ᾔσθετο καὶ αἰσθάνεται καὶ ὁρᾷ καὶ ἑώρακε, καὶ ὁ μὲν χρόνος παρατείνας ἠλλοίωται, αἴσθησις δὲ ἡ αὐτὴ τῇ φύσει τῇ προτέρᾳ ἡ δευτέρα· ἐν μέντοι τῇ γενέσει οὐ ταὐτὸν οὐσίᾳ τοῖς ὑστέροις τὰ ἐν ἀρχῇ. καὶ πρὸς τούτοις εἴ τις ὑμένα προσφύσει περὶ τὸν δάκτυλον, οὐδὲν ἧττον ἅμα τῇ θίξει τῶν ὑποκειμένων αἰσθήσεται, καὶ οὐ δήπου κἂν τῷ ὑμένι τὸ αἰσθητήριον. οὕτως οὐδ' ἂν εἴη διὰ ταῦτα τὸ πρῶτον τῆς ἁφῆς ἡ σὰρξ αἰσθητήριον, ἀλλὰ τὸ δι' οὗ. ὃ γὰρ προσφυὲν ποιεῖ τὸ ἀλλότριον, μᾶλλον ἂν τὸ οἰκεῖον καὶ συμφυές. οὐδὲν γὰρ τὸ κωλῦον ἐντὸς μὲν εἶναι τὸ αἰσθητήριον, εἴτε καρδία τοῦτό ἐστιν, εἴτε καὶ ἕτερον, τὴν σάρκα δὲ εἶναι μεταξὺ περικειμένην καὶ συμφυῆ. εἰ γὰρ ἐκεῖ περὶ τὴν σάρκα παρατεινόμενος ὁ ὑμὴν εὐθὺς παρεῖχε τὸ ἅπτεσθαι, πόσῳ μᾶλλον θᾶττον διικνοῖτο ἂν ἡ αἴσθησις, εἰ συγγενὲς ὑποτεθείη τὸ μεταξύ. ἔτι οὐ πάνυ τοι ἀληθὲς καὶ τὸ τὰ ἁπτόμενα πάντα λέγειν διὰ μέσου τινὸς ἅπτεσθαι· ἐπ' ἄπειρον γὰρ οὗτος ὁ λόγος βαδιεῖται. εἰ γὰρ ὁ ἀὴρ καὶ τὸ ὕδωρ ἁπτά (αἰσθανόμεθα γοῦν αὐτῶν ὡς θερμῶν καὶ ψυχρῶν), πότερον ἁπτομένων τούτων ἡμῶν ἐστί τι μεταξὺ ἢ οὔ; εἰ μὲν μὴ ἔστιν, ἔχομεν εὐθὺς ὃ ζητοῦμεν· εἰ δὲ ἔστιν, ἡμεῖς καὶ περὶ ἐκείνου ταῦτα εἴποιμεν, καὶ περὶ τοῦ μετ' αὐτὸ καὶ ἔτι· καὶ οὐχ ἅψεταί τί τινος, πρὶν ἡμεῖς στῶμεν ἀπείρως τὸν λόγον

---

3 τὸν δὲ αὐτὸν AC   4 ὕδωρ πρὸς τὴν A   11 ἐπί τε τῆς A   20 ἐπὶ πάσαις A: ἐπίτασις B   27 ἡ γὰρ σάρξ BC   30 εἶναι τὸ μεταξὺ A   31 ὁ ὑμὴν] ὑμῖν A   πόσον C   32 διϊκνεῖτο (ο supra lin.) B   33 τοι] τι AC   34 γὰρ καὶ ὁ ἀὴρ AC: fort. recte   37 τὰ αὐτὰ AC   38 τι om. C

διεξοδεύσαντες. θαυμαστὸν δὲ καὶ τὸ οἴεσθαι κινεῖν τῇ χειρὶ τὸν λίθον τῇ ἐπιπολαζούσῃ ὑγρότητι, ὅταν ἱδρῶμεν ἢ ὕδατι νίζωμεν, τῷ οὕτω φαύλῳ καὶ μαλακῷ τόσον ὄγκον μετὰ βαρύτητος καὶ στερρότητος. καὶ πρὸς τούτοις τῷ κυρίως αἰσθητηρίῳ τὸ αἰσθητὸν ἐν χρῷ ἐπιθέμενον κατέχει ἀναίσθητον, καίπερ τοσούτου ἐναπειλημμένου ἀέρος τῷ μεταξύ, ὅσος κἂν τῇ ἁφῇ. εἰ γάρ τις τὸ λευκὸν θείη ἐπὶ τοῦ ὄμματος ἔσχατον ἢ τὸ ψοφοῦν ἐπ' αὐτὴν τὴν ἀκοήν, οὐκ αἰσθήσεται. λείπεται οὖν ἐντὸς εἶναι τὸ αἰσθητήριον, ᾧ ἂν προσθησόμενα οὐκ αἰσθήσεται, ταῦτα δέ, γλῶσσα καὶ σάρξ, εἶναι δι' ὧν, ὥσπερ ὁ ἀὴρ καὶ τὸ ὕδωρ πρὸς τὴν ὄψιν καὶ τὴν ἀκοὴν καὶ τὴν ὄσφρησιν. ἀλλ' οὗτοι μὲν οἱ λόγοι ἰδιαζόντως ἑκατέρῳ τῶν προβλημάτων ἐπήχθησαν· οἱ δὲ κοινοὶ καὶ διάλληλον δεῖξιν ἔχοντες καὶ παρὰ μέρος τὰ ζητούμενα ὡς ὁμολογούμενα προσλαμβάνοντες, ἔτι δὲ ὡς τοῖς πρώτοις ἐπιχειροῦντες ἀμφότερα οὗτοι. εἰ τῆς μιᾶς αἰσθήσεως ἓν καὶ τὸ αἰσθητήριον, ἓν δὲ ἁφῆς αἰσθητήριον (ἓν γὰρ ἡ σάρξ), μία ἄρα καὶ ἡ ἁπτικὴ αἴσθησις. τούτου δὲ ἔνστασις πρῶτον μὲν ὅτι οὐ καλῶς λαμβάνει. ὃ γὰρ ἀποδειχθῆναι ἔδει προσείληπται ὡς ὁμολογούμενον. ἀδήλου γάρ, εἰ ἡ σὰρξ αἰσθητήριον, αὐτόθεν ἠξίωται. εἶτα πῶς ἕν; εἰ μὲν τῇ συνεχείᾳ, οὐδὲν κωλύει πολλὰ εἶναι τῇ δυνάμει καὶ διάφορα αἰσθητήρια παρ' ἑαυτῇ κατέχειν τῶν διαφόρων αἰσθήσεων· εἰ δὲ καὶ τῇ δυνάμει, τίς ἡ ἀνάγκη; ἡ γὰρ αὐτὴ σὰρξ καὶ λευκὴ καὶ μαλακή, καὶ θερμὴ καὶ ὑγρά· καὶ οὐ δήπου ταῦτα πάντα ἕν. εἰ δὲ μὴ δῆλα μηδὲ τόπῳ χωρίζεται, οὐδὲν πρᾶγμα. ὡς γὰρ ἂν εἰ κύκλῳ ἡμῖν περιεπεφύκει ὁ ἀήρ, ἑνὶ ἂν ἐδοκοῦμεν αἰσθάνεσθαι ὀσμῆς καὶ ψόφου καὶ χρώματος, καὶ μίαν τινὰ αἴσθησιν εἶναι ὄψιν τε καὶ ἀκοὴν καὶ ὄσφρησιν, νυνὶ δὲ τῷ κεχωρισμένον εἶναι, δι' οὗ αἱ κινήσεις γίνονται, ἡ τῶν αἰσθητηρίων ἑτερότης γινώσκεται, οὕτω καὶ ἐπὶ σαρκὸς ἔχει καὶ τῆς ἁπτικῆς αἰσθήσεως. τῷ γὰρ κύκλῳ εἶναι καὶ συμφυὲς τὸ τῶν διαφόρων ἁφῶν αἰσθητήριον ἡ σὰρξ τὸ πλείους εἶναι τὰς ἁπτικὰς αἰσθήσεις ἄδηλον τίθεται. ὃ δὲ αἴτιον τοῦ δι' ὧν μὲν αἱ ἄλλαι χωριστὰ εἶναι, προσπεφυκὸς δὲ δι' οὗ ἡ ἁφή· ἐπεὶ γὰρ ἀδύνατον ἐξ ἑνὸς τῶν ἁπλῶν ἀέρος ἢ ὕδατος ἢ πυρὸς συστῆναι τὸ ἔμψυχον σῶμα (δεῖ γὰρ στερεὸν εἶναι τὸ διατρῖψον ἐν γῇ), λείπεται ἐκ γῆς καὶ τῶν τοιούτων εἶναι μικτόν, οἷον βούλεται εἶναι ἡ σὰρξ ἢ τὸ ἀνάλογον, ἐφ' οἷς μὴ ἔχει σάρκα τῶν ζώων. συντέθειται μὲν οὖν ἐκ πάντων, εἰδοπεποίηται δὲ κατὰ τὴν τοῦ ἑνὸς ἐπικράτειαν· στερεὸν γὰρ καὶ ἀντιτυπές, ὅτι μᾶλλον γήινον. ὥστ' ἀνάγκη τὸ σῶμα μεταξὺ εἶναι τοῦ ἁπτικοῦ προσπεφυκός, δι' οὗ πλείους οὖσαι αἱ τῆς ἁφῆς αἰσθήσεις γενήσονται. ὅτι δὲ οὐδὲ ταῦτα κινεῖν ἀδύνατον, δηλώσει τὰ παρὰ πόδας. εἰ μὲν γὰρ πολλὰ τὰ αἰσθητήρια μιᾶς οὔσης τῆς σαρκὸς ζητοῦμεν, τίς αὐτοῖς ἡ διάκρισις καὶ πόθεν οὗτοι κατέλαβον; εἰ δ' ἄδηλα τῷ δι'

---

3 ὄγγον A   στερότητος C   τῷ μὲν κυρίως A   5 τῷ] τὸ A[1]: ἐν τῷ A[2]   ὅσης B   6 ἐπὶ τὸ τοῦ A   7 ante εἶναι add. μὲν A
11 ἔχοντες scripsi: ἔχουσι libri   18 καὶ om. C   20 πάντα ταῦτα A   27 χωρισταὶ AB   29 ἢ (ante ὕδατος) om. A   31 ἢ] καὶ A
ἔχῃ AC   32 δὲ om. A[1]   36 αἰσθητήρια] ἁφῆς αἰσθητικὰ C   post σαρκὸς add. αἰσθητηρίου C

ἀλλήλων ἥκειν καὶ πάντα πάντων ἀντιλαμβάνεσθαι, κατ' αὐτὸ μάταιον· τί γὰρ ἔδει πολλῶν, ἀρκοῦντος ἑνός, εἴπερ ἡ φύσις τῆς χρείας καὶ φεύγει τὸ περιττόν; ἑνὶ γὰρ μᾶλλον ὀργάνῳ ἐνεργείαις πλείοσι προσχρήσαιτο ἢ πολλοῖς πρὸς μίαν. τὰ αὐτὰ δήπου καὶ ἐπὶ τῶν ἁφῶν, εἰ πλείους. εἰ μὲν γὰρ ἑκάστη αἴσθεται τὰ πασῶν, ἀπόχρη μία· εἰ δὲ ἄλλη ἄλλων, καὶ διάφορον ἴσχουσι τὴν ἐνέργειαν, τίς ἡ ἀπόδειξις; γελοῖος δὲ καὶ ὁ συμφυὴς ἀὴρ εἰς ὑπόδειγμα· οὐ γὰρ ὥσπερ ἡ σὰρξ καὶ δι' ὅλου τοῦ αὐτοῦ καὶ κατὰ τὸ αὐτὸ τῶν ὅλων ἐφήπτετο, κἀκεῖνος ἂν ἀπὸ παντὸς ἑαυτοῦ ἢ διὰ τοῦ αὐτοῦ πάσαις παρεῖχεν αἰσθάνεσθαι, ἀκοῇ λέγω καὶ ὄψει καὶ ὀσφρήσει, ἀλλ' ἡ κατ' εὐθὺ πρὸς ἕκαστον αἰσθητήριον προσβολὴ καὶ τότε τὴν κρίσιν ἐτίθετο, ὡς οὐδὲν μᾶλλον πρότερον ἢ ὕστερον διακεκριμένα τὰ αἰσθητήρια. ἀλλ' εἰ καθάπαξ τοῖς λόγοις λόγους εἰσφέρομεν καὶ τοῖς δευτέροις τοὺς πρώτους ἐκκρούομεν, λήσομεν ἑαυτοὺς εἰς οὐδὲν τὴν σχολὴν κατατρίβοντες· οὐ γὰρ ἔσται πέρας, παντὸς τοῦ προσληφθέντος ἐν τοῖς μέσοις τῶν πραγμάτων καὶ τὸν ἀντίθετον συνεισφέροντος. μήποτε δὲ καὶ μίαν καὶ πολλὰς δεῖ λέγειν τὴν ἁπτικὴν αἴσθησιν καὶ τὰς ἄλλας, καὶ τὴν σάρκα ἔστιν ὡς αἰσθητήριον ἔστιν ὡς μεταξὺ καὶ τἆλλα· ἐζήτηται δὲ οἰκείως ἐν τῇ ἁφῇ ὡς ἐκδηλοτέρᾳ πρὸς τοῦτο καὶ τῶν ἄλλων ὑλικωτέρᾳ. εἰ γὰρ ἡ ψυχὴ μᾶλλον ἓν οὖσα τὸν μερισμὸν οὐκ ἐκπέφευγε (πῶς γὰρ ἂν ἅμα, εἰ μὴ ἁπλοῦν καὶ ἀμέριστον, κατὰ τὸ αὐτὸ τὸν τοῦ λευκοῦ καὶ μέλανος ἐπεσκόπει λόγον;) καὶ τῷ τῷ ὄγκῳ συνεκτετάσθαι τοῦ σώματος μεμέρισταί πως, ὡς κἂν ὁ τοῦ σχήματος πάθοι λόγος ἑνοειδὴς ὢν δήπου καὶ καθόλου καὶ ἀδιάστατος, τοῖς δὲ καθ' ἕκαστα καὶ αἰσθητοῖς σώμασι μερίζεται διιστάμενος, οὕτω δ' ἂν καὶ τὰς τῆς ψυχῆς δυνάμεις ἔχειν οὐδὲν κωλύει τάς τε αἰσθητικὰς καὶ τὰς ζωτικὰς καὶ διαφερόντως τὴν ἁπτικήν. καὶ τί δεῖ τοῦτο ἐπὶ τῆς ἀλόγου διαπορεῖν, ὅπου γε ἡ λογικὴ ψυχὴ ὡς πρὸς ἑστῶτα τὸν νοῦν ἐξεταζομένη μερίζεται καὶ πρός τι χρονικὴν ὑπομένει τὴν κίνησιν; καὶ περὶ μὲν ἁφῆς τοσαῦτα.

Ἁπτὰ δέ εἰσιν αἱ διαφοραὶ τοῦ σώματος ᾗ σῶμα, αὗται δὲ αἷς τὰ στοιχεῖα εἰδοποιεῖται καὶ διορίζεται, αἱ δύο μόναι συζυγίαι τῶν ἁπτῶν ἀντιθέσεων, θερμὸν ψυχρόν, ὑγρὸν ξηρόν, περὶ ὧν καὶ πρότερον εἴρηται ἐν τοῖς περὶ στοιχείων, ὡς ἐπὶ παντὸς ἥκουσαι σώματος καὶ δρῶσαι πρὸς ἀλλήλας καὶ πάσχουσαι καὶ κατ' αὐτὰς τὰ στοιχεῖα· ὅθεν φθορᾶς ἁπάσης καὶ γενέσεως αἴτια. εἰσὶ μὲν γὰρ καὶ αἱ τῶν χρωμάτων καὶ τῶν ψόφων διαφοραί, ἔτι δὲ καὶ τῶν ἄλλων αἰσθήσεων ἐν τοῖς σώμασιν, ἀλλ' οὐ, καθὸ σῶμα, χρῶμα ἔχει (οὐ γὰρ ἅπαν), ἀλλ' ᾗ ὁρατόν, καὶ γευστὸν καὶ ἀκουστὸν καὶ ὀσφραντὸν ὁμοίως· καὶ οὔτε τι πρὸς ἀλλήλας ἢ δρῶσιν ἢ πάσχουσιν οὐθ' ὑπ' αὐτῶν τὸ σῶμα, ἀλλ' αἱ τῆς ἁφῆς μόνης, καὶ πρὸς αὐτὰς ἰδίως καὶ πρὸς τὴν σάρκα κοινῶς. καὶ τούτων

2 ἀρκούντως A[1]   3 ἐνεργειῶν πλειόνων A   5 ἔχουσι A   7 οὐ γὰρ ὥσπερ] ὡς γὰρ BC   8 ἂν om. A   8. 9 πάσας—ἀκοὴν—ὄψιν—ὄσφρησιν A[1]   15 τὰς ἁπτικὰς αἰσθήσεις B[2]   17 ἐζήτηται scripsi: ἐξήτηται libri   17. 18 ἐκδηλοτέρᾳ—ὑλικωτέρᾳ scripsi: ἐκδηλοτέρας—ὑλικωτέρας libri   19 καὶ κατὰ A   λευκοῦ] ἁπλοῦ BC   20 ἐπεσκόπουν B   τῷ τῷ] τοῦ τῷ C: τῷ A[1]   22 αἰσθητοῖς—(24) τάς τε om. C   28 ᾗ] ἢ B   οἷς B   30 ἐν τοῖς περὶ στοιχείων] de Gener. et Corr. B, 2. 3.   36 ἢ (ante δρῶσιν) om. A   37 αὐτὰς scripsi: αὑτὰς libri

οὐχ ὁμοίως πᾶσαι· οὔτε γὰρ τὸ ἁπτικὸν αἰσθητήριον ὑπὸ πάσης ἁπλοϊκῆς ὁμοίως ποιοῦται αἰσθήσεως, οὔτε ἴσην τὴν ἐπ' ἀλλήλαις δρᾶσιν ἢ πεῖσιν ἔχουσιν. οὔκουν ὑπὸ βαρύτητος ἢ κουφότητος, οὐδὲ λεαίνεται ἢ τραχύνεται τοιούτοις ὁμιλοῦσα ἡ σάρξ, ἀλλ' ἢ γνωστικῶς αὐτῶν μόνα τὰ εἴδη δέχεται· θερμοῦ δὲ προσβαλόντος ἢ ὑγροῦ ἢ ψυχροῦ καὶ ξηροῦ ἅμα τε ἔπαθεν ὑλικῶς διατεθεῖσα, θερμανθεῖσα καὶ ψυχρανθεῖσα, καὶ τὸ εἶδος ἐγνώρισε· καὶ τὸ μὲν ὡς φυσικὸν σῶμα τοῖς ἐξ ὧν συνέστηκε συμπαθές, τὸ δὲ ὡς αἴσθησις κριτική. τί δὲ καὶ κουφότης πάθοι ὑπὸ βαρύτητος; οὐδενὸς γὰρ μεταδοίη τοῖς παρακειμένοις ἑκάτερον. κατὰ ταῦτα καὶ αἱ λοιπαί. φανερὸν οὖν ὡς μόνα τῶν ἁπτῶν θερμὸν καὶ ξηρὸν καὶ τὰ ἀντικείμενα τῶν τε στοιχείων ὁριστικὰ καὶ τῷ δρᾶν καὶ πάσχειν τἄλλα πάντα καὶ γεννῶσι καὶ φθείρουσι· τῶν δ' ὑπολοίπων ἓξ συζυγιῶν τῶν ἁπτῶν αἱ μὲν ὡς μηδὲν ποιοῦσαι πρὸς ἀλλήλας ἢ πάσχουσαι οὐδὲν πρὸς γένεσιν ἢ φθορὰν συνεισφέρουσιν, αἱ δὲ ταῖς εἰρημέναις συγκλείονται. αὗται δὲ κουφότης καὶ βαρύτης, λειότης καὶ τραχύτης, λεπτότης καὶ παχύτης, πυκνότης καὶ μανότης, σκληρότης ⟨καὶ⟩ μαλακότης, γλισχρότης καὶ κραυρότης. ἔστι δὲ ὑγρὸν μὲν τὸ τῷ οἰκείῳ ὅρῳ δυσόριστον, τῷ δὲ ἀλλοτρίῳ εὐόριστον· ξηρὸν δὲ τὸ ἔμπαλιν· καὶ θερμὸν μὲν τὸ τὰ ὁμογενῆ καὶ ἑτερογενῆ διακρῖνον, ψυχρὸν δὲ τὸ συγκρῖνον ἀμφότερα· καὶ λεῖον μὲν καὶ μαλακὸν τὸ μὲν οὗπερ ἐξ ἴσου τὰ τῆς ἐπιφανείας συνάπτονται μόρια, τὸ δὲ ὃ εὐένδοτον δι' ὑγρότητα· γλίσχρον δὲ καὶ λεπτὸν καὶ πυκνὸν τὸ μὲν ὃ μετὰ πάθους ἔχει ὑγρότητα, τὸ δὲ ὃ τῶν πόρων ἀναπληστικὸν διὰ τὴν τῶν μερῶν σμικρότητα καὶ διαίρεσιν, τὸ δὲ οὗ τὰ μόρια σύνεγγυς· τοῖς δὲ ἐναντίοις τὰ ἐναντία. καὶ γλίσχρον μὲν καὶ μαλακὸν τῷ ὑγρῷ συνυπάγονται, ξηρῷ δὲ τὰ ἀντικείμενα. βαρὺ δὲ καὶ κοῦφον τὸ μὲν ἐπὶ τὸ μέσον φέρεται, τὸ δὲ ἀπὸ τοῦ μέσου. ταῦτα δὲ καὶ τῶν ἄλλων κοινότατα· ἅπαν γὰρ σῶμα βαρὺ ἢ κοῦφον. μήποτε δὲ μόνῃ τῇ τοῦ μέσου πρὸς τὸ πέριξ σχέσει καὶ τῇ παρὰ τόπον θέσει τὸ βαρὺ καὶ τὸ κοῦφον γνωρίζεται. ἡ γὰρ πρὸς τὸ κάτω καὶ τὸ ἄνω καὶ ἡ ἐκ τῶν οἰκείων πρὸς τοὺς ἀλλοτρίους τόπους τῶν σωμάτων μετάβασις τὸ βαρὺ καὶ τὸ κοῦφον ἐγγέννησε· τὸ γὰρ ἐν τοῖς οἰκείοις μένον καὶ μὴ κινούμενον οὔτε κοῦφον οὔτε βαρύ ἐστιν. ἁπτὰ μὲν οὖν ταῦτα· τὸ δὲ αἰσθητήριον αὐτῶν τὸ ἁπτικόν, ἐν ᾧ ἡ καλουμένη ἁφὴ ὑπάρχει πρώτως, τὸ δυνάμει τοιοῦτόν ἐστι μόριον. τὸ γοῦν ποιοῦν ἐνεργείᾳ αὐτὸ αἰσθητικὸν δυνάμει ὂν τὸ αἰσθητόν ἐστι. πάσχει δὲ οὐδὲν ὑπὸ τοῦ πάντη ὁμοίου· τὸ δὲ ἅπτεσθαι καὶ αἰσθάνεσθαι πάσχειν τί ἐστιν. οὐκ ἔσται ἄρα τῶν ὁμοίων ἁφή. διὸ τοῦ ὁμοίως θερμοῦ ἢ ψυχροῦ ἢ σκληροῦ ἢ μαλακοῦ οὐκ αἰσθανόμεθα, ἀλλὰ τῶν ὑπερβολῶν ἢ τῶν ἐνδειῶν· ὑγιαίνοντες γὰρ καὶ τοῦ περιέχοντος μήτε καύμασιν ἰσχυροῖς μήτε κρυμοῖς ὑπερβάλλοντος καὶ ἐν ἰσότητι τῆς ἐκτὸς οὔσης τῇ ἐν σώματι κράσει οὔτ' οἰκείας οὔτ' ἀλλοτρίας ψυχρότητος ἢ θερμότητος αἰσθοίμεθ' ἄν. εἰ δ' ἢ τῶν ἐν σώματι στοιχείων ἑτέρου ἕτερον ὑπερβάλοι ἢ ὁ ἀὴρ ἀνω-

1 ἁπλοϊκῆς] ἁπτικῆς A 2 ποιοῦται] πορoῦται BC ἀλλήλοις BC 3 λειαίνεται AC 12 ἁπτῶν scripsi: ἁπτικῶν libri 15 καὶ (ante μαλακότης) addidi 18 διακρίνειν B 26 τῇ (post μόνῃ) om. B 27 κατὰ B 29 ἐγέννησαν A 31 καὶ ἐν ᾧ AC, de An. 423b30 37 κρυμμοῖς B 38 κράσεως A αἰσθοίμεθ' ἄν] αἰσθησόμεθα A[1]

μάλως πρὸς τὸ σῶμα ἕξει, αἰσθοίμεθ' ἄν· πυρέττοντες γὰρ ἡμᾶς αὐτοὺς θερμοτέρους συνέγνωμεν, ὡς ἑνὸς τῶν χυμῶν προελθόντος θερμότητι, κἂν τοῖς ἀλεεινοτέροις δὲ ἢ κρυμωδεστέροις γεγονότες τόποις ἢ καταστάσεσιν, ὅπως ὁ ἀὴρ ἔχει, διέγνωμεν καὶ ἐπὶ τῶν ἄλλων οὕτως, ὡς ἂν τοῦ αἰσθητηρίου διὰ τὴν αἴσθησιν οἷον μεσότητός τινος ὄντος τῆς ἐν τοῖς αἰσθητοῖς ἐναντιώσεως καὶ διὰ τοῦτο κρίνοντος τὰ αἰσθητὰ εἰς ἑκάτερον κλίναντα. τὸ γὰρ μέσον κριτικόν· γίνεται γὰρ πρὸς ἑκάτερον αὐτῶν θάτερον τῶν ἄκρων, θερμὸν πρὸς τὸ ὑπερβάλλον ψυχρότητι, ψυχρὸν δ' αὖ πρὸς τὸ πλεονάσαν θερμότητι. οὐχ ὁμοίως δὲ τὸ μέσον ἐπὶ τῆς ἁφῆς καὶ τῶν ἄλλων αἰσθήσεων. αἱ μὲν γὰρ οὐκ ἐξ ὧν ἄκρων αἰσθάνονται κέκρανται· οὐδὲ γὰρ ὄψις ἐκ λευκοῦ καὶ μέλανος, οὐδ' ἐξ ὀξέος καὶ βαρέος ἡ ἀκοή· μῖξις δὲ θερμοῦ καὶ ψυχροῦ καὶ τῶν ἄλλων ἡ ἁπτική, ἣν ἄν τις καὶ κυρίως προσείποι μεσότητα. ὥσπερ δὲ τοῦ τε ὁρατοῦ καὶ ἀοράτου ἦν πως τὸ κρῖνον ἡ ὄψις, ὁμοίως δὲ καὶ αἱ ἄλλαι τῶν ἀντικειμένων, οὕτω καὶ ἡ ἁφὴ τοῦ ἁπτοῦ καὶ ἀνάπτου· ἄναπτον δὲ τό τε μικρὰν ἔχον πάμπαν διαφορὰν τῶν ἁπτῶν, οἷον πέπονθεν ὁ εὔκρατος ἀήρ, καὶ αἱ ὑπερβολαὶ τῶν ἁπτῶν· ἄναπτοι γὰρ ὥσπερ τὰ φθαρτικά. φανερὸν οὖν ὡς διττῶς μεσότης ἅπασα αἴσθησις· τὸ μὲν ὅταν ἕξις ἄμφω τὰ ἀντικείμενα ἔχουσα, τὸ δὲ ὅταν ἕξιν καὶ στέρησιν. καθ' ἑκάστην μὲν οὖν αἴσθησιν εἴρηται ὡς τύπῳ εἰπεῖν.

II 12 Καθόλου δὲ περὶ πάσης αἰσθήσεως δεῖ λαβεῖν ὅτι ἡ μὲν αἴσθησίς ἐστι τὸ δεκτικὸν τῶν αἰσθητῶν ἄνευ τῆς ὕλης, οἷον ὁ κηρὸς τοῦ δακτυλίου ἄνευ τοῦ σιδήρου καὶ τοῦ χρυσοῦ δέχεται τὸ σημεῖον· λαμβάνει γὰρ τὸ χαλκοῦν ἢ χρυσοῦν σημεῖον, ἀλλ' οὐχ ᾗ χαλκὸς ἢ χρυσός. ὁμοίως δὲ καὶ ἡ αἴσθησις ἑκάστη, οἷον ὑπὸ τοῦ ἔχοντος χρῶμα ἡ ὄψις, ἢ χυμὸν ἢ ψόφον ἡ γεῦσις καὶ ἀκοὴ ⟨πάσχει⟩, ἀλλ' οὐχ ᾗ ἕκαστον ἐκείνων λέγεται ἀλλ' ᾗ τοιονδί, κατὰ λόγον. εἰ γὰρ καθὸ χρυσῆ ἡ σφραγὶς ἢ σιδηρᾶ ὡμοίωται τῷ κηρῷ, γένεσις ἂν τοῦτο ἐλέγετο καὶ φθορά, γένεσις μὲν χρυσοῦ καὶ σιδήρου, φθορὰ δὲ κηροῦ. οὐκοῦν ὡς λευκῆς γινομένης τῆς αἰσθήσεως ἢ γλυκείας ἢ εὐώδους ἢ δυσώδους, ὅταν τοιούτων αἰσθάνηται, ἡ ἀντίληψις γίνεται, ἀλλ' ὡς ἀΰλως καὶ γνωστικῶς καθαρῶς τοὺς λόγους αὐτῶν ἀποματτομένης, καὶ τοῦτ' ἂν διαφέροι τῶν ἄλλων τὰ κατ' αἴσθησιν ὑπὸ τῶν αἰσθητῶν πάσχοντα· τῶν γὰρ ἁπλῶς ὑπ' αὐτῶν πασχόντων, ὡς ὑπὸ σωμάτων σώματα, καθάπερ ἀὴρ καὶ ξύλα ὑπὸ πυρός, τῷ τοῖς μὲν κατὰ τὸ εἶδος μόνον τὴν μετάληψιν καὶ τὴν πάθησιν γίνεσθαι, τοῖς δὲ καὶ [τὸ] τὴν ὕλην προσπάσχειν (πάσχει γὰρ καὶ κατ' οὐσίαν ὑπὸ τοῦ πυρὸς τὸ ξύλον)· τῶν δ' αὖ δεχομένων τὰ εἴδη ἀπαθῶν δὲ τὴν ὕλην οἷον ἐνόπτρων καὶ ἐκμαγείων τῷ τὰ μὲν ζωτικὴν ποιεῖσθαι τοῦ εἴδους τὴν μέθεξιν καὶ συγγινώσκειν τὸ πάθημα καὶ εἰδέναι τὸ πάθημα ὅ τι, τὰ δὲ οὔ. ἐπεὶ γὰρ τὸ

1 ἕξοι AC ἡμᾶς om. A: ἡμεῖς C αὐτοὺς] ἑαυτοὺς A 3 κρυμμοδεστέροις B
4 ἔχη A: ἔχοι C 6 κλίναντος C 7 post θερμὸν add. μὲν A 12 προσείπη C
15 πάμπαν ἔχον A 17 ἕξις] ἕξεις AC 25 πάσχει addidi ἢ τοιονδί A
καὶ κατὰ A 28 καὶ δυσώδους AC 29 καθαροὺς A 30 διαφέροι scripsi:
διαφέρη BC: διαφέρει A 31 τῶν μὲν γὰρ A 34 τὸ delevi: τὸ καὶ AC
35 post δεχομένων add. μὲν AC 37 τὸ πάθημα (post εἰδέναι) del. A

αἰσθητὸν σῶμα, τοῦτο δ' ἐξ ὕλης καὶ εἴδους, εἰ μὲν κατ' ἄμφω δρᾷ, καὶ κατ' ἄμφω πάσχει τὸ πάσχον, οὐκ ἔστι τοῦτο αἰσθάνεσθαι, ἀλλὰ πάθος ἁπλῶς ἐν σώματι ὑπὸ σώματος, κἂν ἐν ἐμψύχοις ἢ ἀψύχοις· εἰ δὲ καθ' ἓν τὸ εἶδος, εἰ μὲν ζωτικῶς τὸ μεταλαβὸν καὶ κατὰ κρίσιν μετέσχηκεν, αἰσθητικὸν καλεῖται καὶ αἴσθησις, εἰ δὲ μόνον ἄζων καὶ κρίσεως ἄνευ ἐδέξατο τὴν τοῦ εἴδους ἐμφέρειαν, κάτοπτρον καὶ ἀνάκλασις. τεκμηριοῖ δὲ τὸ λεγόμενον τὰ γινόμενα· τὰ γὰρ εὐώδη ἢ δυσώδη οὐ τῷ εἴδει μόνῳ δρῶσι τὸν ἀέρα καὶ τὰ ἱμάτια, ὡς ἂν εἰ καὶ τὴν ὄσφρησιν, ἀλλὰ καὶ τῷ σώματι· οὐχ ἑτέρῳ γὰρ ἡ ὀσμὴ παραμόνιμος ἢ τῷ προσμεμῖχθαι καὶ οὐσίᾳ τινί. κατὰ ταῦτα καὶ τὰ χρωννύμενα τῶν ἱματίων πάσχει, καὶ οἱ χυμοὶ δὲ ὑλικώτεροι ἄλλοι ἄλλως τὸ σῶμα διατιθέασιν· οὐ γὰρ κατ' αὐτὸ ⟨τὸ εἶδος⟩ τὰ γλυκέα τῶν ὑδάτων καὶ ἁλμυρὰ τοῖς σώμασι προσφερόμενα δράσουσιν. ὃ δὲ προσίσταται ἐπὶ τῆς ἁφῆς, ὅτι θερμοὶ καὶ ψυχροὶ γινόμεθα τοιούτων αἰσθανόμενοι καὶ ξηροὶ καὶ ὑγροί, οὐ καθ' ἓν ἄμφω, ἀλλ' ἡ μὲν αἴσθησις γνωστικῶς καὶ ὑπὸ μόνου ἐπεπόνθει τοῦ εἴδους· ἡ μέντοι σὰρξ οὖσα τὸ αἰσθητήριον ὑπὸ τοῦ συναμφοτέρου πάσχει τῷ φθάνειν ἅπαν σῶμα ὑπὸ τῶν εἰρημένων ἁπτῶν ποιοτήτων συντεθεῖσθαι καὶ διὰ ταῦτα πάσχειν. καὶ οὐ θαυμαστόν γε ἄλλως μέν γε ὑπὸ τῶν αἰσθητῶν τὴν αἴσθησιν διατίθεσθαι ἄλλως δὲ ὡς σῶμα τὸ αἰσθητήριον· ἄλλο γὰρ τὸ χρώμασιν ἢ θερμοῖς ἢ χυμοῖς εἶναι, καὶ ἄλλο τὸ αἰσθητοῖς. ὅθεν ἀναιρεῖται μὲν αἰσθητὸν ἀναιρουμένης αἰσθήσεως, χρῶμα δὲ μένει καὶ θερμὸν καὶ χυμὸς καὶ ψόφος. τὸ δὲ κοινὸν πασῶν αἰσθητήριον, ἐν ᾧ πρώτως ἡ τοιαύτη δύναμις καὶ εἰς ὃ τὰ τῶν αἰσθητηρίων πέρατα κατὰ ταὐτὸ συννενεύκασι, τὸ πνεῦμά ἐστι τὸ καὶ τῇ ἀλόγῳ ψυχῇ ὑποκείμενον καὶ πρῶτον τῆς λογικῆς ὄργανον. τοῦτό ἐστι μέν πως τὸ αὐτὸ καὶ ἓν τῇ αἰσθητικῇ δυνάμει, ἔστι δ' ὡς οὔ· τῷ μὲν γὰρ ὑποκειμένῳ καὶ ἀριθμῷ ἕν, τὸ αἰσθητικὸν δ' εἶναι καὶ τὸ σῶμά τι ἕτερον· καθὸ μὲν γὰρ πάντῃ εἴη ἐν σώματι τὸ πνεῦμα τὸ αἰσθανόμενον, μέγεθος ἔχει· οὐ μέντοι τό γε αἰσθητικῷ εἶναι ⟨οὐδ'⟩ ἡ αἴσθησις μέγεθός ἐστιν, ἀλλὰ λόγος τις καὶ δύναμις ἐκείνου. φανερὸν δὲ ἐκ τούτου καὶ διὰ τί ποτε τῶν αἰσθητῶν αἱ ὑπερβολαὶ φθείρουσι τὰς αἰσθήσεις, οἷον τὰ ὑπέρλαμπρα τὴν ὄψιν καὶ τὴν ἀκοὴν οἱ τῶν ψόφων σφοδρότεροι. ἂν γὰρ ᾖ ἡ κίνησις ἰσχυροτέρα, τοῦ αἰσθητηρίου ἐν συμμετρίᾳ ὄντος λύεται ὁ λόγος (τοῦτο δὲ ἦν αἴσθησις), ὥσπερ καὶ ἡ συμφωνία καὶ ὁ τόνος σφόδρα κρουομένων τῶν χορδῶν. ἐπεὶ γὰρ τὸ αἰσθάνεσθαι ἐν κινήσει, διττῶς ἂν πάθοι τὸ αἰσθητήριον· τοῦτο μὲν ὑπὸ τῆς τῶν αἰσθητῶν ἐνεργείας ὡς αἰσθητήριον, τοῦτο δὲ ὡς σῶμα ὑπὸ σώματος· οἷον τὸ ὄμμα ὡς μὲν αἰσθητικὸν συγκριθήσεται καὶ διακριθήσεται ὑπὸ

5 μόνον, ut videtur, B: μόνην AC 8 εἰ καὶ] καὶ om. C 9 τινί] τινός A 10 ὑλικώτερον A 11 τὸ εἶδος addidi 13 αἰσθόμενοι AC 15 τὸ] τοῦ A² post αἰσθητήριον add. εἶναι A² 16 ἁπτῶν scripsi: ἁπτικῶν libri 17 γε (post μὲν) om. AC 18 ante γὰρ add. καὶ A 19 χυμοῖς ἢ θερμοῖς AC 24 τὸ] καὶ B 25 τῷ αἰσθητικὸν B² τῷ σῶμά τι B 27 τῷ γε B οὐδ' addidi, cf. de An. p. 424 a 26 μεγέθει A¹C: ἐν μεγέθει A² 30 ᾖ] ἢ A¹ 33 τοῦτο μὲν — (34) αἰσθητήριον in margine add. B τοῦτο μὲν] ἓν μὲν A 34 αἰσθητηρίου B τοῦτο δὲ] τὸ δὲ A

χρώματος, ὡς δὲ σῶμα ὑπὸ πυρὸς θερμανθήσεται ἢ καυθήσεται· καὶ ἡ ἀκοὴ ὑπὸ μὲν τῶν ψόφων ὡς αἰσθητικόν, ὑπὸ δὲ τῆς σφοδρᾶς τοῦ ἀέρος καὶ μεγάλης κινήσεως ὡς σῶμα πείσεται· τοῖς γὰρ μεγάλοις τῶν ψόφων ἀναλόγου γενομένης καὶ τῆς κινήσεως, τῇ ταύτης πιλήσει βλάπτεται ὁ ἀκουστικὸς ἐν τοῖς ὠσὶν ἀὴρ προσπεφυκώς· καίπερ ⟨γὰρ⟩ οὐ ταὐτὸν ψόφος καὶ ἀέρος κίνησις, ὅμως οὐκ ἄνευ κινήσεως. δῆλον οὖν καὶ διὰ τί ποτε τὰ φυτὰ οὐκ αἰσθάνεται, ἔχοντά τι μόριον ψυχικὸν καὶ πάσχοντα ὑπὸ τῶν ἁπτῶν· καὶ γὰρ ψύχεται καὶ θερμαίνεται. αἴτιον δὲ τὸ μὴ ἔχειν μεσότητα μηδὲ τοιαύτην ἀρχήν, ἥτις τὰ εἴδη μόνα τῶν αἰσθητῶν δέχεται, ὥσπερ ἐν τοῖς ζώοις τὸ πνεῦμα καὶ τὰ αἰσθητήρια· καὶ διὰ τοῦτο μετὰ τῆς ὕλης πάσχει καὶ σωματικῶς διατίθεται· τὸ γὰρ οὕτω πάσχον οὐ κατὰ τὴν τοῦ ποιοῦντος ἀλλὰ κατὰ τὴν οἰκείαν ὕλην μεταβαλλόμενον τρέπεται. καὶ καθόλου πᾶν ποιοῦν τοῦ μὲν εἴδους μεταδοίη τῷ πάσχοντι, τῆς ὕλης δ' οὔ· μία γὰρ αὕτη καὶ κοινή. ἐπεὶ δὲ ὅλως τὸ πάσχειν ὑπὸ τῶν ἁπτῶν καὶ τοῖς ἀψύχοις τῶν σωμάτων ἐνδέδοται, ἀπορήσειεν ἄν τις, εἰ καὶ κατ' ἄλλα οὕτως ἔσται· ἆρα γὰρ πάθοι ἂν ὑπ' ὀσμῆς τὸ μὴ δυνάμενον ὀσφρανθῆναι, ἢ ὑπὸ χρώματος τὸ μὴ δυνάμενον ἰδεῖν; ἢ τοῦτο μὲν καὶ τὴν ἀρχὴν ἀπορεῖν οὐκ ἔδει· εἰ γὰρ ἡ ὀσμὴ τοῦ ὀσφρανθῆναι καὶ τοῦ ἀκούειν ὁ ψόφος καὶ ἐπὶ τῶν ἄλλων ὁ αὐτὸς λόγος, ὀσφραίνεται δὲ ὄσφρησις καὶ ὄψις καὶ ἀκοὴ ὁρᾷ καὶ ἀκούει, τὸ μὴ τὰς τοιαύτας ἔχον ἀρχὰς πῶς ἂν τὰ αὐτὰ ὑπὸ τῶν αὐτῶν κατὰ ταὐτὸ πείσεται; εἰ γὰρ καὶ τὰ αἰσθάνεσθαι δυνατὰ οὐχ ἁπλῶς ἀλλ' ᾗ αἰσθητικὸν ἕκαστον διατίθεται, καὶ οὐ πρὸς τοῦ τυχόντος ἀλλ' ἢ παρὰ τοῦ οἰκείου καὶ ἰδίου, σχολῇ γ' ἂν τὰ ἀναίσθητα. δῆλον δὲ καὶ τῇ ἐναργείᾳ· ὁρῶμεν οὖν οὔτε τὸ φῶς ἢ τὸ σκότος οὔτε ὅλως χρῶμα ἢ ψόφον, καθὸ ὁρατὰ ἢ ἀκουστά, ποιοῦντα εἰς τὰ μὴ ὁρατικὰ ἢ μὴ ἀκουστικὰ τῶν σωμάτων τι. εἰ δέ τι ἐν φωτὶ ἢ ψόφῳ τῶν τοιούτων πάσχειν δοκεῖ, οὐχ ὑπὸ τούτων ἀλλ' ὑπ' ἐκείνων, ἐν οἷς ταῦτα ὑπόκειται· ὁ γὰρ μετὰ βροντῆς ἀὴρ σφοδρότερος κινηθεὶς τὸ ξύλον διΐστησιν. οἱ μέντοι χυμοὶ καὶ τὰ ἁπτὰ προδηλότατα ποιοῦσιν εἰς τὰ σώματα· εἰ γὰρ μή, ὑπὸ τίνος ἂν πάσχοι τὰ ἄψυχα, εἰ ἀλλοιοῖτο; πλὴν οὐχ ὡς αἰσθητὰ εἰς αἰσθητικά, ἀλλ' ὡς ἁπλῶς εἰς σώματα σώματα. μήποτε δὲ κατά τι καὶ ἐπὶ τῶν ἄλλων ὁ λόγος ἥξει· χρῶμα μὲν γὰρ καὶ ψόφος ἐν ἀέρι καὶ ὕδατι δρᾷ, διὰ δὲ τὸ τῶν δεξαμένων ἀόριστον μὴ παραμένοντος τοῦ πάθους οὐ δοκοῦσι ποιεῖν. ὀσμὴ δὲ δοκεῖ οὐ μόνον ἐν τούτοις, ἀλλὰ καὶ ἐν στερεωτέροις, τῷ μᾶλλον παραμένειν ὡς ὑλικώτερον, οἷον ὁ ἀὴρ ὄζει ὡς παθών τι· οὐδὲν γοῦν ἐστι τὸ ὀσμᾶσθαι παρὰ τὸ τὸν ἀέρα πάσχειν τι. ἀλλ' οὖν διαφέρει· τὸ μὲν γὰρ ὀσμᾶσθαι αἰσθάνεσθαί ἐστι καὶ αἰσθητικοῦ· ὁ δὲ παθὼν ἀὴρ τοῦτο ταχέως μὲν αἰσθητὸς γίνεται, αἰσθητικὸς δ' οὔ· οὐ γὰρ ἐν τούτῳ ἑαυτοῦ ὡς ἀλλοιουμένου συνῄσθετο. πάσχει μὲν οὖν ἕκαστον τῶν ἀψύχων ὑπὸ τῶν αἰσθητῶν οὐχ

---

2 αἰσθητικόν scripsi: αἰσθητικῶν libri 4 τῆς] τοῖς A 5 post ἀὴρ add. καὶ AC γὰρ addidi 8 ἥτις] οἷαν A[1]: ἱκανὴν οὖσαν A[2] 9 δέχεσθαι A 13 αὐτὴ B 15 κατ' ἄλλα] τἄλλα A ἄρα B 19 ἀκοὴ καὶ ὁρᾷ B 21 ᾗ] ἢ AC 23 ἐναργία A: ἐνεργείᾳ BC 32 παραμένοντος] παρόντος C τὸ πάθος BC 34 οὐδὲν—(35) πάσχειν τι in marg. habet B

ὡς αἰσθανόμενον, ἀλλ' ὡς καθ' αὐτό, καὶ αὐτὸ γινόμενον αἰσθητόν· κατὰ γὰρ τὴν οὐσίαν αὐτὴν τὸ πάθος ὑπομένει· τὰ μέντοι αἰσθητικὰ κατὰ μόνην τὴν ὑπ' αὐτῶν ἐνδιδομένην ἐνέργειαν. ἔτι τὸ μὲν ἁπλῶς εἰς τὰ σώματα πάθος ἀόριστον· οὔτε γὰρ ἀθρόως ἐγγίνεται καὶ ἐγγινόμενον οὐ τὸ αὐτὸ μένει, ἀλλ' ἐν ἐπιτάσει καὶ ἀνέσει· πρὸς γὰρ τὸ ἐγγὺς ἢ πόρρω τοῦ θερμοῦ μᾶλλον ἢ ἧττον θερμαίνεται· ἡ δ' αἴσθησις ἅμα τῇ προσβολῇ ἀθρόου συνῄσθετο καὶ τὸ αὐτὸ ἴσχει πάθος καὶ τὴν κρίσιν τὴν ἐπ' αὐτῷ ἀναλλοίωτον.

Ἀρχὴ τοῦ τρίτου τμήματος.

III 1 Τούτων οὕτω διωρισμένων ἀνάγκη, εἴπερ ἐκλείποι τις αἴσθησις, καὶ αἰσθητήριον ἡμῖν ἐκλελοιπέναι. μήποτε γὰρ ὥσπερ ἔν τισι μὲν τῶν ζώων οὐ πᾶσαι αἱ αἰσθήσεις ἔχονται, ἐν ἡμῖν δὲ καὶ αἱ πέντε, οὕτως ἐστὶ καὶ ἄλλη τις αἴσθησις, ἥτις ἐν ἡμῖν μὲν οὐκ ἔστιν, ἐν ἄλλοις δέ τισι ζώοις ἢ ἀδήλοις ἢ ὑπὲρ ἡμᾶς, καὶ ὥσπερ τὰ ὄψιν μὴ ἔχοντα οὐδὲ εἰ ἔστι χρώματα οἶδεν, οὕτως οὐδὲ εἰ ἔστιν ἄλλα τινὰ αἰσθητὰ εἰσόμεθα, λειπούσης ἡμῖν τῆς κριτικῆς αὐτῶν αἰσθήσεως. ὅτι δὲ οὐκ ἔστιν αἴσθησις ἑτέρα παρὰ τὰς πέντε (λέγω δὲ ταύτας ὄψιν, ἀκοήν, γεῦσιν, ὄσφρησιν καὶ ἁφήν), ἵν' εἴη χρεία καὶ ἑτέρου αἰσθητηρίου, ἐκ τούτων πιστεύσειεν ἄν τις. διττῆς γὰρ οὔσης σχέσεως, καθ' ἣν ἂν αἴσθησις γένοιτο, τῆς τε πρὸς ἄλληλα τῆς αἰσθήσεως καὶ τοῦ αἰσθητοῦ θίξεως καὶ τῆς διὰ μέσων ἑτέρων ἀντιλήψεως, ὅσων μὲν αὐτῶν ἁπτόμενοι αἰσθανόμεθα, τῇ ἁφῇ αἰσθητά ἐστιν, ἣν τυγχάνομεν ἔχοντες· παντὸς γὰρ οὗ ἐστιν αἴσθησις ἡ ἁφή, ταύτην καὶ νῦν ἔχομεν· πάντα γὰρ τὰ τοῦ ἁπτοῦ ᾗ ἁπτὸν πάθη τῇ ἁφῇ ἡμῖν αἰσθητά ἐστιν (ἁφὴ γάρ τις ἐστὶν καὶ ἡ γεῦσις· τῇ θίξει γὰρ αἰσθάνεται)· ὅσων δὲ διὰ τῶν μεταξὺ καὶ μὴ αὐτῶν ἁπτόμενοι, ἀλλὰ τοῖς ἁπλοῖς καὶ δυσί, λέγω δὴ ἀέρι καὶ ὕδατι, τούτων ἀντιληπτικαὶ χρωμάτων μὲν ὅρασις, φωνῶν δὲ ἀκοή, ὀσμῶν δὲ ὄσφρησις. ὥστε εἰ μὴ καθ' ἑκάτερον τῶν τρόπων ὑπολείποιτο αἴσθησις, καὶ εἰ μή τι ἕτερόν ἐστι σῶμα καὶ πάθος ὃ μηδενός ἐστι τῶν ἐνταῦθα σωμάτων, οὐδὲ ὅλως ἂν εἴη παρὰ τὰς εἰρημένας. εἰ δὲ μὴ αἴσθησις, οὐδὲ αἰσθητήριον· μάτην γὰρ ἂν εἴη ὄργανον μὴ ὄντος τοῦ χρησομένου. ἔτι ἐν τοῖς θνητοῖς ζώοις ἀδύνατόν τι τῆς τελειοτέρας ζωῆς μετασχεῖν μὴ μεταλαβὸν τῆς ἥττονος. κατὰ βαθμίδας γὰρ ἡ φύσις πρόεισι· πρῶτον γὰρ σῶμα ἁπλῶς, εἶτα ἔμψυχον οἷον τὸ φυτόν, εἶτα ζωὴ καὶ αἴσθησις, εἶτα λόγος. ὥσπερ γὰρ ὑπόκειται τοῖς τιμιωτέροις τὰ ἥττονα, καὶ καθάπερ οὐχ οἷόν τε αἰσθήσεως μετέχειν τὸν μὴ ζωῆς οὐδὲ ζωῆς τὸν μὴ ψυχῆς, οὕτως οὐδὲ λόγου ἄν τι μετάσχοι ὑπολελοιπὸς αἴσθησιν. εἰ τοίνυν τελειότατον

---

1 καθ' αὑτό scripsi: κατ' αὐτό libri 3 σώματα scripsi: ἀσώματα libri 7 ἐπ' αὐτὸ A post ἀναλλοίωτον eadem manu sed minoribus literis scripta ἰστέον (?) ὅτι τὰ ἐντὸς τοῦ κειμένου καὶ ἐκτός που τῆς παραφράσεως σχόλια ἀπὸ τῶν (?) Σιμπλικίου ὑπομνημάτων (?) B: τέλος τοῦ δευτέρου subicit A 11 οὕτως ἔσται C 14 αἰσθητικὰ C 16 ὄσφρησιν om. A 24 ἀντιληπτικὰ C 34 μετάσχοι scripsi: μετάσχοιεν libri

τῶν ὑπὸ σελήνην ὁ ἄνθρωπος, οὗτος δὲ πέντε μόνας ἔχει καὶ οὐ πλείονας λογικῆς ὢν φύσεως, οὐκ ἂν εἴη παρὰ ταύτας ἑτέρα· οὐ γὰρ ἂν μετέσχε τῆς χρείττονος ζωῆς τῆς λογικῆς ὑπερβὰς τὴν χείρονα αἴσθησιν. πᾶσαι ἄρα αἱ αἰσθήσεις ἔχονται ὑπὸ τῶν μὴ ἀτελῶν μηδὲ πεπηρωμένων (τοῖς τελειοτέροις δὲ καὶ ἡ κατὰ τόπον ἐγγίνεται κίνησις)· καὶ γοῦν φαίνεται καὶ ἡ ἀσπάλαξ ὑπὸ τὸ δέρμα ἔχουσα ὀφθαλμοὺς προνοίᾳ φύσεως. ἐπεὶ γὰρ ἀναγκαιότερον τοῦ ὁρᾶν τὸ τρέφεσθαι, αὕτη δὲ τῷ ὀρύττειν τρέφεται, τῷ ἐπικειμένῳ δέρματι τὴν ὁρατικὴν περιεφύλαξεν αἴσθησιν τὴν ὄψιν ἀμβλύνασα, ἵν' ἀντέχῃ πρὸς τὴν ὑπόνομον δίαιταν. φθάνομεν δὲ εἰρηκότες σῶμα καὶ πάθος εἴτ' οὖν σῶμα παθητικὸν καὶ ὑποπῖπτον αἰσθήσεσι διὰ τὸν ὑποτρέχοντα λόγον ἐκεῖνον, ὃς τὰς οὐρανίους οὐσίας σωματικὰς μὲν ὑποτίθεται, μὴ παθητὰς δὲ μηδὲ ἁλωσίμους αἰσθήσεσιν, ἄλλῳ δέ τινι κρείττονι τρόπῳ γινομένης τῆς ἀντιλήψεως, παρ' ἧς καὶ γινώσκονται. εἰ δὲ τοῦτο οὕτω καὶ ὁ λόγος ἔρρωται, οὐκ ἐπὶ πᾶσιν ἐκεῖνος διήκει, ὃς μὴ πρότερον τὰς κρείττονας ζωὰς ἐγγίνεσθαι διετείνετο, μὴ προηγησαμένων τῶν χειρόνων. αὐτίκα γὰρ ὁ νοῦς ὁ τόσον τῆς αἰσθήσεως τιμιώτερος, ὁ τῶν νοητῶν καὶ θείων εἰδῶν ἀντιληπτικός, τῶν σωμάτων κεχώρισται. ὥστε εἰ καὶ τῶν ἐν τοῖς φθαρτοῖς σώμασι ποιοτήτων μὴ λείπῃ τις ἀντιληπτικὴ αἴσθησις, ἄδηλον εἰ μήπου ἄλλη τις ὑπολέλειπται τοῦ πέμπτου στοιχείου ἀντιληπτικὴ ἐξ ἐκείνου ἔχουσα τὸ αἰσθητήριον. τούτοις ἐκεῖνο προσαπορητέον, τί δήποτε τριῶν ὄντων αἰσθητῶν, χρόας, ψόφου, ὀσμῆς ἐκ τριῶν στοιχείων, πυρὸς ἀέρος καὶ ὕδατος, μὴ καὶ τὰ αἰσθητήρια αὐτῶν ἐκ τοσούτων εἰσὶ στοιχείων, ἀλλ' ἐκ τῶν δύο μόνον ἀέρος καὶ ὕδατος· ἔτι διὰ τί, εἴπερ τῶν αὐτῶν αἰσθητῶν διὰ πλειόνων γίνεται ἡ ἀντίληψις, οἷον χρώματος καὶ δι' ἀέρος καὶ ὕδατος, καὶ αὖ πάλιν ψόφων τε καὶ ὀσμῶν διαπορθμευτικὰ τὰ αὐτά, μὴ ἐκ πλειόνων τὸ αὐτὸ καὶ ἓν αἰσθητήριον, οἷον τὸ ὀπτικὸν ἐξ ἀέρος καὶ ὕδατος· ὁμοίως καὶ ἀκοὴ καὶ ὄσφρησις. καὶ τὸ μὲν πρῶτον τῇ ἀναλογίᾳ λυθήσεται· τί γὰρ ἄτοπον, εἴπερ τὸ αὐτὸ στοιχεῖον, ὥσπερ διαφόρων αἰσθητῶν ἐστι διαπορθμευτικόν, οὕτω καὶ αἰσθητηρίων πλειόνων ποιητικόν. τὸ δὲ δεύτερον οὕτω· οὐκ ἐπειδὴ δύο τινῶν μεταξὺ τῶν αὐτῶν αἰσθητῶν ἡ ἀντίληψις γίνεται, ἀνάγκη καὶ διπλᾶ εἶναι τὰ αἰσθητήρια, ἀλλ' ὥσπερ εἰ ἀνέλοι τις ἐπινοίᾳ τὸ ἓν τῶν μεταξύ, ἀρκεῖ εἰς τὴν τῶν αὐτῶν αἰσθητῶν διαπόρθμευσιν τὸ ὑπολειπόμενον ἕτερον, οὕτω καὶ παρ' ἑνὸς τῶν στοιχείων ἀρκέσει πλείονα γενέσθαι αἰσθητήρια, εἴ γε δυνατὸν τὸ ἓν στοιχεῖον πλείοσιν αἰσθητηρίοις ἀρκέσαι. ἄλλως τε οὐδὲ δυνατὸν ἐξ ἄλλων τῶν ἁπλῶν στοιχείων ἢ παρὰ τῶν δύο ἀέρος καὶ ὕδατος γενέσθαι τὰ αἰσθητήρια. ἡ μὲν γὰρ κόρη ὕδατος, ἡ δὲ ἀκοὴ ἀέρος, ἡ δὲ ὄσφρησις ἀμφοτέρων τούτων· τὸ δὲ πῦρ ἢ οὐδενός, ὅτι δραστικὸν καὶ διὰ τοῦτο καὶ φθαρτικόν (πάσχειν γὰρ τὸ αἰσθητήριον ἀλλ' οὐ ποιεῖν δεῖ), ἢ κοινὸν πάντων· οὐδὲν γὰρ ἄνευ θερμότητος αἰσθητικόν. κατὰ τὰ αὐτὰ δὲ καὶ ἡ γῆ ἢ οὐδενὸς ὡς μὴ τῶν ἔξω τινὸς ἀντιλαμβανομένη τῷ

---

2 ὢν] ὃν A[1] 3 κρείττονος scripsi: κρείττω libri 4 πεπυρωμένων C 10 ὑπερέχοντα B 12 παρ' οἷς A 16 τιμιώτερον B 19 ante τὸ add. καὶ A 24 διαπορθμευτικὸν C 26 καὶ (ante ἀκοὴ) om. A 33 γίνεσθαι A 34 ἁπλῶς A 39 τῷ] τὸ B

ἀντιφράττειν ἐκ τῆς παχύτητος, ἣ ἐν τῇ ἁφῇ μάλιστα μέμικται, ἐπειδὴ καὶ σὰρξ ταύτῃ τὸ αἰσθητήριον, καὶ ἡ ἀντίληψις γίνεται ἐμμεμιγμένων τοῖς αἰσθητηρίοις τῶν αἰσθητῶν. μήποτε δὲ καὶ ἀληθέστερον ᾖ τὸ σύνθετα ἐκ πάντων λέγειν, τῷ πλεονάζοντι δὲ κληροῦσθαι τὰ ὀνόματα. πλεονάζει γὰρ ἐν ἑκάστῳ τῶν ἁπλῶν ἢ τὸ ὕδωρ ἢ ὁ ἀήρ. διαφερόντως δὲ τοῦτο κατὰ τὸ ὄμμα ἔστιν ἰδεῖν· πέπηγε μὲν ἐκ καθαροῦ ὕδατος ἅπαν τὸ κρυσταλλοειδές, μετέχει δὲ καί τινος μετρίας θερμότητος καί τινος γεώδους παχύτητος. ἧττον δὲ τούτων ἡ ἀκοή· τοῦτο δέ ἐστιν ὁ ἐμμεμιγμένος τῇ μήνιγγι ἀήρ.

Ἀλλὰ μὴν οὐδὲ τῶν κοινῶν αἰσθητῶν οἷόν τ' εἶναι ἴδιον αἰσθητήριον· κοινὰ δὲ αἰσθητά, ὡς καὶ πρόσθεν ἐλέγετο, τὰ ταῖς πάσαις αἰσθήσεσιν ὑποκείμενα ἢ ταῖς πλείοσι. πέντε δὲ ταῦτα, κίνησις, στάσις, σχῆμα, μέγεθος, ἀριθμός. αἰσθανόμεθα δὲ τούτων πάντων κινήσει εἴτ' οὖν μετὰ πάθους· καὶ μέγεθος μὲν καὶ σχῆμα κατὰ ταὐτόν τι· μέγεθος γὰρ τὸ σχῆμα. τὸ δὲ ἠρεμοῦν τῷ μὴ κινεῖσθαι· τοῦτο δὲ κοινὸν πάσαις αἰσθήσεσι, τὸ τὰς οἰκείας στερήσεις γινώσκειν ταῖς ἕξεσι. τὸν δὲ ἀριθμὸν τῇ ἀποφάσει τοῦ συνεχοῦς. ὅπως δὲ τοῦτο τελεώτερον καταμάθοιμεν, ἀνωτέρω τὸν λόγον ἐπαναλάβωμεν· οὐ καινὸν δὲ κἂν τι τῶν προρρηθέντων τοῖς ἑξῆς διὰ τὸ σαφὲς συλλαμβάνοιτο. παντὸς αἰσθητοῦ μία μὲν αἴσθησις καθ' αὑτὸ ἀντιλαμβάνεται, αἱ δὲ ἄλλαι κατὰ συμβεβηκός, οἷον χρωμάτων ἡ μὲν ὄψις καθ' αὑτό, αἱ δὲ ἄλλαι κατὰ συμβεβηκός· καὶ χυμοῦ δὲ καὶ ὀσμῆς ὡσαύτως. καὶ διὰ τὸ συνεργῆσαί ποτε ἅμα γεῦσιν καὶ ὅρασιν, ὁρῶσα ἡ ὄψις τόδε τι ὅτι ξανθόν, οἷον τὸ μέλι, οἶδεν ὅτι καὶ γλυκύ, καὶ γευόμενοι τοῦδε τοῦ γλυκέος οἴδαμεν ὅτι ξανθόν. ὅθεν καὶ εἰ μήποτε πρός τινι τύχοιεν συνεργήσασαι, ὡς καὶ πρόσθεν ἐλέγετο, οὐκ ἂν ἑκατέρα μονωθεῖσα γνοίη ἀμφότερα. τοῦτο δὲ γίνεται τῷ ὡς ἀπό τινος ἑνὸς σημείου τῆς κοινῆς αἰσθήσεως πλείους εὐθείας τὰς αἰσθήσεις προέρχεσθαι, ὧν αἱ ἐνέργειαι πάλιν εἰς τὸ κοινὸν πέρας ἀναπεμπόμεναι τὴν κρίσιν ἴσχουσιν. ἐκείνη γάρ ἐστιν ἡ κρίνουσα τὴν ταυτότητα τῶν αἰσθητῶν καὶ ἑτερότητα, καὶ τὰ ἀλλήλων ἴδια ἔνθεν κατὰ συμβεβηκὸς αἱ αἰσθήσεις αἰσθάνονται, οὐχ ᾗ αὗται, ἀλλ' ᾗ μία· ὅταν γὰρ τύχοιεν αἱ αἰσθήσεις διάφοροι περὶ τὸ αὐτὸ ἐνεργήσασαι, εἶτα ἡ μία καὶ πρώτη καὶ κοινὴ δι' ὁποιασοῦν ὕστερον μετὰ μνήμης προσβάλοι τῷ πράγματι, ᾔσθετο μὲν καθ' αὑτὸ οὗ τὴν ἀντίληψιν ἴσχει τότε, γνωρίζει δὲ καὶ διὰ τῆς μνήμης τῷ συνεργῆσαι πρότερον τὸ λοιπὸν ἢ τὰ λοιπά. εἰ γὰρ μὴ ἦν κοινή τις αἴσθησις ἡ τὰ τοῦ πάθους κρίνουσα, κἂν μυριάκις συνενήργησαν, οὐκ ἄν ποτε ἡ ἑτέρα τὸ τῆς ἑτέρας πάθος ἔκρινεν· ὅμοιον γὰρ ὡς εἰ τοῦ μὲν ἐγώ, τοῦ δὲ σὺ αἴσθοιο. εἰ γὰρ

---

2 ἐμμεμιγμένων] ἐκ μεμιγμένων B 3 σύνθετα] σύνθημα B 4 δὲ] καὶ C 13 γὰρ] γάρ τι AC de An. 425a 18 14 ante κοινὸν add. καὶ A 16 ὅπερ (ὡς supra) B: ὅπερ C τελετώτερον B 19 οἷον — (20) συμβεβηκός in marg. add. A 20 συνεργῆσαι (εν supra) A 21 γεῦσις — ὅρασις B τι om. AC 22 καὶ (ante γλυκύ) om. C τοῦδε] δὲ C 23 συνενεργήσασαι A: συνεργήσασαι (νε supra) C 25 post τὰς add. πέντε A: ε̅ C 28 τὰ] τῶν C 29 αἱ om. AC 31 προβάλοι B 32 τῷ Monacensis: τὸ ABC 33 πάθους] πάθη A[1]

τοῦ μέλιτος τυφλὸς μὲν γεύσοιτο ξανθοῦ ὄντος μὴ ἰδών, ἄλλος δέ τις ἴδοι, μὴ γεύσοιτο δέ, οὐκ ἄν ποτε οὔτε οὗτος εἴποι γλυκύ, οὔτ' ἐκεῖνος ξανθόν· καὶ εἰ τὸν αὐτὸν ὑποθοίμεθα μύοντα μὲν ἀεὶ καὶ γευόμενον μέλιτος, ὁρῶντα δὲ ὅτι ξανθὸν μὴ γευόμενον, οὐκ ἄν ποτε τῷ ἑτέρῳ πάθει τὸ ἕτερον κρίνειε. καὶ περὶ μὲν τῆς κοινῆς αἰσθήσεως προϊόντες ἐντελέστερον ἐπεξέλθωμεν· νυνὶ δὲ τῶν προκειμένων ἐχώμεθα. εἰ τοίνυν οὕτω καὶ παντὸς αἰσθητοῦ μία μὲν καθ' αὑτό τις ἀντιλαμβάνεται αἴσθησις, αἱ δὲ ἄλλαι κατὰ συμβεβηκός, καὶ κοινή τις ἐπὶ πάσαις διήκει μία, δῆλον καὶ ἐπὶ τῶν κοινῶν αἰσθητῶν, εἴ γέ τι ἦν αὐτῶν ἴδιον αἰσθητήριον καὶ ἰδία αἴσθησις παρὰ τὰς πέντε, αὗται ἂν κατὰ συμβεβηκὸς αὐτῶν ἀντελαμβάνοντο· εἰ δὲ μὴ τοῦτο ἀλλὰ καθ' αὑτό, δῆλον ὡς οὐκ ἂν εἴη αὐτῶν ἴδιον αἰσθητήριον. ὅτι δὲ καθ' αὑτὸ ταῖς αἰσθήσεσι τῶν κοινῶν ἡ ἀντίληψις φανερόν· πάσχουσι γάρ. οὐ γὰρ ἂν ὁμοίως πάθοι ὄψις ὑπὸ πολλοῦ λευκοῦ καὶ ὀλίγου ὁμοίου, οὐδὲ ὑπὸ τοῦ ἠρεμοῦντος καὶ κινουμένου, ἢ ὑπὸ τοῦ συνεχοῦς ἢ διῃρημένου. ἀμέλει, εἰ σφοδρῶς ποταμὸν εἴδομεν ῥέοντα ἤ τι τοιοῦτον ἕτερον, δίνη τις ἡμῖν καὶ ἴλιγγος γίνεται ἅτε δὴ παθούσης τι τῆς αἰσθήσεως. οὐ πάσχουσι δὲ ἐν τοῖς κατὰ συμβεβηκός· τί γὰρ ὄψις πάθοι ὑπὸ τοῦ γλυκέος ἢ πικροῦ; διττὸν δὲ καὶ τὸ κατὰ συμβεβηκὸς αἰσθητόν, ὡς καὶ διῄρηται πρότερον· τὸ μὲν ὅταν ἀνταλλαγὴ γένηται καὶ τοῦ δι' ἑτέρας ἑτέρᾳ ἀντιληψώμεθα, τὸ δὲ ὥσπερ ὅταν αἰσθέσθαι Κλέωνος λέγωμεν ὁρῶντες αὐτόν· οὐ γὰρ ὅ τί ποτε τὴν οὐσίαν αὐτὸς ἑωρῶμεν (οὐδὲ γάρ ἐστιν ὅλως οὐσίας αἴσθησις νῷ θεωρουμένης), ἀλλὰ τὰ περὶ αὐτὸν χρώματα. ζητήσειε δ' ἄν τις, τίνος ἕνεκα πλείους αἰσθήσεις ἔχομεν τῶν κοινῶν αἰσθητῶν. ἢ ὅπως ἧττον λανθάνῃ τὰ ἀκολουθοῦντα ταῦτα καὶ καθολικά, μηδὲ συγχέηται τῇ τοῦ ἰδίου ἐπιμιξίᾳ αἰσθητοῦ. εἰ γὰρ μιᾷ αἰσθήσει ἐκρίνομεν, οἷον τῇ ὄψει, ἡ αὐτὴ δὲ καὶ χρωμάτων, ἐλάνθανεν ἂν μᾶλλον καὶ ἐδόκει ταὐτὰ εἶναι πάντα διὰ τὸ ἀκολουθεῖν ἀλλήλοις ἅμα χρῶμα καὶ μέγεθος· νῦν δὲ ἐπεὶ καὶ ἑτέρᾳ αἰσθήσει τὰ κοινὰ ὑπάρχει, δῆλον ποιεῖ ὅτι ἄλλο τι ἕκαστον αὐτῶν. ὥσπερ γὰρ εἴρηται ἐπὶ τῆς ἁφῆς καὶ γεύσεως, εἰ κατὰ πᾶν τὸ σῶμα ἐγευόμεθα, δυσχερὲς ἦν διακρῖναι τὴν ἁφὴν ἀπὸ τῆς γεύσεως τῷ συνεργεῖν ἀλλήλαις αὐτάς, ἀλλ' ἐνομίσαμεν μίαν εἶναι αἴσθησιν ἀμφοτέρας (νῦν δὲ τῷ κατὰ λοιπὸν σῶμα μὴ γεύεσθαι ἐναργὴς τῶν δύο αἰσθήσεών τε καὶ αἰσθητῶν ἡ διάκρισις), οὕτως ἂν συνέβαινε καὶ ἐπὶ τῶν κοινῶν, εἰ μιᾷ τινι τῶν αἰσθήσεων ἐγνωρίζομεν. ἐπεὶ οὖν θειότερα τὰ κοινὰ τῶν ἄλλων, καὶ ἐχρῆν εἶναι καὶ γνωριμώτερα. περὶ γὰρ ταῦτα αἱ μαθηματικαὶ τῶν ἐπιστημῶν, ἀστρονομία μὲν περὶ κίνησιν καὶ στάσιν, γεωμετρία δὲ περὶ σχῆμα καὶ μέγεθος· τοῦ δὲ ἀριθμοῦ τὸ μὲν ἐν σχέσει ἁρμονικῆς θεωρεῖν, τὸ καθ' αὑτὸ δὲ ἀριθμητικοῦ. ταῦτ' ἄρα ἡ φύσις πλείοσιν αἰσθήσεσιν αὐτὰ διενείματο.

---

1 ἰδών] εἰδώς AC 13 πάθοι] πάθη C 15 εἴδωμεν B 19 τοῦ] τὸ AC ἀντιληψόμεθα C 20 αὐτὸς] αὐτὴν C[2] ἑωράκαμεν AC 21 νῷ] νῦν A[1]: incertum B 22 αὐτὴν B χρωμάτων A[1] 23 post αἰσθητῶν add. καὶ οὐ μίαν AC λανθάνοι A 30 αἴσθησιν ἀμφοτέρας in marg. add. A 31 τὸ κατὰ A[1]C τὸ λοιπὸν AC 36 ἁρμονικῇ AB 37 ἀριθμητικῆς A: ἀριθμητικῇ C

τοῦτο δὲ εἰ καὶ περὶ τῶν ἰδίων αἰσθητῶν ἠπόρησέ τις, διὰ τί τόσας αἰσθήσεις ἔχομεν, καὶ οὐ κοινὴν ἐπὶ πάντων μίαν, τοῦτ' ἂν εἴποιμεν ὅτι τῷ διαφέρειν καὶ γένει καὶ εἴδει ἀλλήλων τὰ αἰσθητὰ καὶ τὰς αἰσθήσεις διαφόρους εἶναι ἀνάγκη καὶ πλείονας.

Ἔτι καὶ τοῦτο προσαπορητέον οἰκεῖον ὂν τῇ ἐξ ἀρχῆς προθέσει, εἰ ὑπο- III 2
λείπει τις αἴσθησις· ἐπεὶ γὰρ αἰσθανόμεθα ὅτι ὁρῶμεν καὶ ἀκούομεν, εἰ ἔστι τις ἄλλη περὶ τὰ αἰσθητὰ ἐνέργεια, καθ' ἣν ταῖς ἐνεργείαις τῶν αἰσθητικῶν ἐφιστάνομεν, εἴτε προσέβαλον τῷ αἰσθητῷ εἴτε μή, καὶ ποίαν τινὰ ἴσχουσι τὴν διάθεσιν, ἣν δὴ καὶ συναίσθησιν εἴποι τις, πότερον ἄλλης τινὸς αἰσθήσεως αὕτη ἡ ἐνέργεια κεχωρισμένης τῶν ἀπηριθμημένων, ἢ περὶ τὰ ἴδια τῶν αἰσθητῶν ἑκάστη τῶν αἰσθήσεων οὐ μόνον ἐνεργεῖ, ἀλλὰ καὶ ἐφιστάνει τῇ ἑαυτῆς ἐνεργείᾳ· οἷον ὁρῶντες τόδε τὸ λευκὸν ἑαυτοὺς οὕτω διακειμένους συνέγνωμεν. ἀνάγκη δὲ ἢ τῇ ὄψει αἰσθάνεσθαι τούτου ὅτι ὁρᾷ ἢ ἑτέρᾳ. ἀλλ' εἰ ἑτέρᾳ, ἡ αὐτὴ μία ἀμφοτέρων ἐστὶν ἀντιληπτική, τῆς τε ὁρώσης ὄψεως καὶ τοῦ ὑποκειμένου χρώματος, καὶ δύο τοῦ αὐτοῦ αἰσθητοῦ καθ' αὑτὸ ἔσονται αἰσθήσεις. εἰ γὰρ ἡ ἑτέρα μὲν καὶ δευτέρα ἀντελάβετο ὅτι εἶδεν ἡ ὄψις, ἡ αὐτὴ δὲ καὶ τοῦ χρώματος ἀντιλήψεται (πρός τι γάρ), ἀντελαμβάνετο δὲ τῶν χρωμάτων καὶ ἡ ὄψις, τοῦτο δὴ τὸ ἄτοπον ἕψεται· δύο γὰρ αἰσθήσεις τοῦ αὐτοῦ καὶ ἑνὸς αἰσθητοῦ μὴ κατὰ συμβεβηκὸς ἀντιλήψονται. ὁ δὲ αὐτὸς λόγος καὶ ἐπὶ τῶν ἄλλων αἰσθήσεων, ὥστε οὐδὲν ἂν ἴδιον αἰσθητόν, ἀλλὰ πάντα κοινά, καὶ οὐ πέντε αἰσθήσεις ἀλλὰ δέκα. ἔτι ἐπειδὴ πολλάκις ἐπιστήσαντες τῇ τῆς ὄψεως ἐνεργείᾳ ἐφιστάνομεν αὐτῷ τούτῳ πάλιν, ὅτι ἐπεστήσαμεν ὅτι ἡ ὄψις εἶδε καὶ συναισθανόμεθα ἑαυτῶν ἐπιστησάντων, ἀνάγκη καὶ ταύτην τὴν αἴσθησιν τὴν τρίτην ἢ ἑτέραν εἶναι παρὰ τὴν πρὸ αὐτῆς ἐπιστήσασαν ἢ τὴν αὐτήν. καὶ εἰ μὲν ἑτέρα, πάλιν περὶ ἐκείνης ὁ αὐτὸς λόγος· καὶ τοῦτο ἐπ' ἄπειρον· εἰ δὲ ἡ αὐτή, ἵνα μὴ ἐνεργείᾳ ἀπείρους αἰσθήσεις ποιήσωμεν, καὶ ἐνδέχεται ὅλως τὴν αὐτὴν ἐπιστῆσαι καὶ ὅτι ἐπέστησε πάλιν ἐπιστῆσαι, διὰ τί μὴ αὐτόθεν ἐπὶ τῆς ὄψεως τοῦτο ποιοῦμεν, τιθέμενοι καὶ αἰσθάνεσθαι τὴν αὐτὴν καὶ τῇ ἑαυτῆς ἐφιστᾶν ἐνεργείᾳ; ἀποκληρωτικὸν γὰρ τὸ τῇ δευτέρᾳ μὲν αἰσθήσει ἢ τρίτῃ διδόναι τοῦτο, μὴ εὐθὺς δὲ καὶ τῇ πρώτῃ. λείπεται τοίνυν ἐκ τῶν εἰρημένων αὐτὴν ἑκάστην αἴσθησιν καὶ τῶν αἰσθητῶν λέγειν ἀντιλαμβάνεσθαι καὶ τῆς ἑαυτῆς ἐνεργείας· ὥστε αὐτὴ ἑαυτῆς ἀντιλήψεται. ἔχει δὲ ἀπορίαν· εἰ γὰρ ἡ ὄψις ἐφιστάνει τῇ ἑαυτῆς ἐνεργείᾳ, τὸ δὲ τῇ ὄψει αἰσθάνεσθαι ὁρᾶν ἐστι, τοῦτο δὲ χρωμάτων ἐστὶν ἀντιλαμβάνεσθαι, κέχρωσται ἡ ὄψις ἄρα καίπερ οὖσα πρώτη τοῦ αἰσθητοῦ γνωριστική· εἰ γὰρ ὄψεταί τις τὸ ὁρῶν, καὶ χρῶμα ἕξει τὸ ὁρῶν πρῶτον. λύσομεν δὲ ἐνστάσει καὶ ἀντιπαραστάσει χρησάμενοι. πρῶτα μὲν γὰρ φανερὸν ὡς οὐχ ἓν τὸ τῇ ὄψει αἰσθάνεσθαι οὐδ' ἁπλοῦν καὶ

6 εἰ ἔστι] καὶ ἔστι AC 7 αἰσθητικῶν scripsi: αἰσθητῶν libri 8 ποίαν scripsi: ποιάν libri 11 ἐνεργεῖ] ἐνεργεῖα C αὐτῆς BC · 14 ante μία add. καὶ A 16 οἶδεν A 21 ἔτι C: καὶ ἔτι A: ἤτοι B 22 αὐτῷ τούτῳ scripsi: αὐτὸ τοῦτο libri 23 εἶδε scripsi: οἶδε libri 27 αὐτὴν καὶ ἐπιστῆσαι A 29 ἐφιστάνειν AC γὰρ om. B 30 τῇ τρίτῃ AC 32 τῆς ἑαυτοῦ fort. C 35 γνωστική C τὸ om. C 36 χρησόμενοι A 37 γὰρ om. C

μονοειδές. οὐ γὰρ εἴ τι ὁρᾶται πάντως χρῶμά ἐστι, καὶ οὐ μόνον τὰ ὁρατὰ ὁρῶμεν ἀλλὰ καὶ τὰς στερήσεις τῶν ὁρατῶν. καὶ γὰρ ὅταν μὴ ὁρῶμεν, τῇ ὄψει κρίνομεν, οἷον ὁρῶμεν τὸ φῶς καὶ τὸ σκότος, ἅπερ οὐκ εἰσι χρώματα, εἰ καὶ μὴ ὡσαύτως· τὸ μὲν γὰρ καταφάσει τὸ δ' ἀποφάσει. ὥστε οὐχ ᾗ ὁρᾷ ἡ ὄψις τὴν ἑαυτῆς ἐνέργειαν, ἤδη κεχρῶσθαι ἀνάγκη ταύτην. ἔπειτα καὶ τὸ ὁρῶν ἔστιν ὡς κεχρωμάτισται, καὶ οὐκ ἄτοπον τοῦτο λέγειν· τὸ γὰρ αἰσθητήριον δεκτικὸν τοῦ αἰσθητοῦ ἄνευ τῆς ὕλης ἕκαστον. διὸ καὶ ἀπελθόντων τῶν αἰσθητῶν ἔνεισιν αἰσθήσεις καὶ φαντασίαι, τὰ τῶν αἰσθητῶν δηλαδὴ ἐγκαταλείμματα, ἐν τοῖς αἰσθητηρίοις. ἀποστήσαντες γὰρ τοῦ ἡλίου τὰς ὄψεις οὐκ εὐθὺς ἀναγνῶναι δυνάμεθα, ὡς ἐνόντος ἔτι ἐν τῷ αἰσθητηρίῳ τοῦ ἐκ τοῦ φωτὸς ἐγγινομένου πάθους· καὶ θαλάττης ἀποστάντες μετὰ τὸν πλοῦν ἔτι περιηχεῖσθαι τὰ ὦτα δοκοῦμεν. ἔτι δὲ σφοδρὸν χρῶμα ἑωρακότες ἢ λαμπρόν, εἶτα βλέψαντες εἰς ἄλλο, οὐχ οἷόν ἐστιν ἐκεῖνο ὁρῶμεν, ἀλλ' οἷον ἦν τὸ προεωραμένον, ἢ μικτόν τι, τοῦ αἰσθητηρίου ἔτι σῴζοντος καὶ τὸ τοῦ πρώτου πάθος, καὶ διὰ τὸ ὑπὸ τοῦ δευτέρου παθεῖν οἷον μῖξίν τινα καὶ ἀμφοτέρων τῶν παθημάτων γίνεσθαι. καὶ πρὸς τούτοις ἡ αἴσθησις κατὰ φαντασίαν τινὰ γενομένη τηρεῖ πως ἐν ἑαυτῇ τὰ φαντάσματα καὶ μηκέτι τῶν αἰσθητῶν παρόντων. ταύτῃ γὰρ καὶ διαφέρει τὰ ὡς ἔμψυχα καὶ κατὰ φαντασίαν τινὰ τῶν αἰσθητῶν τὰ εἴδη χωρὶς τῆς ὕλης λαμβάνοντα τῶν ἀψύχων οἷον κατόπτρων. καὶ ταῦτα μὲν γὰρ ἄνευ τῆς ὕλης τὰ εἴδη δέχεται, παρόντων δὲ μόνον· τὰ δὲ ἔμψυχα καὶ ἀπελθόντων, ὅτι μετὰ φαντασίας ἡ πρώτη εἰσδοχή. καὶ τούτων οὕτω διαιτηθέντων ἔτι κἀκεῖνα ἐπισκέψασθαι δεῖ, ἃ καί τισι τῶν φιλοσοφησάντων ἠπόρηται καὶ καλῶς διαλέλυται. εἰ γὰρ ἡ ὄψις αὐτὴ ἑαυτῆς αἰσθήσεται, αὐτὴ πρὸς ἑαυτὴν ἔστ' ἂν τοῦθ' ὅπερ ἐστίν· αὕτη γὰρ ἔσται ὁρῶσα καὶ ὁρωμένη. οὐδὲν δὲ τῶν πρός τι αὐτὸ πρὸς ἑαυτό ἐστιν ἀλλὰ πρὸς ἕτερον· ἡ δὲ αἴσθησις τῶν πρός τι. ἢ οὐ ταὐτὸν ὄψει τε εἶναι καὶ κεχρωσμένῃ· ὁρᾷ δὲ αὑτὴν οὐχ ὡς ὄψιν, ἀλλ' ὡς ὁρῶσαν ὄψιν καὶ εἶδος εἰληφυῖαν τοῦ ὁρωμένου πρὸς ὃ ἦν ὄψις. εἰ δὲ διὰ τοῦτο ὁρατόν τε καὶ ὁρώμενον γέγονεν, οὐκ ἔσται ἡ ὄψις ὄψεως ὄψις, ἀλλὰ κεχρωσμένης ὄψεως καὶ εἶδος ἐχούσης τὸ τοῦ ὁρωμένου. οὕτω δήπου ἂν εἴη καὶ ὁ κατ' ἐνέργειαν νοῦς νοῶν αὑτόν· οὐ γὰρ ᾗ νοῦς ἑαυτὸν νοεῖ, ἀλλ' ᾗ νοητός. ἔτι κἀκεῖνο περὶ τῶν αὐτῶν ζητήσωμεν· εἰ γὰρ τὸ ὁρᾶν καὶ ἁπλῶς τὸ αἰσθάνεσθαι πασχούσης τι τῆς αἰσθήσεως ὑπὸ τοῦ αἰσθητοῦ γίνεται, ὁρᾷ δὲ καὶ ἡ ὄψις ἑαυτήν, καὶ πείσεται ὑφ' αὑτῆς. οὐδὲν δ' ὑφ' αὑτοῦ πάσχει· δεῖ γὰρ τὸ πάσχον δυνάμει εἶναι τοιοῦτον ὅπερ τὸ ποιοῦν ἐνεργείᾳ. ἔσται γοῦν ἡ αὐτὴ κατὰ τὸ αὐτὸ καὶ δυνάμει καὶ ἐνεργείᾳ. καὶ τοῦτ' ἄλυτον καταλιπόντες ἕτερόν τι προσθήσομεν· εἰ ἡ αἴσθησις ἄλογος οὖσα ἐπιστρέφει πρὸς ἑαυτὴν γινώσκουσα ἑαυτῆς τὴν ἐνέργειαν, τὸ δὲ τοιοῦτον χωριστὸν σώματος, πᾶσα δὲ χωριστὴ σώματος ἐνέργεια καὶ τὴν οὐσίαν ἔχει χωριστήν, τοῦτο δὲ ἀθάνατον, ἀθάνατον ἄρα καὶ τὴν

5 αὐτῆς AC 12 λαμπρόν τι AC 15 post τὸ add. καὶ AC 23 ante ἡ add. καὶ A 24 ἔσται ἂν C αὕτη] fort. ἡ αὐτὴ 26 κεχωρισμένη B 27 αὑτὴν scripsi: αὐτὴν libri 30 αὐτὸν A 32 τῷ ὁρᾶν B τῷ αἰσθάνεσθαι B 33 post ἑαυτὴν add. δὲ A 39 τοῦτο δὲ ἀθάνατον repetit C

ἄλογον ψυχὴν ὑποληψόμεθα, εἴπερ καὶ αἴσθησιν. ἢ οὐκ ἐπειδὴ γινώσκει ἡ ὄψις ὅτι αἰσθάνεται, ἤδη καὶ χωριστὴ σώματος καὶ ἀθάνατος. μέση γὰρ ἡ αἴσθησις τῆς τε λογικῆς ψυχῆς καὶ τῆς φύσεως. τῆς οὖν φύσεως μήτε τὴν ἐνέργειαν ἑαυτῆς γινωσκούσης μήτε τὴν οὐσίαν, πρὸς τὰ ἐκτὸς δ' ἀποτεινομένης μόνον κατὰ τὸ τρέφειν ἢ γεννᾶν, μηδαμοῦ δὲ πρὸς ἑαυτὴν ἐπιστρεφούσης, τῆς δὲ λογικῆς καὶ κατ' ἐνέργειαν καὶ κατ' οὐσίαν ἐπιστρεφούσης (γινώσκει γὰρ οὐ μόνον τὴν ἐνέργειαν αὑτῆς, ἀλλὰ καὶ τὴν οὐσίαν, καὶ διὰ τοῦτο καὶ καθάπαξ χωριστή ἐστι σώματος), εἰκότως ἡ ἄλογος μέσην ἔχουσα τάξιν κατά τι μὲν χωριστὴ κατά τι δὲ ἀχώριστος, τὴν μὲν ἐνέργειαν ἑαυτῆς γινώσκουσα, οὐκέτι δὲ καὶ τὴν οὐσίαν, καὶ χωριστὴ μὲν τοῦ παχέος σώματος, ἀχώριστος δὲ τοῦ πνεύματος, τῆς φύσεως καὶ τοῦ παχέος ἀχωρίστου οὔσης.

Ἐπεὶ δὲ φθάνομεν εἰρηκότες τὴν αἴσθησιν δέχεσθαι καὶ στέγειν τὰ εἴδη τῶν αἰσθητῶν ἄνευ τῆς ὕλης ἐπὶ ποσόν τινα χρόνον, τὰ ἐκείνοις ἑξῆς προσθήσομεν. καὶ τὴν ἐνέργειαν τῆς αἰσθήσεως καὶ τοῦ αἰσθητοῦ τὴν αὐτὴν μὲν καὶ μίαν εἶναι λέγειν ἀνάγκη τῷ ὑποκειμένῳ· τὸ δὲ εἶναι αὐταῖς οὐ ταὐτό, λέγω δὲ οἷον ὁ ψόφος ὁ κατ' ἐνέργειαν καὶ ἡ ἀκοὴ ἡ κατ' ἐνέργειαν. κατ' ἐνέργειαν δὲ λέγομεν, ὅτι ἔστι καὶ ἀκοὴν ἔχον μὴ ἀκούειν καὶ τὸ ἔχον ψόφον οὐκ ἀεὶ ψοφεῖ, ἃ καὶ δυνάμει λέγεται. ὅταν οὖν ἐνεργῇ τὸ δυνάμενον ἀκούειν καὶ ψοφῇ τὸ δυνάμενον ψοφεῖν, τότε ἡ ἀκοὴ καὶ ὁ ψόφος ὡς ἐνεργείᾳ ἅμα γίνεται τῷ ὑποκειμένῳ, τῇ σχέσει δὲ καὶ τῷ λόγῳ διαφέρει, ὥσπερ ἀνάβασις καὶ κατάβασις, δίδαξις καὶ μάθησις. ὧν εἴποι ἄν τις τὸ μὲν εἶναι ἄκουσιν, τὸ δὲ ψόφησιν. τὸ γὰρ ἐνεργείᾳ αἰσθήσει εἶναί ἐστι τὸ ἔχειν τὰ εἴδη τῶν αἰσθητῶν χωρὶς ὕλης· πάλιν τὸ κατ' ἐνέργειαν αἰσθητῷ εἶναί ἐστι τὸ ἔχεσθαι τὸ εἶδος αὐτοῦ χωρὶς ὕλης ὑπὸ τῆς αἰσθήσεως. ἓν ἄρα τῷ ὑποκειμένῳ ἡ ἑκατέρα ἐνέργεια, τῷ δὲ λόγῳ διάφορος, ἥτις ἀπὸ μὲν τοῦ αἰσθητοῦ θεωρουμένη ἐπὶ τὴν αἴσθησιν καλεῖται ἀκουστὸν ἢ ὁρατὸν ἤ τι τοιοῦτον, ἀπὸ δὲ τῆς αἰσθήσεως ἐπὶ τὸ αἰσθητὸν ὅρασις καὶ ἄκουσις καὶ τὰ τοιαῦτα. εἰ δὲ ἔστιν ἡ κίνησις καὶ ἡ ποίησις καὶ τὸ πάθος ἐν τῷ ποιουμένῳ, ἀνάγκη καὶ τὸν ψόφον καὶ τὴν ἀκοὴν τὴν κατ' ἐνέργειαν ἐν τῇ κατὰ δύναμιν εἶναι· ἡ γὰρ τοῦ ποιητικοῦ καὶ κινητικοῦ ἐνέργεια ἐν τῷ πάσχοντι ἐγγίνεται· διὸ καὶ οὐκ ἀνάγκη τὸ κινοῦν κινεῖσθαι. ἡ μὲν οὖν τοῦ ψοφητικοῦ ἐνέργεια ψόφος ἢ ψόφησις, ἡ δὲ τοῦ ἀκουστικοῦ ἀκοὴ ἢ ἄκουσις· διττὸν γὰρ ἡ ἀκοὴ καὶ διττὸν ὁ ψόφος. ὁ δ' αὐτὸς λόγος καὶ ἐπὶ τῶν ἄλλων αἰσθήσεων καὶ αἰσθητῶν. ὡς γὰρ ἐν τοῖς Φυσικοῖς κίνησιν ἐλέγομεν τὴν ἐκ τοῦ ἀτελοῦς ἐπὶ τὸ τέλειον πρόοδον καὶ ἀπὸ τοῦ δυνάμει ἐπὶ τὸ ἐνεργείᾳ (κινεῖται γὰρ ἐπὶ τὴν τελειότητα οὐχ ὁ διδάσκων ἀλλ' ὁ μανθάνων· τὸ γὰρ ποιοῦν ἤδη τοῦτό ἐστιν ἐνεργείᾳ, ὅπερ γίνεται τὸ πάσχον· τὴν γὰρ ἐφ' ὃ κινεῖ τελειότητα ἤδη ἔχει), καὶ πᾶσα ποίησις καὶ πάθος ἐν τῷ ποιουμένῳ καὶ πάσχοντι, ἀλλ' οὐκ ἐν τῷ

---

1 ὑπολειψόμεθα A 7 αὑτῆς scripsi: αὐτῆς libri 17 τὸν ψόφον B 21 μάσις C εἴποιεν A 22 ante ἐνεργείᾳ add. μὲν A 24 ἓν] ἑνὸς B 25 ἑκατέρου A: incertum C 27 δὲ] δὴ AC 30 ἐν] καὶ C 32 ἢ (ante ἄκουσις) om. C 34 ἐν τοῖς Φυσικοῖς] Phys. Γ, 1 ἀγγελοῦσ A[1] 37 κινεῖται B

ποιοῦντι, καὶ οὐκ ἀνάγκη πᾶν τὸ κινοῦν κινεῖσθαι, οὕτως ἐπειδὴ καὶ τὸ αἰσθητὸν τὸ κατ' ἐνέργειαν τῷ τὴν αἴσθησιν κινεῖν ἐστι τοιοῦτον, ἀνάγκη τὴν τοιαύτην κίνησιν ἐν τῇ αἰσθήσει εἶναι. ἀλλ' ἐπ' ἐνίων μὲν ὠνόμασται τὰ μέσα οἷον ψόφησις καὶ ἄκουσις, ἐπ' ἐνίων δὲ ἀνώνυμον θάτερον· ὅρασις γὰρ λέγεται ἡ τῆς ὄψεως ἐνέργεια, ἡ δὲ τοῦ χρώματος ἀνώνυμος, καὶ γεῦσις ἡ τοῦ γευστικοῦ, ἡ δὲ τοῦ χυμοῦ ἀνώνυμος. ἐν τούτοις δὲ μεμνῆσθαι χρή, πῶς ὑπὸ τῶν αἰσθητῶν κινεῖσθαι καὶ πάσχειν τὴν αἴσθησιν ἐτίθεμεν πρότερον, καὶ πῶς ἐλέγομεν δυνάμει. οὐ γὰρ κινεῖται κατὰ τὴν ἀτελῆ κίνησιν, ἀλλ' ὡς μὴ πρότερον ἐνεργοῦσα ὕστερον διὰ τὸ παρεῖναι τὸ αἰσθητὸν τὴν ἐνέργειαν προβαλλομένη ἀθρόαν καὶ αὐτὴν καὶ ἀμέριστον καὶ ἅμα πᾶσαν, ἀλλ' οὐχ οἷα ἡ κίνησις ἐν μερισμῷ καὶ συνεχείᾳ· ὥστε ὅταν λέγηται κινεῖσθαι, καταχρηστικῶς λέγεται διὰ τὸ ὅλως ἀπὸ τοῦ μὴ ἐνεργεῖν εἰς τὸ ἐνεργεῖν μεταβάλλειν, οὐχὶ διεξοδικῶς ἀλλ' ἀθρόως, καθ' ἣν καὶ ἡ τῶν ἀτόμων εἰδῶν παρουσία καὶ ἀπουσία ἐπιτελεῖσθαι πέφυκεν. ἐπεὶ δὲ μία μέν ἐστιν ἐνέργεια τοῦ αἰσθητοῦ καὶ τοῦ αἰσθητικοῦ, τὸ δὲ εἶναι ἕτερον, ἀνάγκη ἅμα φθείρεσθαι καὶ σώζεσθαι τὴν οὕτω λεγομένην ἀκοὴν καὶ ψόφον, καὶ χυμὸν δὴ καὶ γεῦσιν καὶ τὰ ἄλλα ὁμοίως. εἰ γὰρ μία τῷ ὑποκειμένῳ ἡ ἑκατέρα ἐνέργεια ἐν τῷ πάσχοντι οὖσα, ἀνάγκη ἅμα καὶ συνυπάρχειν καὶ συναπόλλυσθαι· συναναιρεῖται γὰρ τῇ τοῦ κινοῦντος ἐνεργείᾳ καὶ ἡ τοῦ κινουμένου, ὁμοίως δὲ καὶ συνεισάγεται· τὰ δὲ κατὰ δύναμιν λεγόμενα οὐκ ἀνάγκη. καὶ ἡμεῖς μὲν οὕτως· οἱ δὲ πρότερον φυσιολόγοι οὐ καλῶς ἔλεγον, οὐθὲν οἰόμενοι οὔτε λευκὸν οὔτε μέλαν εἶναι ἄνευ ὄψεως, οὐδὲ χυμὸν ἄνευ γεύσεως, οὐδὲ ὅλως αἰσθητὸν ἄνευ αἰσθήσεως. τῇ μὲν γὰρ ἔλεγον ὀρθῶς, τῇ δὲ οὐκ ὀρθῶς· διχῶς γὰρ λεγομένης τῆς αἰσθήσεως καὶ τοῦ αἰσθητοῦ, τῶν μὲν κατὰ δύναμιν τῶν δὲ κατ' ἐνέργειαν, ἐπ' ἐνίων μὲν τοῦτο συμβαίνει τὸ λεχθέν, τῶν κατ' ἐνέργειαν, ἐπὶ δὲ τῶν ἑτέρων, τῶν κατὰ δύναμιν, οὐ συμβαίνει· ἀλλ' ἐκεῖνοι ἁπλῶς καὶ ἀδιορίστως ἔλεγον περὶ τῶν λεγομένων οὐχ ἁπλῶς.

Ἐπεὶ δ' ὁρῶμεν τὴν αἴσθησιν φθειρομένην ταῖς ὑπερβολαῖς τῶν αἰσθητῶν καὶ ἐλλείψεσιν, ἐκεῖνο ἐννοῆσαι χρὴ ὡς ἐν μεσότητί τινι καὶ λόγῳ τυγχάνει οὖσα τοῦτο πάσχουσα. οὕτω δ' ἂν τοῦτο καὶ συλλογίσαιο· ἡ κατ' ἐνέργειαν ἀκοὴ καὶ ἡ κατ' ἐνέργειαν φωνὴ ἔστιν ὡς ἓν καὶ ἔστιν ὡς οὐχ ἓν τὸ αὐτό· τῷ μὲν γὰρ ὑποκειμένῳ ἕν, ὥσπερ εἴρηται, τῷ δὲ λόγῳ διάφορον· ἡ δὲ φωνὴ συμφωνία τις καὶ συμμετρία· λόγος δὲ ἡ συμφωνία· καὶ τὴν κατ' ἐνέργειαν ἀκοὴν λόγον τινὰ εἶναι ἀνάγκη. καὶ διὰ τοῦτο καὶ φθείρει ἕκαστον ὑπερβάλλον, καὶ τὸ ὀξὺ καὶ τὸ βαρύ, τὴν ἀκοήν· ὑπὸ γοῦν μεγάλης βροντῆς πολλοὶ ἐβλάβησαν, οὓς καὶ ἐμβροντήτους καλοῦμεν· ὁμοίως δὲ καὶ ἐν χυμοῖς τὴν γεῦσιν, καὶ ἐν χρώμασι τὴν ὄψιν τὸ σφόδρα λαμπρὸν ἢ ζοφερόν, καὶ ἐν ὀσφρήσει ἡ ἰσχυρὰ ὀσμὴ καὶ πικρὰ καὶ γλυκεῖα, ὡς λόγου τινὸς οὔσης τῆς αἰσθήσεως. καὶ γὰρ ἐν ὁτῳοῦν λόγῳ οἷον τῷ διπλασίῳ εἴτε προσθείης τι εἴτε ἀφέλῃς, φθείρεις τὸν λόγον. οἷον τὰ εἴκοσι διπλάσια τῶν δέκα· εἴτε γοῦν

2 τῷ scripsi: τὸ libri 5 καὶ γεῦσις—(6) ἀνώνυμος in margine habet B 6 γευστικοῦ scripsi: γευστοῦ libri 10 οἷα C 11 ἐν] εἰ C 14 ἐστιν ἡ ἐνέργεια AC 16 γεῦσιν καὶ om. B 17 ἑκατέρου AC 19 συνάγεται B 36 ἐμβροτήτους B 40 φθείρῃς C

τι τούτοις προσθείης εἴτ' ἀφέλῃς, ἔλυσας τὸν λόγον. βλάπτεται γοῦν ἐναργῶς καὶ ὑπὸ τῆς ἐνδείας ἡ αἴσθησις· ἀλλ' ἡ μὲν ὑπερβολὴ οὐ τὴν ἐνέργειαν μόνον φθείρει ἀλλὰ καὶ τὴν δύναμιν (ἡ γὰρ μεγάλη βροντὴ αὐτὸ τὸ αἰσθητήριον βλάψασα ἐστέρησε δηλονότι τῆς ἐν τούτοις δυνάμεως), ἡ δὲ ἔνδεια τὴν ἐνέργειαν μόνην φθείρει τῆς δυνάμεως ἀπαθοῦς μενούσης· ἐὰν γὰρ πάνυ μικρὸς γένηται ὁ ψόφος οὐκ ἔστιν ἀκουστός, ἡ μέντοι γε ἀντιληπτικὴ δύναμις σώζεται. ἴσως δὲ καὶ ἡ πολλὴ ἔνδεια τῶν αἰσθητῶν ἀπαμβλύνει τῇ ἀργίᾳ τὰς αἰσθήσεις· ἡ γοῦν ὄψις ἐπὶ πολὺ διατρίψασα ἐν σκότῳ ἀμβλυώττει, ἴσως δὲ καὶ ἐπὶ πλέον χρονίσασα παντελῶς ἐκλείπει· τὸ δὲ σκότος ἔνδειά ἐστι τοῦ ὁρατοῦ. ὅπερ δὲ ἐπὶ ἀκοῆς καὶ ὄψεως, τοῦτο καὶ ἐπὶ πασῶν λέγομεν. ἔνθεν καὶ ἀμιγῆ εἰλικρινῆ ὄντα τὰ αἰσθητὰ ἀηδῆ εἰσιν, ὅταν δὲ μιχθῇ καὶ ἐς λόγον ἔλθῃ, ἡδέα καὶ λυσιτελῆ. οἷον οἱ χυμοὶ ἄμικτοι πρὸς ἀλλήλους ὄντες οὐχ ἡδεῖς· τό τε γὰρ ἄκρατον γλυκὺ ἔκλυτόν ἐστι καὶ τὸ ἄκρατον πικρὸν ἢ ἁλμυρὸν διαβρωτικά, καὶ ἅλες καθ' ἑαυτοὺς μὲν ὄντες εἰς οὐδὲν χρήσιμοι, μιγνύμενοι δὲ ἐδέσμασιν εὖ ἔχουσιν. τὸ αὐτὸ δὲ καὶ ἐπὶ τῶν ἄλλων οἷον τῶν τῆς ἁφῆς· τὸ πῦρ καὶ ὁ κρύσταλλος ἄκρατα ὄντα λυπηρὰ καὶ φθαρτικά εἰσι· τὸ θερμαντὸν δὲ καὶ ψυκτὸν ὡς κεκραμένα ἡδέα.

Ἔτι τοῖς περὶ αἰσθήσεως λόγοις καὶ τοῦτο προσθέντες, ὅτι κράτιστον τῶν περὶ αὐτῆς ζητημάτων, τὸν λόγον παύσομεν ὡς ἐπὶ τὴν λογικὴν ψυχὴν καὶ τὸν νοῦν ἐπειγόμενοι πόρρωθεν. ἑκάστη μὲν οὖν τῶν αἰσθήσεων τοῦ ὑποκειμένου αὐτῇ αἰσθητοῦ ἐστι γνωριστική, ὑπάρχουσα ἐν τῷ αἰσθητηρίῳ ᾗ αἰσθητήριον, καὶ κρίνει τὰς τοῦ ὑποκειμένου αἰσθητοῦ διαφοράς, οἷον λευκὸν μὲν καὶ μέλαν ὄψις, γλυκὺ δὲ καὶ πικρὸν γεῦσις· ὁμοίως δὲ ἔχει τοῦτο καὶ ἐπὶ τῶν ἄλλων αἰσθήσεων. ἀλλ' ἐπειδὴ οὐ μόνον ὅτι τὸ λευκὸν ἕτερόν ἐστι τοῦ μέλανος γινώσκομεν τῶν ὑπὸ τὴν αὐτὴν καὶ μίαν αἴσθησιν τὴν ὅρασιν, ἀλλ' ὅτι καὶ τὸ λευκὸν ἕτερόν ἐστι τοῦ ψόφου καὶ τῆς ὀσμῆς τῶν ἐν διαφόροις (ἕκαστον γὰρ τῶν ἑτερογενῶν αἰσθητῶν πρὸς ἕκαστον κρινόμέν τινι καὶ αἰσθανόμεθα ὅτι διαφέρει), ἀνάγκη τὴν διάκρισιν ταύτην τῶν αἰσθητῶν αἰσθήσει τινὶ γίνεσθαι μιᾷ καὶ κοινῇ· οὐδὲ γάρ τινι τῶν πέντε τοῦτο γινώσκομεν, οὔτε μὴν ἐνδέχεται κεχωρισμένοις κρίνειν ὅτι ἕτερον τὸ γλυκὺ τοῦ λευκοῦ, ἀλλὰ δεῖ ἑνί τινι ἄμφω δῆλα εἶναι. εἰ γὰρ ἡ ὄψις μὲν τοῦ λευκοῦ ἀντιλάβοιτο, ἡ ἀκοὴ δὲ τοῦ ψόφου, μὴ εἴη δέ τι ἕτερον τὸ τούτων ἀμφοῖν ἀντιλαμβανόμενον, οὐδὲν ἔσται τὸ διακρῖνον ὅτι τὸ λευκὸν ἕτερον τοῦ ψόφου, ἀλλ' ὥσπερ εἰ τοῦ μὲν ἐγὼ τοῦ δὲ σὺ αἴσθοιο, καὶ οὐδέτερος τὸ τοῦ ἑτέρου γνοίη πάθος. καὶ πρὸς τούτοις τὴν κοινὴν ταύτην αἴσθησιν ἀμερῆ τε εἶναι χρεὼν καὶ ἀσώματον. οὐ γὰρ δεῖ ὑπολαμβάνειν σάρκα ἢ ὅλως σῶμα εἶναι τὸ ἔσχατον αἰσθητήριον· ἀνάγκη γὰρ ἦν ἁπτόμενον αὐτοῦ κρίνειν τὸ κρῖνον καὶ κατὰ μέρη, ὡς ἂν τῷδε μὲν τῷ μορίῳ τοῦδ' ἂν αἰσθάνοιτο, τῷδε δὲ τοῦδε, καὶ συνιδεῖν οὐκ ἦν πάλιν τὴν διαφοράν. συνέβαινε γὰρ πάλιν τὰ εἰρημένα· οὐδὲν γὰρ τῶν μερῶν οἶδεν ἀμφότερα τὰ αἰσθητά. δεῖ δὲ ἀμφότερα εἰδέναι τὸ μέλλον λέγειν ὅτι τόδε

8 ἀμβλυώπτει B 11 post ἀμιγῆ add. μὲν AC ἀειδῆ C 12 ἔλθοι A 12. 17 ἡδέα scripsi: ἠδῆ libri 13 ἢ] καὶ AC 20 τῶν πέντε αἰσθήσεων A 21 γνωστικὴ C 24 ἐστι scripsi: εἶναι libri 28 διαφέρειν B 36 οὐ] εἰ B

τοῦδε ἕτερον. ὅτι μὲν οὐχ οἷόν τε κεχωρισμένοις κρίνειν τὰ κεχωρισμένα φανερόν· ὅτι δ' οὐδ' ἐν κεχωρισμένῳ χρόνῳ ἀλλ' ἀχρόνως ἐν τῷ αὐτῷ νῦν ἀμφοτέρων τῶν κριθησομένων δεῖ ποιεῖσθαι τὴν αἴσθησιν, δῆλον ἐντεῦθεν. ὥσπερ γὰρ τὸ αὐτὸ λέγει ὅτι ἕτερον τὸ ἀγαθὸν καὶ κακόν, οὕτω καὶ ὅτε θάτερον λέγει ὅτι ἕτερον, καὶ θάτερον, οὐ κατὰ συμβεβηκὸς τὸ ὅτε. εἰ γὰρ οἶδεν ὅτι διαφέρει τὸ λευκὸν τοῦ ψόφου, οἶδεν ἅμα καὶ ὅτι ὁ ψόφος τοῦ λευκοῦ διαφέρει· ὥστε ἄμφω οἶδε τὴν διάκρισιν αὐτῶν εἰδυῖα. ἡ δὲ διάκρισις ἄχρονος. καὶ ἡ ἀμφοτέρων ἄρα γνῶσις ἄχρονος καὶ ἐν τῷ αὐτῷ νῦν. εἰ γὰρ νῦν μὲν τοῦ λευκοῦ αἴσθοιτο, ἄλλοτε δὲ τοῦ ψόφου, πῶς αὐτὰ διακρίνει ἀπ' ἀλλήλων; ἡ γὰρ διάκρισις τῇ ἀντιπαραθέσει γνωρίζεται· τὰ δὲ κεχωρισμένα πῶς ἂν παραθείη; εἰ δὲ ταῦθ' οὕτω, καὶ μία οὖσα καὶ ἀμερὴς ἡ κοινὴ αἴσθησις ἐν ἑνὶ καὶ τῷ αὐτῷ νῦν τῶν διαφόρων ἢ καὶ τῶν ἐναντίων αἰσθάνεται, τὸ δὲ αἰσθάνεσθαι πάσχειν τί ἐστι, τὸ δὲ πάσχειν κινεῖσθαί πως, κινεῖσθαι δέ τι ἀδύνατον ἅμα καὶ ἐν τῷ αὐτῷ χρόνῳ καὶ κατὰ τὸ αὐτὸ τὰς ἐναντίας κινήσεις, καὶ αἰσθάνεσθαί τι ἅμα ἀδύνατον. καὶ μήποτε ἡ αἴσθησις κατὰ μὲν τὸ ὑποκείμενον ἕν ἐστι καὶ ταὐτὸν τῷ ἀριθμῷ, τῇ δὲ οὐσίᾳ πλείω, πλειόνων οὐσῶν ἐν τῷ ἑνὶ ὑποκειμένῳ τῶν δυνάμεων, ὡς ἐν τῷ μέλιτι ὄντι κατ' ἀριθμὸν ἑνὶ πλείους εἰσὶ δυνάμεις, τὸ γλυκύ, τὸ ξανθόν, καὶ ἐν τῷ μήλῳ τὸ εὐῶδες, τὸ ἐρυθρόν, τὸ μαλακόν. καὶ ᾗ μὲν διαφόρους ἔχει δυνάμεις, οὐδὲν κωλύει τῶν διαφόρων καὶ τῶν ἐναντίων αὐτὴν ἀντιλαμβάνεσθαι κατὰ τὸν αὐτὸν χρόνον· ᾗ δὲ μία ἐστὶ τῷ ὑποκειμένῳ, ὡς ἓν αἰσθάνεται καὶ κρίνει τὰ ἐναντία. ἢ ταύτην μὲν καὶ παροπτέον, ὅτι εὐέλεγκτος. διαφόρων μὲν γὰρ εἰδῶν οὕτως ἔχουσαν τῷ αὐτῷ νῦν αἰσθάνεσθαι οὐκ ἀδύνατον· ἐναντίων δὲ πῶς ἐνεργείᾳ; ἐκείνην δὲ ἀντεισακτέον τὴν ἀληθῆ, ἣν καὶ πρότερον εἴπομεν· εἰ γὰρ τὴν κοινὴν αἴσθησιν τῇ ἐν τῷ μέσῳ τοῦ κύκλου εἰκάσαις στιγμῇ, λύσαις ἂν τὸ ἄπορον. ὡς γὰρ ἐκείνη μία οὖσα πλεῖστά ἐστι (τόσα γὰρ ὅσα τῶν εὐθειῶν πέρατα πρὸς αὐτὴν ἀπαντᾷ), οὕτω καὶ ἡ αἴσθησις, ἀσώματος οὖσα δύναμις καὶ ἀμερὴς καὶ ἁπλῆ, ἵδρυται ἐν τῷ πέρατι τῶν αἰσθητηρίων πλειόνων ὄντων· τοῦτο δέ ἐστι τὸ πνεῦμα, ἐν ᾧ τὸ ἡγεμονικόν. καθ' ὅσον μὲν οὖν μία ἐστὶ παντὸς ἐκείνου σώματος δύναμις καὶ ἀσώματος, ἀδιαίρετός ἐστι καὶ μία· καθ' ὅσον δὲ οὐ μόνον τοῦ παντὸς σώματος δύναμίς ἐστιν, ἀλλὰ καὶ ἑκάστου τῶν μερῶν αὐτοῦ (ἀμερίστως γὰρ ἐν ὅλῳ ἐστὶν ἡ αὐτή), κατὰ τοῦτο οὐ μία ἂν εἴη ἀλλὰ πλείους. ἕκαστον γὰρ τῶν αἰσθητηρίων τῶν μερικῶν ὡς ἐπί τι πέρας τὴν τῶν αἰσθητηρίων διακονίαν ἐπὶ τὸ πνεῦμα ἀναπέμπει, καὶ ἡ ἐν αὐτῷ λοιπὸν ἱδρυμένη αἴσθησις τὴν κρίσιν τῶν αἰσθητῶν ποιεῖται. ᾗ μὲν οὖν ἀδιαίρετον, ἓν τὸ κρῖνόν ἐστι καὶ ἅμα· ᾗ δὲ διαιρετὸν οὐχ ἓν ὑπάρχει, δὶς τῷ αὐτῷ χρῆται σημείῳ ἅμα. ᾗ μὲν οὖν δυσὶ χρῆται τῷ πέρατι, δύο κρίνει, καὶ κεχωρισμένα ἔστιν ὡς κεχωρισμένον· ᾗ δὲ ἑνί, ἅμα. ἔστι δὲ πρὸς ταύτην τὴν ἀπορίαν κἀκεῖνο συντόμως εἰπεῖν, ὡς εἰ μὲν οὕτως ἐκινεῖτο ἡ αἴσθησις

---

2 ἀχρόνως καὶ ἐν AC 4 γὰρ om. C 5 post ὅτι add. καὶ C 16 ἕν ἐστι] ἔνεστι B 21 αἰσθάνεσθαι καὶ κρίνειν C 23 νῦν] νῷ B 30 ἐκείνου τοῦ σώματος A 31 ἕκαστον C 32 μίαν A 34 αἰσθητηρίων] αἰσθητῶν A 36 οὐχ ἓν om. A δὶς] διὸ C

ὡς αὐτὴ ἐν τῷ αἰσθάνεσθαι τῶν αἰσθητῶν λευκὴ ἢ μέλαινα γίνεσθαι, τῷ ὄντι ἦν ἀδύνατον αὐτὴν ἅμα τῶν ἐναντίων ἀντιλαμβάνεσθαι· εἰ δὲ οὐχ οὕτω γίνεται, ἀλλὰ γνωστικῶς μόνον τὰ εἴδη τῆς ὕλης ἀποσυλᾷ, οὐκέτι ὁμοίως ἄπορον· δυνατὸν γὰρ τοὺς ἀσωμάτους λόγους τῶν ἐναντίων ἅμα τοὺς αὐτοὺς εἶναι, ἐπεὶ καὶ μία τῶν ἐναντίων ἡ ἐπιστήμη. ἡ γὰρ φύσις ποιοῦσα τὸν ὀφθαλμὸν ἅμα τοῦ λευκοῦ καὶ μέλανος προβάλλει τὸν λόγον. τὸ αὐτὸ δὲ καὶ ἐπὶ τοῦ κατ' ἐνέργειαν διαφανοῦς ὁρᾶται γινόμενον. τὸ μὲν γὰρ ὁρᾶν, ὡς ἐλέγετο, διὰ τούτου τῷ τοῦτο πάσχειν· τῷ μέντοι τοῦτο μὴ ὡς χρωννύμενον πάσχειν ὑλικῶς ὑπὸ τῶν χρωμάτων, οὐδὲν κωλύεται ἅμα διὰ τοῦ αὐτοῦ τὸ μέλαν καὶ τὸ λευκὸν ὁρᾶσθαι. διὰ γὰρ τοῦ αὐτοῦ μορίου τοῦ ἀέρος ἄλλος μὲν τὸ μέλαν ἄλλος δὲ τὸ λευκὸν ὁρᾷ, καὶ οὐ πάσχει τι ὑπὸ τῶν ἐναντίων τὸ αὐτό, ἐπεὶ μὴ ὑλικὸν τὸ πάθος. φανερὸν ἐκ τούτου ὡς καὶ αἱ μερικαὶ αἰσθήσεις ἀμερεῖς εἰσιν, εἴπερ ἀμφοτέρων ἅμα τῶν ἐναντίων ἀντιλαμβάνονται. διαφέροι δ' ἂν ἡ κοινὴ αἴσθησις αὕτη τῆς φαντασίας, ὅτι ἡ μὲν ἀπόντων τῶν αἰσθητῶν τοὺς τύπους ἔχει, ἡ δὲ παρόντων. περὶ μὲν οὖν τῆς ἀρχῆς ᾗ φαμεν τὸ ζῷον αἰσθητικὸν εἶναι, διωρίσθω τὸν τρόπον τοῦτον.

Ἐπεὶ δὲ δύο διαφοραῖς ὁρίζονται μάλιστα τὴν ψυχήν, κινήσει τε τῇ κατὰ III 3
τόπον καὶ τῷ νοεῖν καὶ τῷ κρίνειν καὶ τῷ αἰσθάνεσθαι, περὶ μὲν οὖν τῆς κατὰ τόπον κινήσεως ὕστερον ἐροῦμεν, περὶ δὲ αἰσθήσεως ἤδη διήλθομεν τὸν ἐγχωροῦντα τρόπον ἡμῖν· λείπεται νῦν διελθεῖν περὶ τῆς ἐντὸς καὶ νοητικῆς τῇ ψυχῇ δυνάμεως. καίτοι τινὲς τῶν πάλαι φιλοσοφησάντων ταὐτόν τι τὴν αἴσθησιν ᾠήθησαν καὶ τὴν νόησιν. ἐπεὶ γὰρ δοκεῖ τὸ νοεῖν καὶ τὸ φρονεῖν ὥσπερ αἰσθάνεσθαί τι εἶναι (ἐν ἀμφοτέροις γὰρ τούτοις κρίνει τι ἡ ψυχὴ καὶ γνωρίζει τῶν ὄντων), διὰ ταῦτα ἀπερισκέπτως ἕν τι τὴν αἴσθησιν καὶ τὴν νόησιν ἀπεφήναντο. αὐτίκα Ἐμπεδοκλῆς οὕτω λέγει·

πρὸς παρεὸν μῆτις ἀέξεται ἀνθρώποισι.

παρόντα γὰρ αὐτῷ ἐνταῦθα τὰ αἰσθητὰ ἐνομίσθησαν· μῆτις δὲ ἡ ἐν τούτοις αὐξάνουσα ἡ κρίσις καὶ φρόνησις· τῶν δὲ παρόντων κριτήριον αἴσθησις. οὕτω δ' ἂν καὶ πλακείη συλλογισμός· ἡ μῆτις τὸ παρὸν γινώσκει· τὸ γινῶσκον τὸ παρὸν αἴσθησις· ἡ μῆτις αἴσθησις. καὶ ἐν οἷς αὖ περὶ ἐνυπνίων διέξεισι, καὶ τὸ αἴτιον τοῦ διάφορα γίνεσθαι τοῖς ἀνθρώποις ἀποδιδούς, τῷ τὰς αἰσθήσεις διαφόρους εἶναι, ἀφ' ὧν ταῦτα· "ὅθεν σφίσιν ἀεί", φησί, "καὶ τὸ φρονεῖν ἀλλοῖα παρίσταται", φρόνησιν τὴν ἐν τοῖς ὕπνοις φαντασίαν τιθέμενος. εἰς τοῦτο φέρει καὶ τὸ τοῦ ποιητοῦ·

τοῖος γὰρ νόος ἐστὶν ἐπιχθονίων ἀνθρώπων,
οἷον ἐπ' ἦμαρ ἄγῃσι θεός.

πάντες γὰρ οὗτοι τὸ νοεῖν σωματικὸν ὥσπερ καὶ τὸ αἰσθάνεσθαι ὑπολαμβάνουσι, καὶ αἰσθάνεσθαί τε καὶ φρονεῖν τῷ ὁμοίῳ τὸ ὅμοιον ὥσπερ καὶ ἐν τοῖς κατ' ἀρχὰς λόγοις διωρισάμεθα. καίτοι ἔδει ἅμα εἰπεῖν αὐτοὺς καὶ περὶ τοῦ ἠπατῆσθαι· καὶ

10. 11 ἄλλο utrobique C 16 αἰσθητὸν B εἶναι om. C 21 πάλιν B 24 ἕν τι] ἔτι B 25 Ἐμπεδοκλῆς] v. 330 ed. Stein 26 ἀέξετ' ἂν B 27 αὐτῷ om. B 28 ἡ (ante κρίσις) del. A[2] 32 φησί] v. 331 ed. Stein 33 φέρον B τὸ τοῦ ποιητοῦ] Hom. Od. Σ 136 sq. 38 καὶ (post ἠπατῆσθαι) om. AC

οἰκειότερον γὰρ τοῖς ζώοις καὶ πλείω χρόνον ἐν τούτῳ διατελεῖ ἡ ψυχή. ὥσπερ γὰρ οἱ ἐν λοιμώδει χωρίῳ διατρίβοντες νοσοῦσι τὸν πλεῖστον χρόνον, οὕτω καὶ ἡ ψυχὴ πεσοῦσα ἐν τῇ ὕλῃ τὸν πλεῖστον χρόνον τὴν ἀπάτην νοσεῖ, τόν τε ἐκ τῆς παιδικῆς ἡλικίας χρόνον μέχρι τῆς μαθήσεως, οἱ πολλοὶ δὲ πολλάκις καὶ τὸν σύμπαντα βίον. καὶ αὐτοὶ δὲ οἱ ἐπιστήμονες ὀλίγον πάνυ χρόνον ἐν τῇ θεωρίᾳ διάγουσι, τὰ πολλὰ δὲ πρὸς ἀλλήλους ἠσχόληνται, καὶ τῶν γε τῆς νυκτὸς ἐξαιρέτων τὰ πολλὰ ἐν εἰδώλοις καὶ ἀπάταις διατρίβει ἡ ψυχή, καὶ τῆς ἡμέρας γοῦν οὐκ ὀλίγον. τοιγαροῦν ἀνάγκη ἢ ὥσπερ ἔνιοι λέγουσιν, ὧν κορυφαῖος Πρωταγόρας, πάντα τὰ φαινόμενα εἶναι ἀληθῆ, ἢ τὴν τοῦ ἀνομοίου θίξιν ἀπάτην εἶναι· τοῦτο γὰρ ἐναντίον τῷ τὸ ὅμοιον γινώσκειν τῷ ὁμοίῳ, εἴπερ κατὰ τοὺς διαλεκτικούς, εἰ τῷ ἐναντίῳ τὸ ἐναντίον, καὶ τὸ ἐναντίον τῷ ἐναντίῳ. οὐχ οὕτω δὲ ἔχει, ἀλλ' ἡ αὐτὴ καὶ μία ἐπιστήμη τῶν ἐναντίων· ὁ γὰρ τὸ ἀγαθὸν εἰδὼς ὅτι ἀγαθὸν ἅμα καὶ τὸ κακὸν ὅτι κακὸν οἶδε, καὶ ὁ τὴν ἀρετὴν εἰδὼς ὅτι ὠφελεῖ οἶδεν ὅτι καὶ ἡ κακία βλάπτει. οὐ μόνον δὲ ἐπιστήμη ἡ αὐτὴ τῶν ἐναντίων, ἀλλὰ καὶ ἡ ἀπάτη καὶ ἡ ἄγνοια· ὁ γὰρ ἀγνοῶν βλαβερὸν τὴν κακίαν ἅμα ἀγνοεῖ καὶ ὠφελοῦν τὴν ἀρετήν. εἰ δὲ τοῦτο, ἀδύνατον τῇ τοῦ ὁμοίου θίξει τὸ γινώσκειν γίνεσθαι· τὸ αὐτὸ μὲν γὰρ καὶ ἓν τῶν ἐναντίων ἐστὶ γνωστικόν, ἓν δὲ καὶ ταὐτὸν ἅμα τὰ ἐναντία εἶναι ἀδύνατον. τοῦτο δὲ συμβαίνει, εἰ τὸ ὅμοιον τῷ ὁμοίῳ γινώσκεται. ὅτι δὲ οὐ ταὐτόν ἐστιν αἴσθησις καὶ νοῦς φανερὸν ἐντεῦθεν· τῆς μὲν γὰρ πᾶσι μέτεστι, τοῦ δ' ὀλίγοις τῶν ζώων. ἀλλ' οὐδὲ τῇ διανοίᾳ ταὐτόν, ἐν ᾗ ἐστι τὸ ὀρθῶς καὶ τὸ μὴ ὀρθῶς, τὸ μὲν ὀρθῶς φρόνησις καὶ ἐπιστήμη καὶ δόξα ἀληθής, τὸ δὲ μὴ ὀρθῶς τὰ ἐναντία τούτων. ἡ μὲν γὰρ αἴσθησις τῶν ἰδίων ἀεὶ ἀληθής, καὶ πᾶσιν ὑπάρχει τοῖς ζώοις· διανοεῖσθαι δὲ ἐνδέχεται καὶ ψευδῶς, καὶ οὐδενὶ ὑπάρχει ᾧ μὴ καὶ λόγος. οὔτ' αὖ δόξῃ ἔοικε τὸ τῆς αἰσθήσεως πάθημα· ἡ μὲν γὰρ τοῦ καθόλου, ἡ δὲ τοῦ μερικοῦ ἀντιλαμβάνεται. ἀποκέκριται δὲ καὶ τῆς φαντασίας, ὅτι ἡ μὲν παρόντος ἡ δὲ καὶ ἀπόντος, καὶ ἡ μὲν ἐκτὸς ἡ δ' ἐντὸς ἔχει τὸ γνωστόν. φανερὸν οὖν ἐντεῦθεν ὡς οὐδεμιᾷ τινι τῶν ἐντὸς καὶ γνωστικῶν δυνάμεων τῆς ψυχῆς ταὐτὸν αἴσθησις.

Ἵνα δὲ καὶ τὰ λεχθέντα εὐκρινηθείη καὶ πρὸς τὰ ῥηθήσεσθαι μέλλοντα εὐθυπορῶμεν, δεῖ διελεῖν, τίνες καὶ πόσαι αἱ τῆς ψυχῆς δυνάμεις. τῶν γὰρ τῆς ψυχῆς δυνάμεων αἱ μὲν ζωτικαὶ καὶ ὀρεκτικαί, θυμός, ἐπιθυμία, βούλησις καὶ προαίρεσις, αἱ δὲ γνωστικαὶ καὶ κριτικαί· καὶ τούτων αἱ μὲν πρὸς τὰ ἐκτὸς ἀποτείνονται, αἱ δὲ ἔνδον ἔχουσι τὸ γνωστόν. αἱ μὲν οὖν πρὸς τὰ ἐκτὸς ἀποτεινόμεναι πρὸς μερικὸν ἀποτείνονται καὶ καλοῦνται αἰσθήσεις· μερικὸν γὰρ τὸ ἔξω κείμενον, τόδε τὸ χρῶμα καὶ ὅδε ὁ ψόφος. αἱ δὲ ἔνδον ἔχουσαι τὸ γνωστὸν λέγονται κοινότερον πᾶσαι νοήσεις· αὗται δὲ ἢ περὶ τὰ καθόλου εἰσὶν ἢ περὶ τὰ μερικά. ἡ μὲν οὖν περὶ τὰ μερικὰ καταγινομένη λέγεται φαντασία κυρίως καὶ παθητικὸς νοῦς· ἡ δὲ περὶ τὰ καθόλου λέγεται πάλιν

5 ἡ ἐπιστήμονες C 6 ἐξαιρέτων] fort. ἐξαιρέτως 10 ἐναντίον] ἐναντίω C² τῷ τὸ — ἐναντίῳ (11 ante τὸ ἐναντίον) om. C 17 γίνεσθαι] γινώσκεσθαι B 20 τοῦ] τῆς B: τοῖς C 25 τοῦ] τὸ A 28 καὶ (ante γνωστικῶν) om. C 31 γὰρ om. AC 34 ἔχουσαι C¹

κοινότερον νόησις, καθ' ἣν τὸ φρονεῖν καὶ ἡ λογικὴ ζωή. αὕτη δὲ ἢ κρειττόνως ἐνεργεῖ ἢ κατὰ συλλογισμόν, ἢ οὐ κρειττόνως· εἰ μὲν οὖν κρειττόνως καὶ δίχα συλλογισμοῦ ἁπλαῖς ἐπιβολαῖς ἐπιβάλλει τοῖς πράγμασι, γίνεται ὁ κυρίως νοῦς ὁ κατ' ἐνέργειαν λεγόμενος καὶ θεωρητικὸς καὶ καθ' ἕξιν νοῦς. εἰ δὲ μὴ κρειττόνως ἐνεργοίη συλλογισμοῦ, καλεῖται κοινῷ ὀνόματι ὑπόληψις· αὕτη δὲ ἢ κατὰ συλλογισμὸν ἐνεργεῖ ἢ χείρων ἐστὶ τοῦ χρῆσθαι συλλογισμῷ. εἰ μὲν οὖν χείρων εἴη συλλογισμοῦ, καλεῖται δόξα· εἰ δὲ κατὰ συλλογισμὸν ἐνεργεῖ, καλεῖται διάνοια καὶ δυνάμει νοῦς. καὶ αὕτη ἢ περὶ τὰ νοητὰ καὶ ἀίδια ποιεῖται τὴν διατριβὴν ἢ περὶ τὰ πρακτὰ καὶ πολιτικά. ἡ μὲν οὖν περὶ τὰ νοητὰ διατριβὴ καλεῖται ἐπιστήμη, ἡ δὲ περὶ τὰ πρακτὰ καὶ πολιτικὰ καλεῖται διάνοια, καθ' ἣν τὸ φρονεῖν καὶ νοῦς πρακτικὸς καὶ τέχνη καὶ φρόνησις, ὥσπερ καὶ ἐπὶ τοῦ θεωρητικοῦ ἤτοι θεωρητικὸς νοῦς καὶ ἐπιστήμη ἢ διάνοια καθ' ἣν αἱ ἐπιστῆμαι· καλοῦσι γὰρ πολλάκις καὶ τὴν μετὰ τοῦ συλλογισμοῦ περὶ τὰ νοητὰ τῆς ψυχῆς ἐνέργειαν θεωρίαν καὶ τὴν τοιαύτην δύναμιν θεωρητικὸν νοῦν. διαφέρει δὲ ὁ πρακτικὸς νοῦς τοῦ θεωρητικοῦ μόνῳ τῷ τέλει· τοῦ μὲν γὰρ ἀλήθεια, τοῦ θεωρητικοῦ, τοῦ δὲ τὸ ἀγαθόν, τοῦ πρακτικοῦ, τέλος· πρὸς γὰρ τὸ τῶν πολιτῶν χρήσιμον καὶ τέχνας καὶ τὰ ἄλλα πρακτὰ συλλογίζεται. διαφέρει δὲ κοινῶς καὶ τοῦ ἐνεργείᾳ νοῦ πᾶς ὁ δυνάμει νοῦς τῇ ὁδῷ. ὁ μὲν γὰρ δυνάμει νοῦς αὐτὸ τοῦτο ὃ λέγεται καὶ ποιεῖ· διανύει γὰρ ἐν τῇ θεωρίᾳ ὁδόν τινα ἀπὸ προτάσεων ἐπὶ συμπεράσματα· ὁ δὲ ἐνεργείᾳ νοῦς ἀεὶ ἕστηκεν ἄνευ τοῦ συλλογισμοῦ θεωρῶν. τοσαῦται καὶ αἱ γνωστικαὶ καὶ αἱ κριτικαὶ τῆς ψυχῆς δυνάμεις, καὶ οὐ πλείονες, νοῦς, διάνοια, δόξα, φαντασία καὶ αἴσθησις. διανενέμηνται δὲ ταῦτα τοῖς παλαιοῖς κατὰ τὸν ἐγκέφαλον οὕτω· κατὰ μὲν οὖν τὰς ἐμπροσθίους δύο κοιλίας αὐτοῦ τὸ φανταστικὸν ἐν ἀνθρώποις ἱδρῦσθαι λέγουσι, κατὰ δὲ τὴν μέσην τὸ διανοητικὸν καὶ δοξαστικόν, κατὰ δὲ τὴν ὀπίσθιον, ἣν καὶ ἐπικρανίδα καὶ παρεγκεφαλίδα καλοῦσί τινες, τὸ μνημονευτικόν, γνωστικῶν ἐνεργημάτων οἱονεὶ ταμεῖον καθεστηκός· ἃ γὰρ ἂν ἐκ τῆς αἰσθήσεως ἡ φαντασία λάβῃ καὶ κατάσχῃ παρ' ἑαυτῇ, ταῦθ' ἡ μνήμη διαδεξαμένη θησαυρίζει παρ' ἑαυτῇ μενήμη τις οὖσα· ὅθεν κἀκεῖνα μνημονευτά, ἃ καὶ φανταστά. ἐπεὶ δὲ συνέζευκται τῇ διανοίᾳ ἡ φαντασία, καὶ οὐδεμία διανόησις φαντασίας ἐκτὸς διὰ τὸ προηγεῖσθαι πανταχοῦ τὴν αἴσθησιν ἐν τῷ κατ' αἴσθησιν τῷδε βίῳ, εἴη ἂν ἡ μνήμη μονή τις καὶ διανοημάτων καὶ δοξασμάτων καὶ κοινὸν ὥσπερ δοχεῖον ἐνεργημάτων γνωστικῶν, οὐκ αὐτῶν ἐκείνων κατ' οὐσίαν, ἀλλὰ τῶν τύπων αὐτῶν. καὶ ἐν μὲν τοῖς ἀνθρώποις οὕτω ταῦτα συντέτακται· ἐν δὲ τοῖς ἄλλοις ζῴοις δόξης ἐστερημένοις καὶ διανοίας λείπεται πληροῦν καθ' ὅλον τὸν ἐγκέφαλον τὸ φανταστικὸν καὶ μνημονευτικόν.

Ἐπεὶ δὲ περὶ αἰσθήσεως ἐν τοῖς προλαβοῦσι διεληλύθαμεν τί ἐστι καὶ κοινῶς καὶ κατὰ μέρη, καὶ οἷστισι τῶν ἄλλων κεχώρισται, κατὰ τὰ αὐτὰ καὶ περὶ τῶν ὑπολοίπων ἐν τοῖς ἑξῆς θεωρήσωμεν· καὶ πρῶτον περὶ φαντασίας.

---

4 καὶ (ante καθ' ἕξιν) om. B   10 πρακτικὰ A   13 τοῦ om. A   16 ἡ ἀλήθεια A
17 πρακτὰ scripsi: πρακτικὰ libri   19 ὃ om. B   21 τοῦ om. A   22 αἱ om. AC
26 ἐπικρανίδα Diels: ἐπεγκρανίδα libri   28 λάβοι AC   post καὶ add. ἀπονομαξαμένη A
κατάσχοι AC   29 μνήμη τις B   32 μόνη B   33 κοινεῖν C   37 τί τέ ἐστι AC

καίτοι γε τοῦτο ἤδη καὶ αὐτόθεν οἶμαι δῆλον τῷ μὴ παρέργως τῆς διαιρέσεως ἐπαΐοντι, ὅ τί τε ἕκαστον καὶ οἷστισιν ἀλλήλων κοινωνοῦσι καὶ διαφέρουσι· τῆς ἀκριβείας γοῦν τῆς ἐπιστημονικῆς χάριν τὰ ἑπόμενα προστεθήσονται. ὅτι μὲν οὖν ἑτέρα φαντασία αἰσθήσεως ἀνωτέρω διώριστο· οὐδὲν δ' ἧττον καὶ νῦν δηλωθήσεται. εἰ δή ἐστιν ἡ φαντασία, καθ' ἣν φάντασμά τι ἡμῖν γίνεται, καὶ μὴ εἴ τι κατὰ μεταφορὰν λέγομεν, μία τίς ἐστι τούτων δύναμις ἢ ἕξις, καθ' ἣν κρίνομεν καὶ ἀληθεύομεν ἢ ψευδόμεθα. τοιαῦτα δέ ἐστιν αἴσθησις, δόξα, ἐπιστήμη, νοῦς. ὅτι μὲν οὖν οὐκ ἔστιν αἴσθησις δῆλον ἐκ τῶνδε. αἴσθησις μὲν γὰρ πᾶσα ἤτοι δύναμις ἢ ἐνέργεια, οἷον ὄψις καὶ ὅρασις, φαίνεται δέ τι καὶ μηδετέρου τούτων ὑπάρχοντος, οἷα τὰ ἐν τοῖς ὕπνοις· τὰ γὰρ ἐν τοῖς ὀνείρασι χρώματα οὔτε τῆς δυνάμεως οὔτε τῆς ἐνεργείας ὁράματα ὄψεως, ἀλλὰ μόνης φαντασίας. ἔτι αἴσθησις μὲν ἡ κατὰ δύναμιν ἀεὶ πάρεστι τοῖς ζώοις, φαντασία δ' οὔ. ἕτερον δὲ καὶ τῆς ἐνεργείας· εἰ δ' οὖν, πᾶσιν ἂν ἐνδέχοιτο τοῖς θηρίοις φαντασίαν ὑπάρχειν· δοκεῖ δ' οὔ. ἔπειτα οὐδὲ λέγομεν, ὅταν ἐνεργῶμεν ἀκριβῶς περὶ τὸ αἰσθητόν, ὅτι φαίνεται τοῦτο ἡμῖν ἄνθρωπος· ἀλλὰ μᾶλλον ὅταν μὴ ἐναργῶς αἰσθανώμεθα, τότε ἢ ἀληθὴς ἢ ψευδής· καὶ ὅπερ δὴ ἐλέγομεν πρότερον, φαίνεται καὶ μύουσιν ὁράματα. ἀλλὰ μὴν οὐδὲ τῶν ἀεὶ ἀληθευόντων οὐδεμία ἔσται, οἷον ἐπιστήμη ἢ νοῦς· ἔστι γὰρ φαντασία καὶ ψευδής. λείπεται ἄρα ἰδεῖν εἰ τῇ δόξῃ ταὐτόν· γίνεται γὰρ δόξα καὶ ἀληθὴς καὶ ψευδής. ὅτι δὲ ἑτέρα, γνοίη ἄν τις ἐντεῦθεν· τοῦτο μὲν γὰρ τὸ πάθος τὸ τῆς φαντασίας ἐφ' ἡμῖν ἐστιν, ὅταν βουλώμεθα (πρὸ ὀμμάτων γὰρ ἔστι τι ποιήσασθαι, ὥσπερ οἱ ἐν τοῖς μνημονικοῖς τιθέμενοι καὶ εἰδωλοποιοῦντες· καὶ γὰρ ἀναμνησθῆναί τινος θέλοντες κινοῦμεν τοὺς τύπους, οὓς ἐκ τῆς αἰσθήσεως εἰλήφαμεν), δοξάζειν δὲ οὐκ ἐφ' ἡμῖν, ἀλλ' ἐν τοῖς πράγμασιν· ἀνάγκη γὰρ ἢ ψεύδεσθαι ἢ ἀληθεύειν. οὐ γὰρ εἰ θελήσαιμι δοξάσαι ὅτι μείζων μεγέθει ὁ μύρμηξ τοῦ λέοντος, δύναμαι ἄν ποτε τοῦτο δοξάσαι· φαντασίαν μέντοι τοιαύτην ἀναπλάσαι δυνατόν. ἀλλ' οὐδὲ ἐπ' ἐμοὶ τὸ συγκαταθέσθαι ὅτι τὰ δὶς δύο τέσσαρά ἐστιν· ἦν γὰρ ἂν καὶ τὸ μὴ συγκαταθέσθαι· νῦν δὲ βιάζεται τὸ φαινόμενον ἀληθὲς τὴν καταδοχήν, οἱ δὲ ἐν ταῖς ψευδοδοξίαις ψέγονται ὅτι τὴν ἀρχὴν ἠμέλησαν ἑαυτῶν. ἔτι δὲ ὅταν μὲν δοξάσωμεν δεινόν τι ἢ φοβερόν, εὐθὺς συμπάσχομεν, ὁμοίως δὲ καὶ ἐὰν ᾖ θαρραλέον· κατὰ δὲ τὴν φαντασίαν ὡσαύτως ἔχομεν ὥσπερ ἂν εἰ θεώμενοι ἐν γραφῇ τὰ δεινὰ ἢ θαρραλέα· τὸ γὰρ θαρρεῖν ἢ δειλιᾶν καὶ τὰ τῶν ζώων ἄλογα οὐ μόνον τῆς ἐν αὐτοῖς φαντασίας τὸ πάθημα, ἀλλὰ διὰ τὴν ἐν ταύτῃ τοῦ ἡδέος συναίσθησιν καὶ συγκατάθεσιν ἢ λυπηροῦ. ἔτι δόξῃ μὲν ἕπεται πίστις (οὐκ ἐνδέχεται γὰρ οἷς δοκεῖ δοξάζοντα μὴ πιστεύειν), τῶν δὲ θηρίων οὐδενὶ ὑπάρχει πίστις, φαντασία δὲ ἐν πολλοῖς. ἔτι πίστει μὲν ἀκολουθεῖ τὸ πεπεῖσθαι, τῷ δὲ πειθώ, πειθοῖ δὲ λόγος· τῶν δὲ θηρίων ἐνίοις μὲν φαντασία ὑπάρχει,

2 ante κοινωνοῦσι add. καὶ AC 3 γοῦν] οὖν AC 4 ἕτερον AC 5 post καθ' ἣν add. λέγομεν A γίγνεσθαι A 11 δυνάμει A ἐνεργείᾳ AC[2] 13 ἐνεργεία AC 16 αἰσθανόμεθα AC 20 ἕτερον AC 33 γὰρ om. C 37 τῷ] τὸ A 38 ante πειθώ add. μὴ C

λόγος δὲ οὔ. τοῖς αὐτοῖς δὲ τούτοις καὶ διανοίας ἡ φαντασία καὶ νοῦ διακριθήσεται, δι' ἃ καὶ τῆς δόξης. μήποτε δὲ ἀπὸ συμπλοκῆς αἰσθήσεως καὶ δόξης ἡ φαντασία τὴν γένεσιν ἔχει, ἐπεὶ μηδενὶ ταυτίζεται τῶν ἁπλῶν. οὐκ ἔστι δέ· εἰ γὰρ συμπλοκὴ δόξης καὶ αἰσθήσεως, ἀνάγκη δήπου περὶ ἓν εἶναι καὶ τὸ αὐτὸ τήν τε αἴσθησιν καὶ τὴν δόξαν, ἐξ ὧν συμπλεκομένων ἡ φαντασία γίνεται, καὶ μὴ ἄλλου μὲν εἶναι δόξαν ἄλλου δὲ αἴσθησιν· οἷον εἰ τοῦ λευκοῦ εἴη φαντασία, δεῖ δηλονότι τὴν δόξαν καὶ τὴν αἴσθησιν, ἐξ ὧν ἡ φαντασία τοῦ λευκοῦ γέγονε, περὶ ἓν καὶ τὸ αὐτὸ ⟨τὸ⟩ λευκὸν ἐνεργῆσαι. οὐ γὰρ ἂν εἰ ἡ ἑτέρα μὲν εἴη τοῦ λευκοῦ, οἷον ἡ αἴσθησις, ἡ ἑτέρα δὲ ἑτέρου τινός, οἷον τοῦ γλυκέος, ἡ δόξα ἐκ τῆς τοῦ λευκοῦ αἰσθήσεως καὶ τῆς δόξης τοῦ γλυκέος συμπλεκομένων γένοιτο ἂν λευκοῦ φαντασία· πῶς γὰρ ἂν ἡ τοῦ γλυκέος δόξα εἰς γένεσιν τῆς τοῦ λευκοῦ φαντασίας συνοίσει; δεῖ οὖν ἑνὸς εἶναι καὶ τοῦ αὐτοῦ τήν τε αἴσθησιν καὶ τὴν δόξαν, ἐξ ὧν ἡ φαντασία γενήσεται. εἰ δὲ τοῦτο, ἐπείπερ τῷ γεωμέτρῃ αἰσθήσει μὲν ποδιαῖος ὁ ἥλιος φαίνεται, δοξάζεται δὲ εἶναι μείζων τῆς οἰκουμένης, εἴπερ ἡ φαντασία ἀπὸ δόξης πέπλεκται καὶ αἰσθήσεως, τὰ ἐναντία συμβήσεται. αἰσθόμενος γὰρ αὐτοῦ ποδιαίου καὶ φαντάσεται ἄρα ὅτι ποδιαῖός ἐστιν· ἀλλὰ μὴν [ὅτι] καὶ μείζονα πάσης τῆς οἰκουμένης τὸν αὐτὸν φαντασθήσεται διὰ τὸ δοξάζειν οὕτως. ἅμα ἄρα ἀληθῶς καὶ ψευδῶς δοξάζει καὶ φαντάζεται, ὅπερ ἀδύνατον. ἢ οὖν ἡ αὐτὴ μένουσα δόξα πείσεται τὰ ἐναντία, ἢ εἰ μὴ τοῦτο ἐγχωρεῖ, ἀνάγκη ὁπηνίκα φαντάζηται ποδιαῖον τὸν ἥλιον, ἀποβαλεῖν τὴν προτέραν δόξαν ἣν εἶχεν ἀληθῆ περὶ αὐτοῦ καὶ ἑτέραν μεταλαβεῖν ψευδῆ. ἀλλ' εἰ μετέβαλε τὴν προτέραν δόξαν, ἀνάγκη πᾶσα, ἢ τοῦ πράγματος μεταβαλόντος αὐτοῦ τοῦ ἡλίου, ἢ αὐτοῦ μεταπεισθέντος ἢ ἐπιλαθομένου τοῦτο συμβέβηκεν· ἀλλὰ μὴν οὔτε τὸ πρᾶγμα μετέβαλεν οὔτε μετεπείσθη οὔτ' ἐπελάθετο· οὐκ ἄρα οὐδὲ τὴν δόξαν μετέβαλεν. εἰ δὲ μὴ τοῦτο, πέπεισται δὲ ὅτι πολλαπλασίων τῆς γῆς, φαντάζεται δὲ καὶ ὅτι ποδιαῖος, ἀνάγκη ἄρα ἐν τῷ αὐτῷ καὶ ψευδῆ καὶ ἀληθῆ αὐτόν, ὥσπερ εἴρηται, δοξάζειν. οὐκ ἄρα συμπλοκὴ δόξης καὶ αἰσθήσεως ἡ φαντασία.

Τί οὖν ἐστιν, εἴπερ μὴ ἕν τι τούτων μήτ' ἐκ τούτων; εἰ μὲν οὖν ἀδύνατον ἦν τὸ κινούμενον ὑφ' ἑτέρου καὶ αὐτὸ κινεῖν ἕτερον, ἄδηλον ⟨ἂν⟩ ἦν ὅ τί ποτε οὖσα τυγχάνει ἡ φαντασία. ἐπεὶ δ' ἐνδέχεται (κινεῖ γὰρ ἡ ψυχὴ τὴν φύσιν καὶ αὕτη τὴν χεῖρα, ἡ δὲ τὴν βακτηρίαν καὶ αὕτη τὴν θύραν κἀκείνη ἴσως ἄλλο τι), ἡ δὲ φαντασία γοῦν κίνησίς τις δοκεῖ εἶναι καὶ οὐκ ἄνευ αἰσθήσεως γίνεσθαι ἀλλ' αἰσθανομένοις καὶ ὧν αἴσθησις, εἴη ἂν αὕτη κίνησις ὑπὸ τῆς κατ' ἐνέργειαν αἰσθήσεως γινομένη. φανερὸν οὖν ὡς οὐκ ἄλλοις ὑπάρχει ἢ οἷς καὶ αἴσθησις· ἀδύνατον γὰρ ὧν μηδέποτε αἴσθησιν ἐλάβομεν φαντασθῆναι· οἱ γοῦν ἐκ γενετῆς τυφλοὶ χρωμάτων οὐκ ἄν ποτε λάβοιεν φαντασίαν, καὶ τὰς περὶ τῶν νοητῶν φαντασίας ἐκ χρωμάτων καὶ

---

3 οὐκ — εἶναι (4) in marg. add. B 5 συμπλέκομεν B 6 ἄλλον utrobique B εἰ] ἡ A 7 εἴη] εἰ C 8 post γέγονε add. τοῦ λευκοῦ B τὸ ante λευκὸν addidi 9 ἡ (post εἰ) om. AC ἡ (ante αἴσθησις) om. C 17 ὅτι delevi 24 συμβέβηκεν] fort. συμβεβηκέναι 25 οὔτε (post μετέβαλεν) repetit B 30 ἂν addidi 34 εἴη] εἰ B

σχημάτων συντέθεικεν ἡ διάνοια ὧν αἰσθήσει κατέλαβε. δέδωκε δὲ τοῖς ζώοις ταύτην ἡ φύσις, ἵνα κατ' αὐτὴν πολλὰ καὶ ποιήσῃ καὶ πάθῃ· καὶ γὰρ ὁρμῆς καὶ φόβου καὶ ἔρωτος αἴτιον αὐτοῖς ἡ φαντασία ποιητικόν. καὶ τὰ μὲν ἄλογα πάντα κατ' αὐτὴν πράττει ἅτε νοῦν μὴ ἔχοντα μηδέ τι αὐτῆς τελειότερον· πολλάκις γοῦν ἐν γραφαῖς τεθεαμένα τι ἐπῆλθον· τὰ δὲ λογικὰ νοῦ μετέχοντα οὐ πάντα κατὰ φαντασίαν ποιεῖ. ὅμως μέντοι ὁ ἄνθρωπος ὧν ποιεῖ τὰ πλεῖστα κατὰ φαντασίαν ποιεῖ, καὶ μάλιστα ὅταν ἐπικαλύπτηται τὸν νοῦν πάθει, οἷον νόσῳ ἢ ὕπνῳ. καὶ ἀγαπητὸν κἂν πρὸς βραχὺ ταύτης ἀπαλλαγῆναι τῷ εἰς ἄκρον φιλοσοφίας ἐληλακότι· ὅθεν καὶ ἐν τῷ Φαίδωνι τὸ ἔσχατον τῶν ἀπὸ τοῦ σώματος συμβαινόντων ἡμῖν κακῶν τὴν φαντασίαν ὁ Πλάτων ἐτίθετο, ἐπειδὴ καὶ μετὰ τὸ σχολάσαι ἂν τὴν ψυχὴν ἀπὸ τῶν τοῦ σώματος φροντίδων αὕτη παρενοχλοῦσα οὐκ ἐᾷ καθαρὰς τὰς νοήσεις ποιεῖσθαι. καὶ δὴ ὅταν ἀπὸ τοῦ λόγου τὰς ἀρχὰς ἔχῃ, κἀκείνῳ συνεργοῦσα τὰ ἐκεῖθεν ἀμερῶς νοούμενα μορφοῦσα καὶ σχηματίζουσα μεριστὰ ποιεῖ καὶ διαστατά, τοῦ νοῦ ἀμερίστως νοοῦντος τὰ μεριστὰ καὶ τὰ ἐσχηματισμένα ἀσχηματίστως. ὁ μὲν γὰρ πρακτικὸς νοῦς, καίτοι περὶ μερικὰ βουλευόμενος, λέγει τυχὸν ὅτι δεῖ εἰς τὸ Βυζάντιον ἀπελθεῖν, καὶ ἄνευ φαντασίας τὴν ἐν λόγῳ θεωρουμένην πόλιν ἐνόησεν· ἡ δὲ φαντασία εὐθὺς ἀνέπλασε καὶ σχῆμα καὶ τύπον. ἐπὶ δὲ τοῦ θεωρητικοῦ ὁ μὲν νοῦς ἁπλῶς τὸν εἰδητικὸν τοῦ κύκλου λόγον θεωρεῖ ὅτι ἐστὶ σχῆμα ἐπίπεδον ὑπὸ μιᾶς γραμμῆς περιεχόμενον, ἔχον τὰς ἀπὸ τοῦ κέντρου ἴσας· ἡ δὲ φαντασία εὐθὺς ἐσχημάτισε καὶ ποσόν τινα κύκλον ἐνόησεν. ὅθεν τὸ μὲν νόημα τοῦ νοῦ διὰ τὸ ἀσχημάτιστον καὶ ἀμόρφωτον κατὰ τὸν ἐξῃρημένον τῆς ἰδέας τοῦ κύκλου λόγον γενόμενον παντὶ κύκλῳ ἐφαρμοσαι δύναται· τὸ μέντοι φάντασμα τὸ γενόμενον τοῦ κύκλου οὐκέτι παντὶ δυνατὸν ἐφαρμόσαι· πάντως γὰρ μετά τινος ποσοῦ μεγέθους γέγονεν, ὃ οὐχ οἷόν τε παντὶ κύκλῳ ἐφαρμόσαι. ἡ μὲν οὖν τῷ λόγῳ συνεργοῦσα φαντασία, ἅτε δὴ χείρων οὖσα τοῦ λόγου, τὰ ὑπ' ἐκείνου, ὅπερ εἶπον, ἀπαθῶς καὶ ἀμερῶς νοούμενα καὶ μερίζει καὶ μετὰ τύπων καὶ μορφῶν νοεῖ· διὸ καὶ ἐπιθολοῖ τὸν νοῦν, καθαρὰς αὐτοῦ τὰς ἐνεργείας γενέσθαι μὴ συγχωροῦσα. ἡ δὲ ἄλογος φαντασία, φημὶ δὴ ἡ τῇ αἰσθήσει συνεργοῦσα καὶ παρ' αὐτῆς τὰς ἀρχὰς τῆς οἰκείας ἐνεργείας δεχομένη, ἐπειδὴ κρείττων ἐστὶ τῆς αἰσθήσεως, τὰ ἐκείνῃ μεριστῶς γνωσθέντα καὶ παθητῶς ἀμερῶς φαντάζεται αὕτη καὶ ἀπαθῶς. ἔστι δὲ καὶ ψευδὴς καὶ ἀληθὴς φαντασία· ἐπεὶ γὰρ κίνησιν αὐτὴν αἰσθήσεως τῆς κατ' ἐνέργειαν ὡρισάμεθα, ὡς ἂν ἡ αἴσθησις ἔξοι, οὕτω καὶ ἡ φαντασία. τῆς οὖν αἰσθήσεως ἀληθευούσης μὲν ἐν τοῖς ἰδίοις καὶ σφαλλομένης ἢ οὐδαμῶς ἢ ἐλάχιστον, ψευδομένης δὲ ἐν τοῖς κατὰ συμβεβηκός τε καὶ κοινοῖς, καὶ ἡ φαντασία οὕτως ἕξει· ψεύσεται μὲν ἐν τοῖς ἄλλοις, ἀληθεύσει δὲ ἐν τοῖς ἰδίοις. ὡς γὰρ ἂν τυπωθείη ὑπὸ τῆς αἰσθήσεως, οὕτως ἔχοι. συμβαίνει δὲ ψεύδεσθαι τὴν αἴσθησιν κἂν τοῖς ἰδίοις αἰσθητοῖς διὰ τὴν παρὰ μικρὸν διαφοράν, οἷον ὅταν τὸ πράσινον ἢ τὸ

4 αὐτῆς] αὐτοῖς B 5 τεθεαμέναι B 9 ἐν τῷ Φαίδωνι] Cap. 11 p. 66 D 15 ante πρακτικὸς add. νοῦς ὁ A[1] 19 τοῦ λόγου κύκλον BC 22 post ἀμόρφωτον add. εἶναι A[2] 25 post ποσοῦ add. καὶ A[2] 30 παρ' αὐτοῦ A[1]C 35 ψευδομένοις A[1]C 36 συμβεβηκόσι C

ἁλουργὸν μέλαν ὁρᾷ, ἢ ὅταν δύο ἀγγείων γάλακτος κειμένων καὶ ἐμβληθείσης ἐν τῷ ἑτέρῳ σταγόνος αἵματος ὁμοίως λευκὰ ἀμφότερα ὁρᾷ ἡ ὅρασις, οὐ δυναμένη τὴν παρ' ἐλάχιστα διαφορὰν διαγνῶναι. καθόλου δὲ ἐν πᾶσι τοῖς αἰσθητοῖς τὸ ἀληθεύειν ἢ ψεύδεσθαι συμβαίνει ἢ παρὰ τὴν ποιὰν σχέσιν τοῦ αἰσθητοῦ πρὸς τὸ αἰσθητήριον, ὡς ἐπὶ τοῦ τραχήλου τῆς μελαίνης περιστερᾶς τῆς ἐν ἡλιακῷ ἑστώσης· ἢ παρὰ τὴν ἀπόστασιν, ὡς ὅταν τὰ εὐθύγραμμα πόρρωθεν κύκλους ὁρῶμεν καὶ τὰ χρώματα μελάντερα, ὥσπερ καὶ τὰ σφαιρικὰ δισκοειδῆ καὶ τὰ μεγάλα μικρά, καὶ ἵστασθαι τὰ κινούμενα, καὶ τὸν κύκλον εὐθεῖαν· ἢ παρὰ τὸ μεταξύ, ὡς τὴν καθ' ὑδάτων κώπην κεκλασμένην ὁρῶμεν καὶ τὰ πυρώδη διὰ καπνοῦ ἢ ὁμίχλης φαινόμενα αἱματώδη δοκεῖ· ἢ παρ' αὐτὸ τὸ αἰσθητήριον, ὡς ὅταν ἐμφράξεως ἐν τῷ ὀπτικῷ νεύρῳ γινομένης κωνώπια ἔξωθεν δοκῇ ὁρᾶν, ἢ ἐρυθρὰ ἢ ὠχρὰ τὰ ἔξωθεν διὰ τὸν ἐπικείμενον ἐν τῷ ὀπτικῷ μορίῳ χυμὸν τοιοῦτον ὄντα, ἢ ὅταν διπλᾶ δοκῶμεν ὁρᾶν παραστρέψαντες τὸν ἕτερον τῶν ὀφθαλμῶν τῷ δακτύλῳ. εἰ δὲ καὶ παρὰ φαῦλον τὸ περὶ ὀνομάτων φιλοσοφοῦσι πραγματεύεσθαι, ἡμεῖς γε ἀλλ' ὅσον καὶ κατὰ πάρεργον περὶ τῆς παραγωγῆς τοῦ τῆς φαντασίας ὀνόματος εἴπωμεν. ἐπεὶ γὰρ γένεσις μὲν φαντασίας αἴσθησις, τιμιωτάτη δὲ αἰσθήσεων ὅρασις, φωτὸς δὲ ἀντίληψις ὅρασις, ἀναποδίζων ὁ λόγος παρὰ φωτὸς τὴν φαντασίαν ἐκλάμψαι διισχυρίζεται, ⟨ὅτι⟩ φαοστασία τις οὖσα καὶ τῶν φανέντων στάσις καὶ ὑπηρέμησις. περὶ μὲν οὖν φαντασίας τί ἐστι καὶ διότι ἐστὶν εἰρήσθω ἐπὶ τοσοῦτον.

(Ἡ δὲ δόξα καταγίνεται περὶ τὸ καθόλου τὸ πρώτως ἐν τοῖς αἰσθητοῖς, οἷον ὅτι πᾶν λευκὸν διακριτικὸν ὄψεως, πᾶσα χιὼν λευκή, πᾶς ἄνθρωπος δίπους· ἡ αὐτὴ δὲ καὶ ἀναγκαία καὶ ἄμεσος πρότασις καὶ ἀναπόδεικτος. ἔτι γε μὴν καὶ τὰ τῶν διανοητῶν σύμπαντα τὰ ἄνευ λόγου δόξης ἐστίν. ὅτι μὲν γὰρ ἡ ψυχὴ ἀθάνατος ὁ δοξάζων οἶδε, διότι δ' οὔ (ἑτέρῳ γὰρ παρῆκε τῷ ἐπιστήμονι)· καὶ διανοίας τοῦτό γε. καὶ ὅσοις τῶν συλλογισμῶν τὰ συμπεράσματα μὴ διὰ μέσου ἀναγκαίου συνάγεται, αἵ τε προτάσεις ἔνδοξοι καὶ τὸ συμπέρασμα, οἷον ὁ ἄνθρωπος γελαστικὸν ἢ χερσὶ χρώμενον, τὸ δὲ τοιοῦτον ζῷον, ὁ ἄνθρωπος ἄρα ζῷον. τάς τε προτάσεις πάσας τῆς ἐνδεχομένης ὕλης δόξης θείη ἄν τις, οὐκ ἐπιστήμης. ἡ μὲν οὖν φαντασία καὶ ἡ αἴσθησις ὥσπερ λέγονται μερικαὶ γνώσεις, οὕτω καὶ εἰσὶ καὶ καθ' ὅρους μόνον βεβήκασι καὶ ἄνευ συνθέσεως ἐν ἑνὶ τῷ ὑποκειμένῳ ἵστασθαι· καθόλου δὲ καὶ ἐν συνθέσει κατηγορουμένου καὶ ὑποκειμένου ἡ δόξα. καὶ περαιτέρω γε μὴν προτάσεως οὐ πρόεισι· διανοίας δὲ οἱ συλλογισμοὶ καὶ αἱ διεξοδικαὶ τῶν λόγων συνθέσεις. ἔστι μὲν οὖν δόξα ἡ τῶν ἀεὶ ὡσαύτως ἐχόντων ἄνευ λόγου καὶ καθόλου γνῶσις ἐν πρώτῃ συνθέσει, καὶ ἡ τῶν ἐνδεχομένων καὶ ἄλλοτε ἄλλως ἔχειν καὶ μετὰ λόγου καὶ ἄνευ λόγου γνῶσις. διάνοια δέ ἐστιν ἡ λογικὴ τῆς ψυχῆς ἀνέλιξις, καὶ ἡ ἀπ' ἄλλου ἐπ' ἄλλο τῶν νοητῶν καθόλου γνωστικὴ καὶ κριτικὴ τῆς ψυχῆς μετάβασις καὶ ἐνέργεια μετὰ συνθέσεως καὶ διαιρέσεως, καὶ

---

1 ἐμβληθείσης scripsi: ἐμβληθέντος AC: ἐμβληθέντων B 6 ἡλιακῷ] ἡλίῳ AC 9 περὶ A 12 δοκεῖ AC 13 παραστρέψαντες Diels: περιστρέψαντες libri 15 τοῖς φιλοσοφοῦσι C τοῖς φιλοσοφοῦσι τὸ περὶ τῶν ὀνομάτων A 18 περὶ φωτὸς C 19 ὅτι addidi φωστασία C 20 οὖν om. B τί τέ ἐστιν AC 24 μὴν] μὲν A[1] σύμπαντα] συμπεράσματα A 30 ἐπιστήμη B 36 ἐν — γνῶσις (37) om. C

ἡ ἀπὸ τῶν προτέρων ἐπὶ τὰ δεύτερα πρόοδος καὶ ἡ συναφὴ τῶν ἄκρων καὶ ὅπως πρὸς ἄλληλα σχέσεως ἔχουσι, διὰ τῆς παρενθήκης τῶν μέσων φανέρωσις καὶ ἀπόδειξις. ταύτῃ γὰρ τάς τε τῶν ὄντων γνωρίζομεν κοινωνίας καὶ ἑτερότητας καὶ τὰς κρίσεις καὶ ζητήσεις ποιούμεθα καὶ τὸ ἀληθὲς ἢ μὴ θηρώμεθα· οὐδὲν γὰρ ἕτερόν ἐστι διάνοια ἢ συλλογισμός. αὕτη ἢ περὶ τῶν ἀιδίων πραγματεύεται αἰτιολογοῦσα, καὶ ἔστι τοῦτο ἐπιστήμη καὶ θεωρία ἀναγκαίας καὶ ἀληθεῖς τὰς προτάσεις λαμβάνουσα, καὶ τὰς μὲν δεομένας ἀποδείξεων, οἷον ὅτι τὸ σημεῖον ἀμερές, παρ' ἑαυτῆς εἰς γένεσιν ἐπιστήμης εἰσφέρουσα, τὰς δὲ αὐτοπίστους, οἷον ὅτι ὁ θεὸς ἀγαθὸς καὶ τὰ ὅμοια, παρὰ τοῦ νοῦ· ἢ περὶ τῶν τρεπτὰ ἐχόντων τὰ ὑποκείμενα, καὶ ποιεῖ τὰς τέχνας· ἢ περὶ τὰ ἀνθρώπινα καὶ πολιτικά, τὸ ἐν τούτοις ζητοῦσα καλὸν καὶ τοῦ συμφέροντος προμηθουμένη, καὶ ποιεῖ τὴν φρόνησιν. ἔστι δὲ καὶ ἐπιστήμη μὲν γνῶσις μετ' αἰτίας τῶν καθόλου καὶ ἀεὶ κατὰ ταὐτὰ ὄντων, τέχνη δὲ γνῶσις μετὰ λόγου τῶν τρεπτὰ ἐχόντων τὰ ὑποκείμενα ἢ ἕξις ὁδῷ βαδίζουσα μετὰ φαντασίας, φρόνησις δὲ ἕξις μετὰ ὀρθοῦ λόγου πρακτικὴ περὶ τὰ ἀνθρώπινα ἀγαθὰ ἢ κακά, περὶ ὧν καὶ τὸ βουλεύεσθαί ἐστι. πεῖρα γὰρ γνῶσις πράγματος ἑνὸς ἄλογος, ἐμπειρία δὲ γνῶσις πλειόνων ἄνευ τῆς αἰτίας ἢ μνήμη καὶ τήρησις ἄλογος τῶν πολλάκις καὶ ὡσαύτως ὀφθέντων. γένεσις δὲ ἐπιστήμης μὲν νοῦς καὶ διάνοια, τέχνης δὲ δόξα λογικὴ καὶ διάνοια, πείρας δὲ αἴσθησις, ἐμπειρίας δὲ αὕτη τε καὶ φαντασία καὶ ἄλογος δόξα, φρονήσεως δὲ φύσις εὖ ἔχουσα καὶ διάνοια μετὰ πολυπειρίας καὶ ἱστορίας καὶ τῆς τῶν αὐτῶν πολλάκις εἰς τἀναντία πραγμάτων μεταβολῆς κοινωνία καὶ θεωρία. καὶ ἔοικεν ἡ διάνοια ὥσπερ ὑφάντῃ ἀποτελοῦντι τὸ ὕφασμα, ὡς ἂν ἡ κρόκη καὶ ὁ στήμων αὐτῷ χορηγήσαιεν, καὶ ἔστι διὰ ταῦτα καὶ ἀληθὴς καὶ ψευδής. εἰ μὲν γὰρ παρὰ τοῦ νοῦ τὰς προτάσεις λαμβάνοι, τὸν ἐπιστημονικὸν ποιεῖ συλλογισμόν· εἰ δὲ παρὰ τῆς δόξης, τὸν διαλεκτικόν· εἰ δὲ παρὰ τῆς φαντασίας καὶ αἰσθήσεως, τὸν σοφιστικόν. κατὰ ταὐτὰ δὲ ἐπαμφοτερίζει καὶ δόξα καὶ φαντασία. ἀεὶ δὲ ἀληθὴς νοῦς καὶ ἐπιστήμη, καὶ ἡ τῶν ἰδίων αἴσθησις καὶ τέχνη τῷ λόγῳ καὶ φρόνησις. πέντε δ' οὐσῶν δυνάμεων γνωστικῶν, ἁπλαῖ μὲν νοῦς, φαντασία καὶ αἴσθησις, σύνθετοι δὲ μέχρι μὲν προτάσεως δόξα, ἡ δὲ περαιτέρω διάνοια. νοῦς μὲν γὰρ καὶ αἴσθησις, τὸ ἀκρότατον καὶ τὸ ἔσχατον, ἁπλῆν ποιοῦνται τὴν γνῶσιν καὶ τὴν ἐνέργειαν καὶ ἄχρονον καὶ κρείττω λόγου. ἥ τε γὰρ αἴσθησις ἀχρόνως ἐπιβάλλει τοῖς αἰσθητοῖς καὶ ἁπλῶς οὐ δεῖται τοῦ διδάξοντος ἐν τοῖς ἰδίοις ἑκάστη, ὅτι τόδε ἐστὶ τὸ προσπεσόν, ἀλλ' ἅμα τε προσέβαλε καὶ ἅμα ᾔσθετο τοῦ ἀληθοῦς, οἷον ἡ ὄψις ἀθρόως λευκῷ ὁμιλήσασα εὐθὺς ἐπέγνω αὐτὸ ἄνευ ἀπάτης ἀσυλλογίστως καὶ ἔτι οὐ πραγματεύεται. κατὰ τὰ αὐτὰ οὖν καὶ ὁ νοῦς τήν τε τῶν ὅρων ποιεῖται λῆψιν καὶ τῶν κοινῶν ἐννοιῶν, οἷον ὅτι τόδε ζῷον ἢ ἄνθρωπος ἢ οὐσία καὶ τὰ τῷ αὐτῷ ἴσα καὶ ἀλλήλοις ἐστὶν ἴσα. νοῦ γὰρ εὕρεμα οἱ ὅροι καὶ αἱ ἁπλαῖ φωναὶ αἱ δέκα κατηγορίαι, ὅθεν καὶ τὰ πολλὰ

---

2 ὅπως] ὅπερ B 11 προμυθουμένη BCA² 12 καὶ (ante ἐπιστήμη) om. A 13 ταῦτα B 16 γὰρ] δὲ AC 17 ἢ] ἡ B 21 τῆς] ἡ AB 25 λαμβάνει τὸν A: λαμβάνοιτ' ἂν C 31 ποιοῦντας B 32 κρείττων A

ὁ νοῦς οὐ συντίθησι (διανοίας γὰρ τοῦτό γε ἢ δόξης), ἢ μόνον ἐν τοῖς κοινοῖς ἀξιώμασιν. ἔτι ὥσπερ ἡ αἴσθησις τῶν ἰδίων ἀεὶ ἀληθής, ψεύδεται δὲ ἐν τοῖς συμβεβηκόσιν (οὐ γὰρ ἄν ποτε ὑγιὴς ὄψις προσβαλοῦσα λευκῷ οὐ γνοίη εὐθὺς αὐτό, ἀλλ' εἰ τὸ λευκὸν ζῷον ἢ μή, ἢ κινεῖται ἢ ἵσταται), οὕτω καὶ ὁ νοῦς ἀναμάρτητον ποιεῖται τὴν ἁπλῆν τῶν ὅρων θίξιν καὶ τὴν τῶν κοινῶν ἐννοιῶν, καὶ ἀεὶ ἀληθὴς ἐν τούτῳ· τὸ γάρ τοι ψεῦδος ἐν συμπλοκῇ θεωρεῖται. διττὸν τοίνυν τὸ ἀληθές, τό τε ἐν τοῖς ἁπλοῖς θεωρούμενον, ὃ δὴ καὶ ὑποστατικὸν καλεῖται, τὸ ἐν αἰσθήσει καὶ νῷ, καὶ τὸ ἐν συνθέσει, τὸ ἐν συλλογισμῷ καὶ προτάσεσιν, ᾧ δὴ καὶ τὸ ψεῦδος ἀντίκειται. ἐὰν γὰρ μὴ δεόντως συντίθηται ἢ ἀποδιίστηται ἄλλο ἀπ' ἄλλου, ὃ δὴ διανοίας καὶ δόξης ἔργον ὡμολογήσαμεν, ψεύδεται. διαφέρει δὲ νοῦς καὶ αἴσθησις καὶ ἐν τούτῳ, ὡς ὁ μὲν τῶν καθόλου, ἡ δὲ τοῦ μερικοῦ ἀντιλαμβάνεται, καὶ τοῦ μὲν ἀίδιον, τῆς δὲ φθαρτὸν τὸ ὑποκείμενον. ἔτι ἡ διάνοια καὶ δυνάμει νοῦς ὀνομάζεται. ἀνάγεται γὰρ πρὸς ἅπερ ὁ νοῦς ἁπλαῖς ἐπιβάλλει νοήσεσι διὰ πολυπραγμοσύνης τε καὶ ζητήσεως καὶ συνεπαίρεται τῷ ἐνεργείᾳ νῷ, καταγίνεται δὲ περὶ τὰ διανοητὰ εἴτ' οὖν τοὺς καθόλου τῶν πραγμάτων λόγους, ὥσπερ ὁ νοῦς περὶ τὰ νοητά, καὶ μέσην ἔχει τάξιν τῶν τε πρώτων καὶ τῶν τελευταίων τῆς ψυχῆς γνωστικῶν δυνάμεων. ᾗ δὴ καὶ μάλιστα συγγενής ἐστι τῇ ἡμετέρᾳ ψυχῇ, ἐπειδὴ καὶ αὕτη τὴν μέσην ἐν τῷ παντὶ τάξιν ἔχει (μέση γάρ ἐστι τῆς τε ἀμερίστου καὶ μεριστῆς φύσεως), καὶ ταύτῃ ἡ ψυχὴ ὁδηγῷ χρῆται πρὸς τὴν τῶν νοητῶν θεωρίαν· τοῦτο γὰρ δὴ τῆς ψυχῆς ἡ τελείωσις. διὰ γὰρ τὸν συνεθισμὸν τῶν αἰσθητῶν, ἐπειδὴ σύντροφος αὐτοῖς ἀδυνατεῖ πρὸς τὴν τῶν καλλίστων καὶ νοητῶν θεωρίαν (νομίζει γὰρ κἀκεῖ σώματα εἶναι καὶ σχῆμα καὶ μέγεθος), καὶ περὶ τοῦ θείου δὴ τὰ αὐτὰ φαντάζεται. ὅθεν δεῖ αὐτὴν ἐπὶ τὴν αὑτῆς ὁδεύουσαν τελειότητα πρῶτον ἐνεργῆσαι κατὰ διάνοιαν, ἥτις ἔχει περὶ τὰ μέσα τῶν πραγμάτων (ταῦτα δὲ τὰ διανοητά, οἷα αὐτή τε καὶ ἡ περὶ αὑτῆς θεωρία, ἔτι τε τὰ μαθήματα, ἃ τὴν οὐσίαν ἄυλον ἔχει, εἰ καὶ μὴ τὴν ὕπαρξιν), ἵν' ἐν τούτοις συνεθισθεῖσα ἐνεργεῖν ἀύλως ὁδῷ προελθοῦσα καὶ ἐπὶ τὰ παντελῶς χωριστὰ τῆς ὕλης, λέγω δὴ τὰ θεῖα, χωρήσῃ. εἰ δέ ποτε ἡ διάνοια καὶ περὶ τῶν νοητῶν συλλογίζοιτο, ἀλλ' οὐ καθ' αὑτήν, τῷ δὲ νῷ συμπλακεῖσα, ὥσπερ καὶ ἐπὶ τῶν αἰσθητῶν συμπλακεῖσα τῇ φαντασίᾳ. ἐπεὶ δὲ φθάνομεν εἰπόντες τὴν δόξαν εἰδέναι τὸ τῶν διανοητῶν σύμπαντα ἄνευ λόγου καὶ τὸ καθόλου ἐν τοῖς αἰσθητοῖς, πόθεν ἡ γνῶσις τούτου τῇ δόξῃ, εἴπερ μὴ ὑπὸ διανοίας; εἰ γὰρ αὕτη περὶ τὰ αἰσθητά, σχολῇ γ' ἂν ἢ αἰσθήσει τοῦτο ἢ φαντασίᾳ ληπτόν, ἀτόμων οὔσαις καὶ μερικῶν γνωστικαῖς. ἢ οὐχ ἄτοπον προχείρως καὶ διανοίᾳ τοῦτο θηρᾶσθαι λέγειν· ὃ γὰρ ἐφ' ἑνὸς τῶν ὁμοουσίων καὶ δύο καὶ τριῶν, καὶ ἐπὶ πάντων θείη ἄν τις, εἰ καὶ μὴ ἀεί. τὸ δὲ ἀληθὲς ὅτι ἡ λογικὴ ψυχὴ τοὺς

---

1 οὐ συντίθησι om. B 2. 6 ἀληθές B 9. 10 συντίθεται ἢ ἀποδιίσταται C: συντίθοιτο ἢ ἀποδιίσταιτο A² 11 καὶ αἴσθησις] αἰσθήσεως AC 12 τῆς] τοῖς B 18 ᾗ scripsi: ἢ libri 24 τὰ αὐτὰ ταῦτα AC αὑτῆς scripsi: αὐτῆς libri 26 οἷα AC αὐτή τε scripsi: αὕτη τε A²BC: ἥτε ἡμετέρα ψυχὴ A¹ 27 συνεσθισθεῖσα C 29 χωρήσει AC 32 σύμπαντα] συμπεράσματα A τὸ scripsi: τὰ libri ante ἐν add. τὰ A 33 εἰ] οὐ AC 34 ἢ — φαντασίᾳ] ἡ αἴσθησις τοῦτο ἡ φαντασία B

λόγους τῶν πραγμάτων συνουσιωμένους ἔχει παρ' ἑαυτῇ, τῷ καταδεδυκέναι δὲ ἐν τῇ ὕλῃ κατεχώσθησαν ὡς ὁ ἐν τῇ τέφρᾳ κρυπτόμενος σπινθήρ. ὥσπερ οὖν ὅταν τις μικρὸν τὴν τέφραν διορύξῃ, ὁ σπινθὴρ εὐθὺς ἀναλάμπει, καὶ οὐχ ὁ διορύξας τὸν σπινθῆρα ἐποίησεν, ἀλλὰ μόνον τὰ ἐμποδίζοντα ἔπαυσεν, οὕτω τοι καὶ ἡ δόξα ἐρεθιζομένη ὑπὸ τῆς αἰσθήσεως προβάλλει τοὺς λόγους τῶν ὄντων. καὶ τοὺς διδασκάλους οὔ φασι τὴν γνῶσιν ἡμῖν ἐντιθέναι, ἀλλὰ τὴν οὖσαν καὶ οἷον κρυπτομένην ἐκφαίνειν. λαμβάνει μέντοι ἡ διάνοια, ὥς γε εἴρηται, ἀπὸ νοῦ τὰς ἀρχὰς τῶν ἐπιστημῶν· νοῦς γὰρ ἀρχὴ ἐπιστημῶν, ᾗ τοὺς ὅρους γινώσκομεν. ὅροι δὲ αἵ τε κοιναὶ ἔννοιαι καὶ οἱ ἐν συλλογισμοῖς ἁπλοῖ. ὡς γὰρ τὸ ἐπὶ παντὸς εἶναι τὴν κατάφασιν ἢ τὴν ἀπόφασιν ἀναποδείκτως ἴσμεν, οὕτω καὶ ὅτι τόδε τι ἄνθρωπός ἐστιν ἢ ψυχὴ ἤ τι τοιόνδε. τοσαῦτα καὶ περὶ διανοίας.)

III 4 Περὶ μέντοι τοῦ νοητικοῦ μορίου τῆς ψυχῆς, ᾧ γινώσκει τε καὶ φρονεῖ, σκεπτέον ἤδη νῦν· προὔργου γὰρ ἡμῖν ἡ περὶ αὐτὸ πραγματεία· τοῦτο γὰρ ἡμῶν τὸ θειότατον. ζητήσωμεν δὲ περὶ αὐτοῦ ὅ τι τὴν οὐσίαν ἐστί, καὶ εἰ χωριστὸς καὶ ἀπαθὴς καὶ ἀσώματος, ὅπως τε νοεῖ καὶ ποσαχῶς λέγεται. ὅτι μὲν ὁ καλούμενος νοῦς τῆς ψυχῆς, λέγω δὲ τὸν ἁπλῶς, οὐδέν ἐστιν ἐνεργείᾳ τῶν ὄντων, πρὶν νοεῖν, ἀλλὰ δυνάμει πάντα, οὐδ' ἔστι τις αὐτοῦ φύσις φανερόν. εἰ γάρ ἐστι τὸ νοεῖν ὥσπερ τὸ αἰσθάνεσθαι, καὶ πάσχειν τι ἂν εἴη ὑπὸ τοῦ νοητοῦ τὸν νοῦν, ὥσπερ ἡ αἴσθησις ὑπὸ τῶν αἰσθητῶν, εἴπερ δεῖ πάθος αὐτὸ καλεῖν. διττὸν γάρ, τό τε πρὸς τελειότητα ἄγον, ὅπερ ἂν καὶ πάθοι καὶ νοῦς καὶ αἴσθησις, καὶ τὸ πρὸς φθοράν. ἔστι μὲν οὖν, ὥσπερ ἡ αἴσθησις δυνάμει ὅπερ τὰ αἰσθητά, ἐνεργείᾳ δὲ οὐδὲν ἐκείνων, πρὶν ἂν αἴσθηται, οὕτω καὶ ὁ νοῦς. εἰ γὰρ μέλλει πάντων τῶν νοητῶν ἀντιληπτικὸς εἶναι, δεῖ αὐτὸν ἀπαθῆ εἶναι καὶ μηδὲν εἶδος ἔχειν τῶν νοητῶν· παρεμφαινόμενον γὰρ κωλύει τὸ ἀλλότριον καὶ ἀντιφράττει. ἔνθεν οἵ τε βαφεῖς τὰ ὡς οἷόν τε ἀχρωμάτιστα τῶν ἐρίων παραλαμβάνουσιν ὡς ἐπιτηδειότερα πρὸς ὃ χρῶμα βούλοιντο, καὶ ὕελος δὲ ὅταν ᾖ προκατειλημμένη τινὶ χρώματι, ἐμποδίζει τῇ διόδῳ τὰ λοιπά. δεῖ δὴ αὐτὸν ἀμιγῆ εἶναι, ὥσπερ Ἀναξαγόρας φησίν, ἵνα κρατῇ, καὶ οὐ μεμῖχθαι εὔλογον αὐτὸν λέγειν τῷ σώματι. εἰ γὰρ μέμικται, ἢ κατὰ κρᾶσιν ἐμμέμικται ἢ ὡς εἶδός ἐστι τοῦ σώματος, ὥσπερ τοῦ αἰσθητηρίου ἡ αἴσθησις καὶ τοῦ πεπτικοῦ ἡ πέψις. ἀλλ' εἰ κατὰ κρᾶσιν, ποιός τις ἂν γίγνοιτο, ψυχρὸς ἢ θερμός· εἰ δὲ ὡς εἶδος, κἂν ὄργανόν τι εἴη αὐτῷ, ὥσπερ ἐκεῖ αἰσθήσει μὲν τὸ πνεῦμα ἢ τὸ αἰσθητήριον, πέψει δὲ τὰ οἰκεῖα. οὐδέτερον δὲ περὶ αὐτὸν θεωρεῖται. ποῖον γὰρ μόριον ἢ πῶς ὁ νοῦς συνέξει, χαλεπὸν καὶ πλάσαι, καὶ ἐν ταῖς νοητικαῖς αὐτοῦ ἐνεργείαις ὀργάνῳ τινὶ καὶ σωματικῷ οὐχ ὁρᾶται χρώμενος· ἔκαμνε γὰρ ἄν, εἰ τοῦτ' ἦν. νυνὶ δὲ οὐχ ὁμοία ἡ ἀπάθεια τοῦ αἰσθητικοῦ καὶ τοῦ νοητικοῦ· φανερὸν γὰρ ἐπὶ τῶν αἰσθητηρίων καὶ τῆς αἰσθήσεως. ἡ μὲν γὰρ αἴσθησις οὐ δύναται αἰσθάνεσθαι ἐκ τοῦ σφόδρα αἰσθητοῦ, οἷον

---

3 ἀναλάμπει] ἀνάπτει B 13 περὶ μέντοι — θειότατον (15) om. B τοῦ νοητοῦ μορίου C 14 αὐτὸ] αὐτοῦ A 15 ζητήσομεν AC καὶ (ante εἰ) om. C 17 τῆς ψυχῆς νοῦς AC 18 νοεῖν scripsi: νοεῖ libri 21 καὶ (ante πάθοι) om. A πάθη BC 32 ποῖος AC 36 καὶ om. AC

ψόφου ἐκ τῶν μεγάλων ψόφων, καὶ ἐκ τῶν ἰσχυρῶν χρωμάτων καὶ ὀσμῶν οὔτε ὁρᾶν οὔτε ὀσμᾶσθαι· ἀλλ' ὁ νοῦς ὅταν νοήσῃ σφόδρα νοητόν, οὐχ ἧττον νοεῖ τὰ ὑποδεέστερα, ἀλλὰ καὶ μᾶλλον. τὸ μὲν γὰρ αἰσθητικὸν οὐκ ἄνευ σώματος· σῶμα γὰρ τὸ πνεῦμα, ὃ δὴ ὄχημα καὶ κοινὸν τῶν αἰσθήσεων ὄργανον· ὁ δὲ νοῦς χωριστός. καὶ ἡ μὲν αἴσθησις οὐκ ἐπιμένει τὰ εἴδη τῶν αἰσθητῶν ἔχουσα, ἀλλ' εὐθὺς ἀποβάλλει· ὁ δὲ νοῦς ἐπιμένει. καὶ ἐπὶ μὲν τῆς αἰσθήσεως κίνησίς τις θεωρεῖται καὶ παντελὴς ἑτερότης διὰ τὴν ἔξω ὕπαρξιν τῶν αἰσθητῶν· ἐπὶ δὲ τοῦ νοεῖν οὔτε ἄλλο πάντη τὸ νοητὸν οὔτ' ἔξω, ἀλλ' εἴσω, οὔτε σωματική τις γίνεται κίνησις, ἐπεὶ οὐδενὸς ὀργάνου δεῖ, ἀλλὰ κατὰ μόνην τὴν ὡς ὑφ' ἑτέρου πλήρωσιν ἢ πάθη, καὶ ἀφ' ἑαυτοῦ πως τὸ νοεῖν διὰ τὴν μίαν τῆς ψυχῆς οὐσίαν καὶ τοιοῦτον, ὡς ἅμα μὲν ὁμοιότητα σῶζον πρὸς τὸ πάθος διὰ τὴν ὡς ἑτέρωθεν ἔνδοσιν, ἅμα δὲ ἕτερον ὂν τοῦ πάθους διὰ τὴν ἀφ' ἑαυτοῦ τελείωσιν. ὅθεν καὶ ζητεῖ ἡ ψυχὴ ὡς μὴ ἔχουσα, καὶ εὑρίσκει τὰ πράγματα εἰς ἑαυτὴν βλέπουσα ὡς ἔχουσα.

Ἐπεὶ δὲ ὥσπερ ἐν ἁπάσῃ τῇ φύσει τὸ μὲν ὕλη ἐν ἑκάστῳ γένει (τοῦτο III 5 δὲ ὃ πάντα δυνάμει ἐκεῖνα), ἕτερον δὲ τὸ ποιητικὸν καὶ αἴτιον, οὕτω ποιεῖται πάντα, οἷον ἡ τέχνη πρὸς τὴν ὕλην πέπονθεν, ἀνάγκη καὶ ἐν τῇ ψυχῇ ὑπάρχειν ταύτας τὰς διαφοράς· καὶ ἔστιν ὁ μὲν τοιοῦτος νοῦς τῷ πάντα γίνεσθαι, ὁ καὶ δυνάμει, ὁ δὲ τῷ πάντα ποιεῖν, ὁ ἐνεργείᾳ, ὡς ἕξις τις, οἷον τὸ φῶς. ἔοικε γὰρ ὁ μὲν δημιουργὸς νοῦς καὶ οὐσιοποιὸς τῷ ἡλίῳ, ὁ δὲ κατ' ἐνέργειαν ἀνθρώπινος καὶ ἡμέτερος τῷ φωτί· τρόπον γάρ τινα καὶ τὸ φῶς ποιεῖ τὰ δυνάμει ὄντα χρώματα ἐνεργείᾳ χρώματα. καὶ οὗτος ὁ νοῦς ἀμιγής ἐστιν, ὡς εἴρηται, καὶ ἀπαθὴς τῇ οὐσίᾳ ὢν ἐνεργείᾳ. ἀεὶ γὰρ τιμιώτερον τὸ ποιοῦν τοῦ πάσχοντος καὶ ἡ ἀρχὴ τῆς ὕλης. τὸ δ' αὐτό ἐστιν ἡ κατ' ἐνέργειαν ἐπιστήμη τῷ πράγματι· ἡ δὲ κατὰ δύναμιν χρόνῳ προτέρα ἐν τῷ ἑνί, ὅλως δὲ οὐδὲ χρόνῳ. καὶ παραμένων μὲν σώματι ποτὲ μὲν νοεῖ, ποτὲ δὲ οὐ νοεῖ· χωρισθεὶς δέ ἐστι μόνον τοῦθ' ὅπερ ἐστί, καὶ τοῦτο μόνον ἀθάνατον καὶ ἀΐδιον. ὡς δὲ τὸν δυνάμει νοῦν γίνεσθαι πάντα λέγοντες, καὶ λίθον καὶ οὐρανὸν καὶ ἄγγελον καὶ τὰ λοιπά, οὐ κατ' οὐσίαν πάντως λέγομεν, ἀλλ' ὡς τὰ εἴδη αὐτῶν δεχόμενον γνωστικῶς, οὕτω τοι ἀκούειν χρὴ καὶ τὸν ἐνεργείᾳ νοῦν πάντα ποιεῖν οὐχ ὅτι παράγει πάντων τὴν οὐσίαν (τοῦτο γὰρ μόνου τοῦ δημιουργικοῦ), ἀλλ' ὅτι τὸν δυνάμει νοῦν ποιεῖ πάντων δεκτικόν. πάντα δὲ ποιεῖ νοητὰ οὐχ ἁπλῶς (εἰσὶ γάρ τινα καὶ καθ' αὑτὰ τῇ φύσει νοητὰ ἅπερ εἰσὶ καὶ νοῖ), ἀλλ' ὅσα μὴ φύσει ὄντα νοητά, τὰ ἔνυλα εἴδη· τά τε γὰρ καθόλου ἀπὸ τῶν αἰσθητῶν καὶ μερικῶν συνηθροίσατο καὶ τὰ μαθηματικὰ ἐξ ἀφαιρέσεως. καὶ εὖ δὴ οἱ III 4 λέγοντες τὴν ψυχὴν εἶναι τόπον εἰδῶν· πλὴν οὔτε ὅλη ἀλλ' ἡ νοητικὴ μόνη, οὔτ' ἐντελεχείᾳ ἀλλὰ δυνάμει τὰ εἴδη. καὶ οὗτος τόπος ὁ νοῦς εἰδῶν ὡς δεχόμενος αὐτά, οὐ μέντοι τῷ ὑποκεῖσθαι αὐτοῖς καὶ αὐτὸς ἐκεῖνα γίνεσθαι, ἀλλ' ὡς ἡ μήπω γεγραμμένη πινακὶς τὰ γράμματα. ὡς γὰρ ἐν ἐκείνῳ δυνάμει ἐστὶ πάντα τὰ δυνάμενα ἐν αὐτῷ γραφῆναι, ἐνεργείᾳ δὲ οὐδέν ἐστι πρὶν

6 ἀλλ' εὐθὺς ἀποβάλλει om. B 8 πάντη ἄλλο A 9 μηδενὸς AC 10 πάθη] incertum B πῶς A 16 οὕτω ποιεῖται] τῷ ποιεῖν de An. 430a12 20 δημιουργικὸς AC 23 ἐνέργεια A 31 μόνον B 35 cf. de An. 429a27

γραφῇ, οὕτω τοι καὶ ὁ νοῦς οὐδέν ἐστιν ἐνεργείᾳ τῶν νοητῶν, πρὶν μάθοι ἢ εὕροι, ἀλλὰ δυνάμει πάντα. καὶ ὡς ἐκείνῳ οὐ φθειρομένου τοῦ προτέρου χάρτου τοῦ δυνάμει γίνεται τὸ ἐνεργείᾳ, καὶ ὁ νοῦς γινόμενος ἐνεργείᾳ τὰ νοητὰ οὐδὲν μεταβάλλει τῆς αὐτοῦ φύσεως· τότε δὲ καὶ ἑαυτὸν νοεῖ νοῶν ἐκεῖνα. ἔτι ὅταν ὁ δυνάμει νοῦς χρόνῳ καὶ διδασκαλίᾳ τῇ ἔξωθεν ἢ τῇ ἐντὸς καὶ παρ' αὑτοῦ ζητήσει καὶ τριβῇ ἐγγυμνασάμενος γένηται τοιοῦτος οἷος ὁ ἐπιστάμενος, ὡς λοιπὸν μὴ δεῖσθαι διδασκαλίας ἀλλ' αὐτὸς ἀφ' αὑτοῦ προφέρειν τὰ εἴδη, τότε γίνεται κατ' ἐνέργειαν νοῦς. διαφέρει δὲ οὗτος τοῦ κατ' ἐνέργειαν τοῦ πρώτου καὶ θείου ὅτι ἐκεῖνος ἀθρόως καὶ μιᾷ ἐνεργείᾳ πάντα νοεῖ ἀμεταβάτως, οὗτος δὲ καὶ ὅταν ἐνεργείᾳ γένηται, καθ' ἓν ἕκαστον νοεῖ καὶ μεταβαίνει ἀφ' ἑτέρου εἰς ἕτερον, ὑφ' ἓν πλείονα νοῆσαι μὴ δυνάμενος. καὶ ἐκεῖνος μὲν οὐ γίνεται ἀλλ' ἔστιν ἐνεργείᾳ, ἄνευ δυνάμεως ἑστῶσαν ἔχων τὴν γνῶσιν καὶ ἀεὶ ὡσαύτως καὶ τὴν οὐσίαν ἀμετάβλητον καὶ τὴν ἐνέργειαν κατὰ τὴν οὐσίαν· οὗτος δὲ καὶ ὅταν ἐνεργείᾳ γένηται, οὐκ ἀθρόον ἀλλὰ καθ' ἕκαστον νοητὸν καὶ νοεῖ καὶ προχειρίζεται. ἔστι γὰρ ὁ κατ' ἐνέργειαν νοῦς τὰ νοητά, ὥσπερ ἡ κατ' ἐνέργειαν ἐπιστήμη τὰ ἐπιστητά πως καὶ ἡ κατ' ἐνέργειαν αἴσθησις τὰ αἰσθητά. ἐπεὶ δὲ τῶν πραγμάτων τὰ μέν ἐστιν ἁπλᾶ τὰ δὲ σύνθετα (ἁπλᾶ μὲν τὰ ἄυλα, οἷον ἄγγελος, ψυχή, νοῦς, σύνθετα δὲ τὰ ἐξ ὕλης καὶ εἴδους, οἷον πῦρ, ὕδωρ), καὶ ἐν τοῖς συνθέτοις ἄλλο μὲν τὸ εἶδος ἄλλο δὲ τὸ συναμφότερον, οἷον ἄλλο μέν ἐστιν αὐτὸ τὸ πῦρ, λέγω δὴ τὸ σύνθετον, ἄλλο δέ ἐστιν αὐτὸ τὸ πυρὶ εἶναι, γινώσκομεν δὲ ἄμφω, πότερον τῷ αὐτῷ μορίῳ τῆς ψυχῆς τὸ ἁπλοῦν καὶ τὸ σύνθετον γινώσκομεν, ἢ ἑτέρῳ καὶ ἑτέρῳ; ἢ τῷ αὐτῷ, ἄλλως δὲ καὶ ἄλλως ἔχοντι κατὰ τὴν σχέσιν; λέγομεν δὴ ὅτι τῷ αὐτῷ, ἑτέρως δὴ καὶ ἑτέρως ἔχοντι. οὕτω γὰρ ἔχει ὁ νοῦς πρὸς ἑαυτὸν ἐν τῷ νοεῖν ἑκάτερον, ὡς ἔχει ἡ κεκλασμένη εὐθεῖα πρὸς τὴν ἄκλαστον. τῷ γὰρ μὴ καθ' αὑτὸν ἁπλῇ ἐπιβολῇ γινώσκειν τὸ σύνθετον, ἀλλὰ δεῖσθαι φαντασίας καὶ αἰσθήσεως, καὶ οἱονεὶ διπλόην ἔχειν τινὰ καὶ ἐπι * * τῇ κεκλασμένῃ εἰκάζεται. οἱονεὶ γὰρ πρῶτον ἔξω ἐκτείνεται ἐπὶ τὴν φαντασίαν, εἶτα ἐπιστρέφει εἰς ἑαυτὸν καὶ πρὸς τοὺς ἐν αὑτῷ καθόλου λόγους ἐκ τῶν μερικῶν ἀνατρέχει· οἰκεία γὰρ αὐτῷ καὶ κατὰ φύσιν ἐνέργεια ἡ τῶν νοητῶν ἀντίληψις. ὅταν μέντοι περὶ αὐτῶν τῶν εἰδῶν σκοπῇ, μὴ προσχρώμενος αἰσθήσει ἀλλὰ τοὺς ἐν αὑτῷ μόνον λόγους κινῶν, οἷον τίς θερμότητος λόγος ἢ ἀνθρωπότητος καὶ ἔτι ψυχῆς ἢ ἀγγέλου, τότε τὴν ἄκλαστον εὐθεῖαν μιμεῖται. εἷς δὲ καὶ ὁ αὐτὸς ὁ τὰ σύνθετα καὶ τὰ ἁπλᾶ γινώσκων. ὡσαύτως ἔχει καὶ ἐπὶ τῶν μαθηματικῶν, ἅπερ καὶ ἐξ ἀφαιρέσεως λέγονται. καὶ γὰρ ἐν τούτοις καὶ τῆς ὕλης ἀφαιρουμένης ἡ διπλόη ἐπιμένει πάλιν. ἄλλο γάρ ἐστι τὸ εὐθὺ καὶ τὸ εὐθεῖ εἶναι· ἔστι γὰρ ὑποκείμενόν τι ἐν τούτοις καὶ οἷον ὕλη τὸ συνεχές, εἶδος δὲ ἡ εὐθύτης καὶ ἡ καμπυλότης αὐτή. ὅταν μέντοι

---

2 ὡς ἐν ἐκείνῳ A 3 τῷ δυνάμει C 4. 6 αὑτοῦ scripsi: αὐτοῦ libri 9 τοῦ] καὶ AC 12 ante ἄνευ add. καὶ AC 21 αὐτῷ AC 22 τό τε ἁπλοῦν AC 25 ἡ om. C 27 ἴσχειν A 28 ἐπὶ C: ἐπ B: del. A: fort. ἐπικάμπην vel ἐπίκαμψιν (cf. Philoponus: ἐπικαμπτόμενος πρὸς τὴν αἴσθησιν) 29 ὑποστρέφει A 32 προχρώμενος C τίς scripsi: τις libri 33 ἄγγελος B 37 εὐθεῖ] εὐθὺ AC 38 ὁ μέντοι C

κύκλον νοῇ ὁ νοῦς ἢ τὸ καμπύλον, τοῦτο δέ ἐστι τὸ σύνθετον, ἀναλόγως τῇ κεκλασμένῃ εὐθείᾳ νοεῖ· ὅταν δὲ αὐτὰ μόνα ψιλὰ τὰ εἴδη νοῇ, καμπυλότητα εὐθότητα, τότε μὴ προσχρώμενος αἰσθήσει τῇ ἀκλάστῳ εὐθείᾳ ἔοικεν. ἔτι ὥσπερ ἐπὶ τοῦ σιμοῦ ὡς μὲν σιμότης ἐν ῥινὶ ἔχει τὸ εἶναι, οὗ καὶ νοουμένη ἀχώριστος (ἔστι γὰρ σιμότης κοιλότης ἐν ῥινί), ὡς δὲ κοιλότης κεχωρισμένη καὶ οὐδὲν ⟨δεῖ⟩ τῷ νῷ προσεπινοεῖν τὸ ὑποκείμενον, ὅταν ὡς κοιλότητα αὐτὴν νοῇ, χωρίσαντι αὐτὴν καθ' αὑτήν, κατὰ τὰ αὐτὰ καὶ ὁ μαθηματικὸς αὐτῶν τῶν εἰδῶν τοὺς ὁρισμοὺς ἄνευ τοῦ ὑποκειμένου ποιεῖται, οἷον τί ἐστι κύκλος, τί τρίγωνον, τί εὐθὺ καὶ τὰ λοιπά. ἐν ἀφαιρέσει δὲ λέγονται ὡς ἀχώριστα μὲν τῆς ὕλης καθ' ὕπαρξιν, τῷ νῷ δὲ χωρισθέντα καὶ οἷον ἀφαιρεθέντα τοῦ ὑποκειμένου.

Ἔτι νοεῖ ὁ νοῦς καὶ τὰ ἁπλᾶ πράγματα, νοεῖ καὶ τὰ σύνθετα. ἄλλως III 6
δὲ ἐνταῦθα ἁπλοῦν καὶ σύνθετον λέγομεν ἢ πρότερον, ὡς ἐκεῖ μὲν τὸ ὑλικὸν πρὸς τὸ ἄυλον διαστέλλοντες ἐχρώμεθα τοῖς ὀνόμασιν, ἄμφω δὲ νῦν ἐπὶ τῶν νοητῶν καὶ τὴν ἁπλότητα καὶ τὴν σύνθεσιν τίθεμεν, ἁπλᾶ μὲν τοὺς ὅρους, σύνθετα δὲ τὰς προτάσεις κατονομάζοντες. εἴτε οὖν ἁπλᾶ εἴτε σύνθετα τὰ νοούμενα, κατὰ τοῦτο νοεῖ ὁ νοῦς αὐτά, καθὸ ἕν τι ἁπλοῦν καὶ ἀδιαίρετον ἔχουσιν. ἔστι δὲ τὸ ἀδιαίρετον πενταχῶς· ἢ τὸ ἐν τοῖς ὅροις· ἀδιαίρετοι γὰρ ἐν προτάσεσιν οὗτοι, εἰς φωνὰς ἁπλουστέρας μὴ μεριζόμενοι, οἷον ἄνθρωπος, ἵππος, σύμμετρον, ἀσύμμετρον. λέγεται πάλιν ἀδιαίρετον καὶ τὸ συνεχὲς ὡς ἐνεργείᾳ ἔχον τὴν ἕνωσιν, δυνάμει δὲ τὴν διαίρεσιν, οἷα τὰ μεγέθη, χρόνος, τόπος καὶ τὰ αἰσθητὰ καὶ κατὰ μέρος σώματα. ἀδιαίρετον καὶ τὸ εἶδος τό τε ἐπὶ τῆς μορφῆς καὶ τὸ ἐπὶ τῆς οὐσίας· ἥ τε γὰρ ἑκάστου οὐσία ἓν (διαιρεθεῖσα γὰρ φθείρει τὸ ὅλον) ἥ τε μορφὴ ὁμοίως. ἀδιαίρετον καὶ τὸ σημεῖον καὶ τὸ νῦν ὡς μὴ ἔχοντα ἔκτασιν. καὶ πέμπτον πρὸς τούτοις τὸ ὄντως ἀδιαίρετον, λέγω δὴ τὰ νοητὰ καὶ θεῖα εἴδη, ἐν οἷς οὐδαμῶς τὸ δυνάμει. ἕκαστον οὖν τῶν νοητῶν κατὰ τὸ ἀδιαίρετον τὸ ἐν αὐτῷ ὁ νοῦς νοεῖ, οἷον τοὺς ὅρους καθὸ ἁπλοῖ· ὅθεν καὶ οὐ τὸ μὲν αὐτῶν ἐν τῷδε χρόνῳ τὸ δὲ ἐν τῷδε νοήσει, ἀλλ' ἅμα καὶ ἀθρόως. καὶ τὰς προτάσεις δὲ οὐ καθὸ σύνθετοι, ἀλλὰ καθὸ ἕν τι σημαίνουσι νοεῖ· οὐ γὰρ ἄνθρωπον καὶ λευκὸν ἀνὰ μέρος, ἀλλ' ἓν τὸ ἅπαν λευκὸν ἄνθρωπον καὶ ἐν ἀδιαιρέτῳ χρόνῳ. πάλιν τὰ συνεχῆ οὐ καθὸ δύναται διαιρεθῆναι νοεῖ, ἀλλὰ καθό εἰσιν ἐνεργείᾳ ἀδιαίρετα· οἷον ἐὰν νοήσω τὸν Τρωικὸν πόλεμον ὅτι ἐν τοσῷδε χρόνῳ ἐγένετο, οὐ νοῶ αὐτὸν ἀνὰ μέρος ὡς διῃρημένον καὶ συγκείμενον ἐκ πολλῶν, ἀλλ' ὡς ἕνα τινὰ καὶ συνεχῆ. καὶ τὴν γραμμὴν μέντοι οὐ καθὸ δύναται διαιρεῖσθαι εἰς μέρη ἢ ὅτι σύγκειται ἐκ τοσῶνδε μερῶν, οὕτω νοῶ, ἀλλὰ καθὸ μία τις καὶ συνεχής· εἰ γὰρ κατὰ μέρη, οὐχ ὡς μίαν νοῶ ἀλλ' ὡς πλείους· καὶ ἕκαστον μόριον μίαν πάλιν γραμμὴν καὶ ἀδιαίρετον καὶ ἐν ἀδιαιρέτῳ χρόνῳ. οὕτω καὶ τὴν μορφὴν τοῦ ἀνδριάντος, οὕτω καὶ τὸ ὅλον. τὴν δὲ στιγμὴν καὶ τὸ νῦν, ἀδιαίρετα

1 ἢ] ἢ B: ᾗ C   2 νοῇ] νοεῖ C[1]   καμπυλότητος A[1]   6 δεῖ addidi
9 δὲ om. C   16 τὰ om. B   17 αὐτὰ om. A   18 ἀδιαίρετον γὰρ AC
21 μεγέθη] μεγέθει A[1]B   23 τὸ om. A   29 σύνθετον AC   33. 36 νοῶ] νοῦν B

ὄντα καὶ μὴ ἔχοντα ὕπαρξιν, ἀδιαιρέτως τε νοήσει καὶ τῇ ἀποφάσει τοῦ συνεχοῦς. καὶ τἄλλα δὲ τὰ μὴ ἔχοντα προηγουμένην ὕπαρξιν τῇ ἀποφάσει τῶν ἀντικειμένων αὐτῶν γινώσκομεν εἰδῶν, τὸ κακὸν τῇ ἀφαιρέσει τοῦ ἀγαθοῦ καὶ τὸ διεστραμμένον τῇ τοῦ εὐθέος· εἰ γὰρ καὶ καταφατικῶς προήχθησαν τοῖς ὀνόμασιν, ἀλλ' οὐδὲν ἧττον στερητικὰ τυγχάνει τῷ πράγματι. τὰ δὲ ὄντως ἀδιαίρετα, τὰ νοητὰ λέγω εἴδη, τῇ καλουμένῃ ἁπλῇ ἐπιβολῇ. ἔτι ὅταν ἐν τῷ νοεῖν ὁ νοῦς ὡς ὄντα καὶ ἐνεστῶτα συντίθησιν, οὐδὲν ἐνθάδε περὶ τοῦ χρόνου προσεννοεῖ· ὅταν δὲ περὶ γεγονότος ἢ μέλλοντος, τότε καὶ χρόνον ἐξ ἀνάγκης προσεννοεῖ. καὶ πρὸς τούτοις ἐπειδὴ τῶν πραγμάτων τὰ μέν ἐστιν ἀεὶ ὡσαύτως ἔχοντα, τὰ δὲ ἄλλοτε ἄλλως, ὅσα καὶ γένεσιν ἐπιδέχεται καὶ φθοράν, ἐπὶ μὲν τῶν ἀεὶ ὡσαύτως ἐχόντων συντιθεὶς τοὺς ὅρους οὐδὲν δεῖ προσεννοεῖν τὸν χρόνον, οἷον ὅτι ἡ διάμετρος ἀσύμμετρος τῇ πλευρᾷ· οὐ γὰρ νῦν μὲν οὕτως, ἄλλοτε δὲ ἄλλως· ὅτι δὲ Σωκράτης ἐν Λυκείῳ διέτριβε τὸ μὲν χθὲς εἰπεῖν ψεῦδος, τὸ δὲ πάλαι ἀληθές. ἔτι νοεῖ ὁ νοῦς τὰ πράγματα τὰ μὲν ὑπὲρ αὐτὸν εἰκονικῶς, τὰ δὲ μετ' αὐτὸν παραδειγματικῶς. ἐπεὶ γὰρ οἱ λόγοι τῶν πραγμάτων ἔνεισιν ἐν τῇ ψυχῇ δυνάμει, ὅταν ἐνεργείᾳ προάγωνται, γίνονται ἐνεργείᾳ ὅπερ ἐκεῖνα εἰκονικῶς ἢ παραδειγματικῶς, ὡς ἂν εἴποιμεν γενέσθαι τὴν εἰκόνα Σωκράτους Σωκράτην ἢ τοὺς ἐν τῷ οἰκοδόμῳ λόγους ὅπερ οἰκίαν. ἔτι πᾶς νοῦς ᾗ νοῦς ἀεὶ ἀληθὴς καὶ ἀναμάρτητος καὶ ἄπταιστος· ἢ γὰρ ἥψατο τοῦ πράγματος, φησί τις τῶν παλαιῶν, ἢ οὔ· εἰ μὲν οὖν ἅψαιτο, καὶ ἀντελάβετο αὐτοῦ, εἰ δὲ μὴ ἅψαιτο, οὐδὲ ἔννοιαν αὐτοῦ ἔχει, ὥστε οὐ ψεύσεται. εἰκάζει δὲ τὴν ἐν τοῖς ἁπλοῖς ἀλήθειαν τῇ αἰσθητῇ τῶν εἰδῶν. ὡς γὰρ ἡ ὄψις ἀληθεύει ἐν τῇ τῶν χρωμάτων ἀντιλήψει οὐ συντιθεῖσα τῷ χρώματι τὸ κεχρωσμένον καὶ ὑποκείμενον (οὐ γὰρ ὄψεως τοῦτο ἀλλ' ὑπολήψεως καὶ δόξης· ἱκανὸν γὰρ τῇ ὄψει πρὸς ἀλήθειαν τὸ λαβεῖν τὸ εἶδος τοῦ ὁρατοῦ, ὁποῖόν ἐστιν), οὕτω καὶ ὁ νοῦς ἀληθεύει κατὰ τὴν εἰδῶν τῶν ἁπλῶν νόησιν. ᾗ μὲν γὰρ ἑκάτερον ἀληθεύει τῇ θίξει τοῦ ὑποκειμένου γνωστοῦ, ταύτῃ αὐτοῖς ἡ ὁμοιότης ἐστίν· ᾗ δὲ ἡ μὲν αἴσθησις χειρόνως ἢ κατὰ συλλογισμόν, ὁ δὲ νοῦς κρειττόνως, ταύτῃ ἀνόμοια. ἡ γοῦν τοιαύτη τοῦ νοῦ ἐνέργεια ἡ περὶ τὰ χωριστὰ εἴδη μάλιστ' ἂν καὶ κυριώτατα ἀλήθεια εἴη, καὶ μόνοις παραγίνεται τοῖς εἰς ἄκρον εὐζωίας καὶ ἐπιστήμης ἐληλακόσι, καὶ τούτοις ὀλιγάκις. διὸ περὶ ταύτης ὁ αὐτός φησιν ὅτι ὅστις ἐνήργησεν, οὕτως οἶδεν, ὃ λέγω.

III 7 Ὥσπερ δὲ τὸ αὐτό ἐστιν ἡ κατ' ἐνέργειαν ἐπιστήμη τῷ πράγματι, ἡ δὲ κατὰ δύναμιν χρόνῳ πρότερον ἐν τῷ ἑνὶ τῷ νῦν, ὅλως δὲ οὐδὲ χρόνῳ (ἔστι γὰρ ἐξ ἐντελεχείᾳ ὄντος πάντα τὰ γινόμενα), οὕτως καὶ ὁ κατ' ἐνέργειαν νοῦς ὁ αὐτός ἐστι τοῖς νοητοῖς ἢ τῷ τὸ εἶδος αὐτῶν δέχεσθαι ἢ τῷ πάντως καὶ αὐτὸς νοητὸς εἶναι· καὶ ἐν μὲν τῷ αὐτῷ καὶ ἑνὶ ἀνθρώπῳ πρότερόν ἐστιν

1 τε νοήσει] αὖ νοοῦμεν A[2] 4 εὐθέα C καὶ om. A 11 δεῖ] δεῖται A 20 φησί τις τῶν παλαιῶν] Plotin. Enn. V, 3, 17, cf. Simpl. de An. p. 261, 23 20. 21 ἅψοιτο A[1]BC 23 συντεθεῖσα B 24 κεχωρισμένον A[1]B 31 καὶ — ὀλιγάκις repetit C 33 δὲ (post ὥσπερ) om. A[1] 34 προτέρα A ἑνὶ om. AC τῷ (ante νῦν) om. B 35 οὕτως] οὗτος A[1]BC 37 αὐτὸς νοητὸς scripsi: αὐτὸν νοητὸν libri πρότερος AC

ὁ δυνάμει νοῦς τῷ χρόνῳ τοῦ κατ' ἐνέργειαν· εἰ μέντοι πρὸς τὸ πᾶν ἀπίδοις, οὐδὲ χρόνῳ. ἔστι γὰρ καὶ ὁ κατ' ἐνέργειαν καὶ πρῶτος καὶ ὁ διδασκαλικός, ὑφ' ὧν ὁ δυνάμει τελειοῦται. καὶ ὁ ἐνεργῶν μὲν ἁπλαῖς ἐπιβολαῖς γινώσκει τὰς ἁπλᾶς οὐσίας, δυνάμει δ' ὢν καὶ ἀγόμενος εἰς τελείωσιν μετὰ συνθέσεως ποιεῖται τὴν πρόοδον, καὶ διάνοια τοῦτο ἢ δόξα κατονομάζεται.

(Οἰκείως δ' ἂν ἐν τούτοις καί τινα τῶν Πυθαγορείων προσιστορήσαιμι· διαιροῦντες γὰρ τὰ ὄντα πρὸς τὰ τῆς ψυχῆς κριτήρια καὶ συμβιβάζοντες πρὸς ἄλληλα, οὕτω φασὶ τῶν ὄντων τὰ μὲν νοητὰ τὰ δὲ αἰσθητά. καὶ τῶν νοητῶν τὰ μὲν ἰδίως νοητὰ καλεῖται καὶ ἐπιστητά, τὰ δὲ διανοητά. καὶ πρῶτα μέν ἐστι τὰ νοητά, δεύτερα δὲ καὶ ὑποδεέστερα τὰ διανοητά. τῶν δ' αὖ αἰσθητῶν τὰ μὲν ἰδίως αἰσθητά, ἃ καὶ δοξαστά, τὰ δὲ εἰκαστά. δοξαστὰ μὲν καὶ ἰδίως αἰσθητὰ τὰ κατὰ μέρος σώματα, οἷον λίθοι, ξύλα, τὰ τέτταρα στοιχεῖα. ταῦτα δέ ἐστιν ἐν αἰσθητοῖς πρῶτα, μεθ' ἃ ἀσθενῆ ἄλλα καὶ οὐχ ὅμοια, ἐπηκολουθηκότα δὲ τοῖς πρώτοις. ἔστι δὲ ταῦτα αἱ σκιαί· καὶ γὰρ αἱ σκιαὶ παρακολουθήματα τῶν σωμάτων, καὶ εἰ μὴ ἔχοιεν ἄλλο τι ὑποβεβλημένον σῶμα, οὐκ ἂν φανεῖεν. εἴδωλα οὖν αἱ σκιαὶ καὶ τὰ ἐν ὕδασι καὶ κατόπτροις ἐν ἄλλοις καὶ οὐ καθ' αὑτὰ ὄντα οὐδὲ ἄλλων δίχα φαινόμενα, ἀλλὰ εἰς ἄλλα σώματα πεπτωκότα, ὧν ὑποσπασθέντων οὐ φαίνεται. διὸ αἰσθητὰ μέν ἐστιν [ἐν] τῷ γένει, ὅτι ὑπὸ αἴσθησιν πίπτει, εἰκαστὰ δὲ μᾶλλον καὶ πιστευτὰ ἢ ὑποστατά, κατὰ πίστιν λεγόμενα τὴν μὴ ἐπὶ τῶν ἀποδεικτικῶν, ἄλλως δὲ εἰς παραδοχὴν παραλαμβανομένων ἀπὸ τῆς τῶν προφερόντων πίστεως. καὶ γὰρ τὰ τῶν σκιῶν οὐκ ἀφ' ἑαυτῶν ἔχει τὸ ἀντιληπτικόν, ἀπὸ δὲ τῶν σωμάτων, εἰς ἃ πέπτωκε καὶ ἐν οἷς ἀναπαυόμενα φαίνεται. ἔχει οὖν τὸ ἀβέβαιον ἡ τοιαύτη πίστις· καὶ γὰρ ταῦτα εἰ ἀποσταίη τοῦ κατόπτρου ἢ ὕδατος ἢ ἐδάφους, οὐδὲν ἂν εἴη τὸ σύνολον. ὥστε καὶ τῶν σωμάτων δοξαστῶν ὄντων καὶ τὸ εἶναι ἐν τῷ δοκεῖν κεκτημένων αἱ σκιαὶ ἔτι μᾶλλον ὑποβέβηκασι τῷ μὴ ἔχειν ἐξ αὐτῶν τὸ στερέμνιον ἀλλ' ἐπερείδεσθαι ἐπ' ἄλλου. τούτοις δὴ ἔοικε καὶ τὰ διανοητά, λόγον ἔχοντα πρὸς τὰ ἐπιστητὰ καὶ νοητά, ὃν τὰ εἰκαστὰ πρὸς τὰ αἰσθητά τε καὶ δοξαστά. τάς τε γὰρ ἰδέας οἱονεὶ κατ' ἐπαφὴν ἔχει ὁ νοῦς τὰς ὄντως ὄντα οὔσας, τὰ δὲ διανοητά, ἅπερ ἐστὶ τὰ γεωμετρικά, ὑπὸ τῆς διανοίας βλέπεται, οὐκέτι τῆς διανοίας αὐτῆς κατ' εὐθὺ καὶ οἷον κατ' ἐπιβολὴν πελαζούσης, ἀλλὰ διὰ λόγου μᾶλλον τῆς ἐπ' αὐτὰ γινομένης πελάσεως καὶ οἷον ἀπὸ τῶν ἰδεῶν κατιόντων ὡς ἐπὶ εἰκάσματα ἐκείνων καὶ εἴδωλα νοητά· τά τε εἰκαστὰ καὶ ἐν ταῖς σκιαῖς ὑποβέβηκε παρὰ τὰ αἰσθητά, τῷ ἐκεῖνα μὲν καθ' αὑτὰ ὑποπίπτειν τῇ αἰσθήσει κατ' εὐθυωρίαν, τὰ δὲ ἐν ἄλλῳ καὶ ἐπ' ἄλλῳ καὶ δι' ἄλλο θεωρεῖσθαι. οὐ γὰρ καθ' αὑτὴν ἡ σκιά, ἀλλ' ἢ ἐν τῷ ἐδάφει αἰσθητῷ ὄντι καθ' αὑτὸ ἢ ἐν τῷ κατόπτρῳ ἢ ἐν τοῖς ὕδασιν, ἅπερ ἦν καθ' ἑαυτὰ αἰσθητά. οὕτω καὶ τὰ μαθηματικὰ ὥσπερ ἐν ταῖς ἰδέαις ἔοικε φαντάζεσθαι καὶ ἐπ' ἐκείναις ἔχειν τὸ ἐπέρεισμα· οὐ γὰρ δὴ ἀπὸ τῶν

---

2 καὶ (post γὰρ) om. A 3 ὁ (ante ἐνεργῶν) om. A ἐνεργειῶν B 6 proxima excerpta sunt ex Iamblicho (Anecdota Gr. ed. Villoison II, 197 sqq.) 16 ὕδασι A Iambl. cf. v. 37: ὕδατι BC 19 ἐν delevi: om. Iambl. 22 τὰ om. A[1] 26 τὸ μὴ AC 27 ἄλλου AC Iambl.: ἄλλων B 30 τὰς] τὰ Iambl. 31 αὐτοῖς Iambl. 32 αὐτὰ Iambl.: αὐτὴν libri 38 αἰσθητά A Iambl.: καὶ αἰσθητά BC

αἰσθητῶν κατὰ ἀφαίρεσιν ἐπινοεῖσθαι ταῦτα, ἀλλ' ὑποβάντα ἀπὸ τῶν ἰδεῶν τὸ εἰδωλικὸν ἔχειν ἀπ' ἐκείνων, τῷ προσειληφέναι καὶ μέγεθος καὶ ἐν διαστάσει φαντάζεσθαι. ὅπερ γὰρ ἐν τοῖς τῶν αἰσθητῶν εἰδώλοις τὸ ἀμενηνὸν καὶ καθ' αὑτὸ ἀνεπέρειστον, τοῦτο ἐν τοῖς νοητοῖς τὸ ἔνογκον καὶ διαστατόν· ἀλλ' ἐπεὶ καὶ τοῦτο σπεύδει πρὸς τὸ ἄογκον καὶ ἀμερές, ἐπαναπαύεσθαι ἔοικεν ἐν τῇ τῶν ἰδεῶν ἀμερείᾳ, ὡς αἱ σκιαὶ ἐν τῇ τῶν αἰσθητῶν ἀντιτυπίᾳ. ὥσπερ τοίνυν τὰ διανοητὰ τῶν νοητῶν κεχώρισται, οὕτω καὶ ἡ διάνοια τῆς νοήσεως. διόπερ καὶ Βροτῖνος ἐν τῷ Περὶ νοῦ καὶ διανοίας χωρίζων αὐτὰ ἀπ' ἀλλήλων τάδε λέγει "ἁ δὲ διάνοια τῶ νῶ μεῖζόν ἐστι, καὶ τὸ διανοατὸν τῶ νοατῶ. ὁ μὲν γὰρ νόος ἐστὶ τό τε ἁπλόον καὶ τὸ ἀσύνθετον καὶ τὸ πρᾶτον νοέον καὶ τὸ νοεόμενον" (τοιοῦτον δέ ἐστι τὸ εἶδος· καὶ γὰρ ἀμερὲς καὶ ἀσύνθετον καὶ πρῶτόν ἐστι τῶν ἄλλων), "ἁ δὲ διάνοια τό τε πολλαπλόον καὶ μεριστὸν καὶ τὸ δεύτερον νοέον· ἐπιστάμαν γὰρ καὶ λόγον τὸ προσείληφε. παραπλησίως δὲ καὶ τὰ διανοατά· ταῦτα δ' ἐντὶ τὰ ἐπιστατὰ καὶ τὰ ἀποδεικτὰ καὶ τὰ καθόλω τὰ ὑπὸ τῶ νόω διὰ τῶ λόγω καταλαμβανόμενα". ἐν δὴ τούτοις μεῖζον μὲν λέγει τὴν διάνοιαν καὶ τὸ διανοητὸν νοῦ καὶ νοητοῦ, οὐ τῇ δυνάμει ἀλλὰ τῷ πλήθει· ἐναντίως δὲ ἔχει ταῦτα πρὸς ἄλληλα. ἀφορίζεται δὲ αὐτὰ ἀπ' ἀλλήλων οὐ τούτοις μόνον, ἀλλὰ καὶ τῷ τὰ μὲν ἁπλᾶ εἶναι καὶ ἀσύνθετα, τὰ δὲ πολυειδῆ καὶ σύνθετα· καὶ διότι τὰ μὲν πρώτως νοεῖ καὶ νοεῖται, τὰ δὲ δευτέρως καὶ παρ' ἐκείνων λαμβάνοντα τὴν ἐνέργειαν τούτων. καὶ τὰ μὲν ἐν εἴδεσιν ἕστηκε, τὰ δὲ ἐν λόγοις πολλαπλοῖς ποιεῖται τὴν ἐνέργειαν· καὶ τὰ μέν ἐστιν ἀμέριστα, τὰ δὲ μεριστά· καὶ τὰ μὲν κρείττω ἀποδεικτικοῦ συλλογισμοῦ, τὰ δὲ συλλογίζεταί τι περὶ τῶν ὄντων· καὶ τὰ μὲν αὐτά ἐστι τὰ ὄντα, τὰ δὲ ἐν τοῖς καθόλου περιείληφε καὶ συνεμφαίνει τὰ καθ' ἕκαστον· καὶ τὰ μὲν ἀύλοις καὶ καθαραῖς ἐνεργείαις χρῆται, τὰ δὲ συμμεμιγμένην ἔχει τὴν νόησιν· τῷ γὰρ νῷ διὰ τοῦ λόγου καταλαμβάνει τὰ οἰκεῖα γνωστά, ἢ τῷ νῷ μετὰ λόγου. συμβαίνει δὴ οὖν ἐκ τούτων τά τε κρινόμενα πράγματα καὶ τὰ κριτήρια αὐτῶν διεστηκέναι ἀπ' ἀλλήλων, ὡς τὰ μὲν διανοητὰ τῶν νοητῶν διαφέρειν, τὴν δὲ διάνοιαν τοῦ νοῦ. ὡς τέσσαρες μέν εἰσι διαφοραὶ τῶν ὄντων, τέσσαρες δὲ τῆς κρίσεως ἀρχαί, καὶ ὡς ὁ λόγος μέσως ἔχων ἐφάπτεται τῶν δύο ἄκρων, νοητῶν τε καὶ αἰσθητῶν, ἐν τέλους τάξει πρὸς τὸν νοῦν καὶ τὴν αἴσθησιν καθιστάμενος, ὡς ἀρχὰς οὔσας ἑαυτοῦ, καὶ ὑπ' αὐτῶν ἀποτελούμενος. τεσσάρων δὴ οὐσῶν τῶν κρινουσῶν δυνάμεων τάξις τις αὐτῶν θεωρεῖται καὶ αἱ ἐνέργειαι διῃρημέναι τυγχάνουσιν· ἐπὶ μὲν τῷ ἀκροτάτῳ νόησις, ἐπὶ δὲ τῷ δευτέρῳ διάνοια, ἐπὶ δὲ τῷ τρίτῳ πίστις, εἰκασία δὲ ἐπὶ τῷ τετάρτῳ. καὶ ὑπὸ νόησιν μὲν διαλεκτικὴ τάττεται· ταύτῃ γὰρ ὁ νοῦς τὰ ὄντα καὶ τὰ εἴδη τὰ ἀνυπόθετα θεωρεῖ, καὶ λόγον ἔχει περὶ πάντων δοῦναι αἰσθητῷ τε

---

4 ἀνεπείρειστον A: ἀνεπέραστον B 6 ἀμερία C 8 Βροτῖνος] πλωτῖνος B¹: Βροντῖνος Iambl.
9 ἁ δὲ Iambl.: ἅδε A: ἃ δὲ C: ὧ δὲ B διανοητὸν B νοητῶ B 10 πρῶτον B
νοέων C 12 ἁ Iambl.: ἡ libri 13 ἐπιστάμαν Iambl.: ἐπιστήμην libri τὸ] τὸν Iambl.
14 διανοατά Iambl.: διανοητά libri ἐπιστητὰ AB καθόλου B τὰ om. B
15 τοῦ νοοῦ B 16 λέγει] λέγης C¹ 18 μόνον A Iambl.: μόνοις BC τὸ δὲ C
21 πολλαπλῆν Iambl. 22 κρείττωνα A 24 συνεμφαίνει A Iambl.: συμφαίνει BC
29 ὡς] ὥστε AC 32 ὑποτελούμενος B 36 διαλεκτικὸς C

οὐδενὶ προσχρῆται, ἀλλὰ τοῖς νοητοῖς εἴδεσιν. διαλεκτικὴν δὲ λέγομεν οὐ τὴν περιάγουσαν τὸν προσδιαλεγόμενον εἰς ἀντίφασιν, ἀλλὰ τὴν ἐπισκοποῦσαν τὰ ὄντα ᾗ ὄντα, τὴν ἀνυπόθετον φιλοσοφίαν, ἣν μετὰ τὰ φυσικὰ καὶ θεολογίαν προσωνομάσαμεν. διανοίᾳ δὲ σύστοιχος ἡ μαθηματικὴ καὶ ἡ φυσική, ἡ μὲν οὖσα περὶ τὰ πάθη καὶ εἴδη τοῦ ποσοῦ, ἡ δὲ περὶ τοὺς καθόλου λόγους τῶν σωμάτων τῶν αἰσθητῶν καὶ τῶν τούτοις ἑπομένων ᾗ σώμασι. ταῦτα ἀληθῆ μὲν καὶ γενναῖα καὶ τοῖς ἡμετέροις συνᾴδοντα πλὴν τὰ περὶ τῶν μαθηματικῶν· οὐ γὰρ ὥσπερ ἡμεῖς ἐξ ἀφαιρέσεως τῶν αἰσθητῶν τίθενται. ἴδωμεν δὲ καὶ ἃ τούτων ἑξῆς φασι, καὶ ἥστινος οὐσίας τὴν λογικὴν ψυχὴν τίθενται· τῆς γὰρ μέσης ἀποφανοῦνται καὶ μαθηματικῆς. ἀναφέρομεν οὖν, φασί, καὶ τὰ περὶ τῆς ψυχῆς ἐν τοῖς μαθηματικοῖς. καὶ ἓν μὲν γένος τῶν ἐν τοῖς μαθήμασιν ὄντων οὐκ ἄν τις αὐτὴν εὐλόγως θείη κατὰ τὴν τοιαύτην ἐπιβολὴν τῆς θεωρίας· μεριστὴ γὰρ ἂν οὕτω γένοιτο ἡ περὶ τῆς μαθηματικῆς οὐσίας γνῶσις. διόπερ οὔτε ἰδέαν τοῦ πάντῃ διαστατοῦ οὔτε ἀριθμὸν αὐτοκίνητον οὔτε ἁρμονίαν ἐν λόγοις ὑφεστῶσαν οὔτε ἄλλο οὐδὲν τοιοῦτον κατ' ἰδίαν ἀφοριστέον περὶ αὐτῆς· κοινῇ δὲ συμπλέκειν πάντα ἄξιον, ὡς τῆς ψυχῆς καὶ ἰδέας οὔσης ἀριθμοῦ καὶ κατ' ἀριθμοὺς ἁρμονίαν περιέχοντας ὑφεστώσης· πάσας τε συμμετρίας κοινῶς, ὅσαι ποτέ εἰσιν ὑπὸ τὴν μαθηματικήν, ὑπὸ ταύτην ὑποτακτέον, τάς τε ἀναλογίας ὅλας ὑπ' αὐτὴν θετέον. διὰ δὴ τοῦτο γεωμετρικῇ τε ὁμοῦ καὶ ἀριθμητικῇ καὶ ἁρμονικῇ ἀναλογίᾳ συνυπάρχει. ὅθεν δὴ καὶ λόγοις τοῖς κατ' ἀναλογίαν ἡ αὐτή ἐστι, ταῖς τε ἀρχαῖς τῶν ὄντων ἔχει τινὰ συγγένειαν καὶ πάντων ἐφάπτεται τῶν ὄντων καὶ πρὸς πάντα ὁμοιοῦσθαι δύναται. αἰτίαι μὲν οὖν εἰσι τοιαῦται τῆς τοιαύτης ὑπολήψεως· πρὸς δὲ τὴν θεωρίαν ἀφορμαὶ ἂν γένοιντο τὴν μαθηματικὴν ὁμοῦ καὶ τὴν περὶ τῆς ψυχῆς, εἰ κατίδοιμεν ὡς τὸ πεπερασμένον πᾶν καὶ ὡρισμένον ἀπὸ τῶν ἀριθμῶν εἰς αὐτὴν ἐφήκει, ὁ δ' ἑνιαῖος λόγος ἀπὸ τῆς τοῦ ἑνὸς φύσεως. ἡ δὲ εἰς μέγεθος καὶ αὔξησιν προϊοῦσα δύναμις καὶ ἔχουσα περιουσίαν, ὥστε πᾶσι διδόναι αὐτὴν τοῖς μετρίοις, ἀπὸ τῆς γεωμετρικῆς οὐσίας πάρεστιν. ἡ δὲ δύναμις τῆς ἐναρμονίου κινήσεως τάξις τε καὶ λόγων συμμετρία, ἥ τε ἐν ἀριθμοῖς συμφώνοις ἢ συμφωνίαν περιέχουσιν ἀμετρίᾳ ἀπὸ τῆς κατ' οὐσίαν ἁρμονίας παραγίνεται. διόπερ καὶ ἁρμονιῶν κατακούει ἡ ψυχὴ καὶ χαίρει τοῖς ἡρμοσμένοις, ὡς οὖσα αὐτὴ ἁρμονία. ἔκ τε ἀριθμῶν καὶ ἄλλων τοιούτων μαθηματικῶν μέτρων τὴν οὐσίαν ἔχει, ἅπερ συγγένειαν παρεδέξατο πρός τε τὰ νοητὰ εἴδη καὶ τὰς αἰσθητὰς οὐσίας καὶ τὰ ἔνυλα εἴδη. πρὸς γὰρ πάντα ταῦτα ἡ παροῦσα δόξα δίδωσι θεωρίας ἀφορμήν, ὡς ἱκανῆς οὔσης τῆς οὕτως ὑποτιθεμένης μαθηματικῆς δόξης πάντα τὰ τοιαῦτα νοήματα παρέχειν. ἵνα δὲ συνέλωμεν τὴν ὅλην δόξαν, ἐν λόγοις κοινοῖς πάντων τῶν μαθημάτων τὴν ψυχὴν νοοῦμεν οὖσαν, ἔχουσαν μὲν τὸ κριτικὸν αὐτῶν, ἔχουσαν δὲ καὶ τὸ γεννητικόν τε καὶ ποιητικὸν αὐτῶν τῶν ἀσωμάτων μέτρων, οἷς καὶ τὴν γενεσιουργίαν δύναταί τις προσαρμόζειν τῶν ἐνύλων εἰδῶν, τήν τε δι' εἰκόνων ἀπεργασίαν ἐκ τῶν ἀφανῶν εἰς

---

1 διαλεκτικὰ C 2 προάγουσαν B 7 τὰ] τῶν A² 9 τούτοις A² τίθεται C 10 φησι B 13 μαθηματικῆς A Iambl.: τῶν μαθηματικῶν BC 29 συμφωνίοις A 34 πάντα ταῦτα A Iambl.: ταῦτα πάντα BC 38 ποιητικῶν C

τὸ φανερὸν προϊοῦσαν συνάπτουσάν τε τὰ ἔξω τοῖς εἴσω. κατὰ γὰρ πάντα ταῦτα, ὡς συλλήβδην εἰπεῖν, ὁ τῆς ψυχῆς λόγος περιέχει ἀφ' ἑαυτοῦ τὴν ὅλην τῶν μαθημάτων συμπλήρωσιν. πότερον δὲ μῖγμα ἐκ πάντων ἐστὶ τῶν ἐν τοῖς μαθήμασιν ὄντων, ἢ πάντα ὑφίστησιν αὐτὴ καθ' ἕνα λόγον προηγούμενον, χρὴ διασκέψασθαι. εἰ μὲν οὖν σύμμιξίς ἐστιν ἀφ' ὅλων, προϋπάρχει αὐτῆς τὰ συμπληρωτικὰ ἀφ' ὧν συνιόντων συγκίρναται, καὶ οὐκέτ' ἂν εἴη αὕτη ἀρχὴ τῆς μαθηματικῆς οὐσίας, ἀλλ' ἀπὸ τῶν σποράδην ὑφεστηκότων μαθημάτων συνιόντων εἰς ταὐτὸ ἀπογεννωμένης, πρὸς τοῖς ἄλλοις ἀτόποις καὶ σύνθεσίν τινα συνάγει μετὰ τῆς ψυχῆς καὶ ὑστερογενῆ ὡς ἐκ προτέρων τινῶν ἐπισυνισταμένην ὑπόστασιν. εἰ μέντοι αὕτη πρώτως ἀρχηγός ἐστι τῆς μαθηματικῆς οὐσίας καὶ παρεισάγει ταύτην ἐξ ἑαυτῆς, πρεσβυτέρα τε αὐτῆς ἔσται καὶ ὡς ἐν αἰτίας λόγῳ προηγεῖται καὶ ὡς ἑτέρα ὑπερέχει. ἔστι δὲ καὶ τοῦτο ὑπεναντίον πρὸς τὴν παροῦσαν δόξαν· τιμιωτέρα γὰρ ἂν οὕτω γένοιτο ἡ ψυχὴ τῶν ἐν τοῖς μαθήμασιν ὄντων. βέλτιον οὖν λέγειν ὡς οὔτε προηγεῖται οὔτ' ἐπακολουθεῖ τοῖς μαθηματικῶς οὖσι, συντρέχει δὲ ἅμα πρὸς αὐτὰ καὶ συνυφέστηκεν ἀσύνθετον καὶ ἀμέριστον ἔχουσα τὴν ἐν ὅλοις καὶ ἀφ' ὅλων σύμμιξιν, μονοειδῶς τε αὐτοῖς παροῦσα καὶ ἑνιαίως αὐτῶν ὅλων μετέχουσα, δύναμίν τε περιεκτικὴν τῶν ὅλων ἐν ἑαυτῇ συλλαβοῦσα καὶ ἑαυτὴν δοῦσα εἰς ὅλα τὰ μαθήματα ὡσαύτως. εἰ δὲ τοῦτο οὕτως ἔχοι, καὶ πάντα περιείληφεν ἐν ἑαυτῇ τελέως καὶ ἀνενδεῶς, οὐδέν τε ἐκτὸς ἑαυτῆς ἀφίησιν· αὐτή τε γάρ ἐστι τελεία καὶ οὐχ οἷόν τε τῆς οἰκείας ἀρχῆς ἀπολείπεσθαί τι τῶν ὄντων· μία τε οὕτως ἔσται ἡ οὐσία τῆς αὐτῆς ἀρχῆς δι' ὅλων διηκούσης. διαφοραί γε μὴν οὐδὲν ἧττον ἔσονται κατὰ τὰς διαφόρους δυνάμεις καὶ ζωὰς καὶ ἐνεργείας τῆς ψυχῆς καὶ τὸ τῶν οὐσιῶν αὐτῆς πλῆθος, ὅπερ ἐν ἑνὶ περιέχεται. τοσαῦτα ἄν τις καὶ παρὰ τῶν μαθηματικῶν ἐν Πυθαγορείοις εἰς τὴν τῆς ψυχῆς συνεισφέροιτο πραγματείαν.

Πάλιν δὲ ἐπαναλαβόντες καὶ τὰ εἰρημένα πρόσθεν περὶ νοῦ συνάγοντες λέγομεν ὡς εἷς ὢν τὴν οὐσίαν καὶ ἀναλλοίωτος πολυπλασιάζεται τῇ σχέσει ταῖς ἐνεργείαις καὶ ταῖς δυνάμεσι. καὶ δυνάμει μὲν λέγεται, πρίν τι μαθεῖν ἢ εὑρεῖν, ὡς ἐν παισί· καθ' ἕξιν δέ, ὡς ὅταν ἐπιστήμων μὲν γένηται, μὴ ἐνεργῇ δὲ κατὰ τὰς ἐπιστήμας, ὡς ὁ καθεύδων γεωμέτρης ἢ καὶ ἐγρηγορὼς μὴ ἐνεργῶν δὲ κατὰ τὴν ἐπιστήμην. κατ' ἐνέργειαν δέ, ὡς ὅταν θεωρῇ, καὶ τοῦτο διττῶς· ἢ περὶ τῶν ἀιδίων καὶ καθόλου καὶ θείων, ὡς ὅταν ἀστρονομῇ ἢ γεωμετρῇ, καὶ καλεῖται θεωρητικὸς διανοητικός, τέλος ποιούμενος τὴν ἀλήθειαν, ἢ περὶ τῶν ἀνθρωπίνων καὶ μερικῶν καὶ πολιτικῶν, τέλος τιθέμενος τὸ ἀγαθόν, καὶ καλεῖται πρακτικός· καὶ ἔτι παρὰ τούτους ὁ κυριώτατος καὶ κατ' ἐνέργειαν νοῦς ὁ θεωρητικὸς ὄντως, ἐν ᾧ κατ' οὐδέν ἐστι τὸ δυνάμει, ἀλλ' ἔστιν ἄνευ δυνάμεως ἐνέργεια, ἐξ οὗ τῶν ἐπιστημῶν τὰς ἀρχὰς ἔχει ὁ δυνάμει νοῦς· οὗτος δὴ καὶ ἀθάνατος εἶναι τοῖς ἑξῆς ἀποφανθήσεται. καὶ

7 ἀλλ' ἀπὸ — οὐσίας (11) om. C 8 ἀπογεννωμένης A Iambl.: ἀπογεννωμένη BC 10 πρώτως Iambl.: πρῶτος libri 12 ἑτέρα A Iambl.: ἕτερα C: ἕτερον B 14 ὡς οὔτε] ὥστε οὐ C 15 μαθηματικοῖς A[1]B: incertum C 16 ἐφ' ὅλων B 21 μία τέον οὕτως A 22 διοικούσης AC 26 πραγματείας A[1] 28 πολλαπλασιάζεται A 34 θεωρητικὸν διανοητικὸν B ante διανοητικὸς add. καὶ C

περὶ μὲν τῆς οὐσίας αὐτοῦ καὶ ἐνεργείας, ἔτι δὲ ποσαχῶς λέγεται, τοσαῦτα. περὶ δὲ τῆς ἀθανασίας διὰ βραχέων κἀνταῦθα ὑπομνησθήσεται, ὡς διττοῦ ὄντος τρόπου καθ' ὃν ἄν τι φθείροιτο, τοῦ τε τὸ σύνθετον εἰς τὰ ἐξ ὧν συνέστηκε διαλύοντος, καθ' ὃν τὰ σώματα πάντα φθείρεται ἐξ ὕλης ὑφεστῶτα καὶ εἴδους, καὶ ἑτέρου τοῦ τῶν ἀσωμάτων ἐν ὑποκειμένῳ δὲ τῷ σώματι τὸ εἶναι ἐχόντων. φθείρεται γὰρ καὶ ταῦτα, οὐκ εἰς τὰ ἁπλᾶ ἀναλυόμενα, ἀλλὰ τοῦ ὑποκειμένου ἀνεπιτηδείου γενομένου εἰς τὸ στέγειν αὐτά, ὥσπερ τὸ ἐν τῷ κηρῷ σχῆμα τακέντος αὐτοῦ. ὃ γοῦν παντελῶς χωριστὸν τῆς ὕλης καὶ ἀσώματον καὶ μὴ ἐν ὑποκειμένῳ καὶ αὐτὸ ἐφ' ἑαυτοῦ ἱδρυμένον, τοῦτο ἀνάγκη ἄφθαρτον εἶναι καὶ ἀίδιον. ὅτι δὲ τὰ νοητὰ τὰ χωριστὰ τῆς ὕλης ἀνάγκη καὶ νόας εἶναι δῆλον· εἰ γὰρ χωριστὸν ὄν, μὴ εἴη δὲ νοῦς, οὐδὲ νοήσει· ὥστε μάτην ἔσται ἀνενέργητον ὄν. ἀλλὰ μὴν ὅσα τὴν οὐσίαν χωριστὴν ἔχει, ταῦτα καὶ τὴν ἐνέργειαν· ὥστε τὰ χωριστὰ τῶν νοητῶν τῆς ὕλης καὶ ἐνέργειαν ἕξει χωριστήν. τίς δ' ἂν αὐτοῦ εἴη ἐνέργεια ἢ τὸ νοεῖν; οὐ γὰρ δὴ τό γε αἰσθάνεσθαι ἢ ἄλλη τις σωματικὴ ἐνέργεια. ἔτι οὐδεμία δύναμις ἐν ὑποκειμένῳ τῷ σώματι τὸ εἶναι ἔχουσα αὐτὴ πρὸς ἑαυτὴν ἐπιστρέφειν δύναται· συνεπιστραφήσεται γὰρ καὶ τὸ σῶμα ἐν ᾧ ἐστιν. οὐδὲν δὲ σῶμα ἑαυτῷ ἐφαρμόσαι δύναται· ἀλλ' οὐδ' ἄλλῳ, εἰ μὴ κατ' ἐπιφάνειαν. ὁ δὲ νοῦς αὐτὸς πρὸς ἑαυτὸν ἐπιστρέφει καὶ ἑαυτὸν ὁρᾷ αὐτὸς περὶ αὑτοῦ ζητῶν καὶ αὐτὸς εὑρίσκων. ἀσώματος ἄρα διὰ ταῦτα καὶ ἀνώλεθρος. καὶ μέντοι ἀπολυθεὶς σώματος διανοίᾳ μὲν οὐκ ἐσεῖται προσχρώμενος, μὴ διὰ προτάσεων ἐπὶ συμπεράσματα πάλιν ἥκων, ἀλλὰ νοῦς ἔσται καθαρὸς δίχα ζητήσεως, ὅτε βούλοιτο, καὶ ἀχρόνως ἐπιβάλλων τοῖς πράγμασιν, ἅτε δὴ τοὺς λόγους πάντων ἔχων ἐν ἑαυτῷ τῷ μὴ ἐπιθολοῦσθαι σώματι.)

Ἀπορήσειε δ' ἄν τις, εἰ ὁ νοῦς ἁπλοῦς ἐστι καὶ ἀπαθὴς καὶ μηδενὶ μηδὲν ἔχοι κοινόν, ὥσπερ φησὶν Ἀναξαγόρας, πῶς νοήσει, εἰ τὸ νοεῖν πάσχειν τί ἐστι. δεῖ γὰρ αὐτὸν σχέσιν ἔχειν πρὸς τὸ νοούμενον καὶ οἷον ἅπτεσθαι αὐτοῦ· εἰ δὲ τοῦτο, οὐκ ἂν εἴη ἀπαθής. πάσχειν μέντοι δοκεῖ τὰ πάσχοντα ὑπὸ τῶν ποιούντων τῷ κοινῆς ὕλης κεκοινωνηκέναι. ἔτι ὁ νοῦς ἢ νοεῖ ἑαυτὸν ἢ οὔ. εἰ μὲν οὖν μὴ νοεῖ, παρὰ τὴν ἐνάργειαν· τίς γάρ ἐστιν ὁ ἀποφαινόμενος περὶ αὐτοῦ τοῦ νοῦ καὶ λέγων ὅτι ἀσώματός ἐστι καὶ ἀπαθὴς καὶ ἀίδιος καὶ πᾶσαν τὴν περὶ ψυχῆς πραγματείαν συνθεὶς καὶ τἄλλα εἰ μὴ αὐτὸς ὁ νοῦς; ἐπεὶ δὲ νοεῖ ἑαυτόν, ἢ κατὰ ταὐτὸν νοεῖ τε καὶ νοηθήσεται καὶ ἔστιν αὐτῷ νῷ τε εἶναι καὶ νοητῷ, ἢ κατ' ἄλλο μὲν νοήσει, κατ' ἄλλο δὲ νοηθήσεται. ἀλλ' εἰ μὲν τὸ πρῶτον, ταὐτὸν ἔσται αὐτῷ τὸ νῷ τε εἶναι καὶ νοητῷ, καὶ τὸ νοητῷ τε καὶ νῷ. καθὸ γὰρ νοῦς, νοητός· οὐκοῦν καὶ καθὸ νοητός, νοῦς· ὀνόματα γάρ ἐστι πλείονα καθ' ἑνὸς ὑποκειμένου. εἰ δὲ τοῦτο, πάντα τὰ νοητὰ νοῖ ἔσονται. οὐκοῦν ἐπεὶ τὰ εἴδη πάντα νοητά, καὶ τὸ τοῦ λίθου καὶ τὸ τοῦ ξύλου (οὐ γὰρ αἰσθήσει τὸ κατ' οὐσίαν εἶδος ληπτόν)· ἔσονται ἄρα καὶ ἐν

---

11 νόας] νοῦς A 13 τὰ om. C 15 τό γε] τό τε B 17 ἑαυτὸ BC 18 ἄλλῳ scripsi: ἄλλο libri 19 αὐτοῦ AC 22 ἥκων scripsi: ἥκειν libri 24 post σώματι add. τοσαῦτα καὶ περὶ τούτου AC 25 Ἀπορήσειε κτλ. cf. de An. Γ 4. 429 b 22 26 ἔχει C cf. de An. 429 b 24 28 πάσχει A[1] 33 καὶ ἔστιν — νοηθήσεται (34) om. B 35 τὸ νῷ] τῷ νῷ AC τὸ νοητῷ] τῷ νοητῷ AC

τοῖς ἀψύχοις νοῖ, ὅπερ ἄτοπον. εἰ δὲ μὴ κατὰ ταὐτὸ νοῦς ἐστι καὶ νοητόν, ἀλλὰ κατ' ἄλλο μὲν νοεῖ κατ' ἄλλο δὲ νοεῖται, οὐχ ἁπλοῦς ἔσται οὐδ' ἀμιγής, ἕξει δὲ πρὸς τῷ νοῦς εἶναι καὶ ἄλλο τι μεμιγμένον αὐτῷ καὶ μὴ ἔχων τι ἴδιον πρὸς τἆλλα ἐσεῖται· ὡς γὰρ ἐκείνων ἕκαστον νοητόν, καὶ αὐτός. καὶ τὰ μὲν ἠπορημένα ταῦτα. ἀπαντῶντες δὲ πρὸς μὲν τὰ πρότερα οὕτω λέγομεν, ὡς διττοῦ τοῦ πάσχειν ὄντος, ὡς ἐν τοῖς πρόσθεν ἐλέγετο, (τό τε γὰρ πρὸς φθορὰν ἄγεσθαι πάσχειν ἐτίθεμεν καὶ τὸ πρὸς τελείωσιν) οὐδὲν ἄτοπον εἰ πάσχειν τὸν νοῦν λέγοιμεν τῷ δέχεσθαι τὰ εἴδη τὰ νοητὰ τελειούμενον, ὥσπερ ὑπὸ τῶν αἰσθητῶν τὴν αἴσθησιν· καὶ καθάπερ ἡ ὄψις περὶ τὸ μέλαν ἢ λευκὸν ἐνεργήσασα οὐκ ἔφθαρτο οὐδ' ὅπερ ἐκεῖνα κατὰ τὴν ὕλην γέγονεν (οὐ γὰρ λελεύκωται ἢ μεμελάνωται), οὕτω τοι καὶ τὸν νοῦν ἀπαθῆ μένοντα μὴ καὶ τὴν οὐσίαν, ἀλλὰ μόνα τὰ εἴδη τῶν νοητῶν γνωστικῶς δέχεσθαι. λέγεται μέντοι καὶ νοῦς καὶ αἴσθησις καταχρηστικῶς πάσχειν τῷ ὥσπερ τὰ πάσχοντα τὸ κύριον πάθος δεχόμενα τὸ τοῦ ποιοῦντος εἶδος ἐπιμένειν ἐν αὐτῷ χρόνον τινά (οἷον ὁ ἀὴρ παθὼν ὑπὸ τοῦ πυρὸς ἢ τὸ ξύλον καὶ γινόμενον πῦρ ἐπιμένει μέχρι του τῇ καταδοχῇ τοῦ πυρός), καὶ ταῦτα παραμένειν τῇ καταδοχῇ τῶν εἰδῶν· πλὴν τὰ μὲν τρέπεται τὴν οὐσίαν, τὰ δὲ οὐ τρέπεται. καὶ ὁ μὲν νοῦς αὐτοκίνητος ἀφ' ἑαυτοῦ ποτε νοεῖ, ἡ δὲ αἴσθησις δεῖται τῆς τῶν αἰσθητῶν παρουσίας. καὶ ὁ μὲν μεταβάλλει ἀπὸ τοῦ δυνάμει ἐπὶ τὸ ἐνεργείᾳ οὐ δεχόμενος ἅπερ μὴ εἶχεν εἴδη, ἀλλ' ἐοικὼς τῷ καθεύδοντι γεωμέτρῃ ὡς ἔχων μὲν τοὺς λόγους ἐμποδιζόμενος δέ, καὶ μόνου χρῄζει τοῦ ἐξυπνίσοντος (οὗτος δὲ ὁ ἐνεργείᾳ νοῦς ἢ ὁ διδασκαλικὸς καὶ καθόλου· ἐμπόδιον δὲ αἱ ἐκ τῆς συμπλοκῆς τῆς φαντασίας ἀλλόκοτοι δόξαι, ἃς ἀνακαθαίρων τοῖς ἐλέγχοις γνώριμον ποιεῖ τὸν ἐνόντα θησαυρόν), ἡ δὲ αἴσθησις ἐκ τοῦ πρώτου δυνάμει μεταβάλλει δεχομένη ἅπερ μὴ εἶχεν εἴδη, πρὸς δὲ τὰ δεύτερα. ὡς οὐδὲν ἄτοπον, εἰ κατὰ ταὐτὸν νοῦς τε εἴη καὶ νοητόν. οὐ γὰρ ψεῦδος τὸ πᾶν νοητὸν νοῦν ὑπάρχειν, ἀλλ' ἀληθές τε καὶ ἀναγκαῖον, εἴπερ νοητὰ τὰ κυρίως νοοῖμεν καὶ ἐνεργείᾳ, ταῦτα δὲ τὰ παντελῶς ἄυλα καὶ χωριστά. τὰ μέντοι τῶν αἰσθητῶν εἴδη νοητὰ λέγοντες καταχρώμεθα τῷ ὀνόματι· οὐ γὰρ χωριστὰ οὐδὲ κατ' ἐνέργειαν ἀλλὰ δυνάμει, καὶ τῷ χωρίσαι ταῦτα τὸν νοῦν τῇ ἐπινοίᾳ τῆς ὕλης ὑφίστανται ἄλλως ὄντα ἀνύπαρκτα. ἔτι εἰ ἅμα νοῦς ἐστι καὶ νοητόν, διὰ τί μὴ ἀεὶ νοεῖ τῶν νοητῶν αὐτῷ παρόντων; καὶ εἰ αὐτὸς νοῦς τε εἴη καὶ νοητόν, διὰ τί μὴ ἑαυτὸν ἀεὶ νοεῖ ἀεὶ αὐτῷ παρών; ἢ ὅτι λήθη ἐμποδίζεται· τοῦτο δὲ διὰ τὴν φαντασίαν. εἰ γὰρ καὶ ἀπαθὴς αὐτός, ἀλλ' ἡ φαντασία φθαρτή· ταύτης δὲ χωρὶς οὐ νοεῖ ἢ συνεργούσης ἢ ἐμποδιζούσης τῶν ἐν τῷ κόσμῳ τι· μόλις γὰρ ἄν τις τῶν εἰς ἄκρον ἀρετῆς καὶ φιλοσοφίας ἐληλακότων γνώσεταί τι τῶν νοητῶν ἀφαντάστως.

(Ἐπιστῆσαι δ' ἐν τούτοις χρὴ καὶ τὴν παρὰ τῶν παλαιοτέρων ἀντιλογίαν καὶ ἐπαπόρησιν, ὡς διῄτηται. λέγουσι γὰρ ὡς, εἴπερ ἡ λογικὴ ψυχὴ ἀγράφῳ γραμματείῳ προσέοικε, μᾶλλόν τι κατὰ τὸ πρῶτον δυνάμει τὰ εἴδη τὰ νοητὰ

---

3 τῷ scripsi: τὸ libri 11 μὴ καὶ] μὴ κατὰ B 16 μέχρι τοῦ B 18 ἡ] εἰ A 21 ἐξυπνήσοντος AC 32 τῶν νοητῶν νοεῖ B post αὐτῷ add. ἀεὶ A 33 αὐτῷ AB 36 ἐν τῶν A[2]

δέχεται. ἔνθεν καὶ οὐ προβιωτὴ τοῦ σώματος ἔσται, ἥπερ ὁ Πλάτων ἔλεγεν· ἢ γὰρ ἂν καθ' ἕξιν ἔχειν τοὺς λόγους ἔμελλεν· εἰ δὲ μὴ τοῦτο, ἀρχὴν τοῦ εἶναι εἴληφεν. ἔνθεν δὲ καὶ πέρας ἕξει· πᾶν γὰρ τὸ ἀρξάμενον κατὰ χρόνον καὶ πέρας ἔχει κατὰ χρόνον. οὐκ ἄρα ἀθάνατος. καὶ εἰ ταῦτα, ἔστι δὲ κατ' αὐτοὺς καὶ ὁ κόσμος ἀίδιος, ἀνάγκη δυοῖν θάτερον ἢ ἀθανάτους οὔσας τὰς λογικὰς ψυχὰς ἀπείρους εἶναι καὶ γίνεσθαι (ἄπειρον γὰρ καὶ τὸ παρελθὸν καὶ τὸ γενησόμενον), ἢ εἰ τοῦτο ἀδύνατον, θνητὰς εἶναι ὥσπερ καὶ τὰ λοιπά, καὶ ἢ εἰς τὸ μηδαμῇ μηδαμῶς ὂν χωρεῖν, εἴπερ εἰσὶν ἀσώματοι, ἢ εἰς ὕλην ἀναλύεσθαι, καὶ οὕτως ἔσονται σώματα. λύεται δὲ τούτοις, ὡς οὐ λέγεται ἡ ψυχὴ δυνάμει, ὡς ἂν τὸ σπέρμα δυνάμει ἄνθρωπον εἴποιμεν· ἀλλ' ἐπειδὴ ἑκάστου τοῦ σημαινομένου δυνάμει πλάτος τι θεωρεῖται (λέγομεν γὰρ καὶ τὴν πρώτην ὕλην δυνάμει εἶναι ἄνθρωπον καὶ τὰ στοιχεῖα καὶ τὸ σπέρμα, καὶ πάντα κατὰ τὸ πρότερον, οὐ μέντοι ὁμοίως ἀλλὰ τὸ μὲν ἐγγυτέρω τοῦ πράγματος, τὸ δὲ πορρωτέρω, καὶ κατὰ τὸ δεύτερον δὲ τὸ καθ' ἕξιν δυνάμει πλάτος πολύ· ἄλλως γὰρ ὁ ἐγρηγορὼς μὴ ἐνεργῶν δὲ τὸ γεωμετρεῖν, καὶ ἄλλως ὁ καθεύδων δυνάμει καὶ καθ' ἕξιν γεωμέτραι λέγονται), οὕτω καὶ ἡ ψυχὴ κἂν δυνάμει λέγηται καὶ ἀγράφῳ ἐοικέναι γραμματείῳ, διὰ τὴν ἐκ τῶν παθῶν τῆς γνώσεως ἐπιπρόσθησιν τοῦτο λέγεται δοκοῦσα μήδ' ὅλως ἔχειν. δόξειε δ' ἂν καὶ ὁ καθεύδων γεωμέτρης ἐστερῆσθαι πάντῃ, καὶ ὁ νοῦς τῷ τῇ γενέσει πεφύρθαι ἔοικέ που τῷ καθεύδοντι ἢ καρουμένῳ. ὡς οὖν ὁ ἥλιος τὰ χρώματα, δυνάμει ὄντα ἐν τῇ νυκτί, ἀνατείλας ποιεῖ ἐνεργά, οὐ τὴν ὑπόστασιν παρέχων αὐτοῖς, ἀλλ' ὑφεστηκότα καὶ ἄδηλα ἐμφανῆ ποιῶν, οὕτω καὶ ὁ ἐνεργείᾳ νοῦς τελειοῖ τὸν δυνάμει, οὐκ ἐντιθεὶς ἐν αὐτῷ μὴ ὄντα εἴδη, ἀλλὰ κρυπτόμενα διὰ τὸν ἀπὸ γενέσεως κάρον ἐκφαίνων. καὶ ταῦτα μὲν ἐκεῖνοι· καὶ τοιοῦτόν τι κατ' αὐτοὺς τῇ ψυχῇ τῆς ἀγνοίας τὸ αἴτιον. οἷς δὲ τὰ θεῖα φιλοσοφεῖται καὶ οὔτε προΰπαρξις οὔτε μεθύπαρξις τῆς ψυχῆς τοῦ σώματος δογματίζεται, ἀλλ' ἅμα ἄμφω παρὰ τοῦ δημιουργοῦ λαμβάνειν τὴν οὐσίωσιν καὶ τὴν ὕπαρξιν, κἂν ἡ μὲν τελείαν εὐθύς, ὅτιπερ ἄυλος καὶ ἀσώματος, τὸ δὲ πληροῦσθαι διὰ τῆς κατὰ μικρὸν ἐπιδόσεως διὰ τὸ ὑλῶδες καὶ τὸ ἐκ τῶν στοιχείων συντίθεσθαι, ἑτέρως καὶ περὶ τῆς ἀγνοίας αὐτῆς δογματίζεται· τῷ γὰρ μὴ εὐφυῶς ἔτι τὸ ὄργανον ἔχειν κατὰ τὴν βρεφικὴν ἡλικίαν οὔτε πάσας οὔτε τελείας τῆς ψυχῆς τὰς ἐνεργείας κεχώρηκεν αὐτῆς τελείας οὔσης, διαρθρουμένου δὲ τῷ χρόνῳ καὶ τελειουμένου τέλειαι καὶ ὁλόκληροι αἱ ψυχικαὶ δυνάμεις ἐγγίνονται.

Ἔτι κἀκεῖνο ἐπισκεψώμεθα, ἆρα ἐνδέχεται τῶν παντάπασι κεχωρισμένων τῆς ὕλης θείων εἰδῶν νοεῖν τι τὸν ἡμέτερον νοῦν ἀχώριστον ὄντα αὐτὸν μεγέθους καὶ ἔτι συνόντα σώματι. ἢ τοῦτο μὲν καὶ προηπόρηται καὶ προλέλυται, ὡς καὶ νοεῖ ταῦτα καὶ παραμένων σώματι, εἰ καὶ μὴ οὕτως ὡς μετὰ τὴν ἀπαλλαγὴν

---

1 ἅπερ B ὁ Πλάτων ἔλεγεν] Phaedo 18 p. 72 E 2 ἢ γὰρ C 3 δὲ om. C 6 ψυχὰς om. B 8 ὂν] οὐ B 12 καὶ πάντα A: οὐ μέντοι BC 15 γὰρ] δὲ C 16 λέγονται] λέγεται C 17 λέγηται B²: λέγεται AC 18 δοκοῦσα A²: δοκοῦσαν BC 21 ἐνεργά] ἐνεργεία AC 23 ante κρυπτόμενα add. τὰ A² 33 καὶ (ante τελειουμένου) om. B ante αἱ add. καὶ A 36 ἢ—σώματι (37) om. B

τῆς παχύτητος· καὶ τὸ θειότατον καὶ ἀθάνατον αὐτοῦ τῆς φύσεως ἐν τούτῳ δείκνυται μάλιστα. πολλοὶ γὰρ τῶν πάλαι φιλοσοφησάντων μακαρίων ἀνδρῶν καὶ πολλάκις περὶ αὐτῶν ἡμᾶς ἐδίδαξαν, καὶ ἡμεῖς δὲ ὅταν εἰς τὸν κόσμον ἀποβλέποντες πρὸς τὴν τοῦ θεοῦ ἀναγώμεθα ἔννοιαν, οὐ τὸ πᾶν τοῦτο αἰσθήσεως ἢ φαντασίας εἶναι τιθέμεθα, ἢ ὅσον ἐρεθίσαι τοὺς ἐναποκειμένους ἐν ἡμῖν λόγους, ἀλλὰ τοῦ ἀκροτάτου τῆς ψυχῆς μέρους καθαρὰς ἐννοίας. πρὸς τούτοις κἀκεῖνο ζητήσωμεν, πότερον ὃν ὑμνοῦμεν ἐνεργείᾳ νοῦν καὶ τελειοῦντα τὸν δυνάμει ἐν ἡμῖν ἐστιν, ὥσπερ ὁ δυνάμει, ἢ ἔξωθεν καὶ οὐχ ἡμέτερος. τινὲς μὲν ἴσως ὑπολάβοιεν ἂν τὸν θεῖον τοῦτον εἶναι καὶ δημιουργικὸν καὶ καθόλου, ἐπεὶ τὰ πάντα ποιεῖν ἀκούουσι καὶ νοεῖν· οὐ γὰρ ἀνθρωπίνου νοὸς τοῦτο. τοῦτο δὲ οἶμαι λέληθεν αὐτούς· οὐ γὰρ θεολογοῦμεν ἐνταῦθα. ἄλλοι ἕτερον ἔξωθεν καὶ αὐτόν, δεύτερον μὲν τοῦ πρώτου καὶ θείου, προσεχῶς δὲ καὶ ὑπερκείμενον ἡμῶν καὶ ἐλλάμποντα τῷ ἡμετέρῳ νῷ. πρὸς τοῦτο καὶ τὸ τοῦ φωτὸς αὐτοῖς τείνει παράδειγμα. ἕτεροι οὐκ ἀλλότριον τῆς ἡμετέρας ψυχῆς, ἀλλ' ἐν αὐτῇ καὶ δύο νόας εἶναι, τὸν μὲν δυνάμει τὸν δὲ ἐνεργείᾳ, καὶ τὸν δυνάμει τελειοῦσθαι ὑπὸ τοῦ ἐνεργείᾳ, καὶ τὸν μὲν δυνάμει ἀεὶ ἐν τῇ ψυχῇ εἶναι, τὸν δὲ ἐνεργείᾳ θύραθεν ἐπεισιέναι. ἄλλοι τὸν διδασκαλικὸν τοῦτον εἶναι, ὃς τελειοῖ τὸν ἐν ἄλλῳ δυνάμει παρατιθέμενος τὰ τῶν ἐπιστημῶν θεωρήματα καὶ νοήματα, καὶ αὐτὸς ἐκ δυνάμεως εἰς ἐνέργειαν ἀχθείς ποτε. πέμπτη πρὸς τούτοις δόξα, ἣν οἶμαι καὶ μᾶλλον ἀληθῆ, ἣ ἕνα καὶ τὸν αὐτὸν εἶναι λέγει τὸν δυνάμει καὶ ἐνεργείᾳ, καὶ οὐκ ἔξωθεν ἀλλ' ἐν μιᾷ τῇ αὐτῇ ψυχῇ καὶ ἐν ἑνὶ καὶ τῷ αὐτῷ καθ' ἕκαστα ἀνθρώπῳ, διαφέροντα δὲ ἑαυτοῦ τῷ τελείῳ καὶ ἀτελεῖ. κατ' ἄλλην δὲ καὶ ἄλλην ἐκδοχὴν καὶ αἱ λοιπαὶ δόξαι προσβιβαζόμεναι ἀληθεύουσι.)

Τούτων οὕτω διωρισμένων λείπεται καὶ περὶ τοῦ ὀρεκτικοῦ μορίου τῆς ψυχῆς εἰπεῖν. πρότερον δὲ ἐκεῖνο τῶν ἀναγκαίων ἐγνῶσθαι ὡς ἔστι τις ἀναλογία τῆς αἰσθητικῆς ψυχῆς καὶ τῆς διανοητικῆς, καὶ ὡς ὁρμὴ καὶ ὄρεξις ἀμφοτέροις, καὶ ἡ μὲν κατὰ νοῦν ἀγαθῶν οὖσα καλεῖται βούλησις, κακῶν δὲ φυγή. τὸ μὲν δὴ αἰσθάνεσθαι ὅμοιον τῷ φάναι μόνον ἐντὸς τὴν ψυχὴν καὶ νοῆσαι ὅρον ἁπλῶς· ὅταν δὲ ἡδὺ ἢ λυπηρὸν ὧδε, ἐκεῖ οἷον κατάφασις καὶ ἀπόφασις, καὶ τότε δὴ ἡ ψυχὴ ἢ διώκει ἢ φεύγει. ὅταν γὰρ ἡ αἴσθησις τὴν οὐσίαν τῶν αἰσθητῶν γινώσκῃ, οἷον τοῦ θερμοῦ ὡς θερμοῦ, διακρίσεως μόνης αἰσθάνεται καὶ πυρώδους οὐσίας· ὅταν δὲ μετὰ φαντασίας ὡς πρὸς τὸ ζῷον ἀναφέρουσα κρίνῃ οὐ μόνον ὡς αἰσθητήν, ἀλλὰ καὶ ὡς ἀνιαρὰν ἢ ἡδεῖαν, ὄρεξις λέγεται, καὶ ἢ φεύγει ὡς φθαρτικὴν ἢ διώκει ὡς σωστικήν. καὶ ἔστι τὸ ὀρεκτικὸν ταὐτὸ τῇ αἰσθητικῇ δυνάμει κατὰ τὸ ὑποκείμενον, τῷ λόγῳ δὲ διάφορον· ἡ μὲν γὰρ αἴσθησις, ὥς γε εἴρηται, ἁπλῆ ἐστι τοῦ αἰσθητοῦ γνῶσις ὡς αἰσθητοῦ, ἡ δὲ ὄρεξις ὡς φθαρτικοῦ τοῦ ζῴου ἢ σωστικοῦ. καὶ οὐκ ἄλλο τι τὸ

---

2 πάλιν B 4 ἀναγόμεθα AC 5 εἶναι τιθέμεθα om. A 6 καθαραὶ ἔννοιαι A τούτους C 9 τοῦτο B 20 δόξα om. A[1] 24 ἀληθεύσουσι AC 27 post ἀναλογία add. καὶ AC 28 ante ἀμφοτέροις add. ἐν AC ἀμφοτέραις A[2] 29 τῷ] τὸ A 32 γινώσκει AC 36 ταὐτὸ] τοῦτο B 38 φθαρτικοῦ — σωστικοῦ scripsi: φθαρτικὴ — σωστική libri post τι add. ἐστι AC

ἥδεσθαι ἢ λυπεῖσθαι καὶ τὸ φεύγειν ἢ διώκειν, ἅπερ εἰσὶ τοῦ ὀρεκτικοῦ ἐνέργειαι, ἢ τὸ αἰσθάνεσθαι ὡς συμμέτρου ἢ ἀσυμμέτρου αὐτῷ. καὶ αὕτη μὲν ἡ κατὰ τὴν αἴσθησιν ὄρεξις, ἥτις ἔσται καὶ ἐν ἀλόγοις, σύνθετος ἐκ φαντασίας καὶ αἰσθήσεως. ἡ δὲ κατὰ τὸν λόγον καὶ τὸν πρακτικὸν νοῦν, ἐπειδήπερ ὑπόκεινται τῇ διανοητικῇ ψυχῇ τὰ φαντάσματα μνήμῃ σωζόμενα ὥσπερ τῇ αἰσθήσει τὰ αἰσθητά, εἰς ἅπερ ὁ νοῦς ὁρᾷ, ὅταν μὲν ὡς ἁπλοῦν τὸν τύπον ἴδῃ τοῦ αἰσθητοῦ, ἁπλοῦν αὐτοῦ ἴσχει τὸ νόημα, καθ' ὃ γίνεται ἀληθεύων περὶ τῶν αἰσθητῶν ἄνευ συνθέσεως, ἀναλογῶν τῇ ἁπλῇ αἰσθήσει· ὅταν δὲ ὡς ἀγαθόν τι τούτων ἢ κακὸν ὑπολάβῃ τῷ ζώῳ, ἤδη σύνθετον γίνεται, ᾧ ἕπεται φυγὴ καὶ δίωξις, ἀνάλογος τῇ τοῦ ἡδέος αἰσθήσει καὶ λυπηροῦ. καὶ ἡ μὲν κατ' αἴσθησιν ὄρεξις ἀεὶ τοῦ παρόντος, ἡ δὲ λογιστικὴ καὶ τοῦ μέλλοντος. ὡς γὰρ παρούσης αἰσθήσεως κινούμενον τὸν φρυκτὸν ὁ νοῦς ὁρῶν ὁ πρακτικὸς γνωρίζει ὅτι πολέμιοι, καὶ διώκειν ἐπιτάττει ἢ φεύγειν, οὕτω καὶ αἰσθήσεως ἀπούσης ἀναπλάττων τοῦτο τῇ φαντασίᾳ, ὡς εἴ ποτε τοιοῦτον ἔσεται, τί δεῖ ποιεῖν, βουλεύεται περὶ τῶν μελλόντων συντιθεὶς πρὸς τὰ παρόντα, καὶ κρίνας διώκει ἢ φεύγει. τοῦτο δέ ἐστι τὸ ἐν τοῖς πρακτοῖς ἀγαθὸν ἢ κακόν· ταῦτα γὰρ καὶ τέλη καὶ ἀρχαὶ τῷ πρακτικῷ νῷ, δι' ἃ τὴν αἵρεσιν ποιεῖται καὶ τὴν φυγήν. οὐ μόνον δὲ ἐπὶ τοῦ πρακτικοῦ νοῦ ἀρχὴ τελικὴ τὸ ἀγαθὸν ἢ κακόν, ἀλλὰ καὶ τοῦ θεωρητικοῦ, ᾧ ἔργον τὸ ἀληθὲς ἰδεῖν καὶ τὸ ψεῦδος· ἔστι γὰρ τὸ ἀληθὲς καὶ τὸ ψεῦδος ἀγαθὸν καὶ κακὸν ἄνευ πράξεως. διαφέρει μέντοι τὸ ὡς ἀληθὲς ἀγαθὸν τοῦ πρακτικοῦ ἀγαθοῦ καὶ τὸ ὡς ψευδὲς κακὸν τοῦ πρακτικοῦ κακοῦ, ὡς ἐκεῖ μὲν τὸ ἀληθὲς ἁπλῶς ἐστιν ἀγαθὸν καὶ φύσει, καὶ τὸ ψεῦδος ὁμοίως κακόν, τὸ δ' ἐν τοῖς πρακτοῖς οὐχ ἁπλῶς ἀλλὰ ποτὲ καὶ τινί, οἷον τὸ λούσασθαι ἢ βαδίσαι ἢ γυμνάσασθαι· καὶ τὸ μὲν τῆς λογικῆς ψυχῆς πρακτικὸν οὐδὲν νοεῖ ἄνευ φαντάσματος, τὸ δὲ θεωρητικὸν οὐ πᾶν. καὶ ἔτι μᾶλλον ὁ ἐνεργείᾳ νοῦς γεωμετρικὰς μέν τινας θεωρίας φαντάσεται ὡς περί τι πρακτικάς· ὅταν δὲ θεωρῇ τὸ νόημα τὸ περὶ τοῦ τριγώνου, ὅτι αἱ τρεῖς γωνίαι δυσὶν ὀρθαῖς ἴσαι καὶ αἱ δύο πλευραὶ τῆς λοιπῆς μείζους καὶ τὰ ὅμοια, εἰ καὶ τὸ τρίγωνον ἄνω καὶ κάτω φέρομεν, ἀλλ' οὖν τὸν λόγον αὐτὸν καθαρὸν ἐπισκοποῦμεν. καὶ ὅταν τὰς λογικὰς μεθόδους ἀποδεικνύῃ ὡς τρία σχήματα τοῦ κατηγορικοῦ συλλογισμοῦ καὶ τρόποι ἀποδεικτικοὶ τόσοι καὶ ἀντιστροφὴ προτάσεων (τοῦτο καὶ ἐῶ λέγειν, ὅταν περὶ τῶν νοητῶν καὶ ἀύλων εἰδῶν συλλογίζηται), πῶς ἢ τίνα φαντάσεται; ἐπεὶ δὲ τῶν νοητῶν, ὡς πολλάκις εἴρηται, τὰ μὲν ἐνεργείᾳ καὶ φύσει νοητὰ τὰ δὲ θέσει, ὄντα φύσει αἰσθητά, οἷα τὰ μαθηματικὰ σχήματα, κινήσεις καὶ ἁρμονίαι καὶ ἀναρμοστίαι αἵ τε τῶν αἰσθητῶν ἕξεις καὶ διαθέσεις καὶ οἱ φυσικοὶ λόγοι, ἀδύνατον ἄνευ αἰσθήσεως τὴν περὶ ταῦτα ἐπιστήμην ἐγγενέσθαι τῇ ψυχῇ. διὰ τοῦτο μὴ αἰσθανόμενος μηδὲν οὐδ' ἂν μάθοι τούτων, ὅταν τε θεωρῇ, ἀνάγκη ἐν φαντάσματι θεωρεῖν·

---

3 ὄρεξις om. B   6 μὴ (μὲν supra) B   7 ἴδοι A   9 κακῶν A[1]   12 φρικτὸν C
14 ἔσεται sic libri   16 πρακτοῖς scripsi: πρακτικοῖς libri   23 τὸ] τὰ B
πρακτικοῖς BC   27 τρίγωνος B   29 τὸ] τῷ C   κατὰ B   30 ἀποδεικνύει A[1]
33 συλλογίζεται A[1]C   35 ἁρμονίαι] ἁρμοστία A   ἀναρμοστία AC   37 διὰ τοῦτο κτλ. cf. de An. Γ 8. 432 a 7   38 τε om. B   φαντάσμασι AC

τὰ γὰρ φαντάσματα ὥσπερ αἰσθήματά εἰσιν ἄνευ ὕλης. τὰ μέντοι πρῶτα νοήματα τὰ περὶ τῶν ἀύλων εἰδῶν τῶν φύσει νοητῶν καὶ ἐνεργείᾳ, ἐπείπερ ἄνευ αἰσθήσεως, καὶ ἄνευ φαντασίας. ἔστι γὰρ ἡ φαντασία ἕτερον φάσεως καὶ ἀποφάσεως· συμπλοκὴ γὰρ νοημάτων ἐστὶ τὸ ψεῦδός τε καὶ τὸ ἀληθές. Ὥσπερ δὲ ὁ ἀὴρ παθὼν ὑπὸ χρώματος τοιανδὶ τὴν κόρην ἐποίησεν, αὕτη δὲ ἕτερον τὸ πνεῦμα τὸ ὀπτικόν, καὶ ἡ ἀκοὴ καὶ ἡ ὄσφρησις καὶ αἱ λοιπαὶ κατ' εἶδος αἰσθήσεις εἰς οἰκεῖον ἔνδον ἑκάστη τὸ κατάλληλον ἀπὸ τῶν ἔξω καταντᾷ τέλος, ἓν μὲν τῷ ὑποκειμένῳ διάφορον δὲ τῷ λόγῳ, οὕτω καὶ κοινόν τι πέρας πάλιν τὸ ὁρίζον εἰς ἓν καὶ συνάγον φανήσεται τὰ διάφορα πέρατα, τὸ ἁπλῶς αἰσθητικὸν τῆς ἁπλῆς αἰσθήσεως, καθάπερ καὶ πρόσθεν ἐλέγετο. ὡς γὰρ λευκὸν καὶ μέλαν ἑνὶ τῷ ὑποκειμένῳ τῷ ὀπτικῷ κρίνεται, διαφόρῳ δὲ τῇ δυνάμει, καὶ βαρὺς ψόφος καὶ ὀξὺς ἑνὶ τῷ ἀκουστικῷ, καὶ ἐπὶ τῶν ἄλλων, οὕτω τοι καὶ τὸ κοινὸν πρὸς τὰ διάφορα τῶν αἰσθητῶν, χρῶμα ψόφον ὀσμὴν καὶ τὰ λοιπά, ἕξει κριτήριον, ἓν μὲν καὶ ἀμερὲς ὄν, πολυειδὲς δὲ καὶ τῷ λόγῳ διάφορον, πέρας ὂν περάτων καὶ κοινοτήτων κοινότης καὶ κρινόντων κριτήριον. ἔχει δὲ οὕτως ὡς τὸ λευκὸν πρὸς τὸ μέλαν, οὕτω τὸ κρῖνον ἑκάτερον πρὸς τὸ κρῖνον ἑκάτερον· ἀνάλογα γάρ. διὸ καὶ ἐναλλὰξ ὡς ἡγούμενον πρὸς ἡγούμενον καὶ ἑπόμενον πρὸς ἑπόμενον. ἐκεῖνο δ' ἐκείνου ἀντελαμβάνετο, καὶ τοῦτο τούτου ἀντιλήψεται. ἀλλὰ μὴν ἓν τῷ ὑποκειμένῳ τὰ διαφόρως κρίνοντα· μία γὰρ δύναμις ἡ ὀπτική. καὶ ἐπὶ τῶν διαφόρων δὲ τὸ κοινὸν οὕτως ἕξει. ὃ γὰρ ἐπὶ τῶν ὁμογενῶν καὶ ἐναντίων ἐθεωρήσαμεν, τοῦτο καὶ ἐπὶ τῶν ἑτερογενῶν οὐδὲν κωλύει συμβαίνειν. καὶ δὴ ὡς τὸ λευκὸν πρὸς τὸ γλυκύ, τὸ κρῖνον πρὸς τὸ κρῖνον καὶ ἐναλλάξ· ἀνάλογα γάρ. καὶ ὡς ἐκεῖ ἓν τῷ ὑποκειμένῳ τὰ τῶν ἐναντίων ἐφάνη κριτήρια, οὕτω τῶν διαφόρων ὧδε· τί γὰρ διοίσει ἀπορεῖν, πῶς τὰ μὴ ὁμογενῆ κρίνει ἢ τὰ ἐναντία; οὐχ ἀκριβοῦμεν δὲ τὰ τῆς ἀναλογίας. εἰς τί δὲ ὅλως ταῦτα καίπερ ἀπερρηγμένα δοκοῦντα τῆς συνεχείας ἐμβέβληνται, ἢ ὡς ἂν ἐκεῖνο δειχθῇ· ὡς αἴσθησις πρὸς αἰσθήσεις ἔχει ἡ κοινὴ πρὸς μερικὰς καὶ αἰσθητὰ πρὸς αἰσθητά, καὶ νοῦς πρὸς νοήσεις ἕξει καὶ νοητὰ πρὸς νοητά. ὁμοίως γὰρ κἀκεῖ κἀνταῦθα βαθμίδες αἰσθήσεως καὶ νοήσεως, καὶ τὸ συναγωγὸν ἐν ἀμφοτέροις ἐκ πολλῶν ἓν καὶ μία ἡ διὰ πάντων ἥκουσα δύναμις.

III 8 Καὶ δὴ τὰ περὶ ψυχῆς ῥηθέντα συγκεφαλαιώσαντες εἴπωμεν πάλιν ὅτι ἡ ψυχὴ τὰ ὄντα πώς ἐστι· πάντα γὰρ αἰσθητὰ τὰ ὄντα ἢ νοητά. διττὴ δὲ καὶ ἡ τῆς ψυχῆς δύναμις, ἡ μὲν ἐπιστημονικὴ καὶ διανοητικὴ ἡ δ' αἰσθητική. ἔστι δὲ ἡ ἐπιστήμη μὲν τὰ ἐπιστητά πως, ἡ δ' αἴσθησις τὰ αἰσθητά· πῶς δὲ τοῦτο, δεῖ ζητεῖν. τέμνει οὖν ἡ ἐπιστήμη καὶ ἡ αἴσθησις τὰ πράγματα, ἡ μὲν δυνάμει εἰς τὰς δυνάμεις, ἡ δὲ ἐνεργείᾳ εἰς τὰς ἐνεργείας. τῆς δὲ ψυχῆς τὸ αἰσθητικὸν καὶ τὸ ἐπιστημονικὸν δυνάμει ταὐτά ἐστι, τὸ μὲν ἐπιστητὸν τὸ δ' αἰσθητόν. ἀνάγκη δὲ ἢ αὐτὰ τὰ πράγματα ἢ τὰ εἴδη εἶναι.

---

3 γὰρ] δὲ A 10 ἁπλῆς] ἁπλῶς A 12 ἀκουστῷ C 13 τοι om. C 14 κριτήρια B 15 δὲ om. BC 16 κριτήρια B 18 καὶ om. A 19 ἀντιλήψεται scripsi: ἀντιλήψαιτο libri ἓν scripsi: ἐν libri 33 γὰρ ἢ αἰσθητὰ A

αὐτὰ μὲν δὴ οὔ· οὐ γὰρ δὴ ὁ λίθος ἐν τῇ ψυχῇ, ἀλλὰ τὸ εἶδος· ὥστε ἡ ψυχὴ ὥσπερ ἡ χείρ ἐστι· καὶ γὰρ ἡ χεὶρ ὄργανόν ἐστιν ὀργάνων καὶ ὁ νοῦς εἶδος ἐξ εἰδῶν καὶ ἡ αἴσθησις εἶδος αἰσθητῶν. ὡς γὰρ ἡ χεὶρ ὄργανον οὖσα ψυχῆς τελειοῦται διὰ τῆς τῶν αἰσθητῶν ὀργάνων ἐνεργείας, πρίονος σκεπάρνου πηδαλίου καὶ τῶν λοιπῶν, καὶ ἔστιν ἐξ ὀργάνων ὄργανον εἶδος οὖσα αὐτῶν, οὕτω πρὸς πάντα τὰ ὄντα ἡ ψυχή. καὶ ἁπλῶς εἰπεῖν ὑπὲρ τῆς προκειμένης πραγματείας ὡς ἕν τί ἐστι καὶ τὸ πᾶν ὁ πολυύμνητος νοῦς ὁ διὰ πάντων ἥκων ἐν τοῖς ἔχουσι καὶ ταῖς διαφόροις ἐνεργείαις καὶ σχέσεσι ποικίλος γενόμενος. οὗτος τῷ τε σώματι ζωὴν χορηγεῖ καὶ κίνησιν καὶ αἴσθησιν (νοῦς γὰρ ὁρᾷ καὶ νοῦς ἀκούει καὶ γεύεται καὶ ὀσφραίνεται καὶ ἅπτεται τῇ σαρκὶ καὶ τὰς πολλὰς εἰς μίαν συνάγει τὴν κοινὴν αἴσθησιν), καὶ φαντασίαν ποιεῖ κατέχων τὰ τῶν αἰσθητῶν ἐγκαταλείμματα. δόξα δὲ ποιά τις αὐτοῦ περί του τῶν ὄντων ὑπόληψις. ὅταν δὲ διεξοδικῶς ἐνεργῇ καὶ τὰς κοινωνίας ζητῇ τῶν πραγμάτων καὶ ἑτερότητας καὶ τοῖς ἡγουμένοις ἐπισυνάπτῃ τὰ ἑφεπόμενα διανύων ὁδόν τινα ἀπὸ προτάσεων ἐπὶ συμπέρασματα, διάνοια ὀνομάζεται. νοῦς δὲ ὅταν ἁπλῶς ἐπιβάλλῃ καὶ τοῦ ὄντος ἔχηται. καὶ θεωρητικὸς καὶ πρακτικὸς καὶ φθαρτὸς καὶ ἀίδιος καὶ δυνάμει καὶ ἐνεργείᾳ καὶ ψευδὴς καὶ ἀληθὴς λέγεται· τῶν τε γὰρ ἐνεργειῶν τὸ διάφορον καὶ τῶν ἐφ' ἃ ἡ ἐνέργεια, ἥ τε περὶ τὸ σῶμα σχέσις καὶ ἡ τῆς ὕλης ἐπιπλοκὴ καὶ συνθόλωσις πολυειδῆ καὶ μυριώνυμον ἀπειργάσαντο. ἀπολυθεὶς δὲ τῆς γεννήσεως καὶ πρὸς ἑαυτὸν συναχθεὶς γενήσεται τοῦτο καθαρῶς, ὃ λέγεται νῦν, νοῦς ἐνεργείᾳ, λήθης πάσης καὶ ἀγνοίας ἀπηλλαγμένος, ἀεὶ θεωρῶν ἀνεμποδίστως καὶ ἀπλανῶς τοῦ ἀληθοῦς ἐφαπτόμενος, ἑστῶσαν ἔχων τὴν οὐσίαν καὶ ἀμετάβλητον καὶ τελείαν τὴν ἐνέργειαν.

Ἐπεὶ δὲ ἡ ψυχὴ κατὰ δύο ὥρισται δυνάμεις τῶν ζώων, τῷ τε κριτικῷ, ὃ III 9
διανοίας ἔργον ἐστὶ καὶ αἰσθήσεως, καὶ ἔτι τῷ κινεῖν τὴν κατὰ τόπον κίνησιν, περὶ μὲν αἰσθήσεως καὶ νοῦ διωρίσθω ταῦτα· περὶ δὲ τοῦ κινοῦντος, τί ποτέ ἐστι τῆς ψυχῆς, σκεπτέον, πότερον ἕν τι μόριον αὐτῆς χωριστὸν ὂν μεγέθει καὶ τόπῳ ἢ λόγῳ ἢ καὶ πᾶσα ἡ ψυχή· κἂν εἰ μόριόν τι, πότερον ἴδιόν τι παρὰ τὰ εἰωθότα λέγεσθαι καὶ τὰ εἰρημένα, ἢ τούτων ἕν τι. ἔχει δὲ ἀπορίαν εὐθύς, πῶς τε δεῖ μόρια ψυχῆς λέγειν καὶ πόσα. τρόπον γάρ τινα ἄπειρα φαίνεται, καὶ οὐ μόνον ἅ τινες λέγουσι διορίζοντες λογικὸν θυμικὸν ἐπιθυμητικόν, οἱ δὲ τὸ λόγον ἔχον καὶ τὸ ἄλογον. κατὰ γὰρ τὰς διαφοράς, δι' ἃς ταῦτα χωρίζουσι, καὶ ἄλλα φανεῖται μόρια μείζω διάστασιν ἔχοντα τούτων, περὶ ὧν καὶ νῦν εἴρηται, τό τε θρεπτικόν, ὃ καὶ τοῖς φυτοῖς ὑπάρχει καὶ πᾶσι τοῖς ζώοις, καὶ τὸ αἰσθητικόν, ὃ οὔτε ὡς ἄλογον οὔτε ὡς λόγον ἔχον θείη ἄν τις ῥᾳδίως. ἔτι δὲ τὸ φανταστικόν, ὃ τῷ μὲν εἶναι πάντως ἕτερον, τίνι δὲ τούτων ταὐτὸν ἢ ἕτερον, ἔχει πολλὴν ἀπορίαν, εἴ τις θείη κεχωρισμένα μόρια τῆς ψυχῆς.

---

1 μὲν γὰρ δὴ οὐ AC 16 ὄντως B 17 φθαρτικὸς A[1] 20 γενέσεως A 25 τε om. B 28 ἐστι ψυχῇ B 29 καὶ om. A 31 fort. μόριον B 32 τινες—ἄλογον (34)] Plato de Rep. IV p. 439 D sq. λογιστικὸν A ante ἐπιθυμητικόν add. καὶ AC 36 ἔχον om. A: ἔχων C 37 πάντων A 38 θείη] θήσει A[1]

πρὸς δὲ τούτοις τὸ ὀρεκτικόν, ὃ καὶ λόγῳ καὶ δυνάμει ἕτερον ἂν εἶναι δόξειε πάντων. καὶ ἄτοπον δὴ τὸ τοῦτο διασπᾶν· ἔν τε τῷ λογικῷ ἡ βούλησις γίνεται ὄρεξις οὖσα τοῦ ἀγαθοῦ, καὶ ἐν τῷ ἀλόγῳ θυμὸς καὶ ἐπιθυμία· εἰ δὲ τρία ἡ ψυχὴ κατὰ τοὺς τριμερῆ λέγοντας, καὶ ἐν ἑκάστῳ ἔσται ὄρεξις. ἀλλ' οὐ δεῖ οὔτε μίαν οὖσαν τὴν ψυχὴν τεμαχίζειν εἰς διάφορα μόρια οὔτε διαφόρων οὐσῶν τῶν δυνάμεων διοικίζειν ἄλλην ἐν ἄλλῳ μορίῳ τοῦ σώματος. εἰ μὴ γὰρ πᾶσαι διὰ παντὸς ἥκουσι, πῶς ὅλον τραφήσεται ἢ αὐξηθείη ἢ κινηθήσεται;

Πάλιν οὖν ἀναλαβόντες λέγομεν τί τὸ κινοῦν τὸ ζῶόν ἐστι. τὴν μὲν γὰρ κατ' αὔξησιν καὶ φθίσιν κίνησιν, ἅπασιν ὑπάρχουσαν, τὸ πᾶσιν ὑπάρχον δόξειεν ἂν κινεῖν τὸ γεννητικὸν καὶ θρεπτικόν. περὶ δὲ ἀναπνοῆς καὶ ἐκπνοῆς καὶ ὕπνου καὶ ἐγρηγόρσεως (κινήσεις γάρ πως τοπικαὶ καὶ αὗται) ὕστερον ἐπισκεπτέον· ἔχει γὰρ καὶ ταῦτα πολλὴν ἀπορίαν. ἀλλὰ περὶ τῆς κατὰ τόπον κινήσεως τί τὸ κινοῦν τὸ ζῶον τὴν πορευτικὴν κίνησιν, σκεπτέον. ὅτι μὲν οὐχ ἡ θρεπτικὴ δύναμις, δῆλον· ἀεί τε γὰρ ἡ τοπικὴ κίνησις ἕνεκά του καὶ μετὰ φαντασίας ἢ ὀρέξεως· οὐθὲν γὰρ μὴ ὀρεγόμενον ἢ φεῦγον κινεῖται, ἀλλ' ἢ βίᾳ μεταβὰν ἔσται, ὡς Ἱππόλυτος τυχὸν ὑπὸ τῶν ἵππων συναρπασθείς. ἡ δὲ θρεπτικὴ εἰ καὶ ἕνεκά του, ἀλλ' οὐ μετὰ φαντασίας. ἔτι τὰ φυτὰ τὴν θρεπτικὴν ἔχοντα δύναμιν ἦσαν ἂν καὶ πορευτικὰ καὶ εἶχον ἂν μόριον ὀργανικὸν πρὸς τὴν κίνησιν ταύτην. τί δ' ἂν εἴποιμεν περὶ τῆς βώλου, ὅταν ἐπὶ τὰ κάτω φέρηται, ἢ ὅταν ἐπὶ τὰ ἄνω τὸ πῦρ; οὐ γὰρ βίαιος αὕτη ἡ κίνησις, καὶ ὅμως οὐ μετ' ὀρέξεως. ἢ οὐ περὶ πάσης ἡμῖν ἐνταῦθα πρόκειται τοπικῆς διασκοπῆσαι κινήσεως, ἀλλὰ περὶ μόνης τῶν ζώων. ὁ οὐρανὸς δὲ καὶ τὰ οὐράνια κύκλῳ φερόμενα κατ' ὄρεξιν ποιοῦνται τὴν κίνησιν· νοὸς γὰρ μιμοῦνται τὴν εἰς αὑτὸν συστροφήν. ἀλλ' οὐδὲ τὸ αἰσθητικὸν τὸ κινοῦν ἐστι· πολλὰ γάρ ἐστι τῶν ζώων, ἃ αἴσθησιν μὲν ἔχει, μόνιμα δέ ἐστι καὶ ἀκίνητα. εἰ οὖν ἡ φύσις μήτε ποιεῖ μάτην μηθέν, μηθ' ἀπολείπει τι τῶν ἀναγκαίων πλὴν ἐν τοῖς πηρώμασι καὶ ἐν τοῖς ἀτελέσι, τὰ δὲ τοιαῦτα τῶν ζώων τέλειά εἰσι καὶ οὐ πηρώματα (σημεῖον δὲ ὅτι γεννητικά, εἰ καὶ μὴ ὡς τὰ ζῶα ἐκ συνδυασμοῦ, ἀλλ' ὡς τὰ φυτά, καὶ ἀκμὴν ἔχει καὶ φθίσιν)· ὥστ' εἶχεν ἂν καὶ τὰ ὀργανικὰ μόρια τῆς πορείας. ἀπορήσειε δ' ἄν τις, εἰ καὶ παρεκβατικώτερον· εἰ δὴ πολλὰ τῶν ζώων τὴν αἰσθητικὴν ἔχει δύναμιν, τελειοτέραν οὖσαν, τῆς γεννητικῆς ἐστερημένα ταύτης οὔσης ὑποδεεστέρας, πῶς ἐλέγετο ἐν τοῖς ἔμπροσθεν ὅτι οὐ πρότερον τῶν τελειοτέρων ἐνδέχεται μετασχεῖν, εἰ μὴ τῶν καταδεεστέρων τις μετάσχῃ; † ὄρτυγες γὰρ καὶ μυῖαι καὶ σκώληκες καὶ ἄλλ' ἄττα αἰσθητικὰ ὄντα τῆς γεννητικῆς ἐστέρηνται δυνάμεως τῷ αὐτομάτως ἢ ἐκ σήψεως ὕλης φύεσθαι. ἐκεῖνο δὲ πρὸς τοῦτο λέγομεν ὡς ὅσαι τῶν ψυχικῶν δυνάμεων πρὸς τὸ εἶναι συντελοῦσι, ταύτας ἀνάγκη κατὰ τὴν εἰρημένην τάξιν τοῖς ἐμψύχοις παραγίνεσθαι· ὅσαι δὲ πρὸς τὸ εὖ εἶναι οἷον

---

2 λογιστικῷ A 5 τεμμαχίζειν libri 7 αὐξήσεται A 12 πως om. C 17 ὡς ὁ Ἱππόλυτος A 21 ἡ om. B 25 αὑτὸν scripsi: αὐτὸν libri 28 ἐστι A 30 συνδοιασμοῦ AC 31 μέρη AC 32 ἔχοι A 33 ταύτης om. A ἀποδεεστέρας B 35 μετάσχοι AC

ἡ γεννητικὴ πρὸς ἀιδιότητα καὶ διαδοχὴν μόνην, ταύτας οὐκ ἀνάγκη. τοσαῦτα καὶ περὶ τούτων. αὖθις δ' ἐπανιόντες λέγομεν, ὡς οὔτε τὸ λογιστικὸν οὔθ' ὁ καλούμενος νοῦς ἐστιν ὁ κινῶν, οὔτε ὁ θεωρητικὸς οὔθ' ὁ πρακτικός, τῷ τὸν μὲν μηδὲν νοεῖν πρακτόν, οὗ ἕνεκα ἡ κατὰ τόπον κίνησις, ἀλλὰ τῶν καθόλου καὶ νοητῶν ἀντιλαμβάνεσθαι, καὶ μήτε περὶ φευκτοῦ ἢ διωκτοῦ λέγειν· ἡ δὲ κίνησις ἢ φεύγοντος ἢ διώκοντος τί ἐστι. καὶ μᾶλλον δ' ἂν ὑπονοηθείη ἠρεμίας αἴτιος ἢ κινήσεως· θεωρῶν γὰρ προσδεής ἐστι τῆς κατὰ σῶμα ἠρεμίας ὡς ἐκκρουόμενος τῇ κινήσει. οὔτε δὲ ὁ πρακτικὸς ᾖ τοιοῦτος κινήσεως αἴτιος· πολλάκις μὲν γὰρ θεωροῦμεν τῶν φευκτῶν τι ἢ διωκτῶν, καὶ οὐ κινούμεθα ἀλλ' ἐν μόνῃ ψιλῇ τῇ τοῦ πράγματος ἱστάμεθα θεωρίᾳ, ὡς ἄν τις περὶ πολέμου βουλεύοιτο, πῶς ἂν τροπώσαιτο πολεμίους ἐπιόντας ἢ φυγῇ χρήσαιτο· πολλάκις δὲ καὶ μὴ θελόντων κινηθῆναι ἐν τῇ φοβερῶν ἢ ἡδέων διανοήσει, ἡ μέντοι καρδία ἀντιτείνουσα κινεῖται καὶ αἱ τρίχες φρίττουσι. καὶ πάλιν διψῶντος ἐν στρατοπέδῳ στρατιώτου καὶ κελεύοντος τοῦ πάθους ἵεσθαι ἐπὶ πότον, ὁ νοῦς μένειν παρακελεύεται ἐν θεωρίᾳ τοῦ καλοῦ καὶ συμφέροντος. καὶ αὖθις ἐπιτάττοντος τοῦ νοῦ καὶ κελευούσης τῆς διανοίας τῆς πρακτικῆς φεύγειν τι ἢ διώκειν, οὐ κινεῖται ὁ ἄνθρωπος ἀλλὰ κατὰ τὴν ἐπιθυμίαν πράττει, οἷον ἐπὶ τῶν ἀκρατῶν· ἑταίρας γὰρ φανείσης ὁ μὲν νοῦς φεύγειν παρακελεύεται, ἡ δὲ ἐπιθυμία μένειν βιάζεται. καὶ ἔτι αἱ τέχναι πᾶσαι νοῦς οὖσαι πρακτικὸς οὐκ ἐνεργοῦσιν, ὡς ἑτέρου τινὸς ὄντος κυρίου τοῦ ποιεῖν κατὰ τὴν ἐπιστήμην, ἀλλ' οὐ τῆς ἐπιστήμης. ὁρῶμεν γὰρ ὅτι ὁ ἔχων τὴν ἰατρικὴν οὐκ ἰᾶται οὐδὲ ἔρχεται ἐπὶ τὸν ἄρρωστον, ἕως ἂν ἢ τὸ φιλοχρήματον ἢ φιλότιμον κινήσῃ ἢ καὶ ἄλλο τι. ἀλλὰ μὴν οὐδ' ἡ ὄρεξις ἡ ἐμπαθὴς ἥ τε θυμικὴ καὶ ἐπιθυμητικὴ κυρία τῆς κινήσεως· οἱ γὰρ ἐγκρατεῖς ὀρεγόμενοι καὶ ἐπιθυμοῦντες οὐ πράττουσιν ὧν ἔχουσι τὴν ὄρεξιν, ἀλλ' ἀκολουθοῦσι τῷ νῷ.

Εἰ γοῦν μηδὲν εἴη τῶν ἀπηριθμημένων τὸ κινοῦν, τί ἂν εἴη; ἢ φαίνεταί III 10
γε δύο ταῦτα τὰ κινοῦντα, νοῦς καὶ ὄρεξις, ὄρεξις μὲν ἐπὶ τῶν ἐμπαθῶν, νοῦς δὲ ὁ μὲν λογικὸς καὶ πρακτικὸς ἐπὶ τῶν σπουδαίων, ὁ δὲ κατὰ φαντασίαν ἐπὶ τῶν ἀλόγων· ἐν γὰρ ἐκείνοις ἡ νόησις οὐ λογισμός ἐστιν ἀλλὰ φαντασία. καὶ ἡμεῖς δὲ ὅταν ἀπροβουλεύτως μνησθέντες τινὸς ἴωμεν ὄπισθεν αὐτοῦ, κατὰ μόνην φαντασίαν κινούμεθα. τρία οὖν κατὰ τοῦτο τὰ κινητικὰ κατὰ τόπον εἴη ἄν, νοῦς πρακτικὸς φαντασία καὶ ὄρεξις. μήποτε δὲ οὐκ εὐλόγως ἔχῃ λέγειν τοσαῦτα τὰ τῆς κινήσεως αἴτια, ἀλλ' ἓν τοῦτο τίθεσθαι καὶ κοινὸν τὴν ὄρεξιν. εἰ γὰρ καὶ ἐν πλείοσιν ὑφέστηκε, νῷ καὶ θυμῷ καὶ ἐπιθυμίᾳ, ἀλλ' οὖν εἰς ἕν τι συνάγεται καθὸ ὄρεξις. εἰ γὰρ δύο νοῦς καὶ ὄρεξις ἐκίνουν, κατὰ κοινὸν ἄν τι εἶδος ἐκίνουν. νῦν δὲ ὁ μὲν νοῦς οὐ φαίνεται κινῶν ἄνευ ὀρέξεως (ἡ γὰρ βούλησις ὄρεξις· ὅταν δὲ κατὰ λογισμὸν κινῆται, καὶ κατὰ βούλησιν κινεῖται), ἡ δὲ ὄρεξις κινεῖ παρὰ τὸν λογισμόν· ἡ γὰρ ἐπιθυμία

1 γενητικὴ C 2 περὶ τούτου AC 4 πρακτικόν AB 5 καθόλων C 7 κατὰ τὸ σῶμα A 8 δὲ om. A 10 μονῇ B 12 τῇ τῶν φοβερῶν AC 13 αἱ om. C 14 ἴεσθαι libri 18 κελεύεται A 19 πρακτικὴ A[1] 22 κινήσει A[1]C 26 οὐδὲν B 27 τὰ om. AC 31 οὖν] ἂν A 32 ἂν om. A μήποτε δὲ] μήπου τ' οὖν A 33 ἔχει AC 38 κινῆται B

ὄρεξίς τίς ἐστιν. ἓν δὲ λέγομεν τὸ ὀρεκτικὸν οὐχ ὡς μιᾶς φύσεως οὔσης τῆς τε τοῦ νοῦ καὶ τῆς ἐμπαθοῦς, ἀλλ' ὡς τὰ ἀφ' ἑνὸς καὶ πρὸς ἕν. ὄρεξις μὲν οὖν ἀρχὴ κινήσεως τῷ σώματι, ταύτης δὲ τὸ ὀρεκτόν, οἷον κάλλος πόμα νίκη. τοῦτο δὲ τὸ ἀγαθὸν ἢ τὸ ὄντως ἢ τὸ φαινόμενον, καὶ πρακτόν· τοῦτο δέ ἐστι τὸ καὶ ἄλλως ἔχειν δυνάμενον, καὶ περὶ ὃ βουλή, οἷον εἰρηνεῦσαι πολεμῆσαι πλουτῆσαι ὑγιᾶναι. ὅτι μὲν οὖν ἡ τοιαύτη δύναμις τῆς ψυχῆς κινεῖ ἡ καλουμένη ὀρεκτικὴ φανερόν· ὅπως δέ, ὡς ἄν τινος τῇ ψυχῇ ἔφεσις γένηται (τοῦτο δέ ἐστι τὸ ὀρεκτὸν καὶ πρακτὸν ἀγαθόν), καὶ δεῖται τῆς εἰς αὐτὸ μετουσίας καὶ τοπικῆς μεταβάσεως, εὐθὺς τὸ πνεῦμα τὸ ἐν ἐγκεφάλῳ κινεῖ (τοῦτο γὰρ αὐτῇ πρῶτον ὄργανον αἰσθήσεως καὶ κινήσεως, λεπτότατον ὂν ὥσπερ τὸ τῆς ζωῆς ἐν καρδίᾳ)· τὸ δὲ τὰ νεῦρα, πάντων ἐν ἐγκεφάλῳ τὰς ἀρχὰς ἐχόντων· τὰ δὲ τὰ ὀργανικὰ τοῦ σώματος μόρια, χεῖρας καὶ πόδας καὶ τὰ λοιπά· τούτοις δὲ τὸ ὅλον σῶμα μετάγεται καὶ οὕτω κίνησις γίνεται. ἐπεὶ δὲ ἡ ὄρεξις ἢ ἐν νῷ ἢ ἐν τῷ πάθει, ποτὲ μὲν κατορθουμένη ποτὲ δ' ἡμαρτημένη ἡ πρᾶξις γίνεται. εἰ μὲν γὰρ ὁ νοῦς ἄρχοι, κατορθοῖ· πᾶς γὰρ νοῦς ᾗ νοῦς ὀρθός ἐστιν· εἰ δὲ ἡ ἐμπαθής, ἁμαρτάνει. καὶ ἀεὶ μὲν ὁ πρακτικὸς νοῦς ἕνεκά του (τῆς πράξεως γάρ), ὁ θεωρητικὸς δ' οὔ. τέλος δ' ἐκείνῳ μὲν ἡ πρᾶξις, τῷ δὲ ἡ θεωρία. καὶ μέντοι καὶ ἡ ὄρεξις ἕνεκά του πᾶσα· τοῦ ὀρεκτοῦ γάρ. τὸ δὲ ἀρχὴ μὲν τῷ πρακτικῷ νῷ γίνεται βουλευομένῳ, τέλος δὲ τῆς πράξεως. οἷον ῥιγῶντες βουλευόμεθα ὅτι δεῖ σκέπης· τοῦτο δ' ἂν γένοιτο, εἰ ἐπινοηθείη τι ἡμῖν περιβόλαιον· τοῦτο δὲ εἰ στήμονα καὶ κρόκην συνάψαιμεν· ταῦτα δὲ ἐξ ἐρίων, ἐκ τῶν προβάτων δὲ τὰ ἔρια· δεῖ οὖν ὠνήσασθαι πρόβατα. καὶ εἰς τοῦτο τοῦ πρακτικοῦ νοῦ λήξαντος ἐντεῦθεν ἡ πρᾶξις ἄρχεται· ὠνούμεθα πρόβατα, κείρομεν τὰ ἔρια, στήμονα καὶ κρόκην ποιοῦμεν· ταῦτα δὲ συμπλέξαντες ποιοῦμεν περιβόλαιον· καὶ ἐνταῦθα κατέληξε πάλιν ἡ πρᾶξις, ἔνθα ἤρξατο ἡ θεωρία. καὶ δὴ περὶ τοῦ αὐτοῦ λογίσαιτ' ἂν πολλάκις καὶ ὁ θεωρητικὸς νοῦς, εἰς ὃ καὶ ὁ πρακτικός, οὐχ ὁμοίως δέ· ὁ μὲν γὰρ αὐτὴν τὴν φύσιν τοῦ πράγματος ἐπισκέψαιτο μόνην ὅπως ἔχοι, οὐκ εἰδὼς εἴτε πρακτόν ἐστιν εἴτε μή, οἷον τίς ποτε φύσις ὑγείας καὶ τίς ἡ τῶν σωμάτων κρᾶσις, καὶ οὐ πρὸς μερικὸν ἀλλὰ καθόλου· ὁ δὲ ὅπως ἂν τόδε τὸ σῶμα ψυχρὰν ἔχον δυσκρασίαν ἰάσαιτο, πάντα μερικά. μήποτε δὲ καὶ ὁ θεωρητικὸς κινεῖ· ὅτι μὲν γάρ ἐστί τις ὄρεξις καὶ αὐτῷ, πρόδηλον. ὀρεγόμεθα γὰρ μαθημάτων καὶ τῆς τῶν πραγμάτων θεωρίας καὶ τῆς πρὸς τὸ θεῖον ἀνατάσεως· ἔνθεν καὶ πρὸς τοὺς διδασκάλους φοιτῶμεν ἑαυτοῖς ἐξευρεῖν μὴ δυνάμενοι, οἵ τε διδάσκαλοι πρὸς τοὺς διδαχθῆναι ὀφείλοντας ἔρχονται ὀρεχθέντες τούτου. κἂν τελειωθέντα δέ τις ὑποθοῖτο τὸν ἡμέτερον νοῦν καὶ γενόμενον ἐνεργείᾳ, καὶ τότε προσδεὴς ἔσται τῆς ἀπ' ἄλλου γνωστοῦ ἐπ' ἄλλο μεταβάσεως, ὡς καὶ νῦν ὁρῶμεν τοὺς ἐπιστήμονας· οὐ γὰρ δὴ πάντα προχείρως ἕξει ὡς ὁ θεῖος ἀθρόως καὶ μιᾷ ἐπιβολῇ καὶ ἀεὶ πάντων τῶν ὄντων ἑστῶσαν ἔχων τὴν θεωρίαν, ἀλλ' ἀφ' ἑτέρου ἐφ' ἕτερον θεώρημα μεταβαίνων ἔσται·

---

3. 8 ὀρεκτικόν B 19 βουλομένῳ BC 26 ἔνθα] ὅθεν A 31 post πάντα add. δὲ A 39 ἕξοι ὥσπερ A

τοῦτο δὲ ὀρέξεως ἄνευ ἀδύνατον. ὥστε γένοιτ' ἂν ποτε καὶ ἡ ἐν τῷ θεωρητικῷ νῷ ὄρεξις αἰτία τῷ σώματι τῆς κατὰ τόπον κινήσεως. ἢ πρὸς ταῦτα ἐκεῖνο συντόμως εἰπεῖν, ὡς οὐκ αὐτόθεν ἡ ἐν τῷ θεωρητικῷ ὄρεξις κινητική ἐστι τοῦ σώματος, ἀλλ' ὀρεχθεὶς τοῦ μαθεῖν τι ἢ διδάξαι, ἐπεὶ μὴ οἷόν τε τοῦτο γενέσθαι ἄνευ τῆς κατὰ τόπον κινήσεως, ἐπιτρέπει τῷ πρακτικῷ νῷ ποιήσασθαι τὴν τοῦ σώματος κίνησιν, ὁ δὲ κινεῖ· ἐπεὶ καὶ ὑγιαίνειν τὸ σῶμα βούλεται, ἵνα μὴ πρὸς τὴν ἐνέργειαν ἐμποδίζηται, καὶ λουτροῖς ἔνθεν καὶ γυμνασίοις χρῆται· οὐχ ᾗ δὲ θεωρητικός, ἀλλ' ᾗ πρακτικός, ὡς εἷς τῷ τέλει διαφέρων. ὅτι μὲν οὖν κατ' ὄρεξιν ἐν τοῖς ζώοις ἡ κίνησις, δῆλον ἐκ τούτων.

Ἐπεὶ δ' ὀρέξεις γίνονται ἐναντίαι ἀλλήλαις, τοῦτο δέ, ὅταν λόγος ἐπιθυμίᾳ μάχηται, σκεπτέον ὅπως ποτὲ ταῦτ' ἔχει. ὁ μὲν γὰρ λόγος σωφροσύνης καὶ δικαιοσύνης ὀρέγεται, τὰ δὲ πάθη τὸ μὲν ἐπὶ τὸ φιλήδονον, τὸ δὲ ἐπὶ τὸ φιλότιμον ἐκκαλεῖται· καὶ ὁ μὲν διὰ τὸ μέλλον ἀνθέλκειν κελεύει, ἡ δὲ ἐπιθυμία διὰ τὸ ἤδη ἡδύ· φαίνεται γὰρ τὸ ἤδη ἡδὺ καὶ ἁπλῶς ἡδὺ καὶ τὸ παρὸν ἀγαθὸν καὶ ἁπλῶς ἀγαθὸν διὰ τὸ μὴ ὁρᾶν τὸ μέλλον. καὶ δήπου τῷ πυρέττοντι ψυχροῦ ἐφιεμένῳ ὁ μὲν νοῦς ὁρῶν τὸ μέλλον κακὸν ἐκ τῆς πόσεως ἀποτρέπει πιεῖν, ἡ μέντοι ἐπιθυμία τὸ παρὸν ὁρῶσα βιάζεται· καὶ οὕτω λοιπὸν συμβαίνει τὴν μάχην τῶν ὀρέξεων γίνεσθαι. τοῦτο δ' ἐν μόνοις ἀνθρώποις τοῖς καὶ χρόνου αἴσθησιν ἔχουσιν, οὔτε δὲ ἐν τοῖς κρείττοσιν οὔτε ἐν τοῖς χείροσι· τοῖς μὲν γὰρ οὐκ ἔστιν ἀλογία, τοῖς δ' οὐκ ἔστι λόγος. τούτων οὕτως ἐχόντων ἀνάγκη τὸ κινοῦν τὴν κατὰ τόπον κίνησιν τὸ ζῷον μὴ ἓν εἶναι, ἀλλὰ γένει μὲν ἕν, εἴδει δὲ καὶ ἀριθμῷ πλεῖστα. αὐτίκα ποιητικὸν μὲν καὶ πρῶτον αἴτιον αὐτὴ ἡ ὄρεξις· δεύτερον δὲ ᾧ κινεῖ. τοῦτο δὲ διττόν, τὸ μὲν κινοῦν μέν, οὐ κινούμενον δέ, ὡς τὸ ὀρεκτόν, οἷον ὑγεία, νίκη, ὃ δὴ καὶ τελικὸν κινήσεως αἴτιον· τὸ δὲ κινούμενόν τε καὶ κινοῦν, ὅπερ ἐστὶν ὀργανικόν, τὸ ἐν ἐγκεφάλῳ πνεῦμα· τούτῳ γὰρ ὀργάνῳ πρώτῳ πρὸς τὴν αἴσθησιν καὶ κίνησιν ἡ ψυχὴ χρῆται. ὅθεν καὶ εἴ τις ἔμφραξις ἐν νεύρῳ γένοιτο τοῦ πνεύματος κωλύουσα τὴν δίοδον, τὸ μὲν ἀνωτέρω κινήσεται τὸ κάτω δ' οὔ. εἰδικὸν δὲ αὐτὴ ἡ κίνησις, ἧς ζητοῦμεν τὰ αἴτια. κινούμενον δὲ τὸ ζῷον. τὸ μέντοι πνεῦμα καὶ ἀρχὴ καὶ τέλος ἐστί· καθὸ μὲν γὰρ μέσον ὂν τῆς ἀσωμάτου καὶ ἀύλου φύσεως καὶ τοῦ παχέος τούτου σώματος, καὶ δι' αὐτοῦ δευτέρως καὶ κίνησις χορηγεῖται καὶ αἴσθησις, εἴη ἂν ἀρχή· καθὸ δὲ ἄλλοθεν κινεῖται καὶ εἰς αὐτὸ ἀποτελευτῶσιν αἱ τῆς ψυχῆς ἐλλάμψεις καὶ ζωαί, γένοιτ' ἂν τελευτή. ὅθεν ἕν ἐστι καὶ οὐχ ἕν, καὶ κινούμενον καὶ ἀκίνητον. θεωρητέον δὲ περὶ αὐτοῦ ὕστερον ἐν τοῖς κοινοῖς ἔργοις ψυχῆς καὶ σώματος διεξοδικώτερον· νῦν δ' ὡς ἐν κεφαλαίῳ εἰπεῖν ὅτι τὸ κινοῦν ὀργανικῶς, ὅπου ἂν ἀρχὴ καὶ τελευτὴ τὸ αὐτό, ὡς ἐν θύρᾳ καὶ κιβωτίῳ ὁ γίγγλυμος· ἐνταῦθα γὰρ τὸ κυρτὸν καὶ τὸ κοῖλον τὸ μὲν τελευτή, τὸ δ' ἀρχή. διὸ τὸ μὲν ἠρεμεῖ τὸ δὲ κινεῖται, λόγῳ μὲν ἕτερα ὄντα, μεγέθει δὲ ἀχώριστα· πάντα γὰρ ὤσει καὶ ἕλξει κινεῖται.

---

3 ὄρεξις repetit B 8 post εἷς add. ὢν AC 11 ἔχοι A 14 φαίνεται γὰρ τὸ ἤδη ἡδὺ om. B τὸ ἤδη scripsi, cf. de An. 433b9: τὸ τόδε AC 23 ante αὐτὴ add. ἡ A 26 τούτῳ scripsi: τοῦτο libri 29 αὐτὴ] αὕτη A[1] 31 παχέως C 33 ἐλλάψεις C 34 post ὅθεν add. καὶ A 37 γίγγλυμος scripsi: γιγγλυσμός libri

διὸ ὥσπερ ἐν κύκλῳ δεῖ μένειν τι καὶ ἐντεῦθεν ἄρχεσθαι τὴν κίνησιν. ὅλως μὲν οὖν, ὥσπερ εἴρηται, ᾗ ὀρεκτικὸν τὸ ζῷον, ταύτῃ ἑαυτοῦ κινητικόν· ὀρεκτικὸν δὲ οὐκ ἄνευ φαντασίας· αὕτη δὲ ἢ λογιστικὴ ἢ αἰσθητική, ὡς κἀν τοῖς περὶ φαντασίας ἐλέγετο. τῆς δὴ αἰσθητικῆς καὶ τὰ ἄλλα ζῷα μετέχει. ἡ γὰρ φαντασία ἢ ἀπὸ τοῦ νοῦ τὰς ἀρχὰς λαμβάνουσα κινεῖται ἢ παρὰ τῆς αἰσθήσεως. καὶ ἀπὸ μὲν τοῦ νοῦ τὸν τρόπον τοῦτον· ὅταν γὰρ ὁ νοῦς ὁ πρακτικὸς ὀρεχθῇ διά τι φέρε εἰπεῖν ἀγαθὸν κινῆσαι τὸ ζῷον ἐπὶ τὸ Βυζάντιον, εὐθὺς ἡ φαντασία τυποῦται ὑπὸ τῆς τοῦ νοῦ ὀρέξεως, τοῦτο δέ ἐστι τῆς βουλήσεως, καὶ μορφοῦται τὸν τύπον τῆς πόλεως ἢ ἀληθῆ, εἰ ἔφθη διὰ τῆς αἰσθήσεως τυπωθῆναι, τότε μνημονεύουσα, ἢ ἐξ ὁμοιότητος τῶν ἄλλων καὶ πεπλασμένον· εἶτα βουλευομένου, πότερον διὰ γῆς ἢ θαλάσσης πορεύσεται, καὶ ἡ φαντασία μορφοῦται τὸν πλοῦν ἢ τὴν γῆν· καὶ προκρίναντος θάτερον, εἰ τύχοι, τὴν διὰ γῆς καὶ τὴν διὰ τῶνδε ἢ τῶνδε τῶν τόπων ὁδόν, πάλιν ἡ φαντασία μορφοῦται κατ' ἐκεῖνο, εἰς ὅπερ ἡ τοῦ νοῦ ἔκλινε βούλησις, καὶ τότε κινεῖ κατὰ ταύτην τὸ ζῷον συνθεῖσα πάντα τὰ φαντάσματα εἰς ἕν· λέγω δὴ τὴν ἐπὶ τόνδε τὸν τόπον πορείαν διὰ γῆς καὶ τῶνδε τῶν τόπων. καὶ τοιαύτη μὲν ἡ λογικὴ τήν τε ἀρχὴν ἀπὸ τοῦ νοῦ ἔχουσα καὶ κατὰ μέρος εἰς ἓν συντιθεῖσα. ἡ μέντοι ἄλογος ἀπὸ τῶν αἰσθήσεων τὰς ἀρχὰς λαμβάνει· τὸ γὰρ ἐγγινόμενον ἐν αἰσθήσει πάθος τοῦ αἰσθητοῦ προσβαλόντος ἐναπομαξαμένη μορφοῦται, εἴτε ἡδὺ εἴτε λυπηρόν, καὶ κινεῖ τὴν ὄρεξιν ἐπὶ τὸ φυγεῖν ἢ ἑλεῖν, ἡ δὲ τὸ ζῷον· οἷον ὑπὸ τῆς τοῦ μέλιτος ὀσμῆς οὔσης ἡδείας πάσχει προσβαλὸν τὸ τῶν μυιῶν ὀσφραντικόν, τὸ δὲ τυποῖ τὸ φανταστικόν, ἐκ τούτου δὲ ὄρεξις, ἡ δὲ ἐπὶ τὸ μέλι τὰς μυίας ἄγει· τάς τε μελίσσας κατὰ τὰ αὐτὰ λυποῦσα διώκει ἡ τοῦ καπνοῦ προσβολή. ἐκ δὴ τῆς αἰσθήσεως ἡ ἄλογος φαντασία τὴν ἀρχὴν ἴσχει, καὶ τὰ πολλὰ φαντάσματα εἰς ἓν συνθεῖναι ἀδυνατεῖ, ὥσπερ ἡ λογική, ἀλλὰ συμπαρομαρτεῖ τῇ αἰσθήσει τοῦτο μόνον φανταζομένη, οὗπερ ἡ αἴσθησις ἀντελάβετο, ἐπιλανθανομένη τῶν ὄπισθεν· διὸ οὐδὲ δοξάζειν τὰ ἄλογα δύναται, εἴπερ ἡ δόξα τοῦ καθόλου.

III 11 Τούτων οὕτω διωρισμένων σκεπτέον καὶ περὶ τῶν ἀτελῶν, τί τὸ κινοῦν αὐτὰ τυγχάνει (ὧδε δὲ ἀτελῆ λέγομεν, οἷς αἴσθησις γεῦσις μετὰ τῆς ἁφῆς ὑπάρχει μόνη), πότερον ἐνδέχεται φαντασίαν ὑπάρχειν καὶ τούτοις, ὥσπερ καὶ τοῖς τελείοις τῶν ζῴων, εἴπερ καὶ τῇ κινήσει φαντασία σύνεστιν, ἢ οὔ. ἢ τοῦτο μὲν καὶ ἀπορεῖν τὴν ἀρχὴν οὐκ εὔλογον· εἰ γὰρ ἐπιθυμίαν αὐτοῖς ἐνοῦσαν ὁρῶμεν τῷ ἥδεσθαι καὶ λυπεῖσθαι (τὸ δέ, ὅτι συστέλλονται καὶ διαχέονται· κοχλίαι μὲν γὰρ ὕδατος αὐτοῖς προσιόντος τῶν ὀστράκων ἐξέρπουσι· συγκλείονται δὲ καὶ συνάγονται σκληροῦ τινος προσεγγίσαντος), λείπεται λέγειν καὶ φαντασίαν αὐτοῖς ἐνεῖναι· πλὴν ὥσπερ τὴν κίνησιν, οὕτω καὶ ταύτην ἀόριστον ἕξουσι. τοῖς μέντοι τελειοτέροις, οἷον ἵπποις κυσὶ καὶ μελίτταις, τεταγμένως πως κινουμένοις (ἐπί τε γὰρ νομὰς τὰς συνήθεις καὶ τὰς κατα-

---

2 ἑαυτοῦ scripsi: δ' αὐτοῦ libri 10 προτυπωθῆναι A 12 προκρίναντας B θάτερον scripsi: θατέρου libri 17 ante κατὰ add. τὰ A 19 προσβάλλοντος A 20 post ἡδὺ add. ἢ A: εἰ C 24 δὴ] δὲ B 32 καὶ om. A

μονὰς οἴκοθεν οἴχονται), καὶ ἡ φαντασία μᾶλλόν τι ἐκείνων ἕξει τεταγμένον. ὡρισμένως δὲ καὶ τελειότατα ὁ λογικὸς κινηθήσεται ἄνθρωπος νῷ καὶ βουλήσει χρώμενος· καὶ οὐ πάντως τῷ φαινομένῳ ἡδεῖ ἕψεται, εἰ μὴ καὶ ἀγαθὸν εἴη (ἦν γὰρ ἂν περιττὴ ἡ ἐν αὐτῷ ἐπιστασία τοῦ λογισμοῦ), καὶ τόδε πρὸ τοῦδε αἱρήσεται. ἑνὶ γάρ τινι κανόνι τῷ ἀγαθῷ χρήσαιτο, καὶ πρὸς ἐκεῖνο βλέπων τὴν φυγὴν ποιήσεται καὶ τὴν αἵρεσιν. ἄλλως μέντοι καὶ ἄλλως ὁ φαῦλος καὶ ὁ σπουδαῖος πρός τε τὸ ἀγαθὸν βλέπουσι καὶ τῷ συλλογισμῷ χρήσονται· ὁ μὲν γὰρ τῷ φαινομένῳ ὁ δὲ τῷ ὄντι προσβαλεῖ. καὶ ὁ μὲν ὅτι ἡδὺ θήλεος ὁμίλια, τὸ δὲ ἡδὺ κατὰ φύσιν, τοῦτο δὲ ἀγαθόν, τοῦτο δὲ αἱρετόν, ἐπὶ τὴν μῖξιν ἥξεται· ὁ δὲ ἐπειδὴ τόδε ἡδύ, ἡδέων δὲ τὸν σπουδαῖον ἀπέχεσθαι δεῖ, σωφρονήσειεν. ἐπεὶ δὲ ἀντιπεπονθότα τὸν λόγον συνέγνωμεν πρὸς τὰ πάθη, τέσσαρες ἕξεις ἠθικαὶ ἐν ψυχῇ ἀναφανήσονται. ἢ γὰρ μάχονται πάθος καὶ λόγος ἢ οὔ· καὶ εἰ μὴ μάχονται, ἢ τοῦ λόγου κρατήσαντος καὶ τὰ πάθη ἐξευγενίσαντος ἄγει ὅποι καὶ βούλοιτο, καὶ καλεῖται σωφροσύνη, ἡ τῶν τεσσάρων ἀρετῶν τῶν γενικῶν περιληπτική, ἢ τὰ πάθη τὸν λογισμὸν ἐδουλώσαντο ἀνδραποδισάμενα, καὶ λέγεται ἀκολασία. εἰ δὲ μάχονται καὶ παρὰ μέρος τὴν ἧτταν καὶ τὴν νίκην ἀντιλαμβάνουσιν, ὥσπερ σφαῖρα ἄνω καὶ κάτω κυλιομένη, ἐγκράτεια καὶ ἀκρασία κατονομάζεται· ἐγκράτεια μὲν εἰ κρατεῖ λόγος, ἀκρασία δὲ εἰ πάθος. τέσσαρες δ' οὖσαι ἀρεταὶ γενικαὶ τῶν ὅλων καὶ περιεκτικαὶ φρόνησις σωφροσύνη ἀνδρία καὶ δικαιοσύνη τρία μέρη τῶν τῆς ψυχῆς διενείμαντο· καὶ φρόνησις μὲν ἐν τῷ λογιστικῷ, σωφροσύνη δὲ ἐν τῷ ἐπιθυμητικῷ, ἀνδρία δὲ ἐν τῷ θυμικῷ, ἡ μέντοι δικαιοσύνη ἐν ἀμφοτέροις θυμῷ καὶ ἐπιθυμίᾳ. καὶ φρόνησις μέν ἐστιν ἕξις μετὰ λόγου ἀληθοῦς περὶ τὰ ὄντως ἀνθρώπινα ἀγαθὰ πρακτικὴ καὶ εὑρετική· σωφροσύνη δὲ ἕξις ἀνένδοτος περὶ τὰς σωματικὰς ἡδονὰς μετὰ ὀρθοῦ λόγου κατὰ προαίρεσιν· ἀνδρία δὲ ἕξις ἐκ προαιρέσεως ὁρμητικὴ κατὰ λόγον ὀρθὸν πρὸς τοὺς ὑπὲρ ἀγαθοῦ κινδύνους ἐν ὑπομονῇ τῶν κατ' ἄνθρωπον ἀλγεινῶν· δικαιοσύνη δὲ ἕξις προαιρετικὴ κατὰ τὸν ὀρθὸν λόγον τοῦ κατ' ἀξίαν παρεκτική. καὶ μεσότης μὲν ἡ σωφροσύνη ἀκολασίας καὶ ἠλιθιότητος, ἀνδρία δὲ δειλίας καὶ θράσους, ἀφροσύνης δὲ καὶ πονηρίας ἡ φρόνησις, καὶ πλεονεξίας δὲ καὶ μειονεξίας ἡ δικαιοσύνη. τούτων οὖν οὕτως ἐχόντων ἐπεὶ ἐκ δύο τοὐλάχιστον προτάσεων συλλογισμὸς ἅπας συμπεραίνεται, τῶν δὲ ἡ μὲν μερικὴ καὶ ἐλάττων, ἡ δὲ καθόλου καὶ μείζων, ποία μᾶλλον αἰτία τῆς τοῦ ἀνθρώπου κινήσεως; ὡς ἐπὶ παραδείγματος "ἐγὼ φιλόσοφος, πάντα φιλόσοφον εὖ ποιεῖν δεῖ, ἐμὲ ἄρα εὖ ποιεῖν δεῖ"· πάλιν "ἐγὼ ἠρίστευσα, πάντα ἀριστέα στεφανοῦσθαι δεῖ, ἐμὲ ἄρα στεφανοῦσθαι δεῖ". καὶ πῶς μὲν θεωροῦσιν ἡ μερικὴ τὸ κῦρος ἔχειν φανήσεται· αὕτη γάρ ἐστιν ἡ ἐπὶ τὴν πρᾶξιν κινήσασα δι' ἑαυτήν, αὕτη δὲ καὶ ἡ πράττουσα. ἀλλ' ἔστι πως καὶ ἡ καθόλου αἰτία· εἰ μὴ γὰρ τῷ καθόλου κρίνοι τὸ πρακτὸν ἡ ψυχή, ὅτι πάντα τοιόνδε τόδε δεῖ ποιεῖν, οὐ κινεῖται· ὥστ' εἰ καὶ ἀμφοτέρας αἰτίας

---

1 οἴχονται scripsi: οἴονται libri   2 ὡρισμένος C   3 ἡδεῖ scripsi: ἡδὺ libri   7 ὁ (ante σπουδαῖος) om. AC   10 ἡδίων C   ἀπεσχέσθαι C   20. 22. 25. 29 ἀνδρεία AC   28 παρεκτική] περιεκτική B   30 δὲ (post πλεονεξίας) om. C   31 οὖν om. C   32 περαίνεται A

εἴποιμεν, ἀληθὲς ἂν εἴποιμεν. καὶ δὴ ἡ μὲν μερικὴ ἔστιν ὅτε ἀοριστaίνει καὶ κινεῖται μεταβαίνουσα, ἡ δὲ καθόλου ἧττον ἢ οὐδαμῶς· ἐνδέχεται γὰρ τὸν λέγοντα "ἠρίστευσα" καὶ μὴ ἀριστεῦσαι· καὶ νῦν μὲν Διομήδης ἠρίστευσε, νῦν δὲ Ἀχιλλεύς, ἄλλοτε Αἴας· ἡ δὲ "πάντα ἀριστέα δεῖ στεφανοῦσθαι" ἵσταται καὶ οὐ μεταβάλλει, εἰ μή τις καὶ τὴν εἰς ἄλλην ὁμοίαν πρᾶξιν μετάβασιν ταύτης ἀλλοίωσιν εἴποι, οἷον "δεῖ πάντα ἀριστέα δωρεὰν λαμβάνειν". πάσχει δὲ τοῦτο, διότι μᾶλλον πρὸς τοῦ ἑνὸς ἢ τοῦ πλήθους, ἡ δὲ ἐλάττων πρὸς τοῦ πλήθους (ἄπειρα γὰρ τὰ καθ' ἕκαστα), καὶ ὅτι ἐπὶ μὲν τῆς μερικῆς, μιᾶς ὑποκειμένης καὶ τῆς αὐτῆς πράξεως, ἀπειράκις ἐνδέχεται, ὥς γε εἴρηται, μεταβάλλεσθαι, ἡ δὲ καθόλου ἀκίνητος, τότε δὲ κινεῖται ὅτε καὶ ἡ πρᾶξις ἑτέρα γένηται. καὶ ὅσῳ καθολικωτέρα ἐστί, τοσούτῳ μᾶλλον ἀκίνητος· διὸ τὸ πάντων καθολικώτατον καὶ ἀκίνητόν ἐστιν, οἷον τὸ ἀγαθόν· πάντων γάρ ἐστι τελικώτατον αἴτιον καὶ πάντες οἱ συλλογισμοὶ διαφερόντως τοῦ πρακτικοῦ νοὸς εἰς τοῦτο τελευτῶσι· διὰ τοῦτο στεφανοῦσθαι δεῖ ὅτι ἀγαθόν, καὶ διὰ τοῦτο εὖ ποιεῖν δεῖ.

III 12 Τούτων οὕτω διαιτηθέντων καὶ τὸ τῆς κατὰ τόπον κινήσεως αἴτιον τοῖς ζῴοις ὃ τυγχάνει ὂν εἰπόντες, ὅτι ὄρεξις ἁπλῶς, καὶ ἡ μὲν ὄρεξις, ἕν, ἡ δὲ ἐν πλείοσι μορίοις, οὐχ ἕν, νῦν ζητήσωμεν, τί δήποτε μὴ πάντα κινητικὰ κατὰ τόπον τὰ ἔμψυχα, καὶ ἵνα ταῦτα καλῶς διαρθρωθείη, τὸν περὶ τῶν μορίων τῆς ψυχῆς λόγον ἀναλάβωμεν. τὸ μὲν οὖν θρεπτικὸν ἀναγκαίως ἐν παντὶ ἐμψύχῳ θεωρεῖται· πᾶν γὰρ τὸ γενόμενον αὔξησιν ἔχει καὶ ἀκμὴν καὶ φθίσιν καὶ δεῖται τοῦ προσκρινομένου καὶ αὔξοντος, ὃ δὴ τῷ ὑποκειμένῳ ἐξομοιούμενον ποιήσει τὴν αὔξησιν· τοῦτο δὲ τροφή. οὐ μόνον δὲ διὰ τὴν αὔξησιν τροφῆς δεῖται τὰ ἔμψυχα (οὐ γὰρ διὰ παντὸς αὔξεται), ἀλλὰ καὶ δι' ἣν ὑπομένει διηνεκῆ φθίσιν καὶ ἀπορροὴν δεῖται τοῦ εἰσιόντος καὶ ἀναπληροῦντος τὴν κένωσιν. διὰ ταῦτ' ἄρα τὴν θρεπτικὴν δύναμιν ἐν πᾶσι τοῖς ἐμψύχοις ἀνάγκη εἶναι. τὴν δὲ αἰσθητικὴν οὐκ ἀνάγκη ἐν πᾶσιν· αὐτίκα γὰρ ὅσα ἁπλᾶ τῶν σωμάτων, οἷον τὰ τέσσαρα στοιχεῖα, καὶ ὅσα σύνθετα, ἐξ ἑνὸς δὲ ἐπικρατοῦντος συνέστηκεν, οἷα τὰ φυτά, οὐκ αἰσθήσεται· γεωδέστερα γάρ, γῆ δὲ ἥκιστα τῶν ἄλλων συμβαλεῖται πρὸς αἴσθησιν, βαρύτατον ὂν καὶ ἀκίνητον. ὅθεν καὶ τὰ ἐν τοῖς ζῴοις μόρια, οἷον ὀστᾶ τρίχες ὄνυχες, κατὰ τοσοῦτο τῶν ἄλλων ⟨μᾶλλον⟩ ἀναίσθητα, ὅσῳ καὶ γεωδέστερα. δεῖ δὲ τὴν αἴσθησιν ἐν μεσότητι εἶναι, ἵν' εἴη τῶν εἰς ἑκάτερα ἐκκλινόντων κριτήριον. ἔτι ἁπλοῦν ὂν τὸ σῶμα οὔτε τοῦ οἰκείου αἰσθήσεται (οὐ γὰρ ἂν παθεῖν ὑφ' ὁμοίου τὸ ὅμοιον δύναιτο· πάθοι γὰρ ἂν ὑφ' αὑτοῦ· πάθος δὲ ἡ αἴσθησις), οὔτ' αὖ γνωριεῖ τὸ ἀλλότριον· φθαρήσεται γὰρ ὑπὸ τοῦ ἐναντίου. οὔτ' οὖν ἁπλοῦν σῶμα ἕξει ἁφὴν ἢ ὅλως αἴσθησιν ὡς τὰ καθόλου, οὐθ' ὅσα μὴ τῶν εἰδῶν δεκτικὰ ἄνευ τῆς ὕλης. καὶ τὸ ἁπτικὸν καὶ αἰσθητικὸν σύνθετον ἔσται καὶ μῖγμα ἐκ πάντων, ἵνα τὰς ὑπερβολὰς γινώσκῃ τῶν στοιχείων· τοῦ γὰρ ἀέρος ψυχροτέρου ἢ θερμοτέρου γεγονότος ἐπαισθη-

---

4 ἡ] εἰ B 10 κινεῖτε C 11 καθολικώτερον BC 17 ἡ μὲν A 21 γεννώμενον AC 22 προκρινομένου C 24 καὶ om. B 29 οἷον A 32 μᾶλλον addidi 33 κριτήρια B 35 ὑπ' αὐτοῦ BC 37 ἁπτικὸν scripsi: ἁπτὸν libri 39 ἢ θερμοτέρου om. B

σόμεθα, μένοντος δ' εὐκραοῦς οὔ. μῖξιν δὲ στοιχείων καὶ σύνθεσιν λέγομεν τὴν κατὰ τὸ ἀνάλογον· ὅσα γὰρ ἐλαττοῦνται τῷ ποσῷ, ἐν τῇ συνδρομῇ πλεονεκτοῦσι τῇ δυνάμει, οἷον πέπονθε τὸ πῦρ πρὸς τὴν γῆν ἐν τοῖς τῶν ζώων σώμασιν· ἡ μὲν γὰρ πλείστη τῷ ποσῷ, τὸ δὲ δραστικώτερον. ἀναίσθητα μὲν οὖν τὰ φυτά, ὅτι ἁπλᾶ καὶ κατὰ τὴν ἑνὸς συντέθεινται ἐπικράτειαν. τὸ δὲ ζῷον, ὅτι σύνθετον, ἀναγκαῖον αἴσθησιν ἔχειν· καὶ ἔτι δεῖ αὐτὰ σώζεσθαι (τοῦτο δὴ καὶ σκοπὸς τῆς φύσεως), ἵνα δὲ σώζηται, τρέφεσθαι, ἵνα δὲ τραφείη, κινεῖσθαι ἐπὶ τὰ τρέφοντα. μὴ ἔχοντα δὲ αἴσθησιν κἂν περιέπεσε τοῖς τρέφουσιν, οὐκ ἂν ἔγνω, μὴ γινώσκοντα δὲ οὐκ ἂν ἐτράφη· καὶ εἰ τοῦτο, μάτην ἄρα καὶ τὴν ἀρχὴν ἐκινήθη. ἀλλ' οὐδὲν μάτην ἡ φύσις ποιεῖ, ἀλλὰ πάντα ἕνεκά του τὰ φύσει ἢ συμπτώματα τῶν ἕνεκά του, ὡς τὸ πολιοῦσθαι ἐν γήρᾳ ἢ ξανθὰς ἔχειν τὰς τρίχας τὰ μειράκια συμπτώματα δὴ τῶν ἕνεκά του γινομένων παρὰ τῆς φύσεως, τὸ μὲν διὰ τὸ φλέγμα τὸ δὲ διὰ τὸ αἷμα. φανερὸν δὲ ἐντεῦθεν καὶ ὃ ζητῆσαι προεθυμήθημεν, διὰ τί μὴ ⟨πάντα⟩ μεταβατικὰ κατὰ τόπον τὰ ἔμψυχα· εἰ γὰρ ἡ κίνησις διὰ τὴν τροφήν, τροφὴ δὲ τῷ ὁμοίῳ τὸ ὅμοιον, οὐδὲν χρεία φυτοῖς τῆς τοπικῆς κινήσεως, ἁπλοῖς οὖσι καὶ συμπεφυκόσι τῇ γῇ κἀκεῖθεν παρακειμένην ταῖς ῥίζαις τὴν τροφὴν ἕλκουσι. τοῖς δὲ ζῴοις, ἐπεὶ σύνθετα καὶ δεῖται τῷ καταλλήλῳ τραφήσεσθαι, ἡ τοῦ τόπου μετάβασις προσγίνεται, ἵν' ἐκ διαφόρων τὸ πρόσφορον τῆς τροφῆς ἐρανίζηται· τοῖς δὲ αὐτοῖς καὶ αἴσθησις διὰ τὴν τοῦ βλαβεροῦ καὶ ὠφελίμου διάκρισιν. καὶ τοῦτο μὲν ἐπὶ τῶν ἐν γενέσει καὶ φθορᾷ.

Μήποτε δὲ ὁ λόγος φθάνει καὶ ἐπὶ τῶν ἀεικινήτων αἰθερίων σωμάτων, καὶ αἴσθησις αὐτοῖς ὑπολείπεται, εἴπερ καὶ ψυχὴ καὶ νοῦς· τοῖς γὰρ οὕτω περὶ αὐτῶν δοξάζουσι καὶ τοῦτο συνυποληφθείη. καὶ γεῦσιν μὲν ἐν αὐτοῖς καὶ ἁφὴν οὐ πάνυ τις, φασίν, ἀναγκάσει λόγος διὰ τὸ ἀπαθὲς καὶ ἀνενδεὲς τῆς φύσεως, ἢ θυμὸν καὶ ἐπιθυμίαν, ἀκοὴν δὲ καὶ ὅρασιν τὰς τιμιωτέρας ἐνεῖναι τοῖς τιμιωτάτοις διισχυρίσαιτο. τί γὰρ κάλλιον ψυχῇ καὶ σώματι νοῦν ἐλλάμπειν ἐν ἀναισθήτῳ σώματι ἢ ἐν αἰσθητικῷ; καὶ εἰ τὸ πρῶτον, ἡ μὲν οὐ μᾶλλον νοήσει τῶν εἰς σοφίαν συμβαλλόντων ἐστερημένη κρατίστων καὶ τιμιωτάτων (ὄψει γὰρ καὶ ἀκοῇ τὸ τῆς φιλοσοφίας ἡμῖν θηρᾶται γένος), τὸ δὲ οὐδὲν ἑαυτῷ ἐσεῖται χρήσιμον. τίς δὲ κοινωνία ἢ ἕνωσις γένοιτο τῶν ἄκρως ἐναντίων, μὴ ὄντος τοῦ μεσιτεύοντος νοὸς καὶ σαρκός, ἀπούσης αἰσθήσεως; λείπεται τὸ δεύτερον λέγειν καὶ ἀκόλουθον τοῖς τὰ οὐράνια σώματα ἔμψυχα καὶ ἔννοα λέγουσι τὸ αἰσθητικὰ τίθεσθαι.

Ταῦτα μὲν οὖν οὕτως. ἔτι δὲ κἀκεῖνο συνεξετάσωμεν, τί δήποτε πέντε οὐσῶν αἰσθήσεων, εἴ τις τῶν ἄλλων ἐκλείψειεν, οὐ φθείρει τὸ ὑποκείμενον καὶ ἔστιν οἷς τῶν ζώων οὔθ' ὅρασις οὔτ' ἀκοὴ φύσει προσγέγονεν, ἁφῆς δὲ ἀναιρουμένης εὐθὺς καὶ ζῷον ἀναιρεῖται, καὶ μόνη ἀναγκαιοτάτη καὶ κοινοτάτη καὶ τῶν ἄλλων πρώτη. λέγομεν οὖν ὅτι, εἴπερ, ὡς δέδεικται, δεῖ τὸ ἔμψυχον

7 σκοπὸν B 13 τῶν μὲν — τῶν δὲ B 14 πάντα addidi 17 παρακείμενα B 19 προσγεγένηται AC 22 φθάνοι AC 23 γὰρ om. B 24 αὐτὸν A[1] 25 λόγον B 27 διϊσχυρίσαιντο A: διϊσχυρίσαντο B 28 ἢ ἐν] ἢ τῷ A 32 ἄκρων A 35 οὖν om. AC 36 τις] τι B

τρέφεσθαι, καὶ οὐχ οἷόν τε μόνιμα εἶναι τὰ ζῷα καὶ καταρριζῶσθαι σύνθετα ὄντα, ἡ δὲ τροφὴ σῶμά ἐστιν ἁπτόν, τρεφόμεθα δὲ ἐξ ὧν συνεστήκαμεν, συνιστάμεθα δὲ ἐκ ψυχρῶν καὶ θερμῶν καὶ ξηρῶν καὶ ὑγρῶν (οἱ γὰρ χυμοὶ ἥδυσμα τούτοις εἰσὶν ὡς πεπλεγμένοι, διὸ καὶ αὐτοὶ ἁπτοί πως· εἰσὶ καὶ ἡ γεῦσις ἁφή), ἀνάγκη ἄρα ἔχειν τὸ ζῷον κριτικὴν δύναμιν τῶν τρεφόντων καὶ μή, ἁπτῶν δὲ ὄντων, καὶ αὐτὸ δεῖ ἁπτικὸν εἶναι. ἡ γὰρ τροφὴ ἁπτομένη τοῦ τρεφομένου τρέφει, οὐ πόρρω κειμένη· εἰ γοῦν μὴ ἔχει τὴν ἁφήν, οὐδὲ πλησιάζον τὸ τρέφον γνωρίσει· μὴ γνωρίζον δὲ οὐκ ἂν ἕλοιτο· μὴ ἑλόμενον δὲ οὐκ ἂν τραφείη· μὴ τρεφόμενον δὲ οὐδὲ εἶναι δυνήσεται, ὥστε πρὸς αὐτὸ τὸ εἶναι συντελεῖ τοῖς ζῴοις αὐτὴ ἡ ἁπτικὴ αἴσθησις. αἱ δὲ ἄλλαι πρὸς τὸ εὖ εἶναι· διὸ ἐνεῖναι οὐκ ἀνάγκη πᾶσι πάσας, ἀλλὰ τοῖς τελειοτέροις καὶ τελειωθεῖσι. καὶ ἔτι τὰ μὲν κατὰ φύσιν σωστικά τε καὶ βλαβερὰ τῇ ἁφῇ κρίνεται, χρώματα δὲ καὶ ὀσμαὶ καὶ ψόφοι, ὧν αἱ λοιπαὶ αἰσθήσεις, οὔτε σωστικὰ οὔτε φθαρτικά· διὸ καὶ οὐκ ἀνάγκη ἐν πᾶσιν εἶναι τὰς τούτων κριτικάς.

III 13 Φανερὸν οὖν ἐκ τούτων καὶ ὅπως οὐχ ἁπλοῦν οἷόν τε εἶναι τὸ τοῦ ζῴου σῶμα, οἷον πύρινον ἢ ἀέρινον ἢ ὑδάτινον· καὶ εἰ μὴ πόνος τὸ πολλάκις περὶ τῶν αὐτῶν λέγειν, εἴπωμεν πάλιν. ἄνευ γὰρ ἁφῆς, ὡς εἴρηται, οὐδεμίαν ἄλλην αἴσθησιν ἔχειν τὸ ζῷον ἐνδέχεται· ἅπαν γὰρ σῶμα ἔμψυχον ἁπτικόν. τὰ μὲν οὖν ἄλλα στοιχεῖα ἔξω γῆς αἰσθητήρια μὲν ἂν γένοιτο, δι' ἑτέρου δ' αἰσθήσεται καὶ τοῦ μεταξύ· ἡ μέντοι ἁφὴ τῷ αὐτῶν ἅπτεσθαί ἐστι, διὸ καὶ τοῦτο τοὔνομα ἔχει. ὥστε τῶν ἄλλων τριῶν στοιχείων οὐδὲν ἂν εἴη σῶμα τοῦ ζῴου. οὐδὲ δὴ γήινον. πάντων γὰρ ἡ ἁφὴ τῶν ἁπτῶν ἐστι μεσότης, καὶ ἔστι δεκτικὸν τὸ αἰσθητήριον οὐ μόνον ὅσαι γῆς εἰσι διαφοραί, ἀλλὰ καὶ θερμοῦ καὶ ψυχροῦ καὶ τῶν ἄλλων ἁπτῶν ἁπάντων. διὰ τοῦτο τοῖς ὀστοῖς καὶ ταῖς θριξὶ καὶ τοῖς τοιούτοις μορίοις οὐκ αἰσθανόμεθα, ὅτι γῆς. διὰ τοῦτο καὶ τὰ φυτὰ ἀναίσθητα. ταῦτ' ἄρα οὐχ οἷόν τε ἁπλοῦν εἶναι τὸ τοῦ ζῴου σῶμα. τούτων οὕτως ἐχόντων, ἐπεὶ ἄνευ ἁφῆς οὐδεμίαν οἷόν τε ἄλλην εἶναι, αὕτη δὲ οὔτε γῆς οὔτ' ἄλλου τῶν στοιχείων ἑνός, ὡς οὐδὲ τὸ τοῦ ζῴου σῶμα, φανερὸν ὡς ἀνάγκη μόνης ταύτης στερισκόμενα τὰ ζῷα θνήσκειν· ταύτῃ γὰρ τὸ ζῴῳ εἶναι ὥριστο. ἐντεῦθεν καὶ τὰ μὲν ἄλλα αἰσθητὰ ταῖς ὑπερβολαῖς οὐ διαφθείρει τὸ ζῷον, οἷον χρῶμα ψόφος καὶ ὀσμή, ἀλλὰ μόνα τὰ αἰσθητήρια, ἂν μὴ ᾖ τι κατὰ συμβεβηκός, οἷον εἰ ἅμα τῷ ψόφῳ ὦσις καὶ πληγὴ γένηται, καὶ ὑπὸ ὁραμάτων ἐκπληκτικῶν καὶ ὑπ' ὀσμῆς ἕτερα κινεῖται, ἃ τῇ ἁφῇ φθείρει (καὶ ὁ χυμὸς δὲ τῶν δηλητηρίων, ᾗ ἅμα συμβαίνει ἁπτικὸς εἶναι, ταύτῃ φθείρει)· ἡ δὲ τῶν ἁπτῶν ὑπερβολὴ οἷον θερμοῦ καὶ ψυχροῦ καὶ σκληροῦ ἀναιρεῖ τὸ ζῷον. παντὸς μὲν γὰρ ὑπερβολὴ αἰσθητοῦ ἀναιρεῖ τὸ αἰσθητήριον, ὥστε καὶ τὸ ἁπτὸν ὑπερβάλλον τὴν ἁφήν· ταύτῃ δ' ὥρισται τὸ ζῆν. καὶ σύνεστι μὲν ἀεὶ αὕτη τῷ ζῴῳ ἐξ ἀνάγκης· τοῦ εἶναι γὰρ ἕνεκα, αἱ δὲ ἄλλαι τοῦ εὖ, καὶ γένει ζῴων οὐ τῷ τυχόντι, ἀλλὰ τισίν. οἷον τῷ

7 εἰ οὖν A ἔχῃ AC 11 ἐνεῖναι om. A 18 ante γὰρ add. μὲν A 22 post τῶν add. μὲν A 23 δὴ om. C 26 τοῖς om. B 29 ζῴου σῶμα] ὦμα B 30 μόνοις C 31 τὸ] τῷ AC 33 εἰ om. C 40 αἱ δὲ κτλ. cf. de An. Γ 12. 434b 24

πορευτικῷ ἀνάγκη ὑπάρχειν· εἰ γὰρ μέλλει σώζεσθαι, ὡς ἐλέγετο, οὐ μόνον δεῖ ἁπτόμενον αἰσθάνεσθαι, ἀλλὰ καὶ ἄποθεν· τοῦτο δ' ἂν εἴη, εἰ διὰ τοῦ μεταξὺ αἰσθητικὸν εἴη, τῷ ἐκεῖνο μὲν τὸ μεταξὺ ὑπὸ τοῦ αἰσθητοῦ πάσχειν καὶ κινεῖσθαι, αὐτὸ δὲ ὑπ' ἐκείνου. ὥσπερ γὰρ τὸ κινοῦν κατὰ τόπον μέχρι τινὸς μεταβάλλειν ποιεῖ, καὶ τὸ ὦσαν ἕτερον ποιεῖ ὥστε ὠθεῖν καὶ αὐτὸ καὶ ἔστι διὰ μέσου ἡ κίνησις μία κατ' ἀλληλουχίαν, πολλῶν ὄντων τῶν ἑξῆς κινούντων καὶ κινουμένων, τὸ πρῶτον δὲ κινοῦν ἀκίνητον καὶ κινεῖ καὶ ὠθεῖ αὐτὸ οὐκ ὠθούμενον, καὶ αὖ πάλιν τὸ ἔσχατον αὐτὸ ἀκίνητον καὶ μόνως ὠθεῖται οὐκ ὦσαν, τὰ δὲ μέσα ἄμφω, οὕτω καὶ ἐπὶ τῆς ἐν αἰσθήσει ἀλλοιώσεως. οἷον ὁ μὲν ἄνθρωπος κινεῖ τὴν χεῖρα, ἡ δὲ τὴν βακτηρίαν, αὕτη δὲ τὴν θύραν, κἀκείνη πρὸς ἀκίνητον ὠθίσθη τὸν τοῖχον. ὁ μὲν οὖν ἄνθρωπος μόνως ἐκίνησεν, ἡ δὲ θύρα μόνως ἐκινήθη, τὰ δὲ μεταξὺ καὶ ἐκινήθη καὶ ἐκίνησε. κατὰ τὰ αὐτὰ δὴ καὶ ἐπὶ τῶν αἰσθανομένων γίνεται, οἷον ἐπὶ τῆς ὄψεως· ὁ μὲν γὰρ ἥλιος κινεῖ τὴν ἐν ταῖς σφαίραις διαφάνειαν, ἐκεῖναι δὲ τὸν ἀέρα, ὁ δὲ τὸ ὕδωρ, τὸ δὲ τὸ αἰσθητήριον τοῦ ὄντος ἐν τῷ ὕδατι· καὶ διὰ τοῦτο καὶ ἐν ὕδατι ὄντες ὁρᾶν δυνάμεθα τὸν ἥλιον καὶ τὰ ἄστρα. ὁ μὲν οὖν ἥλιος μόνως κινεῖ καὶ τὰ ἄστρα, τὸ δὲ αἰσθητήριον μόνως κινεῖται, τὰ δὲ μεταξὺ καὶ κινεῖται καὶ κινεῖ. ἔτι ἐπὶ τοῖς αὐτοῖς καὶ ἑτέρῳ παραδείγματι χρησόμεθα πρὸς σαφήνειαν. ὥσπερ ἂν εἴ τις εἰς κηρὸν βάψειέ τι σφραγιστήριον, μέχρι τούτου ἔβαψεν, ἕως ὁ κηρὸς ἐνεδίδου κινούμενος, λίθος δὲ οὐδὲν πάθοι οὐδὲ κινηθείη διὰ σκληρότητα, ἐν ὕδατι δέ, ὅτι καὶ κηροῦ πολλῷ μαλακώτερον, μέχρι πόρρω βάψει, ἔτι δὲ μάλιστα ὁ ἀὴρ ἐπὶ πλεῖστον κινηθήσεται καὶ ποιήσει καὶ πάθοι, ἐάν περ μένῃ καὶ εἷς ᾖ, κατὰ τὰ αὐτὰ δὴ συμβαίνει καὶ τὰ περὶ αἴσθησιν. διὸ καὶ περὶ ἀνακλάσεως βέλτιον λέγειν τὸν ἀέρα πάσχειν ὑπὸ τοῦ σχήματος καὶ τοῦ χρώματος ἢ τὴν ὄψιν ἐξιοῦσαν ἀνακλᾶσθαι, καὶ πάσχειν καὶ κινεῖν, μέχρις οὗ ἂν ᾖ εἷς (ἐπὶ δὲ τοῦ λείου ἔστιν εἷς), διόπερ οὗτος πάλιν τὴν ὄψιν κινεῖ. καθόλου δὲ περὶ ὁράσεως οὕτω διωριστέον, ὡς οὐκ ἀκτίνων ἐκπεμπομένων κωνικῶς ἢ σωματικῶς ἢ ἀσωμάτως, ὥς τινες λέγουσιν, αἱ ἀνακλάσεις γίνονται, ἀλλὰ τῷ τὰς ἐνδιδομένας ἐνεργείας ἀπὸ τῶν ὁρατῶν τῷ ἀέρι ὡς διαφανεῖ ὄντι εἰδοποιεῖν αὐτὸν ἕνα ὄντα καὶ τῇ συνεχείᾳ καὶ τῇ κατ' εἶδος ταυτότητι καὶ τῇ συμμετρίᾳ τοῦ διαστήματος, καὶ τῷ μὲν ὁρατικῷ προσπιπτούσας αἰσθητηρίῳ κινεῖν αὐτό· λείῳ δέ τινι καὶ πεφωτισμένῳ καὶ πυκνῷ προσπεσούσας καὶ οὔσας ἐν τῷ δεξαμένῳ ἀέρι ὡς ἔτι μένοντι ἑνὶ καὶ μὴ διακοπέντι ἢ διὰ τραχύτητα ἢ ἀραιότητα ἢ διὰ σκοτεινότητα, τοῦ ἀντερείσαντος λείου καὶ στερεοῦ ὄντος, καὶ διὰ τοῦτο οὐ πορρωτέρω προϊούσας, ἀλλ' οἷον εἰς τοὐπίσω ἐπανιούσας καὶ τῷ ἐνδόντι αἰσθητῷ, ἐὰν ὁρατικὸν ᾖ, γινομένας ὁρατάς, ποιεῖν τὴν ἀνάκλασιν τὴν ἐπὶ τῆς ὄψεως· οἷον ἀπὸ τοῦ χρώματος καὶ τοῦ σχήματος τοῦ ἐμοῦ προσώπου ἐνδοθείσης τῆς

3 ὑπὸ] ἀπὸ B 7 καὶ (post κινούντων) om. B τὸ δὲ πρῶτον AC 11 ὠθήσθη B 14 ἐκεῖνα B 17 μόνως (ante κινεῖ) scripsi: μόνος libri 18 ἐπὶ τοῖς] ἐπί τοι B 20 οὐδὲν] οὐδ' ἂν A 24 αἰσθήσεως AC 29 τῷ] τὸ AC 30 ἕνα ὄντα] ἕως ἂν εἷς ᾖ A: ἂν εἷς ᾖ add. C 36 προϊούσας] ποιούσας BC ἐπανιούσης A[1] post ἐὰν add. καὶ A

ὁρατικῆς ἐνεργείας τῷ μεταξὺ ἀέρι τοῦ τε προσώπου καὶ κατόπτρου καὶ μενούσης δι' ὅλου τοῦ μεταξύ, καὶ διὰ τὸ τὴν πρόσω κωλύεσθαι φορὰν ὑπὸ τοῦ λείου ἅμα καὶ φυλάσσοντος ἕνα τὸν μεταξὺ ἀέρα ἐπανακαμπτούσης ἕως τοῦ ἐμοῦ προσώπου πάλιν· ὅπερ ἐπειδὴ οὐ μόνον ἐστὶν αἰσθητὸν ἀλλὰ καὶ ὁρατικόν, ὄψεται τὴν ἐνδιδομένην αὐτῷ ὡς ἀπὸ τοῦ ὁρατοῦ ἐνέργειαν, τουτέστιν ὡς ἀπὸ χρώματος καὶ σχήματος· καὶ τοῦτο καλεῖσθαι ἀνάκλασιν, τὴν οἷον ἐπανάκαμψιν καὶ εἰς τὸ ἐξ ἀρχῆς ἐνδεδωκὸς ἐνέργειαν. κατὰ τὸν αὐτὸν τρόπον καὶ τὰς ἄλλας γίνεσθαι ἀνακλάσεις, ὅσαι καὶ μὴ κατ' ὀρθὰς γίνονται γωνίας ὁραταὶ καὶ ἀκουσταί, ὅσαι τε δι' ἀέρος καὶ ὕδατος καὶ ὅσαι κατὰ διάφορα σχήματα τῶν λείων γίνονται· ἡ γὰρ ἀνάκλασις οὐ μόνον κατ' ὀρθὰς γίνεται γωνίας ἀλλὰ καὶ κατὰ πάσας τὰς κατ' ἰσότητα πρὸς τὸ ὑποκείμενον ἐπίπεδον ἀντικειμένας, ὡς καὶ τοῖς μαθηματικοῖς διώρισται. διὸ οὐ πρὸς τὸ ἐνδεδωκὸς μόνον ἀντανακλᾶται ἡ ἐνέργεια (τοῦτο γὰρ ὅτε κατ' ὀρθάς), ἀλλὰ καὶ πρὸς ἄλλα τὰ κατ' ἰσότητα τὴν εἰρημένην ἔχοντα πρὸς τὸ κάτοπτρον σχέσιν. εἰ δέ τι τῶν ἐνταῦθα λεγομένων περὶ ὁράσεως μὴ συνᾴδει τοῖς ἔμπροσθεν, οὐ δεῖ θαυμάζειν· ἐπὶ γὰρ τῶν οὕτω δυσχερῶς ἐχόντων πρὸς τὴν περίληψιν μόλις ἄν τις τῇ τῶν διαφόρων λόγων ἐντυχίᾳ καὶ γυμνασίᾳ ἴσχυσέ τι λαβεῖν πρὸς τὴν τοῦ ἀληθοῦς κατανόησιν. καὶ περὶ τοῦ φωτίζειν δὲ ὅλως καὶ ὁρᾶν εἰσὶν οἳ λέγουσιν ἕτερα καὶ τῶν νῦν καὶ τῶν προτέρων, ὡς τῇ ποιᾷ σχέσει τοῦ τε φωτίζοντος καὶ φωτιζομένου καὶ ὁρῶντος καὶ ὁρωμένου γίνεσθαι, καὶ μὴ διά τινος μεταξὺ ἐνεργείας ἢ ἀλλοιώσεως, ὡς ἐπὶ τῶν ἄλλων εἶχεν αἰσθήσεων. ἐπ' ἐκείνων μὲν καὶ διὰ χρόνου καὶ τῶν μεταξὺ ἡ κίνησις ἦν, οἷον ἐπ' ἀκοῆς καὶ ὀσφρήσεως· οὐ γὰρ ἅμα ὁ ἐγγὺς καὶ πόρρω τοῦ αὐτοῦ ψόφου ἢ ὀσμῆς ᾔσθετο, ὅτι κατὰ φορὰν καὶ ἀλλοίωσιν· ἐπὶ δὲ φωτὸς καὶ ὁράσεως ἀθρόως ἀχρόνως ἅμα, ὅτι κατὰ σχέσιν· τοιαῦτα γὰρ τὰ πρός τι. δεξιὸν γάρ του ἢ ἴσον ἢ διπλάσιον ἀχρόνως γίνεται· καὶ ὡς ἐπὶ τούτων ἅμα τῷ τὸ ἓν ἀπεῖναι οὐδὲ τὸ ἕτερον ἔσται (ἅμα γὰρ τῷ μεταβληθῆναι διπλάσιον καὶ ἥμισυ ἔφθαρτο), οὕτω καὶ ἐπὶ τοῦ φωτός· ἅμα τῷ φανῆναι ἐφώτισε καὶ τῷ ἀπεῖναι ἐσκότισεν. ἐπὶ δὲ τῶν κατ' ἀλλοίωσιν οὐχ οὕτως· οὐ γὰρ εὐθὺς τοῦ θερμάναντος οἰχομένου καὶ ὁ ἀὴρ ἀπέβαλε τὴν θερμότητα, ἀλλ' ἔτι ἔχει. διοίσει μέντοι τὰ περὶ φωτὸς τῶν πρός τι, ὡς ἐκεῖ τὸ ἐγγὺς καὶ πόρρω ἀδιάφορον πρὸς τὸ γενέσθαι σχέσιν, καὶ πανταχόθεν δυνατόν, ἐνταῦθα δὲ δεῖ συμμετρίας τῷ ἀποστήματι καὶ κατ' εὐθεῖαν μόνην. καὶ ταῦτα ὡς ἐν παρεκβάσει παρεξετάσαντες πάλιν ἐπανίωμεν. ἡ μὲν οὖν ἁφὴ τοῦ εἶναι ἕνεκα τοῖς ζῴοις (οὔτε γὰρ οἷόν τε μὴ ζῷον ἔχειν αὐτὴν οὔτε ζῷον ἄλλην πρὸ ταύτης), αἱ δὲ ἄλλαι τοῦ εὖ εἶναι, οἷον ὄψις, ἐπεὶ ἐν ἀέρι καὶ ὕδατι, ὅπως ὁρᾷ, καὶ ὅλως ἐπεὶ ἐν διαφανεῖ· γεῦσις δὲ διὰ τὸ ἡδὺ καὶ λυπηρόν, ἵν'

---

3 ἕως] ὡς A 17 εὐτυχίᾳ B 19 πρότερον AC 26 τῷ τὸ scripsi: τοῦτο libri 27 οὐδὲ τὸ ἕτερον — τῷ ἀπεῖναι (29) om. B ἅμα] ἀλλὰ C 30 θερμαίνοντος A: θερμάνοντος C εἰχουμένου A καὶ om. BC 31 μέντοι] μέντι C 34 ἐπανίομεν AC 36 ὅπως] ὅπερ C

αἰσθάνηται τοῦ ἐν τῇ τροφῇ καὶ ἐπιθυμῇ καὶ κινῆται· ἀκοὴ δὲ ὅπως σημαίνῃ τι αὐτῷ· γλῶσσα δὲ ὅπως σημαίνῃ τι ἑτέρῳ.

Καὶ δὴ τούτων οὕτω πεπερασμένων ἔτι βραχύ τι περὶ τῶν κατὰ τὴν παροῦσαν πραγματείαν συμβάντων ἡμῖν ὑπομνήσαντες τέλος ἐπιθῶμεν τοῖς εἰρημένοις. τῶν περὶ ψυχῆς πραγματευσαμένων οἱ μὲν μαθηματικώτερον οἱ δὲ λογικώτερον τὴν σκέψιν πεποίηνται, καὶ προσηκούσας ἑκάτεροι τῇ ἐξ ἀρχῆς προθέσει τὰς ἀποδείξεις ἐπέφερον· καὶ ἄμφω μέντοι ὡς πρὸς νοῦν μᾶλλον ἢ ψυχὴν ἡνωμένην καὶ προσχρωμένην σώματι πεπραγματεῦσθαι ἐγνώσθησαν. ὅσοι δὲ καὶ φυσικῶς τι περὶ αὐτῆς εἰπεῖν ἐπεχείρησαν καὶ τὸ πρὸς τὴν ὕλην κατατεταγμένον αὐτῆς θεωρῆσαι καὶ καθ' ὅσον κοινωνεῖ σώματος, οὗτοι δέ, οἳ περὶ τῆς τοῦ παντὸς εἰπεῖν ἐπέβαλον φύσεως, ὡς ἐν τοῖς ἄλλοις, κἀν τούτοις περαίνουσιν ἁπλῶς ἐπελθόντες καὶ κατὰ πάρεργον· ὅπως δὲ ὅλη τέ ἐστι καὶ μερῶν ἔχοι, τίς δὲ αὐτῆς καὶ ἡ πρὸς τὴν ὕλην κοινωνία, καὶ ἐφ' ὅσον τό τε τῶν ἐνεργειῶν καὶ δυνάμεων πολυειδὲς καὶ διάφορον, καὶ περὶ τούτων ἐντελῶς τι παρῆκαν εἰπεῖν. ἔχουσι μέντοι ὅμως χάριν ἰδίως ἀμφότεροι οἵ τε μαθηματικῶς καὶ λογικῶς ζητοῦντες καὶ οἱ φυσικῶς περὶ αὐτῆς σκοποῦντες. ὃ γὰρ οὐκ ἔχει τις παρὰ τούτων λαβεῖν, παρ' ἐκείνοις ἐντεύξεται· καὶ ὡς μὲν ἀθάνατος δήπουθεν καὶ ἀνώλεθρος οἱ λογικοὶ καὶ μαθηματικοὶ λέγουσι, τὴν δ' αὖ αὐτῆς πρὸς τὴν ὕλην καὶ τὴν φύσιν σχέσιν μᾶλλον [δ'] ἄν τις παρὰ τῶν φυσικῶν ἐκπορίσαιτο. δῆλον δ' ἂν ἐκ τούτων εἴη καὶ τῆς προθέσεως τῆς ἡμετέρας τὸ σκόπιμον· ὃ γὰρ ἀμφοτέροις ἐλλεῖπον συνέγνωμεν, τῷ παρ' ἑκατέροις βοηθοῦμεν ὑπάρχοντι καὶ συνάγομεν ἄμφω (τοῦτο γὰρ ἔδοξε κάλλιον) καὶ τὰς παραδοθείσας ἀρχὰς προάγομεν εἰς τελείωσιν, ἀπὸ μὲν τῆς ὕλης καὶ τῆς αἰσθήσεως διὰ τὸ σαφὲς ἀπαρξάμενοι, πρὸς δὲ τὸν νοῦν καταλήξαντες. εἴ τις δὲ κἀν τοῖς θεωρήμασιν ἐπιθήκη καὶ τῶν εὑρισκομένων ἐπέκτασις, οὐκ ἄχρηστός ἐστι· τίνι γὰρ μᾶλλον ἄν τις ἡσθείη καὶ ὑποίσοι πόνον ἢ αὐτὸν γινώσκων; ἐπεὶ δὲ ἀθάνατος ἡ ψυχὴ οὖσα δέδεικται, ἐπιμελείας δεῖ πλείστης, ὅπως ὡς βελτίστη ἔσται· μὴ καθαρὰ γὰρ ἀπαλλαγεῖσα σώματος πρὸς κακὸν αὐτῇ τὸ γεγενῆσθαι ἀθάνατον. εἰ μὲν γὰρ ἦν ὁ θάνατος τοῦ παντὸς ἀπαλλαγή, ἕρμαιον ἂν ἦν τοῖς κακοῖς ἀποθανοῦσι τοῦ τε σώματος ἅμα ἀπηλλάχθαι καὶ τῆς αὐτῶν κακίας μετὰ τῆς ψυχῆς· νῦν δὲ ἐπειδὴ τὸ ζῆν αὐτῇ παραμόνιμον φαίνεται, οὐδεμία ἂν εἴη ἄλλη ἀποφυγὴ κακῶν οὐδὲ σωτηρία πλὴν τοῦ ὡς φρονιμωτάτην καὶ δικαιοτάτην γενέσθαι μετὰ ἀνδρίας καὶ σωφροσύνης. τὰς γὰρ ᾀδομένας τῶν ψυχῶν ἐκτίσεις μετὰ τὸν τῇδε βίον καὶ τὰς τῶν ἀνοσίων εἰσπράξεις ἔργων καὶ τὴν εἰς τέλος ἐν πυρὶ τῆς ἀδικίας κατάλυσιν, τάς τε ἀμοιβὰς τῶν ἀγαθῶν κατὰ τὰ ἴσα μέτρα καὶ τὴν τοῦ καλλίστου μετουσίαν καὶ θειοτάτου τὰς ἐλλάμψεις, τὰς θεώσεις, τὰς ἀναβάσεις ἀληθῆ νομίζειν χρή· προνοίας γὰρ οὔσης καὶ λόγου τὸ πᾶν ἐπιστατοῦντος, πῶς οἷόν τε μὴ εἶναι

1 κινεῖται C 2 σημαίνει B αὐτῷ scripsi: αὐτῶ libri σημαίνει BC 3 περὶ om. B 5 περὶ τῆς ψυχῆς C 6 τῇ] τῆς A1 11 post οἳ add. καὶ AC 20 δ' delevi 25 δὲ (post πρὸς) om. C 27 ὑποίσει B αὐτὸν BC 31 αὐτῶν scripsi: αὐτῶν libri 32 τῆς om. B 34 ἀνδρείας C

κρίσιν καὶ τῶν βεβιωμένων ἐξέτασιν, ἣ λεγομένην μὴ πιστεύεσθαι ὅσιον; καὶ μέντοι καὶ σωμάτων ἔσται ἀνάστασις ταῖς ἰδίαις ψυχαῖς συνέσεσθαι, ἣν δὴ καὶ παλιγγενεσίαν ὁ ἀληθὴς πρεσβεύει λόγος· καὶ τὴν εἰς τοῦτο τῶν πολλῶν συλλογισμῶν καὶ πλοκῶν τοῦ σωτῆρος φωνὴν πιστοτέραν ἡγούμεθα. δεῖ δὴ οὖν ἀρετῆς καὶ πρὸ ταύτης εὐσεβείας· ἑκάτερον γὰρ ἑκατέρου χωρὶς οὐδὲν ἢ μικρὸν ὤνησεν.

---

1 βεβιωμένην B 2 συνέσεσθαι] συνεσομένων A[2] 3 παλιγγενεσίας B ὁ ἀληθὴς] om. B 6 δόξα τῷ δεδωκότι θῷ τὸ τέλος rubr. subscr. C

INDICES

I INDEX VERBORUM

Verba asterisco notata desiderantur in lexicis

II INDEX NOMINUM

FSC
www.fsc.org
MIX
Papier | Fördert
gute Waldnutzung
FSC® C083411

Kolibri 360 GmbH
Ferdinand-Jühlke-Straße 7
99095 Erfurt, Deutschland
produktsicherheit@kolibri360.de